JIANZHU ZHUANYE
JISHU ZILIAO
JINGXUAN

建筑专业技术资料精选

谭荣伟　等编著

化学工业出版社

·北京·

《建筑专业技术资料精选》(第二版)基于建筑专业设计与施工工程实践，为满足建筑专业设计及其施工管理需要，精选了建筑设计师和建筑施工管理技术人员在进行建筑方案和施工图设计及现场施工管理等各个实践环节中，经常使用到的建筑专业常用数据、国家标准规范的基本要求、常见建筑构造做法要求、常用建筑专业相关知识等各个方面的技术资料，汇成一体，供建筑设计及施工管理等技术人员参考使用。

本书内容专业实用、范围全面、图文并茂、查阅快捷方便，十分适合从事建筑专业、房地产开发、建筑施工及建筑监理等专业的设计师、工程师与施工管理技术人员使用，也可作为高等院校建筑学、房地产开发、建筑设计、建筑技术、建筑规划、建筑施工管理等相关专业师生的参考资料。

图书在版编目(CIP)数据

建筑专业技术资料精选/谭荣伟等编著. —2版. —北京：化学工业出版社，2018.1

ISBN 978-7-122-30853-5

Ⅰ.①建… Ⅱ.①谭… Ⅲ.①房地产业-建筑工程-资料-汇编-中国 Ⅳ.①TU

中国版本图书馆CIP数据核字(2017)第260565号

责任编辑：袁海燕　　　　装帧设计：王晓宇

责任校对：王　静

出版发行：化学工业出版社(北京市东城区青年湖南街13号　邮政编码100011)

印　　刷：大厂聚鑫印刷有限责任公司

装　　订：三河市宇新装订厂

787mm×1092mm　1/16　印张20　字数501千字　2018年1月北京第2版第1次印刷

购书咨询：010-64518888(传真：010-64519686)　售后服务：010-64518899

网　　址：http://www.cip.com.cn

凡购买本书，如有缺损质量问题，本社销售中心负责调换。

定　　价：78.00元

前 言

《建筑专业技术资料精选》自2008年出版以来，由于其十分切合建筑专业设计与施工工程实践情况，专业知识范围广泛、内容全面、资料丰富，深受广大读者欢迎和喜爱。

基于国家对我国工程建设领域许多规范标准、法规政策进行了较大修订、完善或局部调整，以及建筑工程的不断发展，原书中的部分内容也需要及时更新调整，以适应目前建筑工程操作的实际情况和真实需要。为此，本书作者根据现行最新的相关国家规范、标准、法规政策，对本书第一版进行全面和较大范围的更新与调整，使得本书从内容上保持与时俱进，使用上更加实用。主要修改及调整内容如下。对第一版中各个章节的大部分内容进行了更新调整，补充了部分图文说明，使得相关资料更加丰富、直观，更便于读者理解掌握。

《建筑专业技术资料精选》（第二版）内容专业实用、查阅快捷方便，十分适合从事建筑专业、房地产开发、建筑施工及建筑监理等专业的设计师、工程师与施工管理技术人员使用，也可以作为高等院校建筑学、房地产开发、建筑设计、建筑技术、建筑规划、建筑施工管理等相关专业师生的参考资料。

本书主要内容由谭荣伟策划和编著，卢晓华、黄冬梅、李淼、雷隽卿、黄仕伟、王军辉、许琢玉、苏月风、许鉴开、谭小金、李应霞、赖永桥、潘朝远、孙达信、黄艳丽、杨勇、余云飞、卢芸芸、黄贺林、许景婷、吴本升、黎育信、黄月月、韦燕姬、罗尚连等参加了相关章节编写。由于编者水平有限，虽然经过再三勘误，仍难免有纰漏之处，欢迎广大读者予以指正。

编著者

2017年·夏

第一版前言

在房地产开发和建设中，项目的总体规划和建筑专业设计是其十分重要的环节。房地产开发从前期投资策划、拆迁、总体规划到设计报批、招标、施工和销售等各个建设阶段，都与建筑设计紧密相关。例如，在前期投资策划阶段，需要建筑专业提供关于项目总体规模、用地规模等方面的初步规划设计方案，以便对建设项目所需总体投资额及建设成本进行初步的预算；在施工阶段，工程施工承包单位需根据建筑施工图纸进行施工，才能建造满足开发商和建设单位要求的建筑物。

广义的建筑设计是指设计一个建筑物或建筑群所要做的全部工作。建筑设计一般是指建筑物在建造之前，设计者按照建设任务，把施工过程和使用过程中所存在的或可能发生的问题，事先做好通盘的设想，拟定好解决这些问题的办法、方案，用图纸和文件表达出来。同时建筑设计也是备料、施工组织工作和各工种在制作、建造工作中互相配合协作的共同依据，便于整个工程在预定的投资限额范围内，按照周密考虑的预定方案，统一协调，顺利进行，并使建成的建筑物充分满足使用者和社会所期望的各种要求。建筑设计通常涉及建筑学、结构学以及给排水、供暖、空气调节、电气、煤气、消防、防火、自动化控制管理、建筑声学、建筑光学、建筑热工学、工程估算和园林绿化等方面的知识，需要各种科技人员密切协作，才能设计出功能实用、美观、节能和安全的建筑。

在房地产和工程建设中，建筑专业的建筑师和相关工程技术人员需熟练掌握各种建筑设计与施工规范、标准以及规定，才能从容应对工程实践中的各种情况，确保设计及施工的质量。本书基于内容实用、查阅快捷、携带方便等宗旨，精选房地产开发与建设中建筑专业相关的常用数据、构造做法、设备材料、强制措施、设计规范、建筑法规等内容，主要包括建筑常见术语及常用数据、建筑总平面设计、建筑工程停车场（库）设计、建筑工程绿化设计、建筑室内工程设计、建筑设备用房及井道设计、建筑电梯和自动扶梯设计以及建筑防水防火等各方面知识和内容，为建筑师、建筑技术与施工管理人员等提供了图文并茂、内容丰富的技术资源和工具资料。

《建筑专业技术资料精选》是《房地产开发与建设资料精选》丛书中的一本，虽经过编委及出版社编辑再三研讨和勘误，但仍难免有纰漏之处，欢迎广大读者予以指正，以便在修订再版时更加臻善。

编者

2008 年 3 月

目录

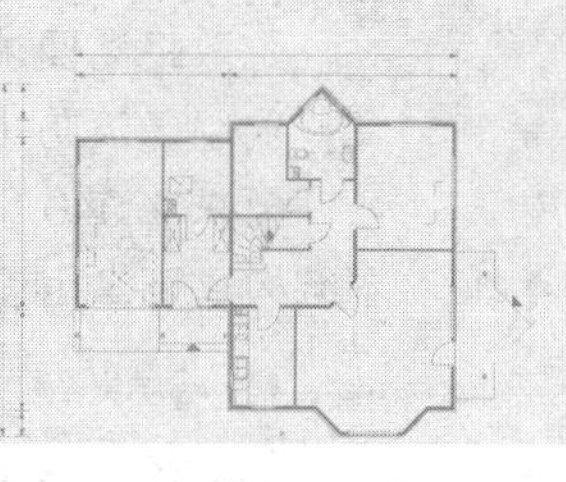

第1章 建筑常见术语及常用数据 / 001

第2章 建筑常用材料简介 / 043

第3章 建筑总平面规划设计 / 066

第4章 建筑高度和建筑面积计算 / 092

第5章 建筑工程停车场（库）设计 / 107

第7章 建筑地下室设计 / 140

第8章 建筑墙体设计 / 161

第9章 建筑楼地面设计 / 176

第10章 建筑屋面设计 / 184

第11章 建筑楼梯及栏杆设计 / 196

第12章 建筑电梯和自动扶梯设计 / 210

第13章 建筑台阶和坡道设计 / 221

第14章 建筑幕墙和门窗设计 / 224

第15章 建筑厨房和卫生间设计 / 248

第16章　建筑室内外装修工程设计 / 264

第17章　建筑设备用房及井道设计 / 283

第18章　建筑无障碍设计 / 293

第1章 建筑常见术语及常用数据

01 Chapter

1.1 常见专业术语

1.1.1 建筑通用术语

（1）民用建筑（civil building） 供人们居住和进行公共活动的建筑的总称。民用建筑按使用功能可分为居住建筑和公共建筑两大类（图1.1，表1.1）。

(a) 公共建筑

(b) 居住建筑

图1.1 民用建筑示意

表1.1 民用建筑分类

分类	建筑类型	建筑性质
居住建筑	住宅建筑	包括普通住宅、高档公寓、独立别墅、联排别墅(townhouse)、老年人建筑、部队干休所等
	宿舍建筑	包括职工宿舍、学生宿舍、学生公寓等

续表

分类	建筑类型	建筑性质
公共建筑	行政办公建筑	是指为行政、党派和团体等政府机构或组织使用的建筑
	商务办公建筑	是指供非行政办公单位的办公使用的建筑，也被称为写字楼
	商业建筑	为商业服务经营提供场所的建筑。包括商场建筑（综合百货商场、购物中心、批发市场）、服务建筑（餐饮、娱乐、美容、洗染、修理和旅游服务）、旅馆建筑（包括度假村、公寓式酒店、产权式酒店）等
	文化建筑	各级广播电台、电视台、公共图书馆、博物馆、科技馆、展览馆和纪念馆等；电影院、剧场、音乐厅、杂技场等演出场所；独立的游乐场、舞厅、俱乐部、文化宫、青少年宫、老年活动中心等
	体育建筑	体育场馆及运动员宿舍等配套设施
	医疗建筑	提供医疗、保健、卫生、防疫、康复和急救场所的建筑。包括医院门诊、病房、卫生防疫、检验中心、急救中心和血库等建筑
	教育建筑	大专院校、中小学、托幼机构的教学用房和学生宿舍
	交通建筑	以为公众提供出行换乘的场所为主要目的的建筑。包括机场、火车站、长途客运站、港口、公共交通枢纽、社会停车场库等为城市客运交通运输服务的建筑

（2）建筑设计使用年限　指建筑设计规定的建筑结构或建筑结构构件不需进行大修即可按其预定目的使用的时期。民用建筑的设计使用年限一般为5～100年（表1.2）。

表1.2　民用建筑的设计使用年限

建筑性质和类型	设计使用年限/年	建筑性质和类型	设计使用年限/年
临时性建筑	5	普通建筑和构筑物	50
易于替换结构构件的建筑	25	纪念性建筑和特别重要的建筑	100

（3）公共建筑　供人们进行各种公共活动的建筑，包括办公建筑、商业建筑、文化建筑、体育建筑、医疗建筑等。

（4）办公建筑　也被称为写字楼，供公司、行政机关、团体和企事业单位等办理行政事务和从事业务活动的建筑物。

（5）综合建筑　由具有两种及两种以上使用功能空间组合形式的建筑。

（6）建筑基地（建设用地）　也称建设用地，根据用地性质和使用权属确定的建筑工程项目的使用场地。其面积由城市规划行政部门确定的建设用地边界线所围合的用地水平投影面积，不包括代征地的面积。如图1.2所示。

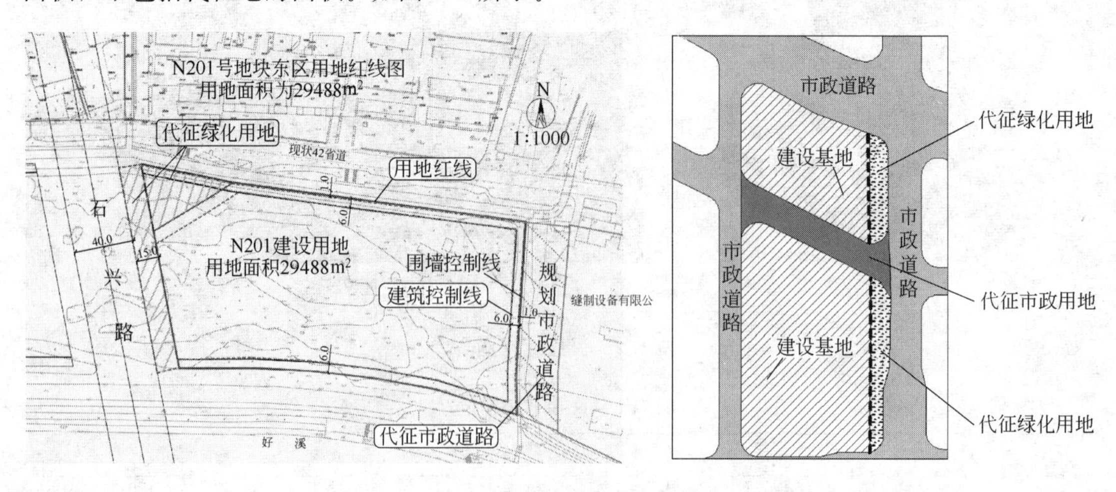

图1.2　各种用地示意

(7) 城市道路（市政道路）　系指在总体规划和分区土地使用规划中已确定的及详细规划中规定的主干道、次干道、支路。如图 1.2 所示。

(8) 代征市政用地　由城市规划行政部门确定范围，由建设单位代替城市政府征用集体所有土地或办理国有土地使用权划拨手续，并负责拆迁现状地上物、安置现状居民和单位后，交由市政、交通部门进行管理的规划市政、道路用地。如图 1.2 所示。

(9) 代征绿化用地　由城市规划行政部门确定范围，由建设单位代替城市政府征用集体所有土地或办理国有土地使用权划拨手续，并负责拆迁现状地上物、安置现状居民和单位后，交由市、区园林绿化行政部门进行管理（包括公园绿地、河湖绿地、文物绿地、绿化隔离区绿地、交通防护绿地等）的规划城市公共绿地。如图 1.2 所示。

(10) 其他代征用地　由于建设工程的建设而造成的日照遮挡或由于其他原因，由城市规划行政部门确定范围，需由建设单位负责拆迁现状地上物并安置现状居民和单位的用地（该用地由建设单位或城市规划行政部门指定单位进行管理）。

(11) 道路红线　规划的城市道路（含居住区级道路）用地的边界线。如图 1.3 所示。

(12) 用地红线　即建设用地红线，是指各类建筑工程项目用地的使用权属范围的边界线。如图 1.3 所示。

(13) 建筑控制线　有关法规或详细规划确定的建筑物、构筑物的基底位置不得超出的界线。如图 1.3 所示。

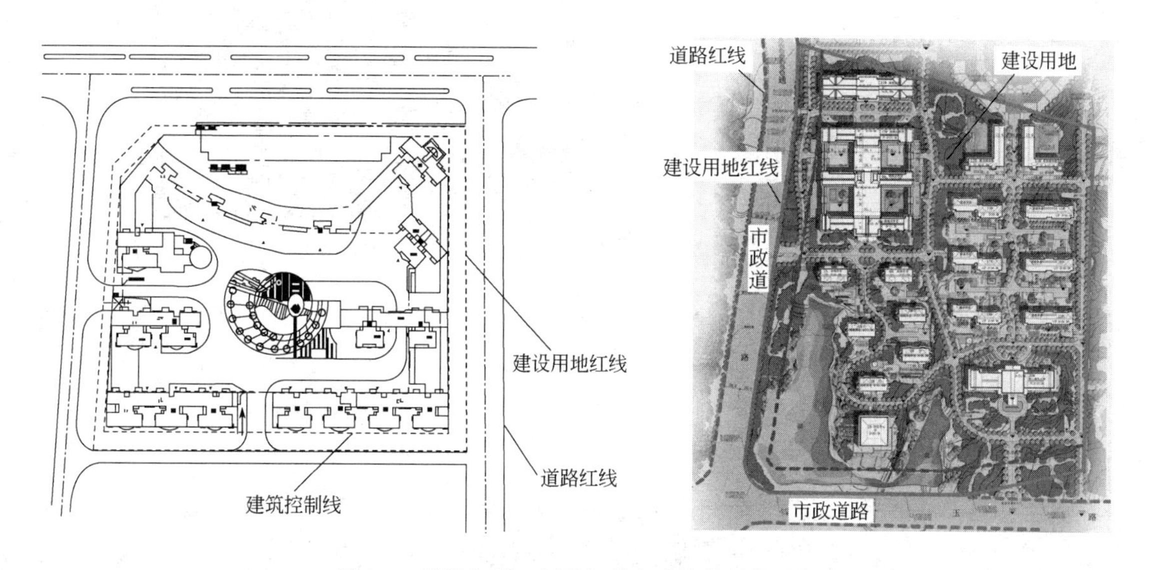

图 1.3　道路红线、用地红线和建筑控制线示意

(14) 建筑密度　一定地块范围内所有建筑物的基底总面积占用地面积的百分比。其单位为%。建筑密度是反映建设用地经济性的主要指标之一，其计算公式为（图 1.4）：

$$建筑密度=\frac{建筑基底总面积}{建设用地总面积}\times 100\%$$

(15) 容积率　指建设用地内的计容的总建筑面积与建设用地总面积的比值。其中计容的总建筑面积一般是指地上建筑面积总和。容积率是控制建设用地的建筑规模形态主要指标之一，其计算公式为：

$$容积率=\frac{地上建筑总面积}{建设用地总面积}$$

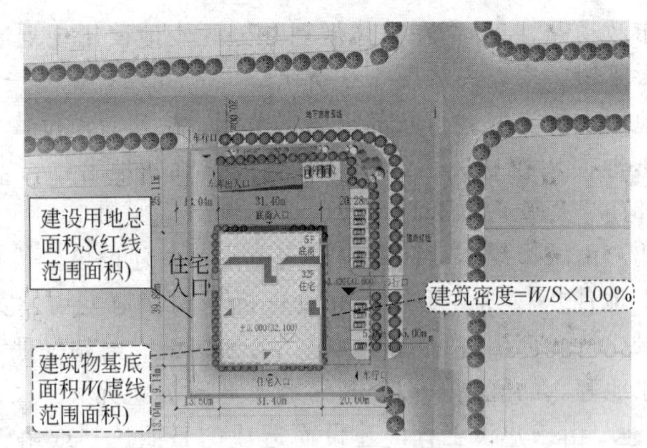

图 1.4　建筑密度示意

（16）建筑间距　指两栋建筑物或构筑物外墙外皮最凸出处（不含居住建筑阳台）之间的水平距离，如图 1.5 所示。规划设计时应综合考虑防火、防震、日照、通风、采光、视线干扰、防噪、绿化、卫生、管线埋设、建筑布局形式以及节约用地等要求，确定合理的建筑间距。

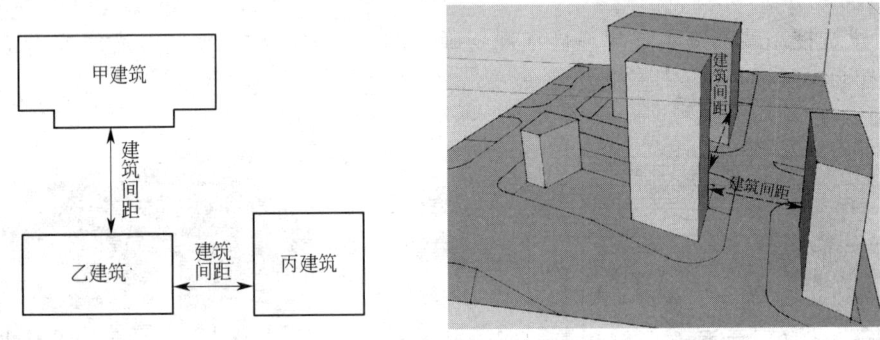

图 1.5　建筑间距示意

（17）绿地率　指建设用地内的，各类绿地总面积与该建设用地总面积的比率（%）。如图 1.6 所示。

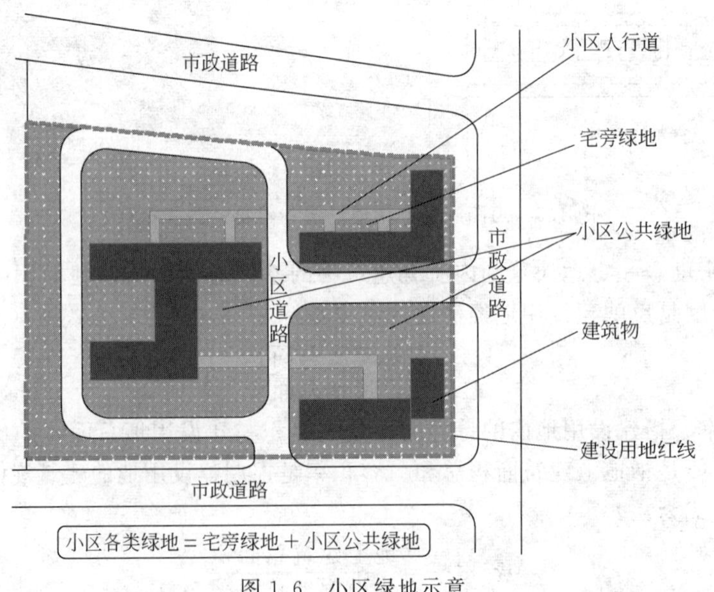

图 1.6　小区绿地示意

$$绿地率=\frac{各类绿地总面积}{建设用地总面积}\times 100\%$$

（18）地下室　房间地平面低于室外地平面的高度超过该房间净高的 1/2 者为地下室。如图 1.7 所示。

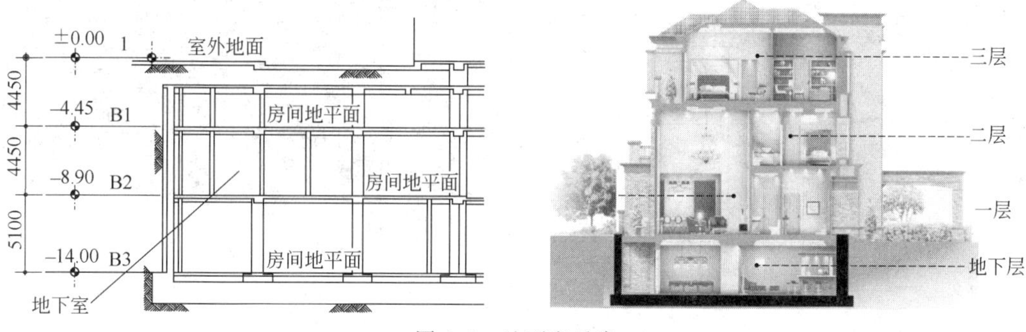

图 1.7　地下室示意

（19）半地下室　房间地平面低于室外地平面的高度超过该房间净高的 1/3，且不超过 1/2 者为半地下室。如图 1.8 所示。

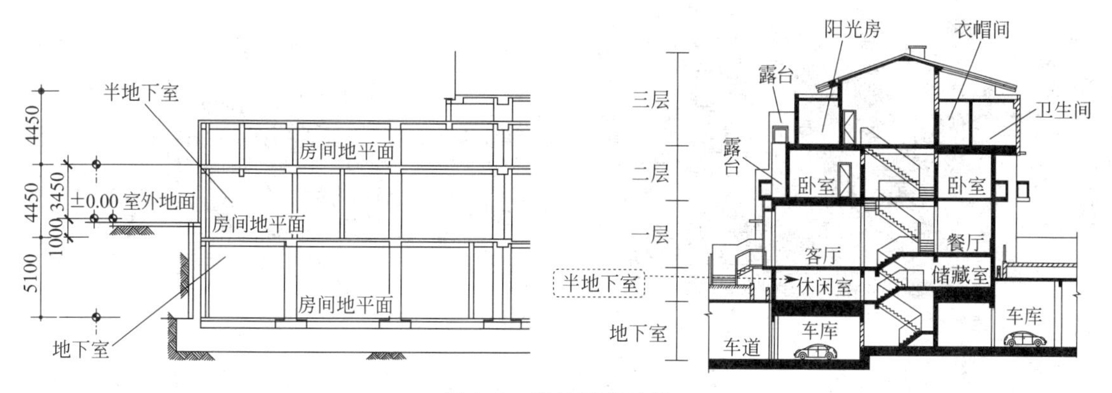

图 1.8　半地下室示意

（20）层高　建筑物各层之间以楼、地面面层（完成面）计算的垂直距离，屋顶层由该层楼面面层（完成面）至平屋面的结构面层或至坡顶的结构面层与外墙外皮延长线的交点计算的垂直距离。如图 1.9 所示。

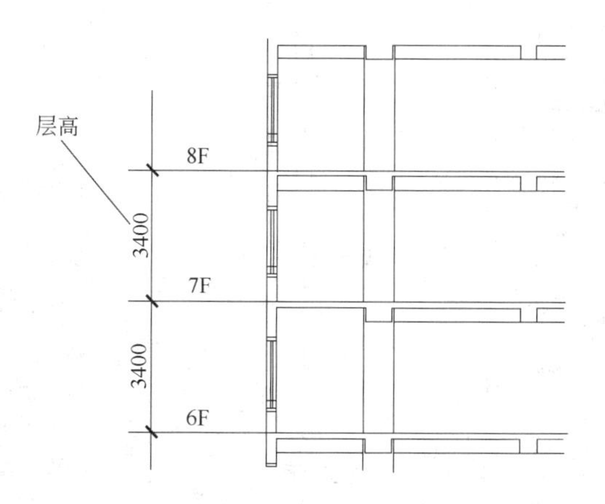

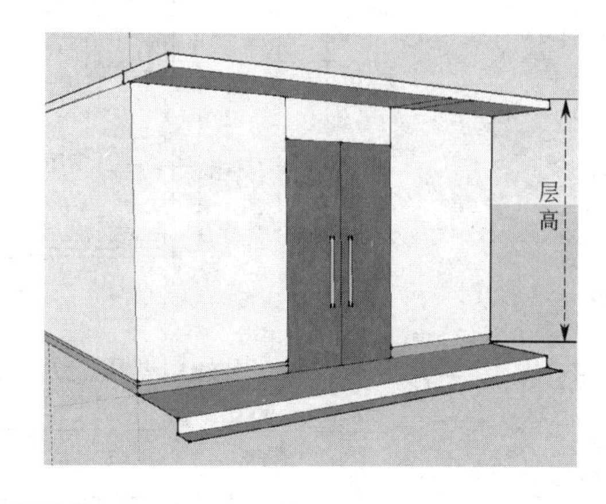

图 1.9　层高示意

（21）室内净高　从楼、地面面层（完成面）至吊顶或楼盖、屋盖底面之间的有效使用空间的垂直距离。如图 1.10 所示。

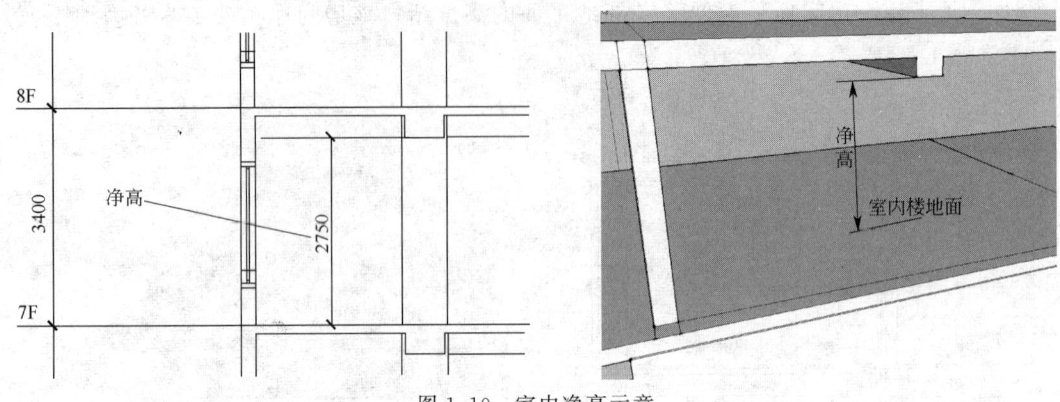

图 1.10　室内净高示意

（22）建筑高度　一般指建筑物室外地面到其檐口（平屋顶）或屋面面层（坡屋顶）的高度。如图 1.11 所示。

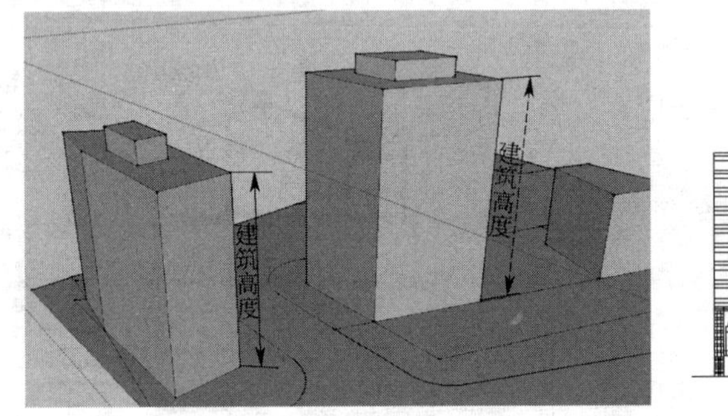

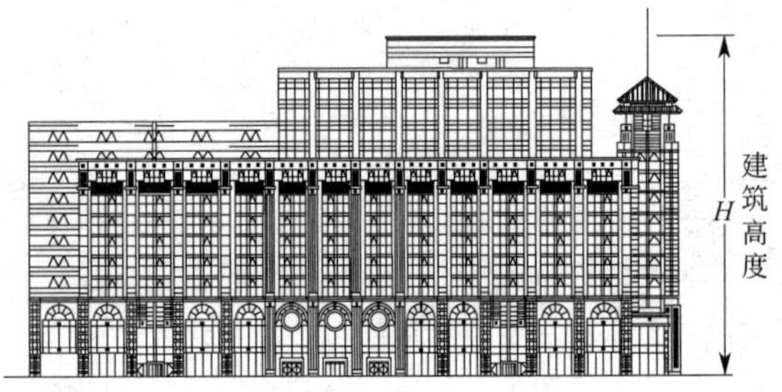

图 1.11　建筑高度示意

（23）建筑面积　指建筑物（包括墙体）所形成的楼地面面积。也即各建筑物每层外墙线（或墙外柱子边缘线）的水平投影面积之和（包括按国家有关规定应计算的阳台、雨棚、无柱挑廊的面积；无论是否封闭，建筑阳台均按其水平投影面积的一半计算）。如图 1.12 所示。

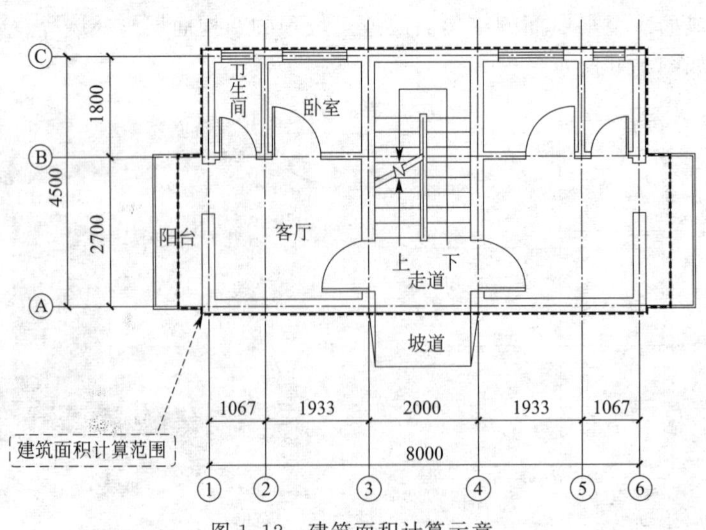

图 1.12　建筑面积计算示意

（24）地上建筑面积　指建设用地内各栋建筑物地上（一般为±0.000 标高以上楼层）建筑面积计算值之和。

（25）地下建筑面积　指建设用地内各栋建筑物地下（一般为±0.000 标高以下楼层）建筑面积计算值之和。

（26）总建筑面积　指建设用地内各栋建筑物的地下建筑总面积与地上建筑总面积之和。

1.1.2　公共建筑相关术语

（1）单层和多层建筑（公共建筑）　除住宅建筑之外的民用建筑高度不大于 24m 者为单层和多层建筑。

（2）高层建筑　根据《建筑防火设计规范 GB 50016—2014》规定，高层建筑是指建筑高度大于 27m 的住宅建筑和建筑高度大于 24m 的非单层厂房、仓库和其他民用建筑。如图 1.13 所示。

（3）超高层建筑　在国内是指建筑高度大于 100m 的民用建筑。如图 1.13 所示。

（4）裙房　根据《建筑防火设计规范 GB 50016—2014》规定，裙房是指在高层建筑主体投影范围外，与建筑主体相连且建筑高度不大于 24m 的附属建筑。如图 1.13 所示。

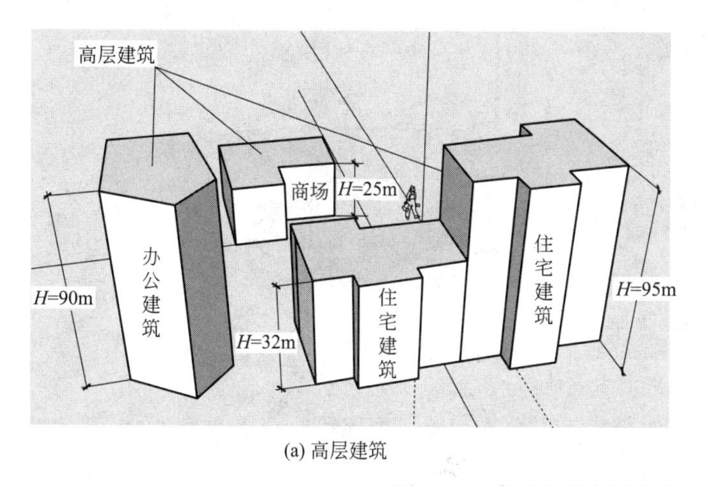

(a) 高层建筑

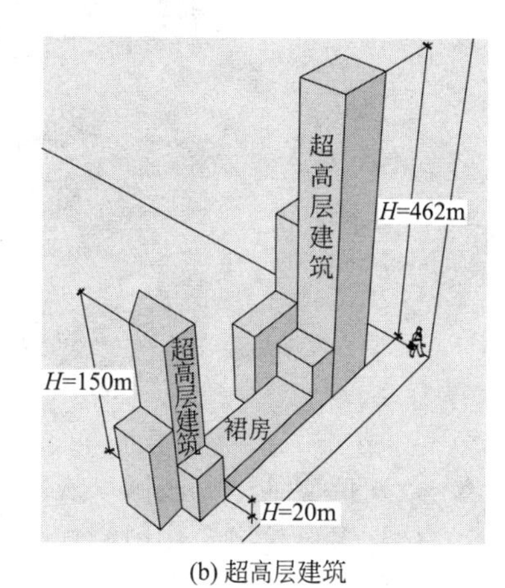

(b) 超高层建筑

图 1.13　高层及超高层建筑示意

（5）汽车库　停放由内燃机驱动且无轨道的客车、货车、工程车等汽车的建筑物。

（6）停车场　停放由内燃机驱动且无轨道的客车、货车、工程车等汽车的露天场地和构筑物。

（7）地下汽车库　室内地坪面低于室外地坪面高度超过该层车库净高一半的汽车库。

（8）复式汽车库　室内有车道、有人员停留的，同时采用机械设备传送，在一个建筑层里叠 2～3 层存放车辆的汽车库。

（9）机械式立体汽车库　室内无车道且无人员停留的、采用机械设备进行垂直或水平移动等形式停放汽车的汽车库。如图 1.14 所示。

（10）防空地下室　指具有预定战时防空功能的地下室建筑物，简称“人防”。如图 1.15 所示。

1.1.3　居住建筑相关术语

（1）居住建筑　供人们居住使用的建筑。包括住宅、公寓、别墅、部队干休所等。

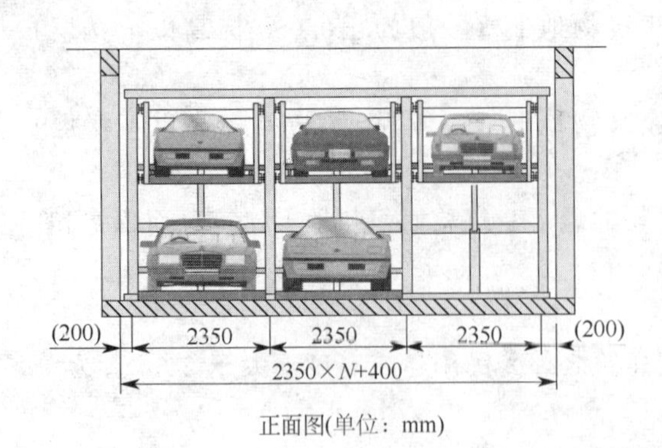

图 1.14 机械式立体汽车库示意

图 1.15 人防工程（平时作为汽车库）

（2）低层住宅 按国家规范，一般是指 1 层至 3 层的住宅建筑。

（3）多层住宅 按国家规范，一般是指 4 层至 6 层的住宅建筑。

（4）中高层住宅 在国内一般是指 7 层至 9 层的住宅建筑（高度不大于 27m）。

（5）高层住宅 在国内一般是指 10 层及 10 层以上（高度大于 27m）的住宅建筑。

（6）塔式高层住宅 以共用楼梯、电梯为核心布置多套住房的高层住宅。

（7）单元式高层住宅 由多个住宅单元组合而成，每单元均设有楼梯、电梯的高层住宅。

（8）独栋别墅 指由一幢或两幢连在一起的独立房屋，一般为 2～3 层，其外观造型别致，空间舒适，居住功能比较齐全。如图 1.16 所示。

（9）联排别墅 也称 townhouse（直译为市镇住宅或城区住宅），是指由两幢或多幢连在一起的独立房屋，其特点是每户有独立的街门对外，不论是 1 层、2 层还是 3 层，纵向房屋属于一户使用。如图 1.17 所示。

（10）双拼别墅 双拼别墅是由两个单元的别墅拼联组成的单栋别墅，它是联排别墅与独栋别墅之间的中间产品。如图 1.18(a) 所示。

（11）叠拼别墅 叠拼别墅是联排别墅的叠拼式的一种延伸，是在综合情景洋房公寓与联排别墅特点的基础上产生的，由多层的复式住宅上下叠加在一起组合而成，下层有花园，上层有屋顶花园，一般为四层带阁楼建筑。如图 1.18(b) 所示。

图 1.16　独栋别墅

图 1.17　联排别墅

(a) 双拼别墅

(b) 叠拼别墅

图 1.18　双拼和叠拼别墅

（12）开间　指一自然间房屋内一面墙皮到另一面墙皮之间的实际距离。如图 1.19 所示。

（13）进深　在建筑学上是指一间独立的房屋或一幢居住建筑从前墙皮到后墙壁之间的实际长度。如图 1.19 所示。

（14）使用面积　房间实际能使用的面积，不包括墙、柱等结构构造和保温层的面积。如图 1.20 所示。

（15）标准层　平面布置相同的住宅楼层。

（16）跃层住宅　套内空间跨跃两楼层及以上的住宅。

（17）套　由使用面积、居住空间组成的基本住宅单位。

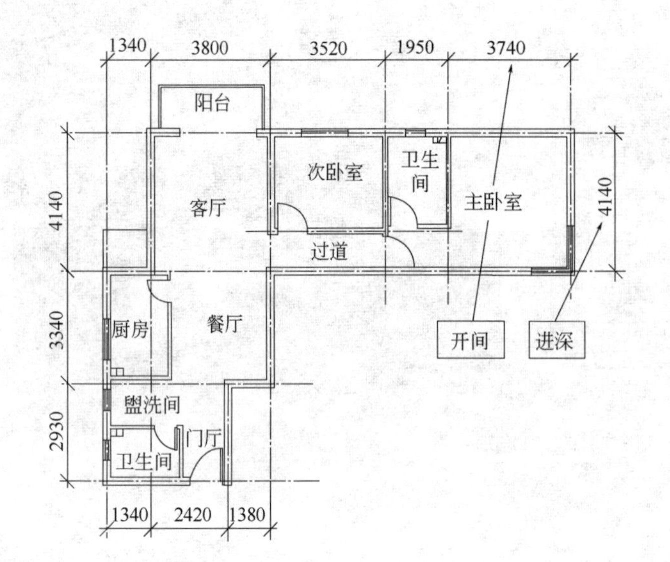

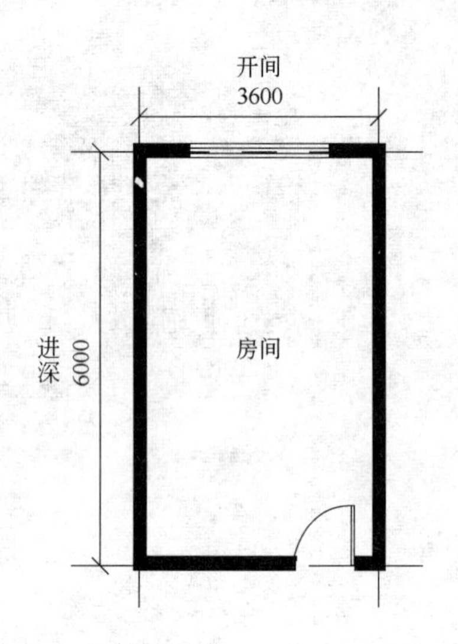

图 1.19 开间和进深示意

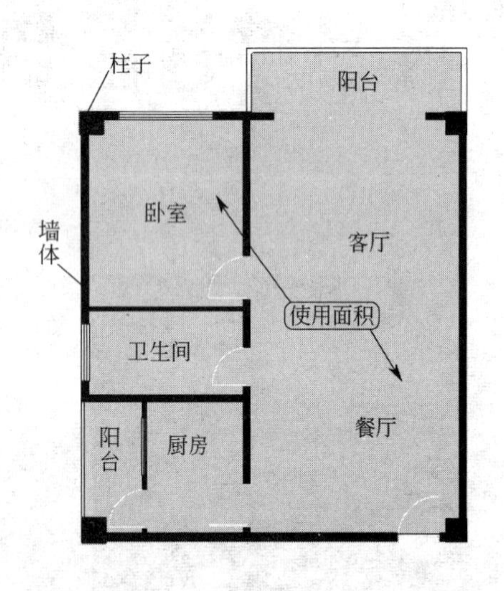

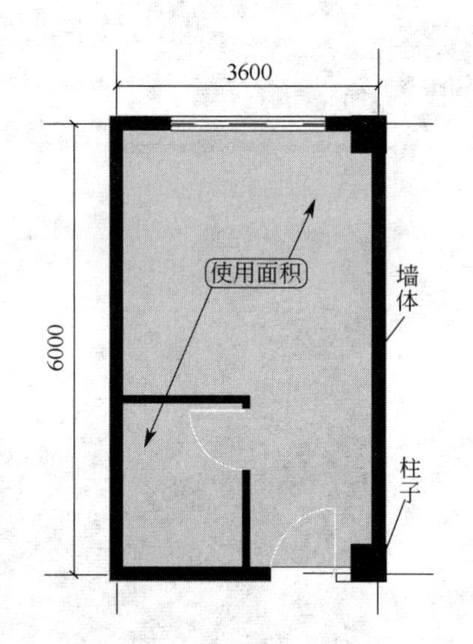

图 1.20 使用面积示意

(18) 起居室（厅） 供居住者会客、娱乐、团聚等活动的空间。

(19) 成套房屋的建筑面积（套内建筑面积） 根据国家规范 GB/T 17996.1《房产测量规范》，成套房屋的套内建筑面积由套内房屋的使用面积，套内墙体面积，套内阳台建筑面积三部分组成，即：套内建筑面积＝套内使用面积＋套内墙体面积＋套内阳台面积。其中：

① 套内房屋使用面积为套内房屋使用空间的面积，以水平投影面积按以下规定计算；

a. 套内使用面积为套内卧室、起居室、过厅、过道、厨房、卫生间、厕所、贮藏室、壁柜等空间面积的总和。

b. 套内楼梯按自然层数的面积总和计入使用面积。

c. 不包括在结构面积内的套内烟囱、通风道、管道井均计入使用面积。

d. 内墙面装饰厚度计入使用面积。

② 套内墙体面积是套内使用空间周围的维护或承重墙体或其他承重支撑体所占的面积，其中各套之间的分隔墙和套与公共建筑空间的分隔以及外墙（包括山墙）等共有墙，均按水平投影面积的一半计入套内墙体面积。套内自有墙体按水平投影面积全部计入套内墙体面积；

③ 套内阳台建筑面积均按阳台外围与房屋外墙之间的水平投影面积的一半计算建筑面积。

（20）公摊建筑面积（公摊面积，共有共用建筑面积）　根据国家规范 GB/T 17996.1《房产测量规范》，共有建筑面积的内容包括：电梯井、管道井、楼梯间、垃圾道、变电室、设备间、公共门厅、过道、地下室、值班警卫室等，以及为整幢服务的公共用房和管理用房的建筑面积，以水平投影面积计算。共有建筑面积还包括套与公共建筑之间的分隔墙，以及外墙（包括山墙）水平投影面积一半的建筑面积。

独立使用的地下室，车棚、车库、为多幢服务的警卫室，管理用房，作为人防工程的地下室都不计入共有建筑面积。每户公摊面积计算方法按 GB/T 17996.1《房产测量规范》规定的方法和计算公式计算。

（21）销售建筑面积　销售建筑面积（也称每户建筑面积）= 每户套内建筑面积 + 每户分摊的公摊面积。如图 1.21 所示。

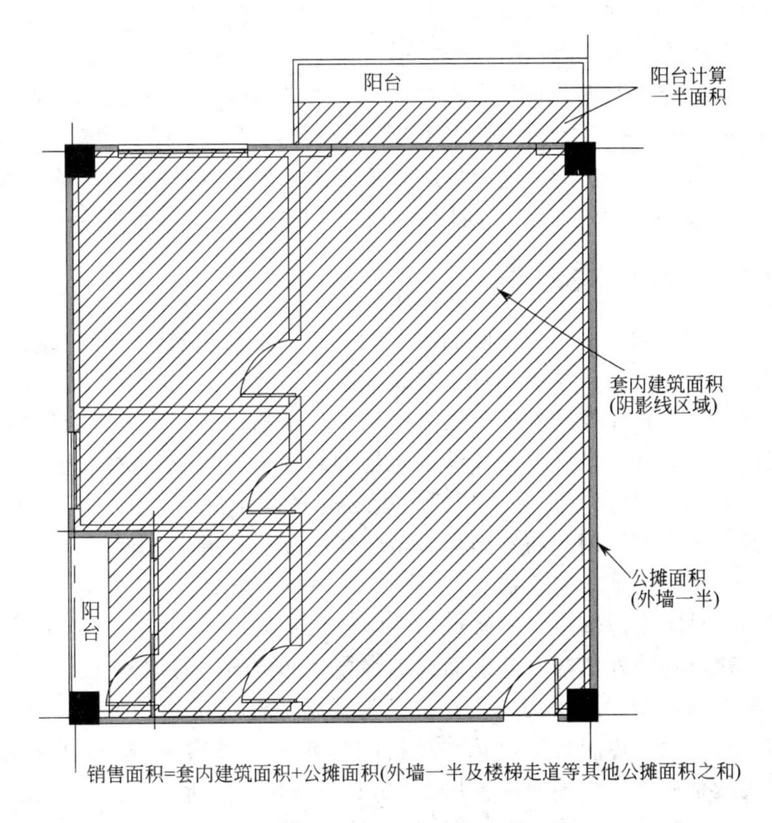

图 1.21　销售面积示意

（22）共有建筑面积的分摊及计算方法

① 共有建筑面积的计算方法：

整幢建筑物的建筑面积扣除整幢建筑物各套套内建筑面积之和，并扣除已作为独立使用的地下室、车棚、车库、为多幢服务的警卫室、管理用房以及人防工程等建筑面积，即为整幢建筑物的共有建筑面积。

② 共有建筑面积的分摊方法：

▪ 住宅楼共有建筑面积的分摊方法：

住宅楼以幢为单元，依照 GB/T 17996.1《房产测量规范》规定的方法和计算公式，根据各套房屋的套内建筑面积，求得各套房屋分摊所得的共有建筑分摊面积。

▪ 商住楼共有建筑面积的分摊方法：

首先根据住宅和商业等的不同使用功能按各自的建筑面积将全幢的共有建筑面积分摊成住宅和商业两部分，即住宅部分分摊得到的全幢共有建筑面积和商业部分分摊得到的全幢共有建筑面积。然后住宅和商业部分将所得的分摊面积再各自进行分摊。

住宅部分：将分摊得到的幢共有建筑面积，加上住宅部分本身的共有建筑面积，依照 GB/T 17996.1《房产测量规范》规定的方法和公式，按各套的建筑面积分摊计算各套房屋的分摊面积。

商业部分：将分摊得到的幢共有建筑面积，加上本身的共有建筑面积，按各层套内的建筑面积依比例分摊至各层，作为各层共有建筑面积的一部分，加至各层的共有建筑面积中，得到各层总的共有建筑面积，然后再根据层内各套房屋的套内建筑面积按比例分摊至各套，求出各套房屋分摊得到的共有建筑面积。

▪ 多功能综合楼共有建筑面积的分摊方法：

多功能综合楼共有建筑面积按照各自的功能，参照商住楼的分摊计算方法进行分摊。

(23) 得房率　得房率是指每户套内建筑面积与每户建筑面积（也就是包括公摊面积的每户销售面积）之比。一般情况下，低层和多层住宅的得房率最高，基本控制在 85%～90%，小高层得房率约 80%～85%，高层一般在 75%～80%，办公楼为 55%～60%。

1.1.4 其他建筑相关术语

(1) 设备层　建筑物中专为设置暖通、空调、给水排水和配变电等的设备和管道且供人员进入操作用的空间层，设备层为不计入建筑面积，一般层高小于 2.2m。

(2) 变形缝　为防止建筑物在外界因素作用下，结构内部产生附加变形和应力，导致建筑物开裂、碰撞甚至破坏而预留的构造缝，包括伸缩缝、沉降缝和抗震缝。

(3) 吊顶（天花）　悬吊在房屋屋顶或楼板结构下的顶棚。

(4) 管道井　建筑物中用于布置竖向设备管线的竖向井道。

(5) 烟道　排除各种烟气的管道。

(6) 通风道　排除室内蒸汽、潮气或污浊空气以及输送新鲜空气的管道。

(7) 勒脚　建筑物的外墙与室外地面或散水接触部位墙体的加厚部分。

(8) 建筑标高五零线（一米线）　五零线为就是“建筑楼地面标高＋500mm”的控制线，是一条辅助线，用于控制各层建筑和结构的标高。50 线分建筑 50 线和结构 50 线。同理，建筑一米线就是从建筑楼地面向上加 1.00m。如图 1.22 所示。

(9) 隔断　指专门作为分隔室内空间的不到顶的半截立面。

(10) 耐火极限　指对一建筑构件按时间-温度标准曲线进行耐火试验，从受到火的作用时起，到失去支持能力或完整性被破坏或失去隔火作用时止的这段时间，以小时（h）计。

(11) 无障碍设施　方便残疾人、老年人等行动不便或有视力障碍者使用的安全设施。

(12) 建筑幕墙　由金属构架与板材组成的，不承担主体结构荷载与作用的建筑外围护结构，常见的建筑幕墙包括玻璃幕墙、石材幕墙、金属板幕墙等。如图 1.23 所示。

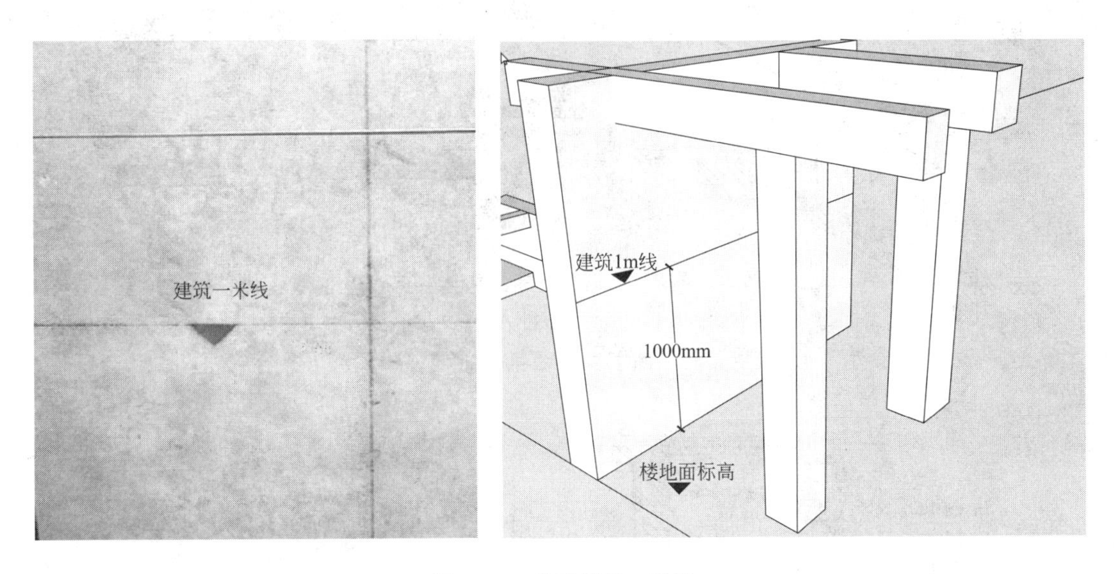

图 1.22　建筑标高一米线

图 1.23　建筑幕墙示意

（13）楼梯　由连续行走的梯级、休息平台和维护安全的栏杆（或栏板）、扶手以及相应的支托结构组成的作为楼层之间垂直交通用的建筑部件。如图 1.24 所示。

（14）台阶　在室外或室内的地坪或楼层不同标高处设置的供人行走的阶梯。如图 1.25 所示。

（15）架空层　仅有结构支撑而无外围护结构的开敞空间层。

（16）避难层　建筑高度超过 100m 的高层建筑，为消防安全专门设置的供人们疏散避难的楼层。

（17）日照标准　根据建筑物所处的气候区、城市大小和建筑物的使用性质确定的，在规定的日照标准日（冬至日或大寒日）的有效日照时间范围内，以底层窗台面为计算起点的建筑外窗获得的日照时间。如图 1.26 所示。

（18）自然层　按楼板、地板结构分层的楼层。

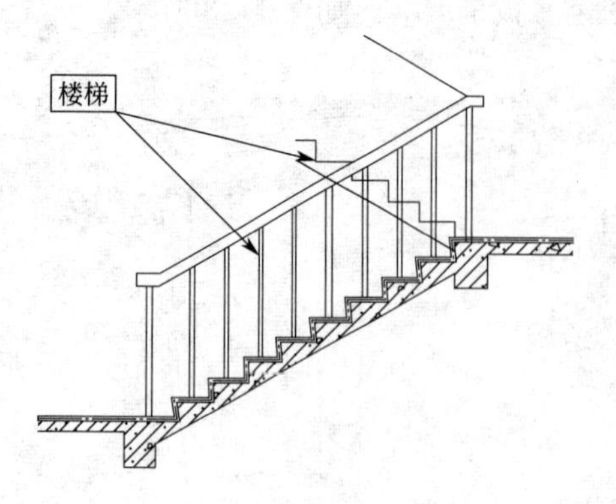

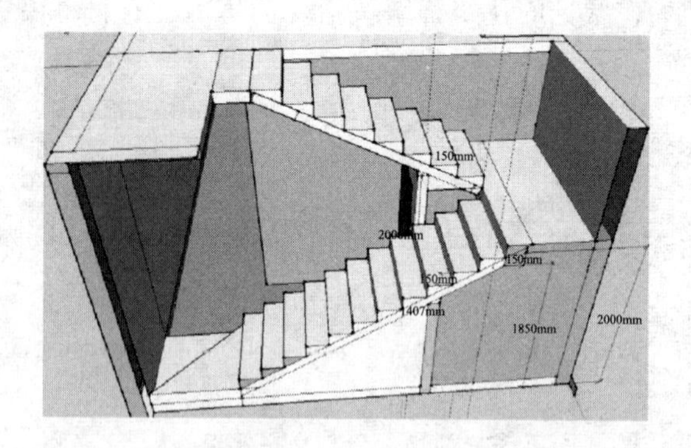

图 1.24　楼梯示意

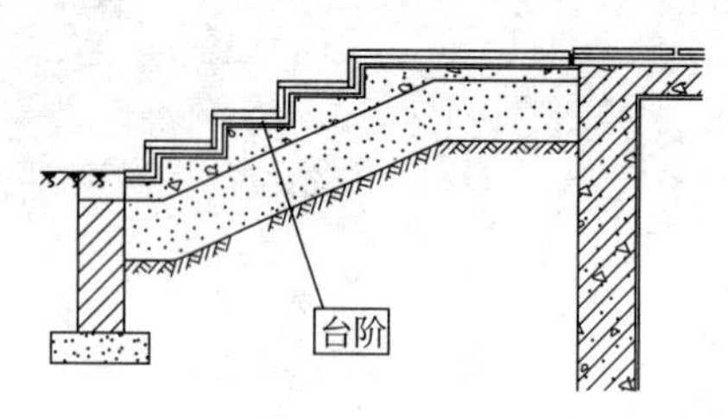

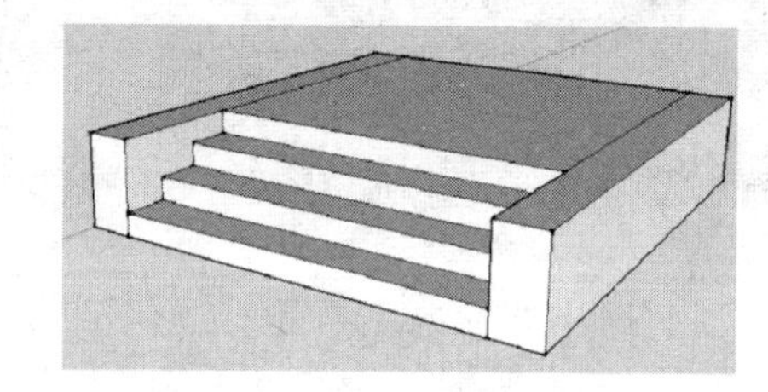

图 1.25　台阶示意

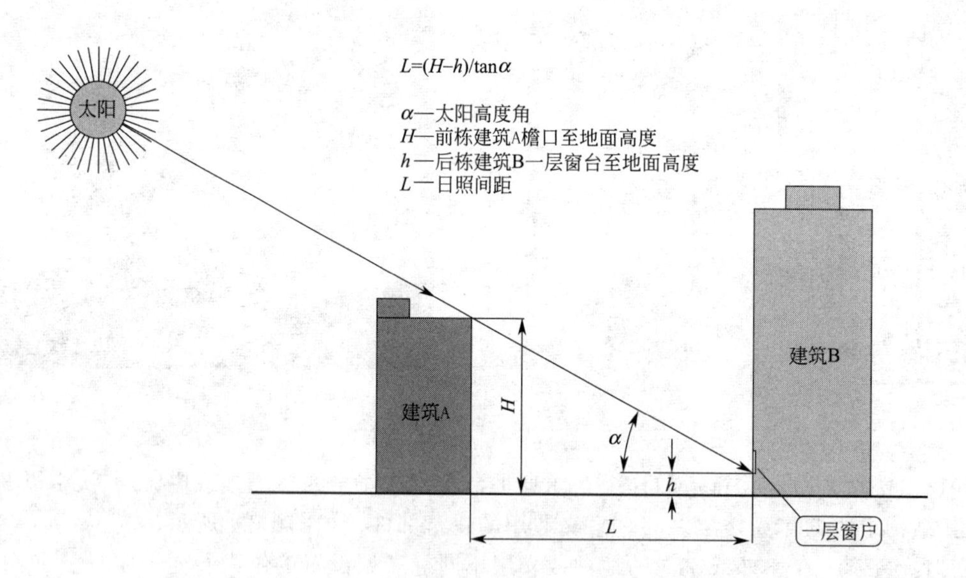

图 1.26　日照间距计算示意

(19) 门斗　在建筑物出入口设置的起分隔、挡风、御寒等作用的建筑过渡空间。

(20) 飘窗　为房间采光和美化造型而设置的突出外墙的窗。

(21) 雨篷　设置在建筑物进出口上部的遮雨、遮阳篷。

(22) 装修　以建筑物主体结构为依托，对建筑内、外空间进行的细部加工和艺术处理。

(23) 垫层　在建筑地基上设置承受并传递上部荷载的构造层。

(24) 找平层　在垫层或楼板面上进行抹平找坡的构造层。

(25) 面层　建筑地面直接承受各种物理和化学作用的表面层。

1.2 常用符号及代号

1.2.1 常见数学符号（表 1.3）

表 1.3　常见数学符号

符号	含义	范例
～	数字范围（自……至……）	50～100 表示“自 50 至 100”的数字范围
±	正负号	±0.000 一般表示首层室内完成地面相对标高
℃	摄氏温度	100℃表示温度为 100 摄氏度
#	号	8#楼表示第 8 号楼
@	每个、每样相等中距	@1200mm，表示间距为 1200mm
‰	千分比	56‰＝0.056
%	百分比	15%＝0.15
⌒	弧度长度	表示某一段弧长
°	度	45°表示角度为 45 度
∠	角度大小	∠60，表示角度为 60 度
i	坡度	i ＝ 2%，表示坡度为 2%
$\|a\|$	a 的绝对值	|－58.9|＝58.9
!	阶乘	6！＝6×5×4×3×2×1＝720
:	比	1∶8＝1/8＝0.125
max	取最大值	max(6,88,9.6)＝88
min	取最小值	min(6,88,9.6)＝6
ha	公顷	表示面积大小，1ha 等于 10000 平方米
lg	常用对数（以 10 为底的对数）	lg10＝1
ln	自然对数（以 e 为底的对数）	lne＝1
sin	正弦	sin90°＝1
cos	余弦	cos90°＝0
tan(tg)	正切	tan45°＝1
cot(ctg)	余切	cot45°＝1

1.2.2 其他常见符号（表 1.4）

表 1.4　其他常见符号

符号	含义
a. m.	上午
p. m.	下午
&	和
№	第几号
ϕ	直径
∵	因为
∴	所以
≡	全等于
⊥	垂直于
≮、≯	不小于、不大于
≠	不等于
ρ	密度
km	千米、公里
m^2	平方米
cc	毫升
″	英寸 inch 的简写形式，例如 8″表示 8 英寸
kg	千克
∟	直角
≌	全等于
∝	成正比
∽	相似于
≈	约等于
≫	远大于
≪	远小于
TM	trade mark sign
©	版权所有
®	注册商标
≤、≥	小于或等于、大于或等于
∥	平行于
♀	女性
♂	男性
·	分隔号
∞	无穷大
const	常数
⌖ 6.000	标高，表示该位置的相对标高为 6.000m
Σ	求和
3.600▽	标高，表示该位置的相对标高为 3.600m
￥	人民币
$	美元
£	英镑
¥	日元
€	欧元

1.2.3 罗马数字与常见数字词头（表 1.5）

表 1.5 罗马数字与常见数字词头

罗马数字	含义	数字词头	含义	罗马数字	含义	数字词头	含义
Ⅰ	1	十	10	Ⅵ	6	亿	10^8
Ⅱ	2	百	100	Ⅶ	7	k	10^3
Ⅲ	3	千	1000	Ⅷ	8	M	10^6
Ⅳ	4	万	10^4	Ⅸ	9	G	10^9
Ⅴ	5	兆	10^6	Ⅹ	10	T	10^{12}

1.2.4 常见门窗符号（表 1.6）

表 1.6 常见门窗符号

符号	含义	范例
M	木门	M9 表示编号为 9 号的木门
FM	防火门(其中：甲 FM 表示甲级防火门，乙级、丙级表示方法类似)	甲 FM1221，表示甲级防火门，门洞洞口宽 1200mm，高 2100mm
C	窗户	C12 表示编号为 12 号的窗户
GSFM	钢结构双扇防护密闭人防门	GSFM4025(6)表示钢结构双扇防护密闭人防门，宽 4000mm，高 2500mm，防护等级为 6 级
GHSFM	钢结构活门槛双扇防护密闭人防门	GHSFM4025(6)表示钢结构活门槛双扇防护密闭人防门，宽 4000mm，高 2500mm，防护等级为 6 级

符号	含义	范例
GSFMG	防护单元连通口防护密闭人防门(钢结构双扇)	GSFMG3025(6)表示 6 级防护单元连通口防护密闭门，宽 3000mm，高 2500mm
JSFM	降落式双扇防护密闭门	JSFM4525(5)表示为 5 级降落式双扇防护密闭门，宽 4500mm，高 2500mm
HK	悬摆式防爆波活门	HK1000 表示 5 级悬摆式防爆波活门，风管当量直径 1000mm
FMDB	防护密闭封堵板	FMDB4025(6)表示 6 级防护密闭封堵板，封堵孔尺寸为高宽 4000mm，2500mm
FJ	防火卷帘	特 FJ4027 表示特级防火卷帘，宽高分别为 4000mm、2700mm

1.2.5 材料强度符号（表 1.7）

表 1.7 材料强度符号

符号	含义	范例
Φ	Ⅰ级钢筋强度等级	Φ18 表示直径为 18mm 的Ⅰ级钢筋
Φ	Ⅱ级钢筋强度等级	Φ25 表示直径为 25mm 的Ⅱ级钢筋
Φ	Ⅲ级钢筋强度等级	Φ36 表示直径为 36mm 的Ⅲ级钢筋
C	混凝土强度等级	C20 混凝土表示轴心抗压强度设计值为 $10N/mm^2$ 的混凝土
M	砂浆强度等级	M7.5 砂浆强度表示根据龄期为 28 天的标准立方块所测得的抗压强度所确定的(N/mm^2)

符号	含义	范例
MU	砖、石材、砌块等材料强度等级	石材 MU20 的强度等级是表示边长为 70mm 的立方体试块的抗压强度
TC/TB	木材强度等级	云杉的强度设计值为 TC15
CL	轻集料混凝土强度等级	CL7.5 轻集料混凝土强度等级为 CL7.5
S	防水混凝土的抗渗等级	S8 表示防水混凝土的抗渗等级为 S8

1.2.6　规格型号符号（表 1.8）

表 1.8　规格型号符号

符号	含义	范例	符号	含义	范例
L(∟)	不等边角钢(等边角钢)	L125×80×12 为不等边角钢，长边长 125mm；∟ 125×12 为等边角钢	□	方钢	□100×100 表示两个方向边宽均为 100mm 的方钢
[	槽钢	[20 型号的热轧轻型槽钢的高度为 200mm	HK	热轧宽翼缘 H 型钢	HK200b 型号热轧宽翼缘 H 型钢的高度为 200mm
I	工字钢	I30 型号的热轧轻型工字钢的高度为 300mm	HZ	热轧窄翼缘 H 型钢	HZ200 型号热轧窄翼缘 H 型钢的高度为 200mm
—	扁钢	—100×100×8 表示两个方向边宽均为 100mm 厚 8mm 的扁钢板			

1.2.7　常见化学元素符号（表 1.9）

表 1.9　常见化学元素符号

符号	含义	符号	含义	符号	含义
H	氢	K	钾	Au	金
N	氮	Cr	铬	Hg	汞
O	氧	Ca	钙	Tl	铊
C	碳	Fe	铁	Pb	铅
Mg	镁	Ni	镍	Rn	氡
Al	铝	Cu	铜	Ra	镭
Si	硅	Zn	锌	U	铀
P	磷	Ag	银	Pu	钚
S	硫	Sn	锡		
Ar	氩	I	碘		

1.2.8　常见聚合物材料符号（表 1.10）

表 1.10　常见聚合物材料符号

符号	含义	符号	含义	符号	含义
CA	乙酸纤维素	MPF	三聚氰胺-酚醛树脂	PPC	聚苯醚
CF	甲酚甲醛树脂	PA	尼龙(聚酰胺)	PUR	聚氨酯
EP	环氧树脂	PAA	聚丙烯酸	PVC	聚氯乙烯
FRP	玻璃纤维增强塑料	PCTFE	聚三氟氯乙烯	RP	增强塑料
HDPE	高密度聚乙烯	PE	聚乙烯	UF	脲甲醛树脂
LDPE	低密度聚乙烯	PEC	氯化聚乙烯		
MF	三聚氰胺-甲醛树脂	PP	聚丙烯		

1.2.9 常见国家和地区货币符号（表 1.11）

表 1.11 常见国家和地区货币符号

国家和地区名称	货币标准符号	国家和地区名称	货币标准符号	国家和地区名称	货币标准符号
中国内地	人民币元(CNY)	马来西亚	马元（MYR）	美国	美元(USD)
中国台湾	新台币(TWD)	新加坡	新加坡元（SGD）	墨西哥	墨西哥比索(MXP)
中国香港	港元(HKD)	印度尼西亚	盾(IDR)	古巴	古巴比索(CUP)
中国澳门	澳门元(MOP)	巴基斯坦	巴基斯坦卢比(PRK)	秘鲁	新索尔(PES)
朝鲜	圆(KPW)	印度	卢比(INR)	巴西	新克鲁赛罗(BRC)
越南	越南盾(VND)	澳大利亚	澳大利亚元(AUD)	阿根廷	阿根廷比索(ARP)
日本	日元(JPY)	欧洲联盟货币	欧元(EUR)	埃及	埃及镑(EGP)
菲律宾	菲律宾比索(PHP)	俄罗斯	卢布(SUR)	南非	兰特(ZAR)
		英国	英镑(GBP)	新西兰	新西兰元(NZD)
		加拿大	加元(CAD)	伊拉克	伊拉克第纳尔(IQD)

1.3 常用单位换算

1.3.1 法定计量单位（表 1.12）

表 1.12 法定计量单位

国际单位制单位		非国际单位制单位		国际单位制单位		非国际单位制单位	
名称	单位名称（符号）	名称	单位名称（符号）	名称	单位名称（符号）	名称	单位名称（符号）
长度	米(m)	长度	海里(n mile)	物质的量	摩尔(mol)	体积	升(L、l)
质量(重量)	千克(kg)	质量(重量)	吨(t)				
时间	秒(s)	时间	天/日(d)、小时(h)、分(min)	发光强度	坎德拉(cd)	速度	节(kn)
电流	安培(A)	平面角	度(°)、分(′)、秒(″)	平面角	弧度(rad)	级差	分贝(dB)
热力学温度	开尔文(K)	旋转速度	转每分(r/min)	立体角	球面度(sr)	线密度	特克斯(tex)

1.3.2 长度单位换算（表 1.13）

表 1.13 长度单位换算

名称	符号	与米(m)的换算关系	名称	符号	与米(m)的换算关系
光年		1 光年＝9460730472580800m	市寸(寸)		1 寸＝0.0333m
公里	km	1km＝1000m	英里	mile	1mile＝1609.344m
米	m	1m＝1m	码	yd	1yd＝0.9144m
分米	dm	1dm＝0.1m	英尺	ft	1ft＝0.3048m
厘米	cm	1cm＝0.01m	英寸	in	1in＝0.0254m
毫米	mm	1mm＝0.001m	海里	n mile	1n mile＝1852m
微米	μm	1μm＝0.000001m	英寻	fm	1fm＝1.8288m
市里(里)		1 里＝500m	俄尺		1 俄尺＝0.3048m
市丈(丈)		1 丈＝3.3333m	日尺		1 日尺＝0.3030m
市尺(尺)		1 尺＝0.3333m			

注：空格表示无此项内容，下同。

1.3.3　面积单位换算（表 1.14）

表 1.14　面积单位换算

名称	符号	与平方米(m^2)的换算关系	名称	符号	与平方米(m^2)的换算关系
平方公里	km^2	$1km^2=1000000m^2$	平方丈		1 平方丈=11.1111m^2
公顷(平方百米)	ha(hm^2)	$1ha=10000m^2$	平方尺		1 平方尺=0.1111m^2
公亩(平方十米)	a(dam^2)	$1a=100m^2$	平方英里	$mile^2$	$1mile^2=0.2590\times10^7m^2$
平方分米	dm^2	$1dm^2=0.01m^2$	英亩		1 英亩=4046.8564m^2
平方厘米	cm^2	$1cm^2=0.0001m^2$	美亩		1 美亩=4046.8767m^2
平方毫米	mm^2	$1mm^2=0.000001m^2$	平方码	yd^2	$1yd^2=0.8361m^2$
平方微米	μm^2	$1\mu m^2=1\times10^{-12}m^2$	平方英尺	ft^2	$1ft^2=0.0929m^2$
市顷(百亩)		1 市顷=66666.6667m^2	平方俄尺		1 平方俄尺=0.0929m^2
市亩(亩)		1 亩=666.6667m^2	平方日尺		1 平方日尺=0.0918m^2

1.3.4　体积单位换算（表 1.15）

表 1.15　体积单位换算

名称	符号	与立方米(m^3)的换算关系	名称	符号	与立方米(m^3)的换算关系
立方千米	km^3	$1km^3=1\times10^9m^3$	立方市尺(立方尺)		1 立方尺=0.0370m^3
立方米	m^3	$1m^3=1m^3$	立方市寸(立方寸)		1 立方寸=$0.3704\times10^{-4}m^3$
立方分米(升)	dm^3 (L)	$1dm^3=1L$ $1dm^3=0.001m^3$ ($1L=0.001m^3$)	立方码 立方英尺	yd^3 ft^3	$1yd^3=0.7646m^3$ $1ft^3=0.0283m^3$
立方厘米(毫升)	cm^3 (mL)	$1cm^3=1mL$ $1cm^3=0.000001m^3$ ($1mL=0.000001m^3$)	立方英寸 加仑(英)	in^3 gal	$1in^3=1.6387\times10^{-5}m^3$ $1gal=0.0045m^3$
立方毫米(微升)	mm^3 (μL)	$1mm^3=1\mu L$ $1mm^3=1\times10^{-9}m^3$ ($1\mu L=1\times10^{-9}m^3$)	加仑(美) 蒲式耳	gal bu	$1gal=0.0038m^3$ $1bu=0.0363m^3$
立方微米	μm^3	$1\mu m^3=1\times10^{-18}m^3$	立方俄尺		1 立方俄尺=0.0283m^3
市石(石)		1 石=0.1m^3	立方日尺		1 立方日尺=0.0278m^3
市斗(斗)		1 斗=0.01m^3			

1.3.5　质量单位换算（表 1.16）

表 1.16　质量单位换算

名称	符号	与公斤(kg)的换算关系	名称	符号	与公斤(kg)的换算关系
吨	t	1t=1000kg	市两(两)		1 两=0.05kg
千克(公斤)	kg	1kg=1kg	磅	lb	1lb=0.4536kg
克	g	1g=0.001kg	盎司	floz	1floz=0.0283kg
市担(担)		1 担=50kg	俄磅		1 俄磅=0.4095kg
市斤(斤)		1 斤=0.5kg	日斤		1 日斤=0.6000kg

1.3.6 力学单位换算（表 1.17）

表 1.17 力学单位换算

名称	符号	与牛顿(N)的换算关系	名称	符号	与牛顿(N)的换算关系
牛顿	N	1N=1N	标准大气压	atm	$1atm=10.1325\times10^4N/m^2$
公斤力	kgf	1kgf=9.8066N	毫米汞柱	mmHg	$1mmHg=133.2719N/m^2$
磅力	lbf	1lbf=4.4483N	英寸汞柱	inHg	$1inHg=3385.1057N/m^2$
达因	dyn	$1dyn=10^{-5}N$	巴	bar	$1bar=100000N/m^2$
帕斯卡(牛顿/平方米)	Pa (N/m^2)	$1Pa=1N/m^2$	毫米水柱	mmH_2O	$1mmH_2O=9.8066N/m^2$
工程大气压(千克力/平方厘米)	at (kgf/cm^2)	$1at=9.8066\times10^4N/m^2$	英寸水柱	inH_2O	$1inH_2O=249.0880N/m^2$

1.3.7 物理单位换算（表 1.18）

表 1.18 物理单位换算

名称	符号	与瓦特(W)/焦耳(J)的换算关系	名称	符号	与瓦特(W)/焦耳(J)的换算关系
瓦特(焦耳/秒)	W	1W=1J/s	千克力·米	kgf·m	1kgf·m=9.8066J
千瓦特	kW	1kW=1000W	千瓦·时	kW·h	$1kW\cdot h=3.6\times10^6J$
电工马力		1电工马力=746W	卡	cal	1cal=4.1868J
锅炉马力		1锅炉马力=9809.5W	马力·时(米制)	Ps·h	$1Ps\cdot h=2.6478\times10^6J$
马力(米制)	Ps	1Ps=735.4996W			
马力(英制)	hP	1hP=745.7W	马力·时(英制)	hP·h	1hP·h=2684520J
焦耳(牛顿·米)	J(N·m)	1J=1N·m	尔格(达因·厘米)	erg (dyn·cm)	$1erg=10^{-7}J$

1.3.8 速度单位换算（表 1.19）

表 1.19 速度单位换算

名称	符号	与 m/s 的换算关系	名称	符号	与 m/s 的换算关系
米/秒	m/s	1m/s=1m/s	码/秒	yd/s	1yd/s=0.9144m/s
公里/小时	km/h	1km/h=0.2778m/s	英里/小时	mile/h	1mile/h=0.4470m/s
英尺/秒	ft/s	1ft/s=0.3048m/s	节(海里/小时)	kn(n mile/h)	1kn=0.5144m/s

1.3.9 度和弧度单位换算（表 1.20）

表 1.20 度和弧度单位换算

名称	符号	换算关系	名称	符号	换算关系
(角)度	°	1°=0.01745325 弧度	(角)秒	″	1″=0.00000485 弧度
(角)分	′	1′=0.00029089 弧度	弧度	rad	1 弧度=180°/π 1 弧度=57.29578°=57°17′45″

1.3.10　时间换算（表 1.21）

表 1.21　时间换算

名称	符号	与天/秒的换算关系	名称	符号	与天/秒的换算关系
年	y	1 年＝365 天	天	d	1 天＝24 小时＝1440 分＝86400 秒
月		1 月＝30 天(按月平均计算为 30 天)	(小)时	h	1 小时＝60 分＝3600 秒
旬		1 旬＝10 天	刻		1 刻钟＝15 分＝900 秒
星期(礼拜)		1 星期＝7 天	分	min	1 分＝60 秒

1.3.11　坡度与角度单位换算（表 1.22）

表 1.22　坡度与角度单位换算

坡度百分比	对应坡度比值	对应的坡度角	坡度比值	对应坡度百分比	对应的坡度角
1%	1∶100	0°34′	1∶1	100%	45°
2%	1∶50.00	1°09′	1∶2	50%	26.57°
3%	1∶33.33	1°43′	1∶3	33.33%	18.43°
4%	1∶25.00	2°17′	1∶4	25%	14.04°
5%	1∶20.00	2°52′	1∶5	20%	11.31°
6%	1∶16.67	3°26′	1∶6	16.67%	9.46°
7%	1∶14.29	4°00′	1∶7	14.29%	8.13°
8%	1∶12.50	4°34′	1∶8	12.5%	7.12°
9%	1∶11.11	5°08′	1∶9	11.11%	6.34°
10%	1∶10.00	5°43′	1∶10	10%	5.71°
11%	1∶9.09	6°17′	1∶12	8.33%	4.76°
12%	1∶8.33	6°51′	1∶15	6.67%	3.81°
13%	1∶7.69	7°24′	1∶20	5%	2.86°
14%	1∶7.14	7°58′	1∶25	4%	2.29°
15%	1∶6.67	8°32′	1∶50	2%	1.15°

1.3.12　温度单位换算（表 1.23）

表 1.23　温度单位换算

名称	符号	与摄氏温度的换算关系	名称	符号	与摄氏温度的换算关系
摄氏温度	℃	t℃＝t℃	热力学温度	K(开尔文)	tK＝(t－273.15)℃
华氏温度	°F	t°F＝5/9×(t－32)℃	兰氏温度	°R	t°R＝5/9×t－273.15

1.3.13 其他单位换算关系（表 1.24）

表 1.24 其他单位换算关系

国内工程习惯称呼	英寸 in(分数)	英寸 in(小数)	毫米(mm)	国内工程习惯称呼	英寸 in(分数)	英寸 in(小数)	毫米(mm)
半分	1/16	0.0625	1.5875	三分	3/8	0.3750	9.5250
一分	1/8	0.1250	3.1750	三分半	7/16	0.4375	11.1125
一分半	3/16	0.1875	4.7625	四分	1/2	0.5000	12.7000
二分	1/4	0.2500	6.3500	四分半	9/16	0.5625	14.2875
二分半	5/16	0.3125	7.9375	五分	5/8	0.6250	15.8750

1.3.14 香港（澳门）特别行政区常见单位换算（表 1.25）

表 1.25 香港（澳门）特别行政区常见单位换算

类别	换算	类别	换算	类别	换算
长度	1 哩＝1.61 千米	体积	1 立方吋＝16.38 立方厘米	质量	1 安士＝28.35 克
长度	1 码＝0.914 米	体积	1 立方呎＝0.0283 立方米	质量	1 磅＝454 克
长度	1 呎＝0.3048 米(30.48 厘米)	容积	1 英制液安士＝28.41 毫升	质量	1 两＝37.81 克
长度	1 吋＝25.4 毫米(0.0254 米)	容积	1 英制加仑＝4.55 升	质量	1 斤＝0.605 千克
面积	1 平方吋＝6.4516 平方厘米	容积	1 美制液安士＝29.57 毫升		
面积	1 平方吋＝0.00064516 平方米	容积	1 美制加仑＝3.79 升		
面积	1 平方呎＝0.0929 平方米(929 平方厘米)				
面积	1 平方哩＝2.59 平方公里(平方千米)				

1.4 常用数值

1.4.1 一般常数（表 1.26）

表 1.26 一般常数

名 称	数 值	名 称	数 值
圆周率 π	3.14159265	sin90°(sinπ/2)	1
e	2.71828183	cos90°(cosπ/2)	0
重力加速度 g	9.80665m/s^2	tan90°(tanπ/2)	∞
地球赤道处半径	6378.140km	cot90°(cotπ/2)	0
地球质量	5.974×10^{24}kg	sin60°(sinπ/3)	$\sqrt{3}/2$
太阳半径	696265km	cos60°(cosπ/3)	1/2
脱离地球的逃逸速度	11.20km/s	tan60°(tanπ/3)	$\sqrt{3}$
音速	340.29m/s	cot60°(cotπ/3)	$\sqrt{3}/3$
万有引力恒量 G	$6.6720\times10^{-11}\text{N}\cdot\text{m}^2/\text{kg}^2$	sin45°(sinπ/4)	$\sqrt{2}/2$
真空中的光速	299792458m/s	cos45°(cosπ/4)	$\sqrt{2}/2$
光年	1 光年＝9460730472580800m	tan45°(tanπ/4)	1
1 大气压力	1.033kgf/cm^2	cot45°(cotπ/4)	1
安全电压	≤36V	sin30°(sinπ/6)	1/2
钢材质量密度	7850kg/m^3	cos30°(cosπ/6)	$\sqrt{3}/2$
ln10	2.30258509	tan30°(tanπ/6)	$\sqrt{3}/3$
lge	0.434294448	cot30°(cotπ/6)	$\sqrt{3}$
1 弧度	57°17′45″	sin0°(sinπ)	0
$\sqrt{2}$	1.41421356	cos0°(cosπ)	1/(−1)
$\sqrt{3}$	1.73205081	tan0°(tanπ)	0
$\sqrt{5}$	2.23606798	cot0°(cotπ)	∞

1.4.2 酸碱性（pH 值）判定参数（表 1.27）

表 1.27 酸碱性（pH 值）判定参数

pH 值	溶液酸碱性	pH 值	溶液酸碱性
0	强酸性	8	弱碱性
1		9	
2		10	
3		11	强碱性
4	弱酸性	12	
5		13	
6		14	
7	中性		

1.4.3 各种温度（绝对零度、水冰点和水沸点温度）数值（表 1.28）

表 1.28 各种温度数值

类别	绝对零度	水冰点温度	水沸点温度
摄氏温度	－273.15℃	0℃	100℃
华氏温度	－459.67°F	32°F	212°F
热力学温度	0.00K(开尔文)	273.15K	373.15K
兰氏温度	0.00°R	491.67°R	671.67°R

1.5 常用图形面积及体积计算公式

1.5.1 平面图形面积计算（表 1.29）

表 1.29 平面图形面积计算

名称	图形	面积计算公式
正方形	（图：边长 a 的正方形）	$S=a\times a$ S——面积 a——边长
长方形	（图：边长 a、b 的长方形）	$S=a\times b$ S——面积 a——边长 b——另一边长
三角形	（图：底边 a、高 h 的三角形）	$S=\frac{1}{2}(a\times h)$ S——面积 a——底边边长 h——高
平行四边形	（图：底边 a、高 h 的平行四边形）	$S=a\times h$ S——面积 a——底边边长 h——高
梯形	（图：上边 a、下边 b、高 h 的梯形）	$S=\frac{a+b}{2}\times h$ S——面积 a、b——上、下边边长 h——高
圆形	（图：半径 R 的圆）	$S=\pi\times R^2$ S——面积 R——半径
椭圆形	（图：轴长 a、b 的椭圆）	$S=\frac{1}{4}\pi ab$ S——面积 a、b——椭圆形长短轴的长度

续表

名称	图形	面积计算公式	名称	图形	面积计算公式
扇形	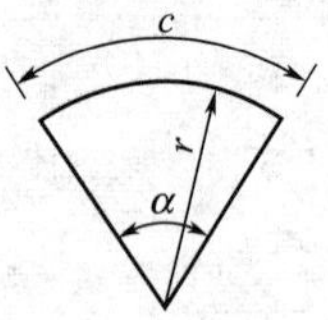	$S=\frac{1}{2}\times r\times c$ $=\frac{1}{2}\times r\times\frac{\alpha\times\pi\times r}{180}$ S——面积 α——弧 c 对应的弧心角度 c——弧长	部分圆环	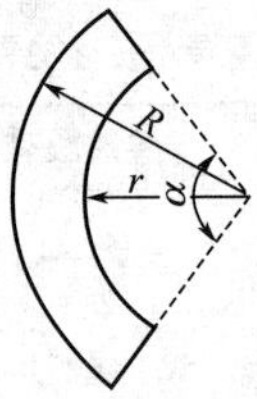	$S=\frac{1}{2}\times\frac{\alpha\times\pi}{180}(R^2-r^2)$ S——面积 α——圆环对应的弧心角度 R——圆环外半径 r——圆环内半径
			抛物线形	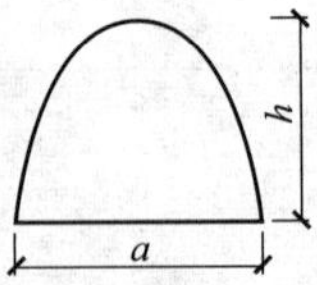	$S=\frac{2}{3}a\times h$ S——面积 a——抛物线底边长度 h——抛物线高度
拱形	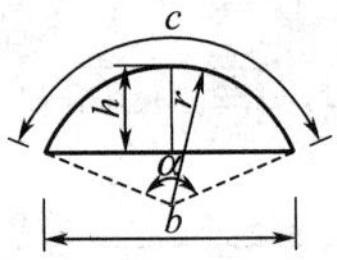	$S=\frac{1}{2}\times[r\times(c-b)+b\times h]$ $=\frac{1}{2}\times r^2\times\left(\frac{\alpha\times\pi}{180}-\sin\alpha\right)$ S——面积 α——弧 c 对应的弧心角度 c——弧长 r——半径 b——弦长 h——拱高	等边多边形	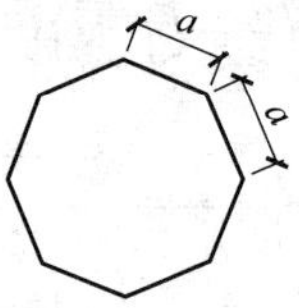	$S=k_n\times a^2$ S——面积 a——等边多边形边长 n——等边多边形的边数 k_n——等边多边形面积系数，其中 $k_3=0.433$；$k_4=1$； $k_5=1.72$；$k_6=2.598$； $k_7=3.614$；$k_8=4.828$； $k_9=6.182$；$k_{10}=7.694\cdots$

1.5.2 立体图形体积计算（表 1.30）

表 1.30 立体图形体积计算

名称	图形	体积计算公式	名称	图形	体积计算公式
立方体	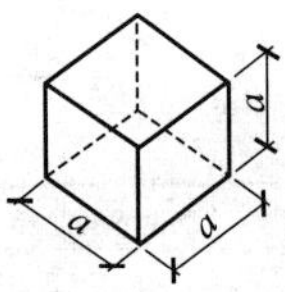	$V=a\times a\times a$ V——体积 a——边长	圆锥体	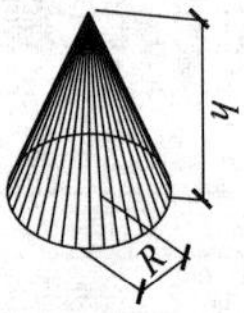	$V=\frac{1}{3}\times\pi\times R^2\times h$ V——体积 R——底面圆形半径 h——高
长方体	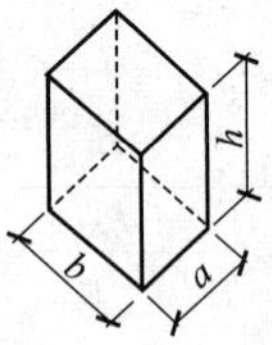	$V=a\times b\times h$ V——体积 a——边长 b——另一边长 h——高	球体	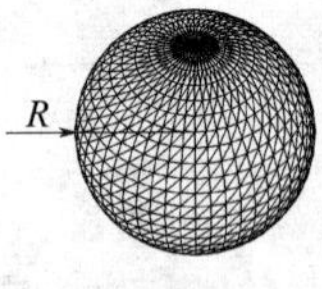	$V=\frac{4}{3}\times\pi\times R^3$ V——体积 R——球体半径
三棱柱	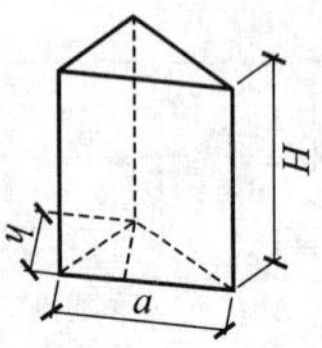	$V=\frac{1}{2}(a\times h)\times H$ V——体积 a——棱柱底面三角形边长 h——棱柱底面三角形高 H——棱柱高	圆柱体	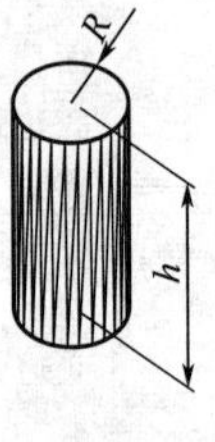	$V=\pi\times R^2\times h$ V——体积 R——底面圆形半径 h——高

续表

名称	图形	体积计算公式	名称	图形	体积计算公式
椭圆体		$V=\frac{1}{4}\pi\times a\times b\times h$ a、b——椭圆形长短轴的长度 h——椭圆体高度	圆台		$V=\frac{\pi h}{3}(R^2+Rr+r^2)$ R、r——圆台的上、下面圆形半径 h——圆台高度

1.6 常见砖墙规格及砖数量计算

1.6.1 常见砖墙厚度及砌筑方式

标准砖的规格为 240mm×115mm×53mm，一般按 240mm×120mm×60mm 考虑，其长宽厚之比为 4∶2∶1。砖墙的砌筑厚度是按半砖的倍数确定的，如半砖墙、一砖墙、一砖半墙、两砖墙等，相应的实际尺寸为 115mm、240mm、365mm、490mm 等，习惯上以它们的标志尺寸来称呼，如 12 墙、24 墙、37 墙、49 墙，也可以采用 3/4 砖墙，实际厚度为 178mm，通常称为 18 墙。砖墙的组砌方式如图 1.27 所示。

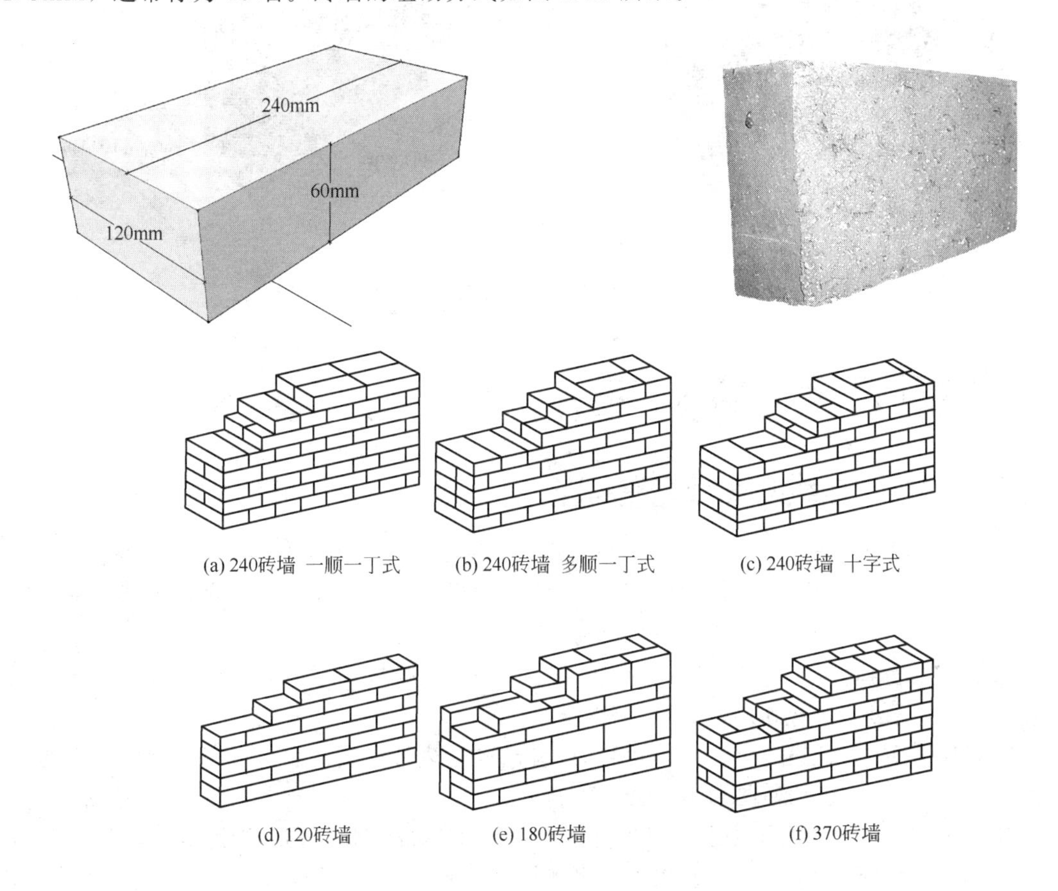

图 1.27　砖墙厚度及砌筑方式示意

1.6.2 一立方米砖墙的砖数

按240mm×115mm×53mm标准砖计算，参见表1.31及图1.28。

表1.31 一平方米/一立方米砖墙的砖数

砖墙厚度/mm	一平方米标准砖墙体的砖数量(240mm×115mm×53mm标准砖)/块	一立方米标准砖墙体的砖数量(240mm×115mm×53mm标准砖)/块
120	64	512
240	128	
370	192	
490	256	

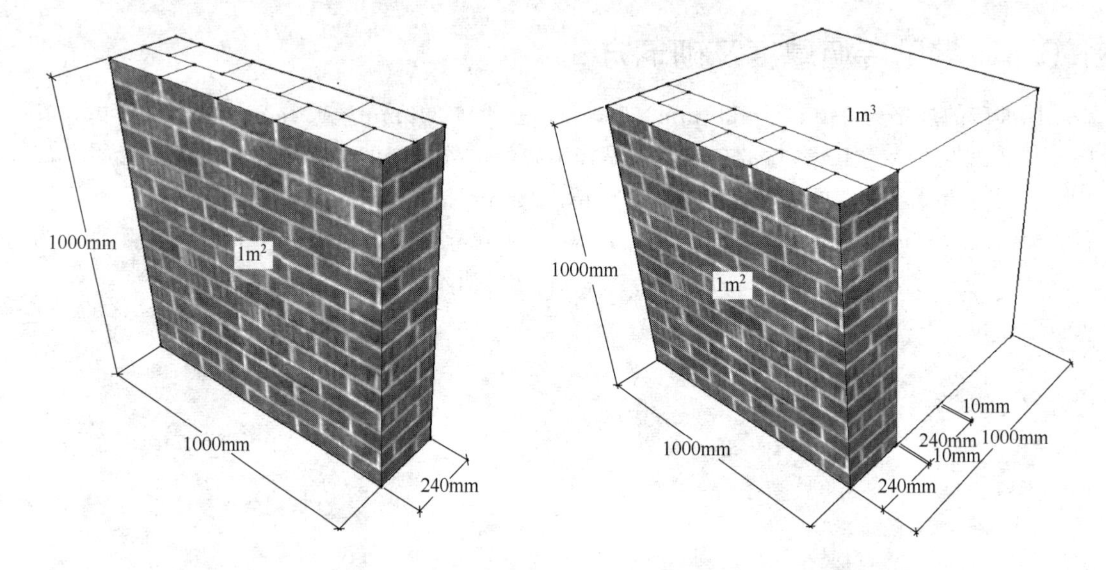

图1.28 一平方米/一立方米砖墙的砖数示意

1.7 常用气象和地质参数

1.7.1 常见气象灾害预警信号含义

(1) 台风预警信号 台风预警信号分四级，分别以蓝色、黄色、橙色和红色表示。

① 台风蓝色预警信号：24小时内可能或者已经受热带气旋影响，沿海或者陆地平均风力达6级以上，或者阵风8级以上并可能持续。

② 台风黄色预警信号：24小时内可能或者已经受热带气旋影响，沿海或者陆地平均风力达8级以上，或者阵风10级以上并可能持续。

③ 台风橙色预警信号：12小时内可能或者已经受热带气旋影响，沿海或者陆地平均风力达10级以上，或者阵风12级以上并可能持续。

④ 台风红色预警信号：6小时内可能或者已经受热带气旋影响，沿海或者陆地平均风力达12级以上，或者阵风达14级以上并可能持续。

（2）暴雨预警信号　暴雨预警信号分四级，分别以蓝色、黄色、橙色、红色表示。

① 暴雨蓝色预警信号：12 小时内降雨量将达 50mm 以上，或者已达 50mm 以上且降雨可能持续。

② 暴雨黄色预警信号：6 小时内降雨量将达 50mm 以上，或者已达 50mm 以上且降雨可能持续。

③ 暴雨橙色预警信号：3 小时内降雨量将达 50mm 以上，或者已达 50mm 以上且降雨可能持续。

④ 暴雨红色预警信号：3 小时内降雨量将达 100mm 以上，或者已达 100mm 以上且降雨可能持续。

（3）暴雪预警信号　暴雪预警信号分四级，分别以蓝色、黄色、橙色、红色表示。

① 暴雪蓝色预警信号：12 小时内降雪量将达 4mm 以上，或者已达 4mm 以上且降雪持续，可能对交通或者农牧业有影响。

② 暴雪黄色预警信号：12 小时内降雪量将达 6mm 以上，或者已达 6mm 以上且降雪持续，可能对交通或者农牧业有影响。

③ 暴雪橙色预警信号：6 小时内降雪量将达 10mm 以上，或者已达 10mm 以上且降雪持续，可能或者已经对交通或者农牧业有较大影响。

④ 暴雪红色预警信号：6 小时内降雪量将达 15mm 以上，或者已达 15mm 以上且降雪持续，可能或者已经对交通或者农牧业有较大影响。

（4）大风预警信号　大风（除台风外）预警信号分四级，分别以蓝色、黄色、橙色、红色表示。

① 大风蓝色预警信号：24 小时内可能受大风影响，平均风力可达 6 级以上，或者阵风 7 级以上；或者已经受大风影响，平均风力为 6～7 级，或者阵风 7～8 级并可能持续。

② 大风黄色预警信号：12 小时内可能受大风影响，平均风力可达 8 级以上，或者阵风 9 级以上；或者已经受大风影响，平均风力为 8～9 级，或者阵风 9～10 级并可能持续。

③ 大风橙色预警信号：6 小时内可能受大风影响，平均风力可达 10 级以上，或者阵风 11 级以上；或者已经受大风影响，平均风力为 10～11 级，或者阵风 11～12 级并可能持续。

④ 大风红色预警信号：6 小时内可能受大风影响，平均风力可达 12 级以上，或者阵风 13 级以上；或者已经受大风影响，平均风力为 12 级以上，或者阵风 13 级以上并可能持续。

（5）高温预警信号　高温预警信号分三级，分别以黄色、橙色、红色表示。

① 高温黄色预警信号：连续三天日最高气温将在 35℃以上。

② 高温橙色预警信号：24 小时内最高气温将升至 37℃以上。

③ 高温红色预警信号：24 小时内最高气温将升至 40℃以上。

（6）沙尘暴预警信号　沙尘暴预警信号分三级，分别以黄色、橙色、红色表示。

① 沙尘暴黄色预警信号：12 小时内可能出现沙尘暴天气（能见度小于 1000m），或者已经出现沙尘暴天气并可能持续。

② 沙尘暴橙色预警信号：6 小时内可能出现强沙尘暴天气（能见度小于 500m），或者已经出现强沙尘暴天气并可能持续。

③ 沙尘暴红色预警信号：6 小时内可能出现特强沙尘暴天气（能见度小于 50m），或者已经出现特强沙尘暴天气并可能持续。

1.7.2 风力等级（表 1.32）

表 1.32 风力等级

风力等级	现象描述	风速/(m/s)	风力等级	现象描述	风速/(m/s)
0	无风	0～0.2	7	疾风	13.9～17.1
1	软风	0.3～1.5	8	大风	17.2～20.7
2	轻风	1.6～3.3	9	烈风	20.8～24.4
3	微风	3.4～5.4	10	狂风	24.5～28.4
4	和风	5.5～7.9	11	暴风	28.5～32.6
5	清风	8.0～10.7	12	飓风	≥32.6
6	强风	10.8～13.8			

1.7.3 降雨等级（表 1.33）

表 1.33 降雨等级

降雨等级	现象描述	降雨量范围/mm	
		半天内总量	一天内总量
小雨	雨能使地面潮湿，但不泥泞	0.2～5.0	1～10
中雨	雨降到屋顶上有淅淅声，凹地积水	5.1～15	10～25
大雨	降雨如倾盆，落地四溅，平地积水	15.1～30	25～50
暴雨	降雨比大雨还猛，能造成山洪暴发	30.1～70	50～100
大暴雨	降雨比暴雨还大，或时间长，造成洪涝灾害	70.1～140	100～200
特大暴雨	降雨比大暴雨还大，能造成洪涝灾害	>140	>200

降雨等级观测如图 1.29 所示。

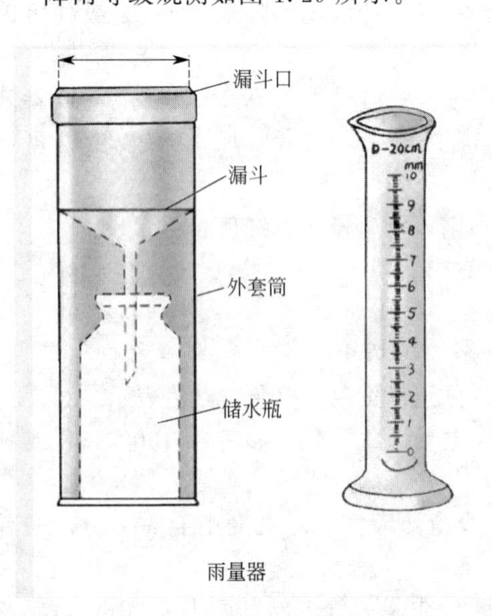

图 1.29 雨量观测示意

1.7.4　寒凉冷热气候标准（表 1.34）

表 1.34　寒凉冷热气候标准

寒凉冷热程度	温度	寒凉冷热程度	温度	寒凉冷热程度	温度
极寒	−40℃或低于此值	微寒	0～4.9℃	热	22～24.9℃
奇寒	−39.9～−35℃	凉	5～9.9℃	炎热	25～27.9℃
酷寒	−34.9～−30℃	温凉	10～11.9℃	暑热	28～29.9℃
严寒	−29.9～−20℃	微温凉	12～13.9℃	酷热	30～34.9℃
深寒	−19.9～−15℃	温和	14～15.9℃	奇热	35～39.9℃
大寒	−14.9～−10℃	微温和	16～17.9℃	极热	≥40℃
小寒	−9.9～−5℃	温暖	18～19.9℃		
轻寒	−4.9～0℃	暖	20～21.9℃		

1.7.5　地震震级和烈度（表 1.35、表 1.36）

地震震级表示地震本身强度大小的等级，地震等级目前分 8 级；地震烈度则是受震区地面及房屋建筑遭受地震破坏的程度，我国地震烈度目前分 12 度。二者在一般震源深度（深约 15～20km）情况下的关系见表 1.35。

表 1.35　地震震级与地震烈度关系

地震震级	2	3	4	5	6	7	8	8 以上
地震烈度	1～2	3	4～5	6～7	7～8	9～10	11	12

表 1.36　中国地震烈度表

烈度	在地面上人的感觉	房屋震害程度		其他震害现象	水平向地面运动	
		震害现象	平均震害指数		峰值加速度/(m/s^2)	峰值速度/(m/s)
Ⅰ	无感					
Ⅱ	室内个别静止中人有感觉					
Ⅲ	室内少数静止中人有感觉	门、窗轻微作响		悬挂物微动		
Ⅳ	室内多数人、室外少数人有感觉，少数人梦中惊醒	门、窗作响		悬挂物明显摆动，器皿作响		
Ⅴ	室内普遍、室外多数人有感觉，多数人梦中惊醒	门窗、屋顶、屋架颤动作响，灰土掉落，抹灰出现微细裂缝，有檐瓦掉落，个别屋顶烟囱掉砖		不稳定器物摇动或翻倒	0.31 (0.22～0.44)	0.03 (0.02～0.04)
Ⅵ	多数人站立不稳，少数人惊逃户外	损坏——墙体出现裂缝，檐瓦掉落，少数屋顶烟囱裂缝、掉落	0～0.10	河岸和松软土出现裂缝，饱和砂层出现喷砂冒水；有的独立砖烟囱轻度裂缝	0.63 (0.45～0.89)	0.06 (0.05～0.09)
Ⅶ	大多数人惊逃户外，骑自行车的人有感觉，行驶中的汽车驾乘人员有感觉	轻度破坏——局部破坏，开裂，小修或不需要修理可继续使用	0.11～0.30	河岸出现坍方；饱和砂层常见喷砂冒水，松软土地上地裂缝较多；大多数独立砖烟囱中等破坏	1.25 (0.90～1.77)	0.13 (0.10～0.18)

续表

烈度	在地面上人的感觉	房屋震害程度		其他震害现象	水平向地面运动	
		震害现象	平均震害指数		峰值加速度 /(m/s²)	峰值速度 /(m/s)
Ⅷ	多数人摇晃颠簸，行走困难	中等破坏——结构破坏，需要修复才能使用	0.31～0.50	干硬土上亦出现裂缝；大多数独立砖烟囱严重破坏；树梢折断；房屋破坏导致人畜伤亡	2.50 (1.78～3.53)	0.25 (0.19～0.35)
Ⅸ	行动的人摔倒	严重破坏——结构严重破坏，局部倒塌，修复困难	0.51～0.70	干硬土上出现许多裂缝；基岩可能出现裂缝、错动；滑坡坍方常见；独立砖烟囱倒塌	5.00 (3.54～7.07)	0.50 (0.36～0.71)
Ⅹ	骑自行车的人会摔倒，处不稳状态的人会摔离原地，有抛起感	大多数倒塌	0.71～0.90	山崩和地震断裂出现；基岩上拱桥破坏；大多数独立砖烟囱从根部破坏或倒毁	10.00 (7.08～14.14)	1.00 (0.72～1.41)
Ⅺ		普遍倒塌	0.91～1.00	地震断裂延续很长；大量山崩滑坡		
Ⅻ				地面剧烈变化，山河改观		

注：表中的数量词："个别"为10%以下；"少数"为10%～50%；"多数"为50%～70%；"大多数"为70%～90%；"普遍"为90%以上。

1.7.6 室外环境空气质量国家标准（HJ 633—2012）

见表1.37和表1.38。

表1.37 空气质量分指数及对应的污染物项目浓度限值

空气质量分指数(IAQI)	污染物项目浓度限值									
	二氧化硫(SO_2)24小时平均/(μg/m³)	二氧化硫(SO_2)1小时平均/(μg/m³)①	二氧化氮(NO_2)24小时平均/(μg/m³)	二氧化氮(NO_2)1小时平均/(μg/m³)①	颗粒物(粒径小于等于10μm)24小时平均/(μg/m³)	一氧化碳(CO)24小时平均/(mg/m³)	一氧化碳(CO)1小时平均/(mg/m³)①	臭氧(O_3)1小时平均/(μg/m³)	臭氧(O_3)8小时滑动平均/(μg/m³)	颗粒物(粒径小于等于2.5μm)24小时平均/(μg/m³)
0	0	0	0	0	0	0	0	0	0	0
50	50	150	40	100	50	2	5	160	100	35
100	150	500	80	200	150	4	10	200	160	75
150	475	650	180	700	250	14	35	300	215	115
200	800	800	280	1200	350	24	60	400	265	150
300	1600	②	565	2340	420	36	90	800	800	250
400	2100	②	750	3090	500	48	120	1000	③	350
500	2620	②	940	3840	600	60	150	1200	③	500

说明：① 二氧化硫（SO_2）、二氧化氮（NO_2）和一氧化碳（CO）的1小时平均浓度限值仅用于实时报，在日报中需使用相应污染物的24小时平均浓度限值。

② 二氧化硫（SO_2）1小时平均浓度值高于800μg/m³的，不再进行其空气质量分指数计算，二氧化硫（SO_2）空气质量分指数按24小时平均浓度计算的分指数报告。

③ 臭氧（O_3）8小时平均浓度值高于800μg/m³的，不再进行其空气质量分指数计算，臭氧（O_3）空气质量分指数按1小时平均浓度计算的分指数报告。

表 1.38　空气质量指数及相关信息

空气质量指数	空气质量指数级别	空气质量指数类别及表示颜色		对健康影响情况	建议采取的措施
0～50	一级	优	绿色	空气质量令人满意，基本无空气污染	各类人群可正常活动
51～100	二级	良	黄色	空气质量可接受，但某些污染物可能对极少数异常敏感人群健康有较弱影响	极少数异常敏感人群应减少户外活动
101～150	三级	轻度污染	橙色	易感人群症状有轻度加剧，健康人群出现刺激症状	儿童、老年人及心脏病、呼吸系统疾病患者应减少长时间、高强度的户外锻炼
151～200	四级	中度污染	红色	进一步加剧易感人群症状，可能对健康人群心脏、呼吸系统有影响	儿童、老年人及心脏病、呼吸系统疾病患者避免长时间、高强度的户外锻炼，一般人群适量减少户外运动
201～300	五级	重度污染	紫色	心脏病和肺病患者症状显著加剧，运动耐受力降低，健康人群普遍出现症状	儿童、老年人和心脏病、肺病患者应停留在室内，停止户外运动，一般人群减少户外运动
＞300	六级	严重污染	褐红色	健康人群运动耐受力降低，有明显强烈症状，提前出现某些疾病	儿童、老年人和病人应当留在室内，避免体内消耗，一般人群应避免户外活动

1.8　室内允许噪声级

根据《民用建筑隔声设计规范 GB 50118—2010》规定，民用建筑各类主要用房的室内允许噪声级应符合表 1.39～表 1.43 的规定。

（1）住宅建筑（表 1.39）

表 1.39　住宅建筑内允许噪声级

房间名称	允许噪声级(A 声级)/dB	
	昼间	夜间
卧室	≤45	≤37
起居室(厅)	≤45	
卧室(高要求住宅)	≤40	≤30
起居室(厅)(高要求住宅)	≤40	

（2）办公建筑（表 1.40）

表 1.40　办公建筑内允许噪声级

房间名称	允许噪声级(A 声级)/dB	
	高要求标准	低限标准
单人办公室	≤35	≤40
多人办公室	≤40	≤45
电视电话会议室	≤35	≤40
普通会议室	≤40	≤45

（3）商业建筑（表 1.41）。

表 1.41　商业建筑内允许噪声级

房间名称	允许噪声级(A 声级)/dB	
	高要求标准	低限标准
商场、商店、购物中心、会展中心	≤50	≤55
餐厅	≤45	≤55
员工休息室	≤40	≤45
走廊	≤50	≤60

（4）旅馆建筑（表 1.42）

表 1.42　旅馆建筑内允许噪声级

房间名称	允许噪声级(A 声级)/dB					
	特　级		一　级		二　级	
	昼间	夜间	昼间	夜间	昼间	夜间
客房	≤35	≤30	≤40	≤35	≤45	≤40
办公室、会议室	≤40		≤45		≤45	
多用途厅	≤40		≤45		≤50	
餐厅、宴会厅	≤45		≤50		≤55	

（5）医院建筑（表 1.43）

表 1.43　医院建筑内允许噪声级

房间名称	允许噪声级(A 声级)/dB			
	高要求标准		低限标准	
	昼间	夜间	昼间	夜间
病房、医护人员休息室	≤40	≤35	≤45	≤40
各类重症监护室	≤40	≤35	≤45	≤40
诊室	≤40		≤45	
手术室、分娩室	≤40		≤45	
洁净手术室	—		≤50	
人工生殖中心净化区	—		≤40	
听力测听室	—		≤25	
化验室、分析实验室	—		≤40	
入口大厅、候诊厅	≤50		≤55	

1.9　中国建筑气候区划图

中国建筑气候共划分 7 个大区（Ⅰ～Ⅶ区），每个大区又划分为若干个小区，详见图 1.30。不同分区气候对建筑基本要求见表 1.44。

图 1.30　中国建筑气候区划
（引自 GB 50352—2005《民用建筑设计通则》）

表 1.44　不同分区气候对建筑基本要求

分区名称		热工分区名称	气候主要指标	建筑基本要求
Ⅰ	ⅠA ⅠB ⅠC ⅠD	严寒地区	1 月平均气温 ≤−10℃ 7 月平均气温 ≤25℃ 7 月平均相对湿度 ≥50%	1. 建筑物必须满足冬季保温、防寒、防冻等要求 2. ⅠA、ⅠB 区应防止冻土、积雪对建筑物的危害 3. ⅠB、ⅠC、ⅠD 区的西部，建筑物应防冰雹、防风沙
Ⅱ	ⅡA ⅡB	寒冷地区	1 月平均气温 −10～0℃ 7 月平均气温 18～28℃	1. 建筑物应满足冬季保温、防寒、防冻等要求，夏季部分地区应兼顾防热 2. ⅡA 区建筑物应防热、防潮、防暴风雨，沿海地带应防盐雾侵蚀
Ⅲ	ⅢA ⅢB ⅢC	夏热冬冷地区	1 月平均气温 0～10℃ 7 月平均气温 25～30℃	1. 建筑物必须满足夏季防热，遮阳、通风降温要求，冬季应兼顾防寒 2. 建筑物应防雨、防潮、防洪、防雷电 3. ⅢA 区应防台风、暴雨袭击及盐雾侵蚀
Ⅳ	ⅣA ⅣB	夏热冬暖地区	1 月平均气温 >10℃ 7 月平均气温 25～29℃	1. 建筑物必须满足夏季防热，遮阳、通风、防雨要求 2. 建筑物应防暴雨、防潮、防洪、防雷电 3. ⅣA 区应防台风、暴雨袭击及盐雾侵蚀
Ⅴ	ⅤA ⅤB	温和地区	7 月平均气温 18～25℃ 1 月平均气温 0～13℃	1. 建筑物应满足防雨和通风要求 2. ⅤA 区建筑物应注意防寒，ⅤB 区应特别注意防雷电
Ⅵ	ⅥA ⅥB	严寒地区	7 月平均气温 <18℃ 1 月平均气温 0～−22℃	1. 热工应符合严寒和寒冷地区相关要求 2. ⅥA、ⅥB 应防冻土对建筑物地基及地下管道的影响，并应特别注意防风沙 3. ⅥC 区的东部，建筑物应防雷电
	ⅥC	寒冷地区		
Ⅶ	ⅦA ⅦB ⅦC	严寒地区	7 月平均气温 ≥18℃ 1 月平均气温 −5～−20℃ 7 月平均相对湿度 <50%	1. 热工应符合严寒和寒冷地区相关要求 2. 除ⅦD 区外，应防冻土对建筑物地基及地下管道的危害 3. ⅦB 区建筑物应特别注意积雪的危害 4. ⅦC 区建筑物应特别注意防风沙，夏季兼顾防热 5. ⅦD 区建筑物应注意夏季防热，吐鲁番盆地应特别注意隔热、降温
	ⅦD	寒冷地区		

1.10 建筑物的防雷分类

根据GB 50057—2010《建筑物防雷设计规范》规定，建筑物应根据其重要性、使用性质、发生雷电事故的可能性和后果，按防雷要求分为三类（表1.45）。

表1.45 建筑物的防雷分类

类型	建筑物重要性和使用性质
第一类防雷建筑物	凡制造、使用或贮存火炸药及其制品的危险建筑物，因电火花而引起爆炸、爆轰，会造成巨大破坏和人身伤亡者
	具有0区或20区爆炸危险场所的建筑物
	具有1区或21区爆炸危险场所的建筑物，因电火花而引起爆炸，会造成巨大破坏和人身伤亡者
第二类防雷建筑物	国家级重点文物保护的建筑物
	国家级的会堂、办公建筑物、大型展览和博览建筑物、大型火车站和飞机场、国宾馆，国家级档案馆、大型城市的重要给水泵房等特别重要的建筑物
	国家级计算中心、国际通信枢纽等对国民经济有重要意义的建筑物
	国家特级和甲级大型体育馆
	制造、使用或贮存火炸药及其制品的危险建筑物，且电火花不易引起爆炸或不致造成巨大破坏和人身伤亡者
	具有1区或21区爆炸危险场所的建筑物，且电火花不易引起爆炸或不致造成巨大破坏和人身伤亡者
	具有2区或22区爆炸危险场所的建筑物
	有爆炸危险的露天钢质封闭气罐
	预计雷击次数大于0.05次/年的部、省级办公建筑物和其他重要或人员密集的公共建筑物以及火灾危险场所
	预计雷击次数大于0.25次/年的住宅、办公楼等一般性民用建筑物或一般性工业建筑物
第三类防雷建筑物	省级重点文物保护的建筑物及省级档案馆
	预计雷击次数大于或等于0.01次/年，且小于或等于0.05次/年的部、省级办公建筑物和其他重要或人员密集的公共建筑物，以及火灾危险场所
	预计雷击次数大于或等于0.05次/年，且小于或等于0.25次/年的住宅、办公楼等一般性民用建筑物或一般性工业建筑物
	在平均雷暴日大于15天/年的地区，高度在15m及以上的烟囱、水塔等孤立的高耸建筑物；在平均雷暴日小于或等于15天/年的地区，高度在20m及以上的烟囱、水塔等孤立的高耸建筑物

注：0～22区按国家规范《可燃性粉尘环境用电气设备 第3部分：存在或可能存在可燃性粉尘的场所分类》GB 12476.3—2007/IEC 61241—10：2004中的规定。

1.11 建筑防火设计常用参数

1.11.1 防火设计建筑分类

（1）根据国家标准GB 50016—2014《建筑设计防火规范》规定，民用建筑根据其建筑高度和层数可分为单、多层民用建筑和高层民用建筑；高层民用建筑是指建筑高度大于27m的住宅建筑和建筑高度大于24m的非单层厂房、仓库和其他民用建筑。

（2）高层民用建筑根据其建筑高度、使用功能和楼层的建筑面积可分为一类和二类。民用建筑的分类应符合表1.46的规定。

表1.46 民用建筑的分类

名称	高层民用建筑		单、多层民用建筑
	一类	二类	
住宅建筑	建筑高度大于54m的住宅建筑（包括设置商业服务网点的住宅建筑）	建筑高度大于27m，但不大于54m的住宅建筑（包括设置商业服务网点的住宅建筑）	建筑高度不大于27m的住宅建筑（包括设置商业服务网点的住宅建筑）
公共建筑	1. 建筑高度大于50m的公共建筑 2. 建筑高度24m以上部分任一楼层建筑面积大于1000m² 的商店、展览、电信、邮政、财贸金融建筑和其他多种功能组合的建筑 3. 医疗建筑、重要公共建筑 4. 省级及以上的广播电视和防灾指挥调度建筑、网局级和省级电力调度建筑 5. 藏书超过100万册的图书馆、书库	除一类高层公共建筑外的其他高层公共建筑	1. 建筑高度大于24m的单层公共建筑 2. 建筑高度不大于24m的其他公共建筑

注：1. 宿舍、公寓等非住宅类居住建筑的防火要求，应符合规范有关公共建筑的规定。

2. 裙房的防火要求应符合规范有关高层民用建筑的规定。

1.11.2 建筑耐火等级及建筑墙柱梁等构件耐火要求

（1）根据国家标准GB 50016—2014《建筑设计防火规范》规定，民用建筑的耐火等级可分为一、二、三、四级。民用建筑的耐火等级应根据其建筑高度、使用功能、重要性和火灾扑救难度等确定。其中：

① 地下或半地下建筑（室）和一类高层建筑的耐火等级不应低于一级；

② 单、多层重要公共建筑和二类高层建筑的耐火等级不应低于二级。

（2）建筑墙、柱、梁及楼板等构件耐火要求：

① 建筑高度大于100m的民用建筑，其楼板的耐火极限不应低于2.00h；

② 一、二级耐火等级建筑的上人平屋顶，其屋面板的耐火极限分别不应低于1.50h和1.00h；

③ 除国家规范另有规定外，不同耐火等级建筑相应构件的燃烧性能和耐火极限不应低于表1.47的规定。

表1.47 建筑墙、柱、梁及楼板等构件燃烧性能和耐火极限要求

构件名称		耐火等级/h			
		一级	二级	三级	四级
墙	防火墙	不燃性 3.00	不燃性 3.00	不燃性 3.00	不燃性 3.00
	承重墙	不燃性 3.00	不燃性 2.50	不燃性 2.00	难燃性 0.50
	非承重外墙	不燃性 1.00	不燃性 1.00	不燃性 0.50	燃烧体
	(1)楼梯间和前室的墙 (2)电梯井的墙柱 (3)住宅建筑单元之间的墙和分户墙	不燃性 2.00	不燃性 2.00	不燃性 1.50	难燃性 0.50
	疏散走道两侧的隔墙	不燃性 1.00	不燃性 1.00	不燃性 0.50	难燃性 0.25
	房间隔墙	不燃性 0.75	不燃性 0.50	难燃性 0.50	难燃性 0.25
柱		不燃性 3.00	不燃性 2.50	不燃性 2.00	难燃性 0.50
梁		不燃性 2.00	不燃性 1.50	不燃性 1.00	难燃性 0.50
楼板		不燃性 1.50	不燃性 1.00	不燃性 0.50	可燃性
屋顶承重构件		不燃性 1.50	不燃性 1.00	可燃性	可燃性
疏散楼梯		不燃性 1.50	不燃性 1.00	不燃性 0.50	可燃性
吊顶(包括吊顶搁栅)		不燃性 0.25	难燃性 0.25	难燃性 0.15	可燃性

1.11.3 民用建筑防火间距要求

（1）民用建筑之间的防火间距不应小于表 1.48 的规定，与其他建筑的防火间距还应符合 GB 50016—2014《建筑设计防火规范》有关规定，如图 1.31 所示。

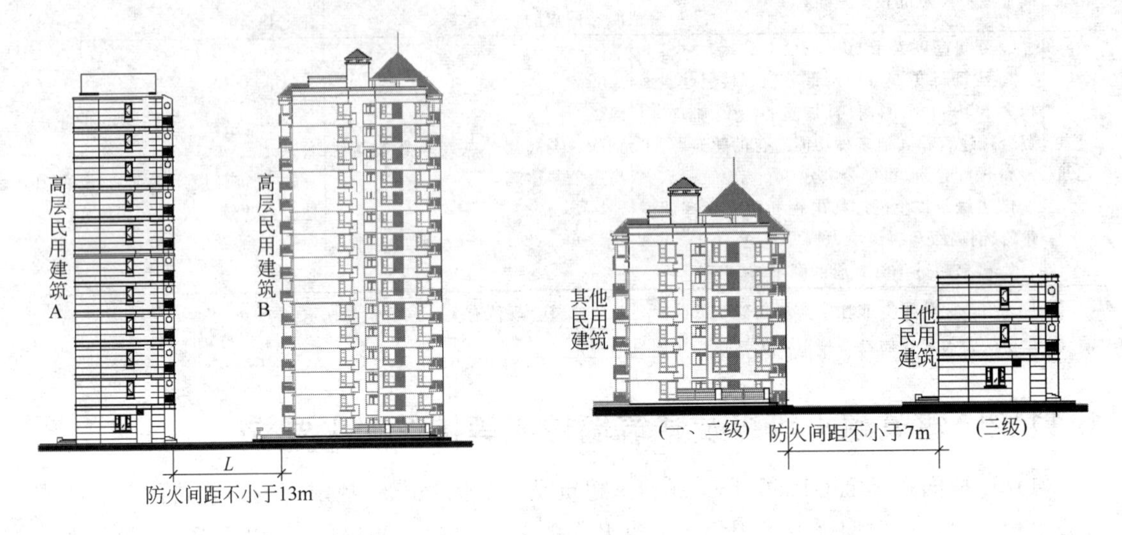

图 1.31 民用建筑之间的防火间距示意

表 1.48 民用建筑之间的防火间距 单位：m

建筑类别		高层民用建筑	裙房和其他民用建筑		
		一、二级	一、二级	三级	四级
高层民用建筑	一、二级	13	9	11	14
裙房和其他民用建筑	一、二级	9	6	7	9
	三级	11	7	8	10
	四级	14	9	10	12

（2）民用建筑与甲乙类厂房、室外变配电站的防火间距不应小于表 1.49 的规定。重要公共建筑与甲、乙类厂房的防火间距不应小于 50m；民用建筑与 10kV 及以下的预装式变电站的防火间距不应小于 3m。

表 1.49 民用建筑与甲乙类厂房、室外变配电站的防火间距 单位：m

名称			民用建筑				
			裙房,单、多层			高层	
			一、二级	三级	四级	一类	二类
甲类厂房	单、多层	一、二级	25			50	
乙类厂房	单、多层	一、二级					
		三级					
	高层	一、二级					
室外变、配电站	变压器总油量/t	≥5,≤10	15	20	25	20	
		>10,≤50	20	25	30	25	
		>50	25	30	35	30	

（3）根据国家规范 GB 50028《城镇燃气设计规范》规定，民用建筑与城镇燃气调压站

（含调压柜）最小水平净距应符合表 1.50 的规定。

表 1.50　民用建筑与城镇燃气调压站（含调压柜）最小水平净距　　单位：m

设置形式＼类别	调压装置入口燃气压力级制	建筑物外墙面	重要公共建筑、一类高层民用建物	城镇道路	公共电力变配电柜
地上单独建筑	高压（A）	18.0	30.0	5.0	6.0
	高压（B）	13.0	25.0	4.0	6.0
	次高压（A）	9.0	18.0	3.0	4.0
	次高压（B）	6.0	12.0	3.0	4.0
	中压（A）	6.0	12.0	2.0	4.0
	中压（B）	6.0	12.0	2.0	4.0
调压柜	次高压（A）	7.0	14.0	2.0	4.0
	次高压（B）	4.0	8.0	2.0	4.0
	中压（A）	4.0	8.0	1.0	4.0
	中压（B）	4.0	8.0	1.0	4.0
地下单独建筑	中压（A）	3.0	6.0	—	3.0
	中压（B）	3.0	6.0	—	3.0
地下调压箱	中压（A）	3.0	6.0	—	3.0
	中压（B）	3.0	6.0	—	3.0

1.11.4　民用建筑允许建筑高度或层数要求

（1）根据 GB 50016—2014《建筑设计防火规范》规定，对不同耐火等级的高层建筑、单层建筑、多层建筑及地下室，建筑的允许建筑高度或层数应符合表 1.51 的规定。

（2）对商店建筑、展览建筑、教学建筑等不同功能的建筑，当采用不同耐火等级建筑时，建筑层层数应符合表 1.52 要求。

表 1.51　不同耐火等级建筑的允许建筑高度或层数

名称	耐火等级	允许建筑高度或层数
高层民用建筑	一级 二级	—
单、多层民用建筑	一级 二级	—
	三级	5 层
	四级	2 层
地下或半地下建筑(室)	一级	—

表 1.52　不同功能的建筑层数要求

序号	建筑类别	采用建筑的耐火等级	建筑层数
1	商店建筑、展览建筑	三级	不应超过 2 层
		四级	应为单层
2	老年人动场所、儿童活动场所（包括托儿所、幼儿园的儿童用房、老年人活动场所、儿童游乐厅等）	一、二级	不应超过 3 层
		三级	不应超过 2 层
		四级	应为单层
3	医院和疗养院的住院部分	三级	不应超过 2 层
		四级	应为单层
4	教学建筑、食堂、菜市场	三级	不应超过 2 层
		四级	应为单层
5	剧场、电影院、礼堂	三级	不应超过 2 层

1.11.5 民用建筑防火分区要求

（1）根据 GB 50016—2014《建筑设计防火规范》规定，不同耐火等级建筑的防火分区最大允许建筑面积应符合表 1.53 的规定。

（2）当建筑内设置自动灭火系统时，可按表 1.53 的规定增加 1.0 倍；局部设置时，防火分区的增加面积可按该局部面积的 1.0 倍计算。裙房与高层建筑主体之间设置防火墙时，裙房的防火分区可按单、多层建筑的要求确定。

（3）一、二级耐火等级建筑内的商店营业厅、展览厅，当设置自动灭火系统和火灾自动报警系统并采用不燃或难燃装修材料时，其每个防火分区的最大允许建筑面积应符合表 1.54 规定。

表 1.53 防火分区最大允许建筑面积

名称	耐火等级	防火分区的最大允许建筑面积/m^2	备 注
高层民用建筑	一、二级	1500	对于体育馆、剧场的观众厅，防火分区的最大允许建筑面积可适当增加
单、多层民用建筑	一、二级	2500	
	三级	1200	
	四级	600	
地下或半地下建筑（室）	一级	500	设备用房的防火分区最大允许建筑面积不应大于 1000m^2

表 1.54 商店营业厅、展览厅每个防火分区的最大允许建筑面积

序号	营业厅、展览厅位置	防火分区的最大允许建筑面积/m^2
1	布置在高层建筑内	4000
2	布置在单层建筑内	10000
3	仅设置在多层建筑的首层内	10000
4	设置在地下或半地下时	2000

1.11.6 不同建筑功能空间的平面布置要求

（1）除为满足民用建筑使用功能所设置的附属库房外，民用建筑内不应设置生产车间和其他库房。经营、存放和使用甲、乙类火灾危险性物品的商店、作坊和储藏间，严禁附设在民用建筑内。

（2）地下或半地下营业厅、展览厅不应经营、储存和展示甲、乙类火灾危险性物品。

（3）根据 GB 50016—2014《建筑设计防火规范》规定，不同功能房间的布置位置应符合表 1.55 要求。

表 1.55 不同功能房间的布置位置要求

序号	建筑空间名称	采用建筑的耐火等级	适宜布置的楼层	其他要求
1	营业厅、展览厅	三级	应布置在首层或二层	不应设置在地下三层及以下楼层
		四级	应布置在首层	
2	歌舞娱乐放映游艺场所[不含剧场、电影院；包括歌舞厅、录像厅、夜总会、卡拉 OK 厅（含具有卡拉 OK 功能的餐厅）、游艺厅含电子游艺厅、桑拿浴室不包括洗浴部分、网吧等]	一、二级	宜布置在建筑内的首层、二层或三层的靠外墙部位。	（1）不应布置在地下二层及以下楼层 （2）不宜布置在袋形走道的两侧或尽端 （3）确需布置在地下一层时，地下一层的地面与室外出入口地坪的高差不应大于 10m （4）确需布置在地下或四层及以上楼层时，一个厅、室的建筑面积不应大于 200m^2

续表

序号	建筑空间名称	采用建筑的耐火等级	适宜布置的楼层	其他要求
3	会议厅、多功能厅等人员密集的场所	一、二级	宜布置在首层、二层或三层	设置在地下或半地下时，宜设置在地下一层，不应设置在地下三层及以下楼层
		三级	宜布置在首层、二层或三层	不应布置在三层及以上楼层
4	柴油发电机房	—	宜布置在首层或地下一、二层	不应布置在人员密集场所的上一层、下一层或贴邻

1.11.7　公共建筑的安全疏散出口及疏散距离要求

（1）根据 GB 50016—2014《建筑设计防火规范》规定，下列的公共建筑可设置 1 个安全出口或 1 部疏散楼梯：

① 除托儿所、幼儿园外，建筑面积不大于 200m^2 且人数不超过 50 人的单层公共建筑或多层公共建筑的首层；

② 除医疗建筑、老年人建筑、托儿所和幼儿园的儿童用房、儿童游乐厅等儿童活动场所和歌舞娱乐放映游艺场所等外，符合表 1.56 规定的公共建筑。

表 1.56　可设置 1 个安全出口或 1 部疏散楼梯的公共建筑

耐火等级	最多层数	每层最大建筑面积/m^2	人　　数
一、二级	3 层	200	第二、三层的人数之和不超过 50 人
三级	3 层	200	第二、三层的人数之和不超过 25 人
四级	2 层	200	第二层人数不超过 15 人

（2）根据 GB 50016—2014《建筑设计防火规范》规定，公共建筑中，直通疏散走道的房间疏散门至最近安全出口的直线距离不应大于表 1.57 的规定。

① 当建筑物内全部设置自动喷水灭火系统时，其安全疏散距离可按表 1.57 的规定增加 25%；

② 建筑内开向敞开式外廊的房间疏散门至最近安全出口的直线距离可按表 1.57 的规定增加 5m；

③ 直通疏散走道的房间疏散门至最近敞开楼梯间的直线距离，当房间位于两个楼梯间之间时，应按表 1.57 的规定减少 5m；当房间位于袋形走道两侧或尽端时，应按表 1.57 的规定减少 2m。

表 1.57　直通疏散走道的房间疏散门至最近安全出口的直线距离　　单位：m

名称			位于两个安全出口之间的疏散门			位于袋形走道两侧或尽端的疏散门		
			一、二级	三级	四级	一、二级	三级	四级
托儿所、幼儿园 老年人建筑			25	20	15	20	15	10
歌舞娱乐放映游艺场所			25	20	15	9	—	—
医疗建筑	单、多层		35	30	25	20	15	10
	高层	病房部分	24	—	—	12	—	—
		其他部分	30	—	—	15	—	—
教学建筑	单、多层		35	30	25	22	20	10
	高层		30	—	—	15	—	—
高层旅馆、展览建筑			30	—	—	15	—	—
其他建筑	单、多层		40	35	25	22	20	15
	高层		40	—	—	20	—	—

（3）根据GB 50016—2014《建筑设计防火规范》规定，住宅建筑安全出口的设置应符合下列规定：

① 建筑高度不大于27m的建筑，当每个单元任一层的建筑面积大于650m²，或任一户门至最近安全出口的距离大于15m时，每个单元每层的安全出口不应少于2个；

② 建筑高度大于27m、不大于54m的建筑，当每个单元任一层的建筑面积大于650m²，或任一户门至最近安全出口的距离大于10m时，每个单元每层的安全出口不应少于2个；

③ 建筑高度大于54m的建筑，每个单元每层的安全出口不应少于2个。

（4）住宅建筑直通疏散走道的户门至最近安全出口的直线距离不应大于表1.58的规定。

① 开向敞开式外廊的户门至最近安全出口的最大直线距离可按表1.58的规定增加5m。

② 直通疏散走道的户门至最近敞开楼梯间的直线距离，当户门位于两个楼梯间之间时，应按表1.58的规定减少5m；当户门位于袋形走道两侧或尽端时，应按表1.58的规定减少2m。

③ 住宅建筑内全部设置自动喷水灭火系统时，其安全疏散距离可按本表的规定增加25%。

④ 跃廊式住宅的户门至最近安全出口的距离，应从户门算起，小楼梯的一段距离可按其水平投影长度的1.5倍计算。

表1.58　住宅建筑直通疏散走道的户门至最近安全出口的直线距离　　单位：m

住宅建筑类别	位于两个安全出口之间的户门			位于袋形走道两侧或尽端的户门		
	一、二级	三级	四级	一、二级	三级	四级
单层住宅	40	35	25	22	20	15
多层住宅	40	35	25	22	20	15
高层住宅	40	—	—	20	—	—

1.11.8　民用建筑防排烟设施设置要求

（1）根据GB 50016—2014《建筑设计防火规范》规定，民用建筑的下列场所或部位应设置防烟设施（表1.59）。

表1.59　应设置防烟设施的场所或部位

序号	场所或部位	备　注
1	防烟楼梯间及其前室	
2	消防电梯间前室或合用前室	
3	避难走道的前室、避难层(间)	

（2）根据GB 50016—2014《建筑设计防火规范》规定，民用建筑的下列场所或部位应设置排烟设施（表1.60）。

表1.60　应设置排烟设施的场所或部位

序号	场所或部位	备　注
1	设置在一、二、三层且房间建筑面积大于100m²的歌舞娱乐放映游艺场所	
2	设置在四层及以上楼层、地下或半地下的歌舞娱乐放映游艺场所	
3	中庭	
4	公共建筑内建筑面积大于100m²且经常有人停留的地上房间	
5	公共建筑内建筑面积大于300m²且可燃物较多的地上房间	
6	建筑内长度大于20m的疏散走道	
7	地下或半地下建筑(室)、地上建筑内的无窗房间，当总建筑面积大于200m²或一个房间建筑面积大于50m²，且经常有人停留或可燃物较多时	

1.12 木结构建筑常用设计参数

1.12.1 木结构建筑层数、长度和面积要求

（1）根据 GB 50016—2014《建筑设计防火规范》规定，民用建筑当采用木结构建筑或木结构组合建筑时，其允许层数和允许建筑高度应符合表 1.61 的规定。体育场馆等高大空间建筑，其建筑高度和建筑面积可适当增加。

表 1.61　木结构建筑或木结构组合建筑的允许层数和允许建筑高度

木结构建筑的形式	普通木结构建筑	轻型木结构建筑	胶合木结构建筑		木结构组合建筑
允许层数/层	2	3	1	3	7
允许建筑高度/m	10	10	不限	15	24

（2）根据 GB 50016—2014《建筑设计防火规范》规定，木结构建筑中防火墙间的允许建筑长度和每层最大允许建筑面积应符合表 1.62 的规定。当设置自动喷水灭火系统时，防火墙间的允许建筑长度和每层最大允许建筑面积可按表 1.62 的规定增加 1.0 倍。

表 1.62　木结构建筑中防火墙间的允许建筑长度和每层最大允许建筑面积

层数/层	防火墙间的允许建筑长度/m	防火墙间的每层最大允许建筑面积/m^2
1	100	1800
2	80	900
3	60	600

（3）根据 GB 50016—2014《建筑设计防火规范》规定，老年人建筑的住宿部分，托儿所、幼儿园的儿童用房和活动场所设置在木结构建筑内时，应布置在首层或二层。商店、体育馆和丁、戊类厂房（库房）应采用单层木结构建筑。

1.12.2 木结构建筑防火间距要求

（1）民用木结构建筑之间及其与其他民用建筑的防火间距不应小于表 1.63 的规定。

（2）当两座木结构建筑之间或木结构建筑与其他民用建筑之间，外墙均无任何门、窗、洞口时，防火间距可为 4m；外墙上的门、窗、洞口不正对且开口面积之和不大于外墙面积的 10%时，防火间距可按表 1.63 的规定减少 25%。

表 1.63　民用木结构建筑之间及其与其他民用建筑的防火间距　　单位：m

建筑耐火等级或类别	一、二级	三级	木结构建筑	四级
木结构建筑	8	9	10	11

1.13 建筑窗地面积比和采光有效进深估算

根据 GB 50033—2013《建筑采光设计标准》规定，在建筑方案设计时，对Ⅲ类光气候区的采光，窗地面积比和采光有效进深可按表 1.64、表 1.65 进行估算，其他光气候区的窗地面积比应乘以相应的光气候系数 K 。

表 1.64　窗地面积比和采光有效进深

采光等级	侧面采光		顶部采光
	窗地面积比（A_c/A_d）	采光有效进深（b/h_s）	窗地面积比（A_c/A_d）
Ⅰ	1/3	1.8	1/6
Ⅱ	1/4	2.0	1/8
Ⅲ	1/5	2.5	1/10
Ⅳ	1/6	3.0	1/13
Ⅴ	1/10	4.0	1/23

表 1.65　光气候系数 *K* 值

光气候区	Ⅰ	Ⅱ	Ⅲ	Ⅳ	Ⅴ
K 值	0.85	0.90	1.00	1.10	1.20

Chapter 02

第2章 建筑常用材料简介

2.1 建筑常用材料

2.1.1 钢材

（1）钢材含义　黑色金属是指铁和铁的合金。如钢、生铁、铁合金、铸铁等。钢和生铁都是以铁为基础，以碳为主要添加元素的合金，统称为铁碳合金。其中生铁是指把铁矿石放到高炉中冶炼而成的产品，主要用来炼钢和制造铸件。不同钢产品如图 2.1。

(a) 钢锭

(b) 各种钢铸件

图 2.1　不同钢产品

把炼钢用生铁放到炼钢炉内按一定工艺熔炼，即得到钢。钢的产品有钢锭、连铸坯和直接铸成的各种钢铸件等。通常所讲的钢，一般是指轧制成各种钢材的钢。钢属于黑色金属但钢不完全等于黑色金属。

有色金属又称非铁金属，指除黑色金属外的金属和合金，如铜、锡、铅、锌、铝以及黄铜、青铜、铝合金和轴承合金等。

(2) 钢的分类　钢是含碳量在0.04%～2.3%之间的铁碳合金。为了保证其韧性和塑性，含碳量一般不超过1.7%。钢的主要元素除铁、碳外，还有硅、锰、硫、磷等。钢的分类方法多种多样，其主要方法有如下七种，详见表2.1～表2.7。

表2.1　按品质分类

序号	分类方式	钢材类别	序号	分类方式	钢材类别
1	普通钢	w(P)≤0.045%,w(S)≤0.050%	3	高级优质钢	w(P)≤0.035%,w(S)≤0.030%
2	优质钢	w(P)、w(S)均≤0.035%			

表2.2　按化学成分分类

序号	分类方式	钢材类别	序号	分类方式	钢材类别
1	碳素钢	低碳钢[w(C)≤0.25%]	2	合金钢	低合金钢(合金元素总含量≤5%)
		中碳钢[0.25%≤w(C)≤0.60%]			中合金钢(合金元素总含量>5%～10%)
		高碳钢[w(C)≥0.60%]			高合金钢(合金元素总含量>10%)

表2.3　按成形方法分类

序　号	钢材类别	钢材加工成形方法和特点
1	铸钢	采用铸造方法生产出来的一种钢铸件。铸钢主要用于制造一些形状复杂、难于进行锻造或切削加工成形而又要求较高的强度和塑性的零件
2	锻钢	采用锻造方法生产出来的各种锻材和锻件。锻钢件的质量比铸钢件高,能承受大的冲击力作用,塑性、韧性和其他方面的力学性能也都比铸钢件高,所以凡是一些重要的机器零件都应当采用锻钢件
3	热轧钢	用热轧方法生产出来的各种热轧钢材。大部分钢材都是采用热轧轧成的,热轧常用来生产型钢、钢管、钢板等大型钢材,也用于轧制线材
4	冷轧钢	用冷轧方法生产出来的各种冷轧钢材。与热轧钢相比,冷轧钢的特点是表面光洁、尺寸精确、力学性能好。冷轧常用来轧制薄板、钢带和钢管
5	冷拔钢	用冷拔方法生产出来的各种冷拔钢材。冷拔钢的特点是精度高、表面质量好。冷拔主要用于生产钢丝,也用于生产直径在50mm以下的圆钢和六角钢,以及直径在76mm以下的钢管

表2.4　按金相组织分类

序号	分类方式	钢材类别	序号	分类方式	钢材类别
1	退火状态的	亚共析钢(铁素体+珠光体)	2	正火状态的	珠光体钢
		共析钢(珠光体)			贝氏体钢
		过共析钢(珠光体+渗碳体)			马氏体钢
		莱氏体钢(珠光体+渗碳体)			奥氏体钢
			3	其他状态	无相变或部分发生相变的

表2.5　按用途分类

序号	分类方式	钢材类别	序号	分类方式	钢材类别
1	建筑及工程用钢	普通碳素结构钢	4	特殊性能钢	不锈耐酸钢
		低合金结构钢			耐热钢:包括抗氧化钢、热强钢、气阀钢
		钢筋钢			
2	结构钢	机械制造用钢:①调质结构钢;②表面硬化结构钢,包括渗碳钢、渗氨钢、表面淬火用钢;③易切结构钢;④冷塑性成形用钢,包括冷冲压用钢、冷镦用钢			电热合金钢
					耐磨钢
		弹簧钢			低温用钢
		轴承钢			电工用钢
3	工具钢	碳素工具钢	5	专业用钢	桥梁用钢、船舶用钢、锅炉用钢、压力容器用钢、农机用钢等
		合金工具钢			
		高速工具钢			

表 2.6　按冶炼方法分类

序号	分类方式	钢材类别	
1	按炉种分	平炉钢	①酸性平炉钢；②碱性平炉钢
		转炉钢	①酸性转炉钢；②碱性转炉钢
			①底吹转炉钢；②侧吹转炉钢；③顶吹转炉钢
		电炉钢	①电弧炉钢；②电渣炉钢；③感应炉钢；④真空自耗炉钢；⑤电子束炉钢
2	按脱氧程度和浇注制度分	沸腾钢	
		半镇静钢	
		镇静钢	
		特殊镇静钢	

表 2.7　按综合分类

序号	分类方式	钢材类别		序号	分类方式	钢材类别	
1	普通钢	碳素结构钢	① Q195；② Q215（A、B）；③Q235（A、B、C）；④ Q255（A、B）；⑤Q275	2	优质钢（包括高级优质钢）	结构钢	①优质碳素结构钢；②合金结构钢；③弹簧钢；④易切钢；⑤轴承钢；⑥特定用途优质结构钢
		低合金结构钢				工具钢	①碳素工具钢；②合金工具钢；③高速工具钢
		特定用途的普通结构钢				特殊性能钢	①不锈耐酸钢；②耐热钢；③电热合金钢；④电工用钢；⑤高锰耐磨钢

2.1.2　建筑钢筋

常见建筑钢筋为热轧光圆钢钢筋和带肋钢筋，以牌号标示。钢筋牌号由 HPB＋屈服强度特征值构成，HRB 为热轧光圆钢筋的英文 Hot Rolled Plain Bars 缩写。

（1）热轧光圆钢钢筋　热轧光圆钢钢筋等级为 300 级，牌号为 HRB300，即常见的一级钢筋（A）。如图 2.2 所示。

图 2.2　一级钢筋 HRB300

（2）带肋钢筋　带肋钢筋按生产工艺分为热轧钢筋（HRB）、热轧后带有控制冷却并自回火处理的钢筋［RRB，热轧后带有控制冷却并自回火处理（余热处理）带肋钢筋的英文 Remained Heat Treatment Ribbed Bars 缩写］。

带肋钢筋强度等级分为 335、400、500 级，牌号分别为 HRB335、HRB400、HRB500，也即常见的二级（B）、三级（C）、四级钢筋（D）。如图 2.3 所示。

（3）钢筋大小及重量　钢筋的公称直径范围为 6～50mm，国家标准 GB 1499.2《钢筋

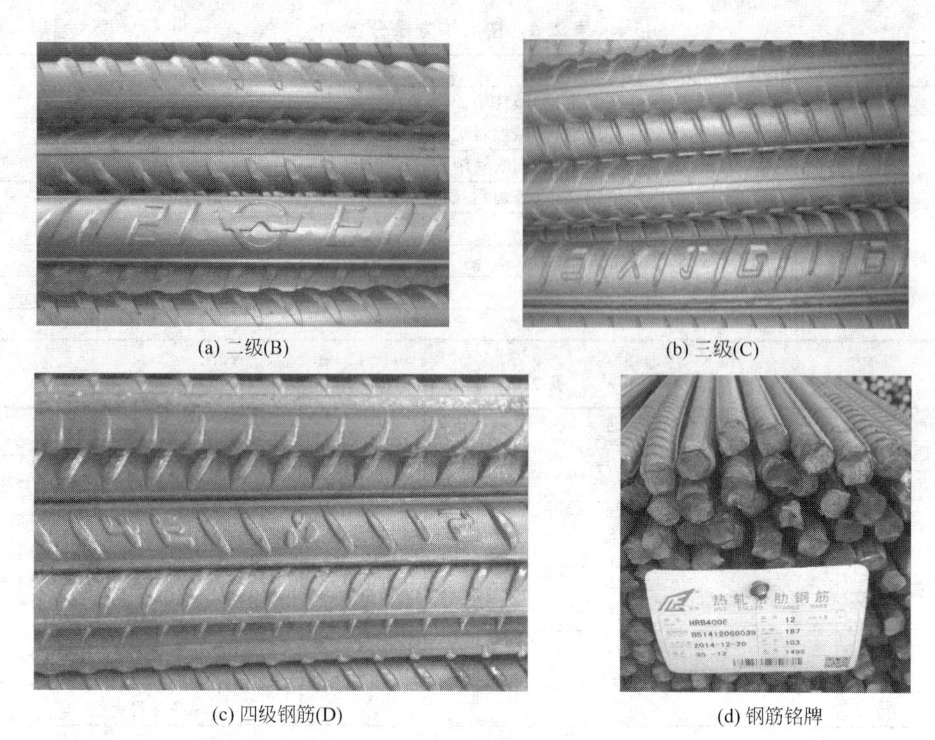

(a) 二级(B)　(b) 三级(C)

(c) 四级钢筋(D)　(d) 钢筋铭牌

图 2.3　不同等级钢筋示意

混凝土用钢　带肋钢筋》推荐的钢筋公称直径为 6mm、8mm、10mm、12mm、16mm、20mm、25mm、32mm、40mm、50mm。常见钢筋大小及重量详见表 2.8。

表 2.8　钢筋大小及重量

公称直径/mm	公称横截面面积/mm²	理论重量/(kg/m)
6	28.27	0.222
8	50.27	0.395
10	78.54	0.617
12	113.1	0.888
14	153.9	1.21
16	201.1	1.58
18	254.5	2.00
20	314.2	2.47
22	380.1	2.98
25	490.9	3.85
28	615.8	4.83
32	804.2	6.31
36	1018	7.99
40	1257	9.87
50	1964	15.42

2.1.3　水泥

水泥是指加水拌和成塑性浆体，能胶结砂、石等材料既能在空气中硬化又能在水中硬化的粉末状水硬性胶凝材料。

散装水泥是指不用包装，直接通过专用装备出厂、运输、储存和使用的水泥。散装水泥在运输和存储过程中，密封性强，不易受潮变质，安全性更强。水泥按用途及性能分类见表2.9、图2.4。

表2.9　水泥按用途及性能分类

序号	分类方式	类　别	备　注
1	按用途及性能分	通用水泥	一般土木建筑工程通常采用的水泥，即硅酸盐水泥、普通硅酸盐水泥、矿渣硅酸盐水泥、火山灰质硅酸盐水泥、粉煤灰硅酸盐水泥和复合硅酸盐水泥
		专用水泥	专门用途的水泥。如G级油井水泥，道路硅酸盐水泥
		特性水泥	某种性能比较突出的水泥。如快硬硅酸盐水泥、低热矿渣硅酸盐水泥、膨胀硫铝酸盐水泥
2	按其主要水硬性物质名称分	硅酸盐水泥	由硅酸盐水泥熟料、0～5%石灰石或粒化高炉矿渣、适量石膏磨细制成的水硬性胶凝材料，称为硅酸盐水泥，分P.Ⅰ和P.Ⅱ，即国外通称的波特兰水泥
		铝酸盐水泥	
		硫铝酸盐水泥	
		铁铝酸盐水泥	
		氟铝酸盐水泥	
		其他水泥	以火山灰或潜在水硬性材料及其他活性材料为主要组分的水泥
3	按需要在水泥命名中标明的主要技术特性分	快硬性水泥	分为快硬和特快硬两类
		水化热水泥	分为中热和低热两类
		抗硫酸盐性水泥	分为中抗硫酸盐腐蚀和高抗硫酸盐腐蚀两类
		膨胀性水泥	分为膨胀和自应力两类
		耐高温性水泥	铝酸盐水泥的耐高温性以水泥中氧化铝含量分级
4	按颜色分	白水泥	由白色硅酸盐水泥熟料加入适量石膏，磨细制成的水硬性胶凝材料
		彩色水泥	具有不同颜色的硅酸盐水泥

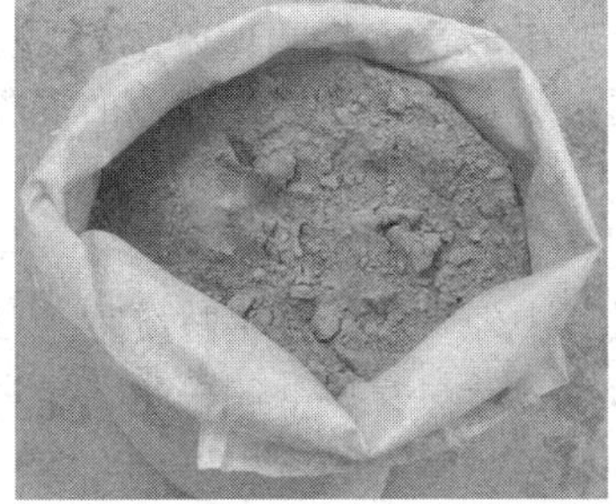

(a) 普通硅酸盐水泥

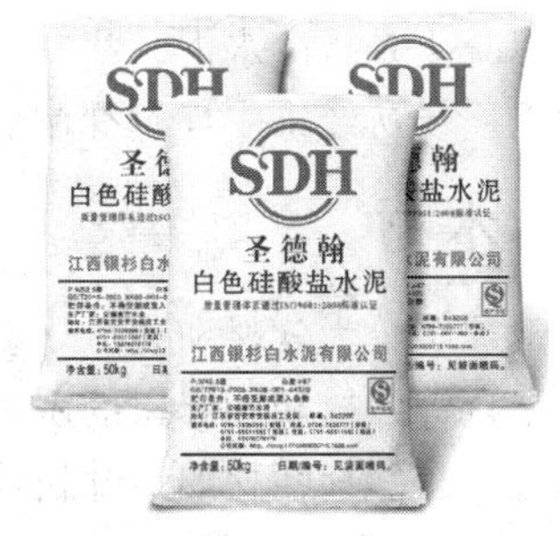

(b) 白色硅酸盐水泥

图2.4　硅酸盐水泥

2.1.4　混凝土

普通混凝土是指由水泥、粗细集料（碎石或卵石及硅质砂）加水拌和经水化硬化而成的各种人造石。素混凝土就是混凝土材料，没有配置钢筋，一般用于次要结构。常说的混凝土结构指的是钢筋混凝土结构，也就是混凝土中配有帮助受力的钢筋。配制普通混凝土一般可选用硅酸盐水泥（P. Ⅰ、P. Ⅱ）、普通硅酸盐水泥（P. O）等，其强度等级应与混凝土设计强度等级相适应。目前现有的混凝土按类别分为普通混凝土、专用混凝土和特性混凝土，如表 2.10、图 2.5 所示。

表 2.10　混凝土分类

序号	类　别	混凝土名称	序号	类　别	混凝土名称
1	普通混凝土	普通混凝土	3	特性混凝土	高强混凝土
2	专用混凝土	道路混凝土			膨胀混凝土
		大坝混凝土			防水混凝土
		海水混凝土			耐侵蚀混凝土
		装饰混凝土			轻质混凝土
		聚合物混凝土			耐火混凝土
		纤维增强混凝土			防护混凝土
		流态混凝土			高性能混凝土

(a) 混凝土

(b) 混凝土搅拌车

图 2.5　混凝土及运输车

商品混凝土是指由水泥、集料、水以及根据需要掺入的外加剂和掺和料等按一定成分，在固定的工厂场所经集中计量拌制后，通过运输车运至使用地点的混凝土拌和物。

2.1.5　木材

木材常被统分为软材和硬材，在家具厂中经常将许多木材统称为硬杂和软杂。生产中常用的木材来自针叶树和阔叶树的木材，由于针叶材材质一般较软，生产上又称软材。但也不能一概而论，有些针叶材如落叶松等，材质还是坚硬的。由于阔叶材一般材质较硬重，又称硬材。

由于阔叶的种类繁多，统称杂木。其中材质轻软的称软杂，如杨木、泡桐、轻木等；材质硬重的称硬杂，如麻栎、青刚栎、木荷、枫香等。我国常用的已有近 800 个商品材树种，归为 241 个商品材类并把这 241 个商品材根据材质优劣、储量多少等原则划分为五类。即一类材、二类材、三类材、四类材、五类材。现将家具业常用的商品材树种类别摘录如表 2.11 所示，供采购选用时参考。如图 2.6 所示。

表 2.11　木材分类

序号	木材类别	木材名称
1	一类材	红松、柏木、红豆杉、香樟、楠木、格木、硬黄檀、香红木、花桐木、黄杨、红青刚、山核桃、核桃木、榉木、山楝、香桩、水曲柳、梓木、铁力木、玫瑰木
2	二类材	黄杉、杉木、福建柏、榧木、鹅掌楸、梨木、楮木、水青冈、麻栎、高山栎、桑木、枣木、黄波罗、白蜡木
3	三类材	落叶松、云杉、松木、铁杉、铁刀木、紫荆、软黄檀、槐树、桦木、栗木、木荷、槭木
4	四类材	枫香、桤木、朴树、檀、银桦、红桉、白桉、泡桐
5	五类材	拟赤杨、杨木、枫杨、轻木、黄桐、冬青、乌柏、柿木

(a) 建筑用木方

(b) 建筑模板

图 2.6　建筑用木材示意

2.1.6　石材

装饰石材分为大理石和花岗岩两大类。

(1) 大理石　天然大理石是石灰岩经过地壳内高温高压作用形成的变质岩，属于中硬石材，主要由方解石和白云石组成。主要成分以碳酸钙为主，约占 50%以上，其他成分还有氧化钙、氧化锰及二氧化硅等。

我国大理石储量较大，品种约几百个，较名贵的见表 2.12。如图 2.7 所示。

表 2.12　国产名贵大理石

产地	石材名称
北京	房山汉白玉大理石
安徽	怀宁和贵池白大理石
河北	曲阳和涞源白大理石
四川	宝兴蜀白玉大理石
江苏	赣榆白大理石
云南	大理苍山白大理石
山东	平度和莱州市的雷花白大理石
陕西	大花绿大理石
山东	栖霞海浪玉大理石
浙江	杭州的杭灰大理石
四川	南江的南江红
河北	阜平的阜平红
辽宁	铁岭的东北红
安徽	怀宁碧波大理石
河南	浙川松香黄、松香玉和米黄

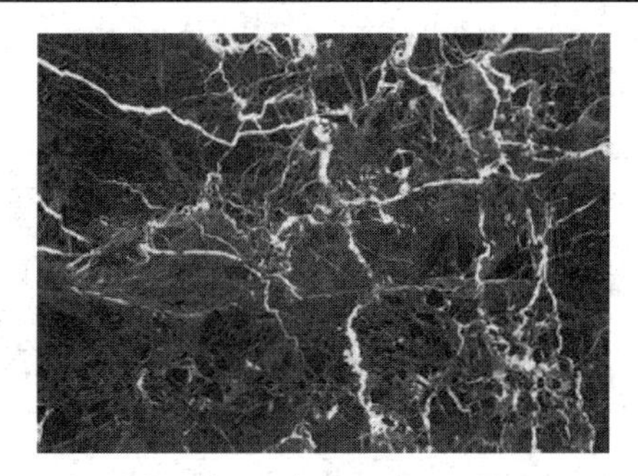

图 2.7　大理石示意

(2) 花岗岩　天然花岗岩，也叫酸性结晶深成岩，属于硬石材，由长石、石英和云母组成，以二氧化硅为主要成分。其岩质坚硬密实，按其结晶大小可分为“微晶”、“粗晶”和“细晶”三种；按板材规格可分为标准板、异形板、规格板和工程板。

标准板（又称厚板），指厚度小于20mm（有的规定小于15mm）的板材。

异形板，指正方形或长方形以外各种形状的板材。

规格板，指按各种标准规定生产的定型板材。

工程板，指用于某指定工程，按设计要求配套生产的非定型产品。

我国自产的花岗岩（图2.8）约有几百种，常见国产花岗岩见表2.13，花岗石根据其不同的加工方法，可得到不同效果的石材，见表2.14。

(a) 汉白玉示意

(b) 天然花岗石示意

图2.8　花岗石示意

表2.13　常见国产花岗岩

产地	石材名称	产地	石材名称	产地	石材名称
四川	四川红	新疆	新疆红	山东	将军红
山西	贵妃红、橘红	广西	芩溪红	河南	洛阳红
河北	中国黑	内蒙古	丰镇黑		

表2.14　花岗石板材加工效果

石材名称	加工方法	石材名称	加工方法
蘑菇石	用劈、剁、铲、凿加工成规格的石块，其中部突出表面粗糙，而四周铲平，形如蘑菇突起	烧毛板（火烧板）	用火焰喷烧花岗石表面，因矿物颗粒的膨胀系数不同产生崩落而形成起浮有致的粗饰花纹的板材
剁斧石	用剁斧头或剁斧加工机械将板材加工成具有剁斧纹粗糙饰面的板材或块石	机创板材	用创石机将表面创削成槽状粗面的饰面板
锤击板材	用花锤加工成板面，具有锤击痕石面板	磨光板（细面装饰板）	挡住粗磨和表面光滑的板材，抛光板又称镜面板材

2.1.7　砂浆

砂浆由胶凝材料、细骨料和水按一定的比例配制而成。按其用途分为砌筑砂浆和抹面砂浆；按所用材料不同可分石灰砂浆、水泥砂浆、混合砂浆、塑化砂浆。见表2.15。目前国家提倡推广使用商品预拌砂浆及干混砂浆或干粉砂浆，如图2.9所示。

表 2.15　砂浆分类

类　别	砂　浆　用　途
石灰砂浆	石灰砂浆仅用于强度要求低、干燥环境中的砌体工程
水泥砂浆	水泥砂浆适用于潮湿环境及水中的砌体工程
混合砂浆	混合砂浆不仅和易性好，而且可配制成各种强度等级的砌筑砂浆，除对耐水性有较高要求的砌体外，可广泛用于各种砌体工程中
塑化砂浆	塑化砂浆是指在砂浆制备过程中掺入不超过水泥用量 5%的可以代替石灰节约水泥的一种塑化剂，该剂能使砂浆产生大量微小的、高分散的、不破灭气泡的空气乳浊液，从而改变砂浆的各种性能

(a) 干混砂浆

(b) 商品砂浆

图 2.9　砂浆示意

2.1.8　石灰

将主要成分为碳酸钙的天然岩石在适当温度下煅烧，排除分解出的二氧化碳后，所得的以氧化钙（CaO）为主要成分的产品即为石灰，又称生石灰。

生石灰呈白色或灰色块状，为便于使用，块状生石灰常需加工成生石灰粉、消石灰粉或石灰膏。生石灰粉是由块状生石灰磨细而得到的细粉，其主要成分是 CaO；消石灰粉是块状生石灰用适量水熟化而得到的粉末，又称熟石灰，其主要成分是 $Ca(OH)_2$；石灰膏是块状生石灰用较多的水（约为生石灰体积的 3～4 倍）熟化而得到的膏状物，也称石灰浆。其主要成分也是 $Ca(OH)_2$。

石灰在土木工程中应用范围很广，主要用途见表 2.16 和图 2.10。

表 2.16　石灰用途

序号	名　称	用　途
1	石灰乳	消石灰粉或石灰膏掺加大量粉刷
2	水泥石灰混合砂浆	用石灰膏或消石灰粉可配制石灰砂浆或水泥石灰混合砂浆，用于砌筑或抹灰工程
3	石灰稳定土	将消石灰粉或生石灰粉掺入各种粉碎或原来松散的土中，经拌和、压实及养护后得到的混合料，称为石灰稳定土。它包括石灰土、石灰稳定砂砾土、石灰碎石土等。石灰稳定土具有一定的强度和耐水性。广泛用作建筑物的基础、地面的垫层及道路的路面基层
4	硅酸盐制品	以石灰（消石灰粉或生石灰粉）与硅质材料（砂、粉煤灰、火山灰、矿渣等）为主要原料，经过配料、拌和、成型和养护后可制得砖、砌块等各种制品。因内部的胶凝物质主要是水化硅酸钙，所以称为硅酸盐制品，常用的有灰砂砖、粉煤灰砖等

(a) 生石灰

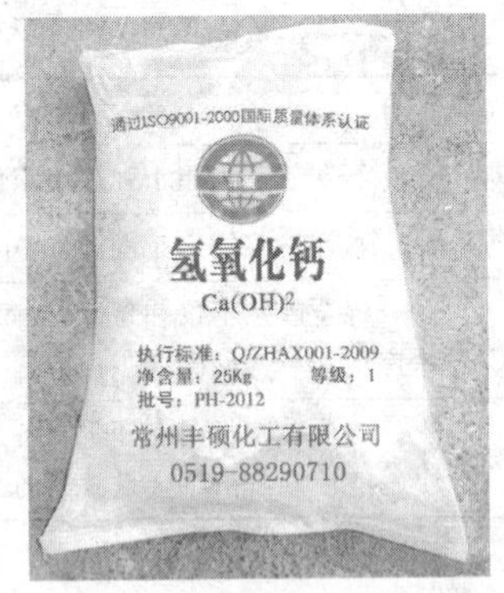

(b) 熟石灰(氢氧化钙)

图 2.10 石灰示意

2.1.9 玻璃

建筑物可根据功能要求选用平板玻璃、超白浮法玻璃、中空玻璃、真空玻璃、钢化玻璃、半钢化玻璃、夹层玻璃、光伏玻璃、着色玻璃、镀膜玻璃、压花玻璃、U 型玻璃和电致液晶调光玻璃等。

玻璃是一种古老的建筑材料。按玻璃的生产工艺及材料性能等，可以分为普通平板玻璃、喷砂玻璃等，如表 2.17 所列分类。常见玻璃如图 2.11～图 2.15 所示。

表 2.17 玻璃分类

名 称	主 要 特 性
普通平板玻璃	亦称窗玻璃。平板玻璃具有透光、隔热、隔声、耐磨、耐气候变化的性能，有的还有保温、吸热、防辐射等特征
热熔玻璃	又称水晶立体艺术玻璃。热熔玻璃是采用特制热熔炉，以平板玻璃和无机色料等作为主要原料，设定特定的加热程序和退火曲线，加热到玻璃软化点以上，经特制成型模模压成型后退火而成，必要时再进行雕刻、钻孔、修裁等后道工序加工
夹层玻璃	又称夹胶玻璃，就是在两块玻璃之间夹进一层以聚乙烯醇缩丁醛为主要成分的 PVB 中间膜。玻璃即使碎裂，碎片也会被粘在薄膜上，破碎的玻璃表面仍保持整洁光滑
喷砂玻璃	用高科技工艺使平面玻璃的表面造成侵蚀，从而形成半透明的雾面效果，具有一种朦胧的美感
彩绘玻璃	彩绘玻璃制作中，先用一种特制的胶绘制出各种图案，然后再用铅油描摹出分隔线，最后再用特制的胶状颜料在图案上着色
雕刻玻璃	雕刻玻璃分为人工雕刻和电脑雕刻两种。其中人工雕刻利用娴熟刀法的深浅和转折配合，更能表现出玻璃的质感，使所绘图案予人呼之欲出的感受
镶嵌玻璃	将彩色图案的玻璃、雾面朦胧的玻璃、清晰剔透的玻璃任意组合，再用金属丝条加以分隔，合理地搭配"创意"，呈现不同的美感，更加令人陶醉
视飘玻璃	在没有任何外力的情况下，玻璃本身的图案色彩随着观察者视角的改变而发生飘动，即随人的视线移动而带来玻璃图案的变化、色彩的改变，形成一种独特的视飘效果，使居室平添一种神秘的动感
真空玻璃	这种玻璃是双层的，由于在双层玻璃中被抽成为真空，所以具有热阻极高的特点
中空玻璃	是由两层或两层以上普通平板玻璃所构成。四周用高强度、高气密性复合黏结剂，将两片或多片玻璃与密封条、玻璃条粘接密封，中间充入干燥气体，框内充以干燥剂，以保证玻璃片间空气的干燥度
高性能中空玻璃	除在两层玻璃之间封入干燥空气之外，还要在外侧玻璃中间空气层侧，涂上一层热性能好的特殊金属膜，它可以阻隔太阳紫外线射入到室内的能量
钢化玻璃	又称强化玻璃。它是利用加热到一定温度后迅速冷却的方法，或是化学方法进行特殊处理的玻璃。它的特性是强度高，其抗弯曲强度、耐冲击强度比普通平板玻璃高 3～5 倍
呼吸玻璃	同生物一样具有呼吸作用，它用以排除人们在房间内的不舒适感。这种呼吸窗户框架以特制铝型材料制成，外部采用隔热材料，而窗户玻璃则采用反射红外线的双层玻璃，在双层玻璃中间留下 12mm 的空隙充入惰性气体氩，靠近房间内侧的玻璃涂有一层金属膜

续表

名 称	主 要 特 性
镭射玻璃	在玻璃或透明有机涤纶薄膜上涂敷一层感光层，利用激光在上刻划出任意的几何光栅或全息光栅，镀上铝（或银），再涂上保护漆，就制成了镭射玻璃
低辐射玻璃	又称LOW-E（楼依）玻璃，属于镀膜玻璃，可减低室内外温差而引起的热传递，让室外太阳能、可见光透过，又像红外线反射镜一样，将物体二次辐射热反射回去的新一代镀膜玻璃
玻璃砖	玻璃砖的款式有透明玻璃砖、雾面玻璃砖、纹路玻璃砖几种
半钢化玻璃	介于普通平板玻璃和钢化玻璃之间的一个品种，它兼有钢化玻璃的部分优点，如强度高于普通玻璃，同时又回避了钢化玻璃平整度差，易自爆，一旦破坏即整体粉碎等不尽如人意之弱点。半钢化玻璃破坏时，沿裂纹源呈放射状径向开裂，一般无切向裂纹扩展，所以破坏后仍能保持整体不塌落
夹丝玻璃	别称防碎玻璃。它是将普通平板玻璃加热到红热软化状态时，再将预热处理过的铁丝或铁丝网压入玻璃中间而制成。它的特性是防火性优越，可遮挡火焰，高温燃烧时不炸裂，破碎时不会造成碎片伤人。另外还有防盗性能，玻璃割破还有铁丝网阻挡
玻璃马赛克	又叫作玻璃锦砖或玻璃纸皮砖。它是一种小规格的彩色饰面玻璃。一般规格为20mm×20mm、30mm×30mm、40mm×40mm。厚度为4～6mm
浮法玻璃	浮法生产的成型过程是在通入保护气体（N_2 及 H_2）的锡槽中完成的。熔融玻璃从池窑中连续流入并漂浮在相对密度大的锡液表面上，在重力和表面张力的作用下，玻璃液在锡液面上铺开、摊平、形成上下表面平整的玻璃带，硬化、冷却后被引上过渡辊台。辊台的辊子转动，把玻璃带拉出锡槽进入退火窑，经退火、切裁，就得到平板玻璃产品。浮法与其他成型方法比较，其优点是：适合于高效率制造优质平板玻璃，如没有波筋、厚度均匀、上下表面平整、互相平行
压花玻璃	又称花纹玻璃或滚花玻璃，是采用压延方法制造的一种平板玻璃，制造工艺分为单辊法和双辊法。压花玻璃的理化性能基本与普通透明平板玻璃相同，仅在光学上具有透光不透明的特点，可使光线柔和，并具有隐私的屏护作用和一定的装饰效果
镀膜玻璃	分为在线镀膜及离线镀膜玻璃 在线镀膜是指镀膜的工艺过程是在浮法玻璃制造过程中进行，如在线热喷涂是浮法生产线的成型区后，退火窑的开端，通过附设的喷枪在玻璃板表面喷涂膜层，经过退火窑后膜层烧附在玻璃表面，故名为在线镀膜。离线镀膜是在平板玻璃出厂后，再进行镀膜加工

(a) 平板玻璃

(b) 压花玻璃

图2.11 压花玻璃等示意

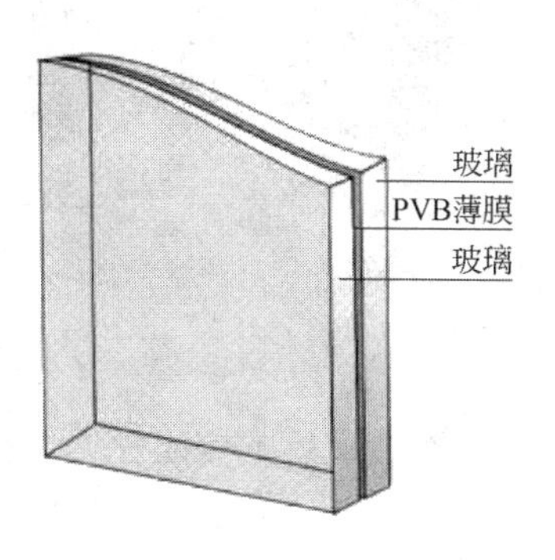

图2.12 夹层玻璃示意

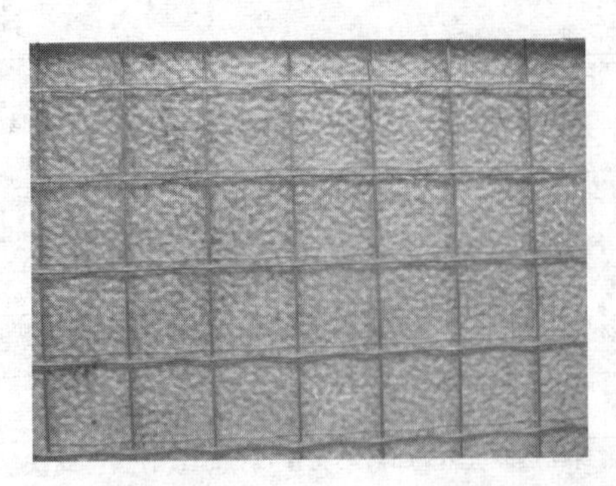
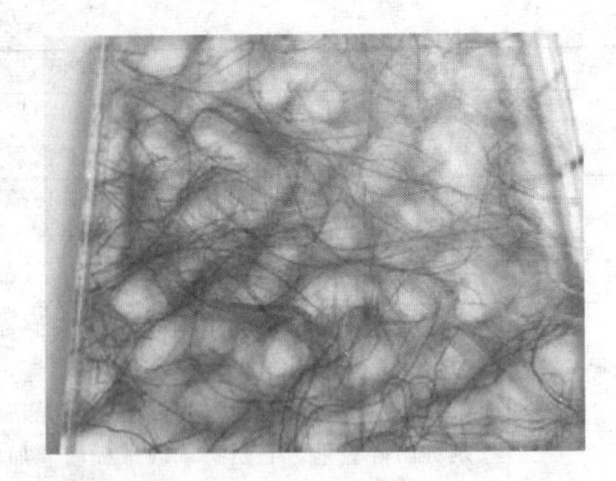

图 2.13　夹丝玻璃示意

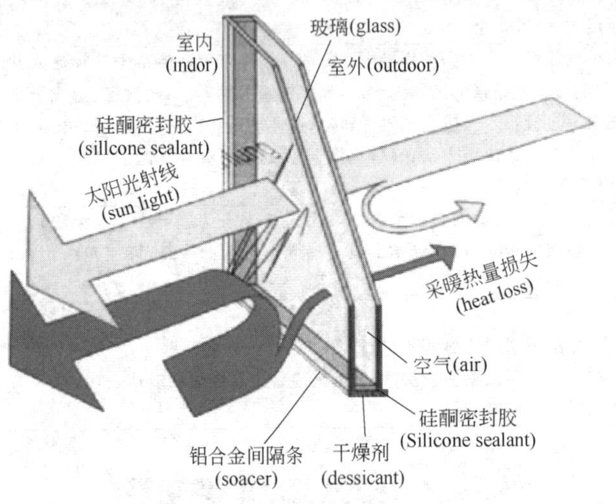

图 2.14　中空玻璃示意

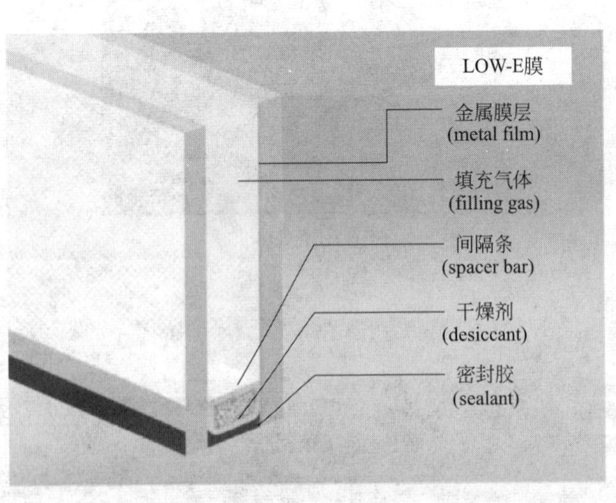

图 2.15　LOW-E 玻璃示意

对建筑玻璃有热工性能要求时应选用中空玻璃或真空玻璃，对玻璃热工性能要求或对中空玻璃表面变形要求较高时，可采取下列措施。

① 采用三玻两腔中空玻璃，两侧玻璃厚度不应小于 4mm，厚度差不宜超过 3mm，空气

间隔层厚度不宜小于 9mm。

② 采用低辐射镀膜玻璃，其镀膜面应位于中空玻璃空气腔中。当另外一片采用在线低辐射镀膜玻璃时，其镀膜面应位于室内侧。

③ 可充惰性气体，但中空玻璃间隔条应采用连续折弯且对接缝处做密封处理。

④ 采用暖边间隔条。

⑤ 当中空玻璃制作与使用地理位置有较大气压变化时，宜采用呼吸管平衡装置，且在使用地对呼吸管做封闭密封处理。

⑥ 中空玻璃可采用毛细管技术。

2.2 建筑玻璃防人体冲击规定

(1) 安全玻璃暴露边不得存在锋利的边缘和尖锐的角部。

(2) 安全玻璃的最大许用面积应符合表 2.18 的规定。

(3) 有框平板玻璃、超白浮法玻璃和真空玻璃的最大许用面积应符合表 2.19 的规定。

表 2.18　安全玻璃最大许用面积

玻璃种类	公称厚度/mm	最大许用面积/m²
钢化玻璃	4	2.0
	5	2.0
	6	3.0
	8	4.0
	10	5.0
	12	6.0
夹层玻璃	6.38　6.76　7.52	3.0
	8.38　8.76　9.52	5.0
	10.38　10.76　11.52	7.0
	12.38　12.76　13.52	8.0

表 2.19　有框平板玻璃、超白浮法玻璃和真空玻璃的最大许用面积

玻璃种类	公称厚度/mm	最大许用面积/m²
平板玻璃 超白浮法玻璃 真空玻璃	3	0.1
	4	0.3
	5	0.5
	6	0.9
	8	1.8
	10	2.7
	12	4.5

(4) 安装在易于受到人体或物体碰撞部位的建筑玻璃，应采取保护措施。

(5) 活动门玻璃、固定门玻璃和落地窗玻璃应选用安全玻璃，无框玻璃应使用公称厚度不小于 12mm 的钢化玻璃。

(6) 室内隔断应使用安全玻璃。对人群集中的公共场所和运动场所中装配的室内隔断玻璃，有框玻璃应使用公称厚度不小于 5mm 的钢化玻璃或公称厚度不小于 6.38mm 的夹层玻璃；无框玻璃应使用公称厚度不小于 10mm 的钢化玻璃。

(7) 浴室内有框玻璃应使用符合国家规定的公称厚度不小于 8mm 的钢化玻璃；浴室内无框玻璃应使用符合国家规定的公称厚度不小于 12mm 的钢化玻璃。

(8) 室内栏板用玻璃应符合下列规定：

① 设有立柱和扶手，栏板玻璃作为镶嵌面板安装在护栏系统中，栏板玻璃应使用符合国家规定的夹层玻璃；

② 栏板玻璃固定在结构上且直接承受人体荷载的护栏系统，当栏板玻璃最低点离一侧楼地面高度不大于5m时，应使用公称厚度不小于16.76mm钢化夹层玻璃；当栏板玻璃最低点离一侧楼地面高度大于5m时，不得采用此类护栏系统。

(9) 室内饰面用玻璃应符合下列规定：

① 室内饰面玻璃可采用平板玻璃、釉面玻璃、镜面玻璃、钢化玻璃和夹层玻璃等，其许用面积应分别符合安全玻璃的规定；

② 当室内饰面玻璃最高点离楼地面高度在3m或3m以上时，应使用夹层玻璃；

③ 室内饰面玻璃边部应进行精磨和倒角处理，自由边应进行抛光处理；

④ 室内消防通道墙面不宜采用饰面玻璃；

⑤ 室内饰面玻璃可采用点式幕墙和隐框幕墙安装方式。龙骨应与室内墙体或结构楼板、梁牢固连接。龙骨和结构胶应通过结构计算确定。

2.3 建筑基础常用材料

基础是位于建筑物最下部的承重构件，它承受着建筑物的全部荷载并将这些荷载传给地基，实际上它是房屋墙身或柱子的延伸。房屋基础承担房屋屋顶、楼面、墙或柱传来的荷载以及风荷载和地震作用，并且起着承上启下的作用。

2.3.1 三合土基础

三合土基础的主要材料为石灰、砂和骨料，通常是将白灰、黄泥、碎砖或者白灰、沙、碎石按体积比配比拌和而成，铺放在基槽内分层夯实而成，其体积比为(1∶2∶4)～(1∶3∶6)，每层虚铺约220mm，夯实至150mm。三合土基础属于刚性基础，其宽高比需满足相关规范要求。三合土基础宽不应小于600mm，高不小于300mm。见图2.16。

(a) 三合土

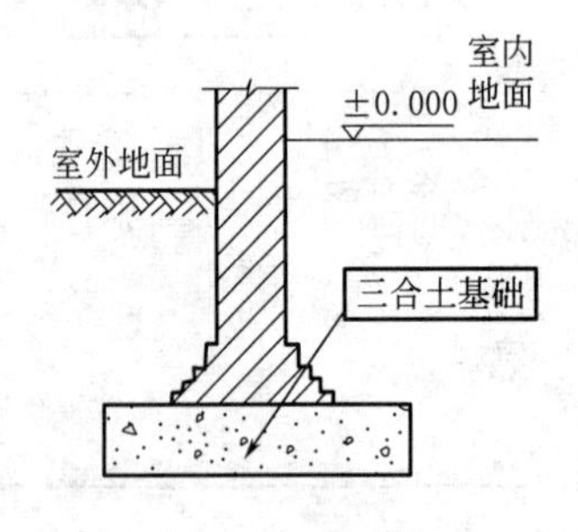

(b) 三合土基础

图2.16 三合土基础示意

该类型基础造价低廉，施工简单，但强度较低，适用于地基坚实、均匀，上部荷载较小，4层及4层以下的一般民用建筑，在南方地区采用比较普遍。

2.3.2 灰土基础

灰土基础的主要材料为白灰和素土，其体积比为3∶7或2∶8。灰土基础属于刚性基础，其宽高比需满足相关规范要求，3层以下建筑灰土可做2步，3层以上建筑可做3步。

灰土基础施工方便，造价较低，就地取材，可以节省水泥、砖石等材料。缺点是它的抗冻、耐水性能差，在地下水位线以下或很潮湿的地基上不宜采用。灰土材料均匀拌和后，铺放在基槽内分层夯实而成。白灰应使用没有风化的生石灰块，在使用前24h洒水消化成粉末状，素土可用不含杂质和有机物的土。见图2.17。

(a) 37灰土

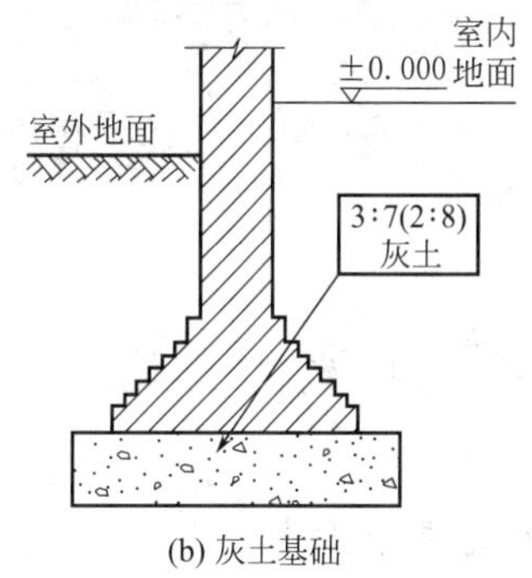

(b) 灰土基础

图2.17 灰土基础示意

灰土基础主要适用于地基坚实、均匀，上部荷载较小，地下水位较低的地基，且6层及6层以下的一般民用建筑，并可与其他材料基础共用，充当基础垫层。

2.3.3 毛石基础

毛石基础的主要材料为石头，为了节约水泥用量，对于体积较大的混凝土基础，可以在浇注混凝土时加入20%～30%的毛石。毛石基础属于刚性基础，其宽高比需满足相关规范要求。该类型基础主要适用于地基坚实、均匀，上部荷载较小，6层及6层以下的一般民用建筑。毛石按照基础需要的宽度分层砌筑而成，主要应用于富产石头的地区，优点是可以就地取材，但整体欠佳，故有震动的房屋很少采用。见图2.18。

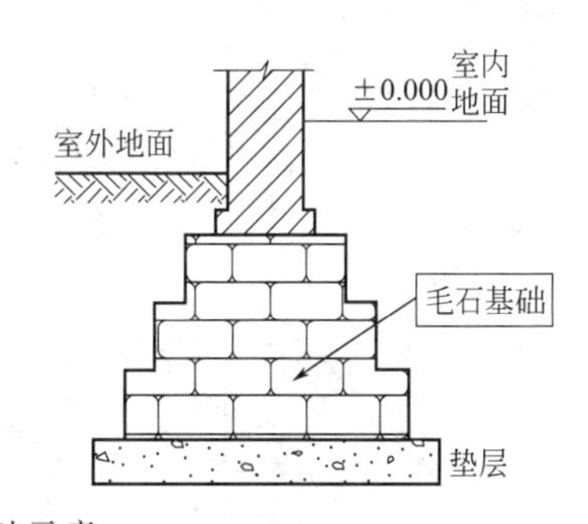

图2.18 毛石基础示意

2.3.4 砖基础

砖基础的主要材料为砖。砖基础属于刚性基础，其宽高比需满足相关规范要求。砖基础施工简便，适应面广，主要适用于地基坚实、均匀，上部荷载较小，6层及6层以下的一般民用建筑。砖基础是用砖按照基础需要的宽度分层砌筑而成，俗语广泛称其为“放大脚”。放大脚每一阶梯挑出的长度为砖长的1/4（即60mm）。为保证基础外挑部分在基底反力作用下不致发生破坏，放大脚的砌法有两皮一收和二一间隔收两种。在相同底宽的情况下，二一间隔收可减少基础高度。见图2.19。

图 2.19　砖基础示意

2.3.5　毛石混凝土基础

毛石混凝土基础的主要材料为毛石和混凝土。毛石混凝土基础属于刚性基础，其宽高比需满足相关规范要求。该类型基础主要适用于地基坚实、均匀，上部荷载较小，6 层及 6 层以下的一般民用建筑。毛石混凝土基础阶梯高度一般不得小于 300mm。见图 2.20。

图 2.20　毛石混凝土基础示意

2.3.6　混凝土基础

混凝土基础是由水泥、沙子、石子和水按一定比例配合搅拌而成的基础。混凝土基础具有坚固、耐久、耐水、刚性角大，可根据需要任意改变形状的特点。混凝土基础主要适用于地基坚实、均匀，地下水位高，受冰冻影响的建筑物；上部荷载较小，6 层及 6 层以下的一般民用建筑。见图 2.21。

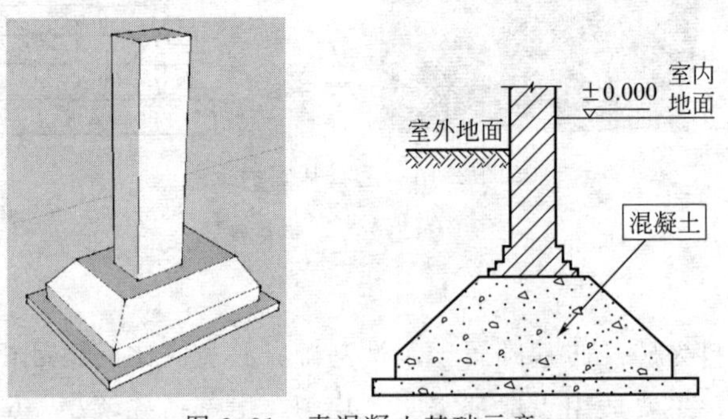

图 2.21　素混凝土基础示意

2.3.7　钢筋混凝土基础

钢筋混凝土基础的主要材料为钢筋和混凝土。钢筋混凝土基础适用广泛，在不同的地质条件下均可以使用。这种类型基础也是目前最为常见的基础。见图 2.22。

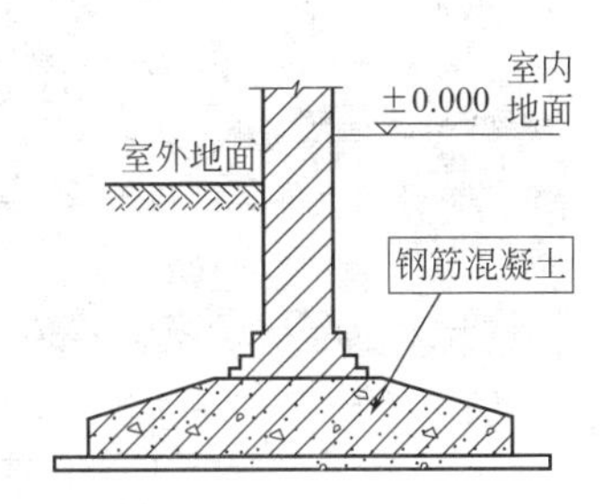

图 2.22　钢筋混凝土基础示意

2.4　墙体常用材料

墙体是建筑物的承重和维护构件。作为承重构件，它承受着建筑物屋顶及各楼层传来的荷载，并将这些荷载传给基础；作为围护构件，外墙起抵御自然界各种因素对室内侵袭的作用，内墙起分隔房间的作用。

常用的一些墙体材料见表 2.20。如图 2.23 所示。

表 2.20　常用的墙体材料

序号	材料名称	材料常见位置	序号	材料名称	材料常见位置
1	黏土实心砖砖墙	承重墙体和非承重隔墙	5	加气混凝土墙	外墙保温填充隔墙
2	混凝土砌块墙	非承重隔墙	6	钢筋混凝土墙	结构承重墙体
3	陶粒空心砖墙	外墙保温填充隔墙	7	轻钢龙骨石膏板墙	房间隔断墙体
4	玻璃隔墙	房间隔断墙体	8	蒸压灰砂砖墙	非承重隔墙

(a) 黏土实心砖

(b) 混凝土实心砖

(c) 陶粒空心砖

(d) 加气混凝土砖

图 2.23

(e) 蒸压灰砂砖

图 2.23　常用墙体材料示意

2.5　楼地面常用材料

楼地面常用材料有水泥砂浆、水磨石、大理石、地砖、木地板、地毯等。见表 2.21。如图 2.24 所示。

表 2.21　常用的楼地面材料

序号	材料名称	材料特点
1	水泥砂浆楼地面	水泥砂浆打底或找平后水泥砂浆抹面
2	细石混凝土楼地面	铺细石混凝土后随捣随抹平，压光
3	现浇水磨石楼地面	浇注水泥石子浆抹平，硬结后用磨石子机和水磨光，打蜡养护
4	地砖楼地面	陶瓷锦砖、缸砖楼地面
5	预制水磨石板、水泥花砖、预制混凝土板楼地面	水泥砂浆找平后，铺预制水磨石板、水泥花砖、混凝土板
6	地毯楼地面	按原材料分有羊毛地毯和化纤地毯两种；按产品分有卷材、块材、地砖式
7	大理石板、花岗石板楼地面	多用于门厅、大堂、营业厅等公共场所装饰标准较高的楼地面
8	木质楼地面	包括复合强化木地板、实木地板和竹子复合地板楼地面
9	塑料地板楼地面	按材料性质分硬质塑料地板、软质塑料地板、半硬质塑料地板；按形状分块状塑料地板、卷状塑料地板

(a) 地砖楼地面

(b) 地毯楼地面

图 2.24　常见楼地面示意

2.6　吊顶常用材料

吊顶是美化建筑环境的一个重要分项工程，常用的有石膏板、PVC 板、铝扣板、矿棉板、PS 板等一些材料，见表 2.22。如图 2.25 所示。

表 2.22　常用的吊顶材料

序号	材料名称	材料特点
1	矿棉板	其吸音性能较好,并能吸音、隔热、防火,一般公共场所用得较多,家庭也有使用
2	铝扣板	铝扣板吊顶材料主要用在卫生间或厨房中,其不仅较为美观,还能防火、防潮、防腐、抗静电、吸音、隔音等,属于高档的吊顶材料。其常用形状有长形、方形等,表面有平面和冲孔两种,其产品主要分为喷涂,滚涂,覆膜
3	PVC 板(PVC 塑料扣板)	以 PVC 为原料,经加工成为企口式型材,具有重量轻、安装简便、防水防潮、防蛀虫的特点,它表面的花色图案变化也非常多,并且耐污染、好清洗、有隔音、隔热的良好性能。可作为卫生间、厨房、盥洗间、阳台等吊顶材料
4	金属制品吊顶	指的是一种集多种功能、装饰性于一体的吊顶金属装饰板。与传统吊顶材料相比,除保持其特性外,质感、装饰感方面更优,可分为吸声板和装饰板(不开孔)。金属装饰板的材质种类有铝、铜、不锈钢、铝合金等
5	石膏板吊顶	膏板是目前应用比较广泛的一类新型吊顶装饰材料,具有良好的装饰效果和较好的吸音性能,较常用的有浇筑石膏装饰板和纸面装饰吸音板
6	PS 板	是新型的进口材料,它色彩多样、弹性大、重量轻,因为具有良好的透光性,主要用于发光吊顶

(a) 矿棉板

(b) 硅酸钙板

(c) 水泥纤维板

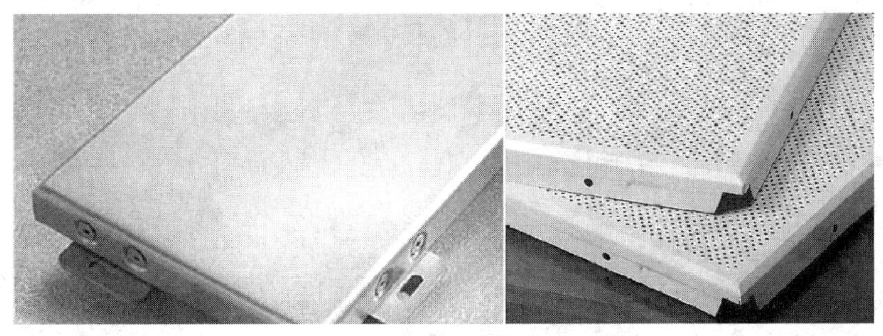
(d) 铝扣板示意

(e) 三聚氰胺板

(f) 纸面石膏板

(g) 防火纸面石膏板

图 2.25　常见吊顶材料

2.7　墙柱面常用材料

常用墙柱面的饰面材料有壁纸、木质板材、石材、金属板、瓷砖、玻璃、织物或皮革及各类抹灰砂浆和涂料等，表 2.23 所介绍的是一些常见的墙柱面装饰材料。如图 2.26 所示。

表 2.23　常用的墙柱面装饰材料

材料名称	材料特点
胶合板	是优良的墙柱面装饰材料，具有材质均匀、吸湿变形小、施工方便等优点
壁纸	壁纸一般具有防水难燃的特点，且具有欣赏性，多作为室内墙柱面饰面材料
木质板材和软包面层	是通过竖向木龙骨与墙体连接的。木质构造应采取防潮与防火措施，即在墙面上先用防潮砂浆粉刷，后刷冷底子油，再贴上防潮油毡，同时在木龙骨和木饰面板上刷防火涂料
乳胶漆	乳胶漆是水溶性材料，其稀释剂为清水，基料为丙烯酸共聚物，均为无毒的安全型材料，在使用中无不良的气味，无毒、无污染。乳胶漆是日常比较常用的墙装材料，像多乐士、立邦、大师等品牌，有的具有防水、防火、防潮、防霉、防腐、防碳化等多种性能
铝塑板	又称复合铝板，具有经济性、可选色彩的多样性、便捷的施工方法、优良的加工性能、绝佳的防火性及高贵的品质。铝塑复合板是由多层材料复合而成，上下层为高纯度铝合金板，中间为无毒低密度聚乙烯(PE)芯板，其正面还粘贴一层保护膜。对于室外，铝塑板正面涂覆氟碳树脂(PVDF)涂层，对于室内，其正面可采用非氟碳树脂涂层
石材	石材由于其重量较大，常需要另外一些办法，如干挂和灌挂固定法等
瓷砖	瓷砖是用加胶的水泥砂浆与墙体连接
玻璃	玻璃饰面的构造做法是在墙体防潮层上设木龙骨，于木龙骨上铺胶合板或纤维板并做一层防潮处理，然后在其上固定镜面玻璃
不锈钢	可分为铬不锈钢和铬镍不锈钢两大类型。具有一定的不锈性和耐酸性(耐蚀性)。不锈钢的不锈性和耐蚀性是由于其表面上形成了富铬氧化膜(钝化膜)

(a) 胶合板

(b) 墙面漆

(c) 不锈钢板

(d) 墙纸

图 2.26　常用墙柱面的饰面材料

2.8　常用防水材料

目前国内的防水材料类型很多，常见的防水材料见表 2.24。如图 2.27 所示。

表 2.24　常用的防水材料

序号	材料名称	材料类型
1	防水卷材	高聚物改性沥青防水卷材
		SBS 改性沥青防水卷材
		APP 改性沥青防水卷材
		APAO 改性沥青防水卷材
		APO 改性沥青防水卷材
		合成高分子防水卷材
		三元乙丙(EPDM)防水卷材
		聚氯乙烯(PVC)防水卷材
		氯化聚乙烯(CPE)防水卷材
		氯化聚乙烯橡胶共混(CPE 共混)防水卷材
		氯磺化聚乙烯(CSPE)防水卷材
		聚乙烯丙纶复合(PE)防水卷材
		高密度聚乙烯(HDPE)防水卷材
		低密度聚乙烯(LDPE)及 EVA 防水卷材
		TPO 防水卷材
		自粘改性沥青防水卷材
2	防水涂料	聚氨酯防水涂料
		聚合物水泥基防水涂料
		丙烯酸酯防水涂料
		橡胶改性沥青防水涂料
		水性 PVC 防水涂料
2	防水涂料	聚氯乙烯弹性防水涂料
		水泥基渗透结晶型防水涂料
3	防水密封材料	塑料油膏和聚氯乙烯胶泥
		丙烯酸酯密封膏
		聚硫密封膏
		聚硅氧烷密封膏
		聚氨酯密封膏
		其他各类密封膏
4	刚性防水材料	有机硅防水剂
		无机铝盐防水剂
		脂肪酸防水剂
		水泥水性密封防水剂
		其他各类防水剂
5	堵漏止水材料	防水宝
		确保时
		水不漏
		堵漏灵
		堵漏停
		堵漏王
		粉状快速堵漏剂

(a) 高聚物改性沥青防水卷材

(b) 自粘改性沥青防水卷材

(c) 丙烯酸酯防水涂料

(d) 聚合物水泥基防水涂料

图 2.27　常见防水材料示意

2.9 其他常用建筑材料

2.9.1 建筑用砂

（1）建筑用砂一般为天然砂或人工砂，其粒径小于4.75mm的岩石颗粒。其中，天然砂由自然风化水流搬运和分选堆积形成的粒径小于4.75mm的岩石颗粒，但不包括软质岩风化岩石的颗粒；人工砂由机械破碎筛分制成的粒径小于4.75mm的岩石颗粒但不包括软质岩风化岩石的颗粒，但不包括软质岩风化岩石的颗粒。如图2.28所示。

图2.28　建筑用砂

（2）砂按技术要求分为Ⅰ类、Ⅱ类、Ⅲ类。Ⅰ类宜用于强度等级大于C60的混凝土，Ⅱ类宜用于强度等级C30～C60及抗冻抗渗或其他要求的混凝土，Ⅲ类宜用于强度等级小于C30的混凝土和建筑砂浆。

（3）天然砂的含泥量和泥块含量应符合表2.25的规定。人工砂的石粉含量和泥块含量应符合表2.26的规定。

表2.25　含泥量和泥块含量

项　目	指　标		
	Ⅰ类	Ⅱ类	Ⅲ类
含泥量(按质量计)/%	<1.0	<3.0	<5.0
泥块含量(按质量计)/%	0	<1.0	<2.0

表2.26　人工砂的石粉含量和泥块含量

项　目				指　标		
				Ⅰ类	Ⅱ类	Ⅲ类
1	亚甲蓝试验	*MB*值<1.40或合格	石粉含量(按质量计)/%	<3.0	<5.0	<7.0①
2			泥块含量(按质量计)/%	0	<1.0	<2.0
3		*MB*值≥1.40或不合格	石粉含量(按质量计)/%	<1.0	<3.0	<5.0
4			泥块含量(按质量计)/%	0	<1.0	<2.0

① 根据使用地区和用途，在试验验证的基础上，可由供需双方协商确定。

（4）建筑用砂要求满足颗粒级配、含泥量石粉含量和泥块含量、有害物质含量、坚固性、表观密度、堆积密度、空隙率、碱集料反应等技术要求。

2.9.2 建筑用卵石、碎石

（1）建筑用卵石、碎石按技术要求分为Ⅰ类、Ⅱ类、Ⅲ类。Ⅰ类宜用于强度等级大于C60的混凝土，Ⅱ类宜用于强度等级C30～C60及抗冻抗渗或其他要求的混凝土，Ⅲ类宜用于强度等级小于C30的混凝土和建筑砂浆。如图2.29所示。

图2.29 建筑用卵石、碎石

（2）建筑用卵石、碎石要求满足颗粒级配、含泥量石粉含量和泥块含量、针片状颗粒含量、有害物质含量、坚固性、强度、表观密度、堆积密度、空隙率、碱集料反应等技术要求。

2.9.3 建筑用石膏

（1）按原材料分为3类，分别为天然建筑石膏（简称N）、脱硫建筑石膏（简称S）、磷建筑石膏（简称P）。按2h（小时）抗折强度分为3.0、2.0、1.6三个等级。如图2.30所示。

图2.30 天然建筑石膏

（2）建筑用石膏应满足组成、物理力学性能（包括细度、凝结时间、2h强度等）、放射性核素限量、限制成分技术要求。

Chapter 03

第3章 建筑总平面规划设计

3.1 建设用地规划设计

建设用地是指可用于建筑工程建设的用地。

3.1.1 建设用地规划许可程序

（1）建设用地应按国家及地方相关法律规章进行规划审批，取得《建设用地规划许可证》和《建设工程规划许可证》才能进行相关建设。《建设用地规划许可证》和《建设工程规划许可证》由国务院建设行政主管部门即建设部制定格式，由各省、自治区、直辖市人民政府建设行政主管部门统一印制。

（2）《建设用地规划许可证》和《建设工程规划许可证》分为正本和副本，正本和副本具有同等法律效力。《建设用地规划许可证》和《建设工程规划许可证》实例样式如图 3.1、图 3.2 所示。

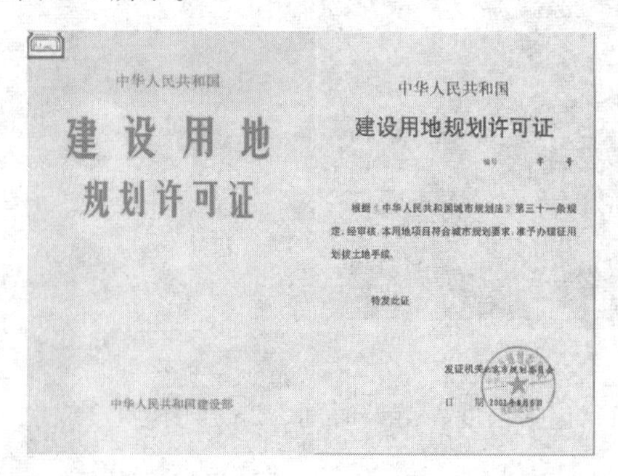
中华人民共和国

建设用地

规划许可证

中华人民共和国建设部

中华人民共和国

建设用地规划许可证

编号 字 号

根据《中华人民共和国城市规划法》第三十一条规定，经审核，本用地项目符合城市规划要求，准予办理征用划拨土地手续。

特发此证

发证机关

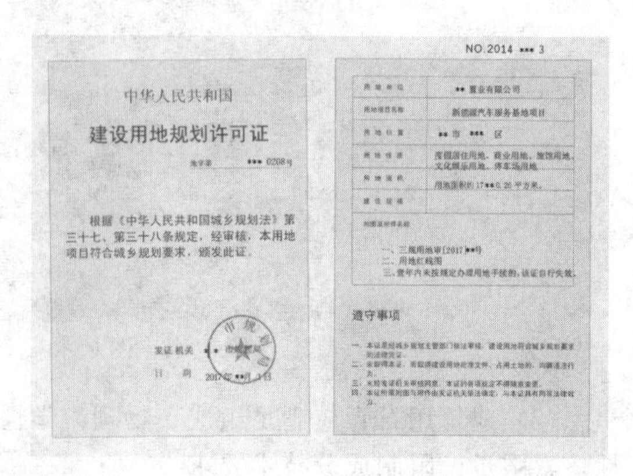
中华人民共和国

建设用地规划许可证

••• 0208号

根据《中华人民共和国城乡规划法》第三十七、第三十八条规定，经审核，本用地项目符合城乡规划要求，颁发此证。

发证机关 ••市

日 期 2017年••月

NO.2014 ••• 3

••置业有限公司

新能源汽车服务基地项目

••市 •••区

用地面积约17••0.26平方米。

一、三规用地审[2017]••号

二、用地红线图

三、壹年内未按规定办理用地手续的，该证自行失效。

遵守事项

图 3.1 《建设用地规划许可证》示意

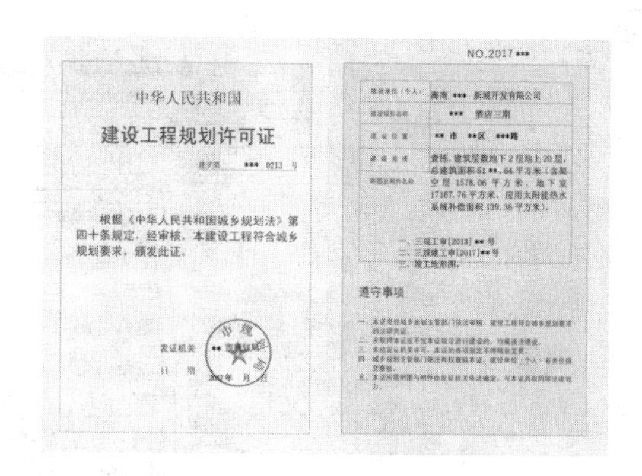

图 3.2 《建设工程规划许可证》示意

3.1.2　建设用地红线

建设用地红线即建设用地的边界范围控制线，其一般由城市规划行政部门确定的建设用地边界线所围合的用地，并根据规划行政部门出具钉桩条件的钉桩坐标成果确定其准确位置。如图 3.3 所示即是经过城市规划测绘主管部门出具钉桩坐标确定的某建设用地的边界范围。

3.1.3　建设用地分类

（1）用地分类包括城乡用地分类、城市建设用地分类两部分，应按土地使用的主要性质进行划分。

城乡用地（Town and Country Land）指市（县、镇）域范围内所有土地，包括建设用地与非建设用地。建设用地包括城乡居民点建设用地、区域交通设用地、区域公用设施用地、特殊用地、采矿用地及其他建设用地，非建设用地包括水域、农林用地以及其他非建设用地等。

(a) 政府规划主管部门的建设用地红线图

图 3.3

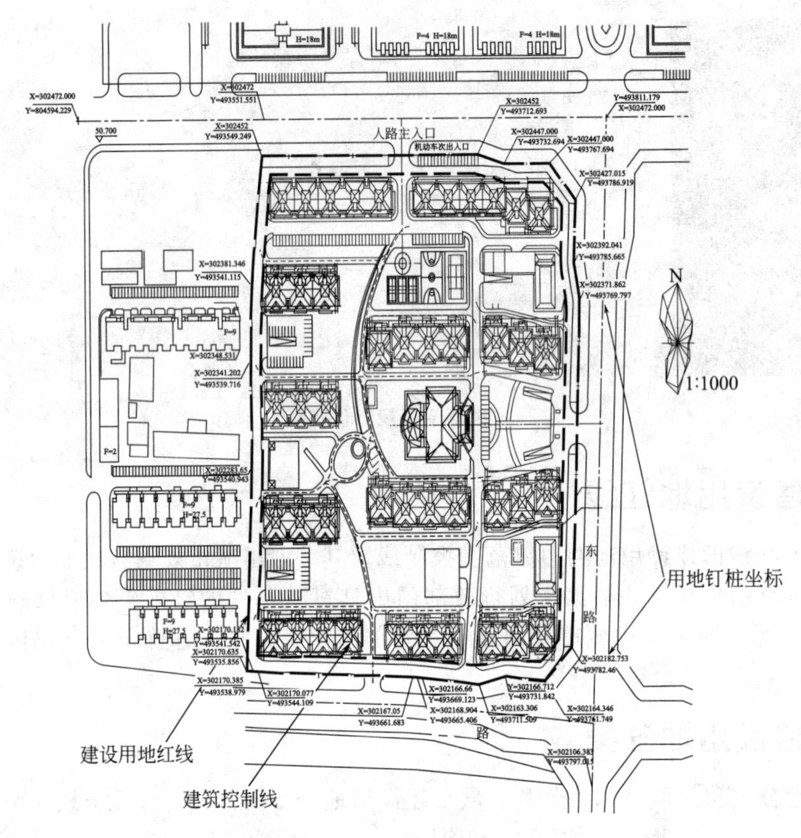

(b) 设计图中的建设用地红线

图 3.3 建设用地红线示意

城市建设用地（Urban Development Land）指城市（镇）内居住用地、公共管理与公共服务设施用地、商业服务业设施用地、工业用地、物流仓储用地、道路与交通设施用地、公用设施用地、绿地与广场用地的统称。

（2）根据国家标准《城市用地分类与规划建设用地标准 GB 50137—2011》，城乡用地共分为 2 大类、9 中类、14 小类进行划分，城乡用地分类和代码应符合表 3.1 的规定。

表 3.1 城乡用地分类和代码

类别代码			类别名称	范围
大类	中类	小类		
H			建设用地	包括城乡居民点建设用地、区域交通设施用地、区域公用设施用地、特殊用地、采矿用地及其他建设用地等
	H1		城乡居民点建设用地	城市、镇、乡、村庄建设用地
		H11	城市建设用地	城市内的居住用地、公共管理与公共服务设施用地、商业服务业设施用地、工业用地、物流仓储用地、道路与交通设施用地、公用设施用地、绿地与广场用地
		H12	镇建设用地	镇人民政府驻地的建设用地
		H13	乡建设用地	乡人民政府驻地的建设用地
		H14	村庄建设用地	农村居民点的建设用地
	H2		区域交通设施用地	铁路、公路、港口、机场和管道运输等区域交通运输及其附属设施用地，不包括城市建设用地范围内的铁路客货运站、公路长途客货运站以及港口客运码头

续表

类别代码			类别名称	范　围
大类	中类	小类		
H	H2	H21	铁路用地	铁路编组站、线路等用地
		H22	公路用地	国道、省道、县道和乡道用地及附属设施用地
		H23	港口用地	海港和河港的陆域部分，包括码头作业区、辅助生产区等用地
		H24	机场用地	民用及军民合用的机场用地，包括飞行区、航站区等用地，不包括净空控制范围用地
		H25	管道运输用地	运输煤炭、石油和天然气等地面管道运输用地，地下管道运输规定的地面控制范围内的用地应按其地面实际用途归类
	H3		区域公用设施用地	为区域服务的公用设施用地，包括区域性能源设施、水工设施、通信设施、广播电视设施、殡葬设施、环卫设施、排水设施等用地
	H4		特殊用地	特殊性质的用地
		H41	军事用地	专门用于军事目的的设施用地，不包括部队家属生活区和军民共用设施等用地
		H42	安保用地	监狱、拘留所、劳改场所和安全保卫设施等用地，不包括公安局用地
	H5		采矿用地	采矿、采石、采沙、盐田、砖瓦窑等地面生产用地及尾矿堆放地
	H9		其他建设用地	除以上之外的建设用地，包括边境口岸和风景名胜区、森林公园等的管理及服务设施等用地
E			非建设用地	水域、农林用地及其他非建设用地等
	E1		水域	河流、湖泊、水库、坑塘、沟渠、滩涂、冰川及永久积雪
		E11	自然水域	河流、湖泊、滩涂、冰川及永久积雪
		E12	水库	人工拦截汇集而成的总库容不小于10万立方米的水库正常蓄水位岸线所围成的水面
		E13	坑塘沟渠	蓄水量小于10万立方米的坑塘水面和人工修建用于引、排、灌的渠道
	E2		农林用地	耕地、园地、林地、牧草地、设施农用地、田坎、农村道路等用地
	E3		其他非建设用地	空闲地、盐碱地、沼泽地、沙地、裸地、不用于畜牧业的草地等用地

（3）城市建设用地共分为8大类、35中类、42小类。城市建设用地分类和代码应符合表3.2的规定。

表3.2　城市建设用地分类和代码

类别代码			类别名称	范　围
大类	中类	小类		
R			居住用地	住宅和相应服务设施的用地
	R1		一类居住用地	设施齐全、环境良好，以低层住宅区为主的用地
		R11	住宅用地	住宅建筑用地及其附属道路、停车场、小游园等用地
		R12	服务设施用地	居住小区及小区级以下的幼托、文化、体育、商业、卫生服务、养老助残、公用设施等用地，不包括中小学用地
	R2		二类居住用地	设施较齐全、环境良好，以多、中、高层住宅为主的用地
		R21	住宅用地	住宅建筑用地（含保障性住宅用地）及其附属道路、停车场、小游园等用地
		R22	服务设施用地	住宅小区及小区级以下的幼托、文化、体育、商业、区卫生服务、养老助残、公用设施等用地，不包括中小学用地
	R3		三类居住用地	设施较欠缺，环境较差，以需要加以改造的简陋住宅为主的用地，包括危房、棚户区、临时住宅等用地
		R31	住宅用地	住宅建筑用地及其附属道路、停车场、小游园等用地
		R32	服务设施用地	居住小区及小区级以下的幼托、文化、体育、商业、卫生服务、养老助残、公用设施等用地，不包括中小学用地

续表

类别代码			类别名称	范围
大类	中类	小类		
A			公共管理与公共服务用地	行政、文化、教育、体育、卫生等机构和设施的用地，不包括居住用地中的服务设施用地
	A1		行政办公用地	党政机关、社会团体、事业单位等办公机构及其相关设施用地
	A2		文化设施用地	图书、展览等公共文化活动设施用地
		A21	图书展览用地	公共图书馆、博物馆、科技馆、纪念馆、美术馆和展览馆、会展中心等设施用地
		A22	文化活动用地	综合文化活动中心、文化馆、青少年宫、儿童活动中心、老年活动中心等设施用地
	A3		教育科研用地	高等院校、中等专业学校、中学、小学、科研事业单位及其附属设施用地，包括为学校配建的独立地段的学生生活用地
		A31	高等院校用地	大学、学院、专科学校、研究生院、电视大学、党校、干部学校及其附属用地，包括军事院校用地
		A32	中等专业学校用地	中等专业学校、技工学校、职业学校等用地，不包括附属于普通中学内的职业高中用地
		A33	中小学用地	中学、小学用地
		A34	特殊教育用地	聋、哑、盲人学校及工读学校等用地
		A35	科研用地	科研事业单位用地
	A4		体育用地	体育场馆和体育训练基地等用地，不包括学校等机构专用的体育设施用地
		A41	体育场馆用地	室内外体育运动用地，包括体育场馆、游泳场馆、各类球场及其附属的业余体校等用地
		A42	体育训练用地	为各类体育运动专设的训练基地用地
	A5		医疗卫生用地	医疗、保健、卫生、防疫、康复和急救设施等用地
		A51	医院用地	综合医院、专科医院、社区卫生服务中心等用地
		A52	卫生防疫用地	卫生防疫站、专科防治所、检验中心和动物检疫站等用地
		A53	特殊医疗用地	对环境有特殊要求的传染病、精神病等专科医院用地
		A59	其他医疗卫生用地	急救中心、血库等用地
	A6		社会福利用地	为社会提供福利和慈善服务的设施及其附属设施用地，包括福利院、养老院、孤儿院等用地
	A7		文物古迹用地	具有保护价值的古遗址、古墓葬、古建筑、石窟寺、近代代表性建筑、革命纪念建筑等用地。不包括已做其他用途的文物古迹用地
	A8		外事用地	外国驻华使馆、领事馆、国际机构及其生活设施等用地
	A9		宗教用地	宗教活动场所用地
B			商业服务业设施用地	商业、商务、娱乐康体等设施用地，不包括居住用地中的服务设施用地
	B1		商业用地	商业及餐饮、旅馆等服务业用地
		B11	零售商业用地	以零售功能为主的商铺、商场、超市、市场等用地
		B12	批发市场用地	以批发功能为主的市场用地
		B13	餐饮用地	饭店、餐厅、酒吧等用地
		B14	旅馆用地	宾馆、旅馆、招待所、服务型公寓、度假村等用地
	B2		商务用地	金融保险、艺术传媒、技术服务等综合性办公用地
		B21	金融保险用地	银行证券期货交易所、保险公司等用地
		B22	艺术传媒用地	文艺团体、影视制作、广告传媒等用地
		B29	其他商务用地	贸易、设计、咨询等技术服务办公用地
	B3		娱乐康体用地	娱乐、康体等设施用地
		B31	娱乐用地	剧院、音乐厅、电影院、歌舞厅、网吧以及绿地率小于65%的大型游乐等设施用地
		B32	康体用地	高尔夫、赛马场、溜冰场、跳伞场、摩托车场、射击场，以及通用航空、水上运动的陆域部分等用地

续表

类别代码			类别名称	范　围
大类	中类	小类		
B	B4		公用设施营业网点用地	零售加油、加气、电信、邮政等公用设施营业网点用地
		B41	加油加气站用地	零售加油、加气以及充电等用地
		B49	其他公用设施营业网点用地	独立地段的电信、邮政、供水、燃气、供电、供热等其他公用设施营业网点用地
	B9		其他服务设施用地	业余学校、民营培训机构、私人诊所、殡葬、宠物医院、汽车维修站等其他服务设施用地
M			工业用地	工矿企业的生产车间、库房及其附属设施等用地，包括专用的铁路、码头和附属道路、停车场等用地，不包括露天矿用地
	M1		一类工业用地	对居住和公共环境基本无干扰、污染和安全隐患的工业用地
	M2		二类工业用地	对居住和公共环境有一定干扰、污染和安全隐患的工业用地
	M3		三类工业用地	对居住和公共环境有严重干扰、污染和安全隐患的工业用地
W			物流仓储用地	物资储备、中转、配送等用地，包括附属道路、停车场以及货运公司车队的站场等用地
	W1		一类物流仓储用地	对居住和公共环境基本无干扰、污染和安全隐患的物流仓储用地
	W2		二类物流仓储用地	对居住和公共环境有一定干扰、污染和安全隐患的物流仓储用地
	W3		三类物流仓储用地	易燃、易爆和剧毒等危险品的专用物流仓储用地
S			道路与交通设施用地	城市道路、交通设施等用地，不包括居住用地、工业用地等内部的道路、停车场等用地
	S1		城市道路用地	快速路、主干路、次干路和支路用地，包括其交叉路口用地
	S2		城市轨道交通用地	独立地段的城市轨道交通地面以上部分的线路、站点用地
	S3		交通枢纽用地	铁路客货运站、公路长途客货运站、港口客运码头、公交枢纽及其附属用地
	S4		交通场站用地	交通服务设施用地，不包括交通指挥中心、交通队用地
		S41	公共交通场站用地	城市轨道交通车辆基地及附属设施、公共汽(电)车首末站、停车场(库)、保养场，出租汽车场站设施等用地，以及轮渡、缆车、索道等的地面部分及其附属设施用地
		S42	社会停车场用地	独立地段的公共停车场和停车库用地，不包括其他各类用地配建的停车场和停车库用地
	S9		其他交通设施用地	除以上之外的交通设施用地，包括教练场等用地
U			公用设施用地	供应、环境、安全等设施用地
	U1		供应设施用地	供水、供电、供燃气和供热等设施用地
		U11	供水用地	城市取水设施、自来水厂、再生水厂、加压泵站、高位水池等设施用地
		U12	供电用地	变电站、开闭所、变配电所等设施用地，不包括电厂用地。高压走廊下规定的控制范围内的用地应按其地面实际用途归类
		U13	供燃气用地	分输站、门站、储气站、加气母站、液化石油气储配站、灌瓶站和地面输气管廊等设施用地，不包括制气厂用地
		U14	供热用地	集中供热锅炉房、热力站、换热站和地面输热管廊等设施用地
		U15	通信用地	邮政中心局、邮政支局、邮件处理中心、电信局、移动基站、微波站等设施用地
		U16	广播电视用地	广播电视的发射、传输和监测设施用地，包括无线电收信区、发信区以及广播电视发射台、转播台、差转台、监测站等设施用地
	U2		环境设施用地	雨水、污水、固体废物处理等环境保护设施及其附属设施用地
		U21	排水用地	雨水泵站、污水泵站、污水处理、污泥处理厂等设施及其附属的构筑物用地，不包括排水河渠用地
		U22	环卫用地	垃生活垃圾、医疗垃圾、危险废物处理(置)，以及垃圾转运、公测、车辆清洗、环卫车辆停放修理等设施用地

续表

类别代码			类别名称	范围
大类	中类	小类		
U	U3		安全设施用地	消防、防洪等保卫城市安全的公用设施及其附属设施用地
		U31	消防用地	消防站、消防通信及指挥训练中心等设施用地
		U32	防洪用地	防洪堤、防洪枢纽、排洪沟渠等防洪设施用地
	U9		其他公用设施用地	除以上之外的公用设施用地，包括施工、养护、维修设施等用地
G			绿地与广场用地	公园绿地、防护绿地、广场等公共开放空间用地
	G1		公园绿地	向公众开放，以游憩为主要功能，兼具生态、美化、防灾等作用的绿地
	G2		防护绿地	具有卫生、隔离和安全防护功能的绿地
	G3		广场用地	以游憩、纪念、集会和避险等功能为主的城市公共活动场地

3.1.4 建设用地地块基本指标

(1) 建设用地一般规定　关于建设用地地块，主要从建筑用地面积、用地性质、用地红线和建筑退线等方面内容控制，参见表 3.3。

表 3.3　建设用地地块基本内容

名称	含义	备注
建设用地面积	按城市规划钉桩坐标所确认的用地红线范围计算确定的地块面积	用地面积应按平面投影面积计算。每块用地只可计算一次，不得重复
建设用地性质	按城市规划主管部门规定的用地性质进行建设，一般范围的居住用地、商业用地、综合用地等	参见前面小节用地分类论述
建设用地红线	指建设用地的四周范围边界控制线	
建筑控制线	建设用地中实际允许建造建筑物的边界范围	

(2) 建设用地经济技术指标　建设用地通常需提供建设用地总面积、总建筑面积和建筑容积率等一些基本技术指标，参见表 3.4。在实际工程设计中，总体经济技术指标或主要经济技术指标案例如图 3.4 所示。

表 3.4　常见建设用地经济技术指标

名称	含义	单位	备注
建设用地总面积	建设用地红线范围内的地块总面积	ha（公顷）	不包括代征用地面积（如代征绿化和市政用地）
总建筑面积	一定建设用地地块内所有建筑物和构筑物的建筑面积之和	m^2	包括地上、地下总建筑面积
建筑物基底总面积	指建筑物首层接触地面的自然层建筑外墙或结构外围水平投影面积之和	ha	通常按各个建筑物的首层外轮廓所围合面积之和计算
道路、广场和停车场面积	建设用地内的各种道路和广场、停车场的面积之和	ha	
绿地总面积	建设用地内各类绿地面积之和	ha	
建筑容积率	一定建设用地地块内，总建筑面积（一般为地上总建筑面积）与建设用地面积的比值	—	容积率＝地上总建筑面积 / 建设用地面积
建筑密度	一定建设用地地块内所有建筑物的基底总面积占用地面积的百分比	%	建筑密度＝建筑基底总面积/建设用地面积
绿地率	建设用地内各类绿地面积总和占建设用地面积的百分比	%	绿地率＝各类绿地面积总和/建设用地面积
机动车泊位数	主要是指建设用地及建筑物内能够停放各种机动车的数量和	辆	包括地面停车位、地下停车位和机械式停车位数量

续表

名称	含义	单位	备注
非机动车停放数量	主要是指建设用地及建筑物内能够停放自行车的数量和	辆	非机动车一般是指自行车、电动摩托车等
建筑高度	主要是指建设用地内最高建筑物的高度数值	m	主要是指地上部分建筑物的高度
建筑层数	主要是指建设用地内最高建筑物的层数数值	层	地上、地下部分层数分列
汽车充电桩	为电动汽车充电的停车位及相应充电设备	个	

注：表中所列项目根据工程实际情况计算增减。

主要经济技术指标

项目		指标	单位
用地面积		18620.73	m^2
建筑面积		27854.42	m^2
其中	地上建筑面积	27527.18	m^2
	地下建筑面积	327.24	m^2
建筑占地面积		8808.04	m^2
建筑密度		47.30%	
容积率		1.48	
绿地率		20%	
停车位		195	辆
其中	地下停车	175	辆
	地上停车	20	辆
居住总户数		188	户
居住人数		605	人

总体经济技术指标

序号		项目	指标
1		总用地面积/m^2	68951
2		总建筑面积/m^2	46287.94
3		计容积率建筑面积/m^2	26863.88
4	其中	客房地上建筑面积/m^2	25903.88
		酒店大堂地上建筑面积/m^2	900.00
		酒店配套地下计容建筑面积/m^2	60.00
5		不计容建筑面积/m^2	19424.06
6	其中	客房地下室建筑面积/m^2	8177.78
		酒店配套地下不计容建筑面积/m^2	2608.00
		太阳能补偿客房建筑面积	786.00
		开敞式花园建筑面积	890.06
		吊脚架空面积	6062.22
		酒店大堂地下不计容建筑面积/m^2	900.00
7		建筑占地面积/m^2	9370.30
8		总客房数/套	129
9		容积率	0.39
10		建筑密度/%	13.59%
11		公共绿地面积/m^2	30505
12		人均公共绿地面积/m^2	78.8
13		绿地率/%	44%
14		太阳能集热板总面积/m^2	240
15		人口规模/人	387
16		机动车停车位/个	310
17	其中	室内停车位/个	63
		室外停车位/个	84
		室外公共停车位/个	15
		地下集中停车位/个	100

图 3.4　经济技术指标实例示意

（3）建设用地其他相关技术指标计算

① 平均层数　平均层数是指建设用地内总建筑面积与建筑基底总面积的比值（层）。

$$平均层数=\frac{总建筑面积}{建筑基底总面积}$$

② 人口密度　人口密度是指单位面积的用地上平均居住的人数，分为人口毛密度和人口净密度，单位为“人/公顷”。其中人口毛密度指居住区总人口除以居住区总用地面积后的数值；人口净密度指居住区总人口除以居住区居住用地面积后的数值，即：

$$人口毛密度=\frac{居住区总人口数}{居住区总用地面积}$$

$$人口净密度=\frac{居住区总人口数}{居住区居住用地面积}$$

③ 建筑面积密度

$$建筑面积密度=\frac{总建筑面积}{总用地面积}$$

④ 绿化覆盖率

$$绿化覆盖率=\frac{绿化覆盖面积}{总用地面积}$$

（4）城市（镇）总体规划城市建设用地应按表 3.5 进行平衡。

表 3.5　城市建设用地平衡表

用地代码	用地名称		面积/hm²		占城市建设用地比例/%		人均城市建设用地面积/(m²/人)	
			现状	规划	现状	规划	现状	规划
R	居住用地							
A	公共管理与公共服务用地							
	其中	行政办公用地						
		文化设施用地						
		教育科研用地						
		体育用地						
		医疗卫生用地						
		社会福利用地						
		……						
B	商业服务业设施用地							
M	工业用地							
W	物流仓储用地							
S	道路与交通设施用地							
	其中:城市道路用地							
U	公用设施用地							
G	绿地与广场用地							
	其中:公园绿地							
H11	城市建设用地				100	100		

备注：______年现状常住人口______万人

______年规划常住人口______万人

3.2 总平面道路规划设计相关规定

3.2.1 建设用地出入口设置

（1）出入口数量和宽度　建设用地应与市政道路红线相邻接，否则应设道路与市政道路红线所划定的城市道路相连接。根据建设用地所建造的总建筑面积（建设规模）的大小设置连接道路大小和宽度，具体要求详见表 3.6 和图 3.5。

表 3.6　建设用地出入口连接道路设置

建设规模/m²	建设用地出入口数量	道路宽度/m
≤3000	1	≥4
>3000	1	≥7
>3000	2	≥4

（2）机动车出入口位置设置　建设用地机动车出入口位置设置应符合表 3.7 和图 3.6 的规定。

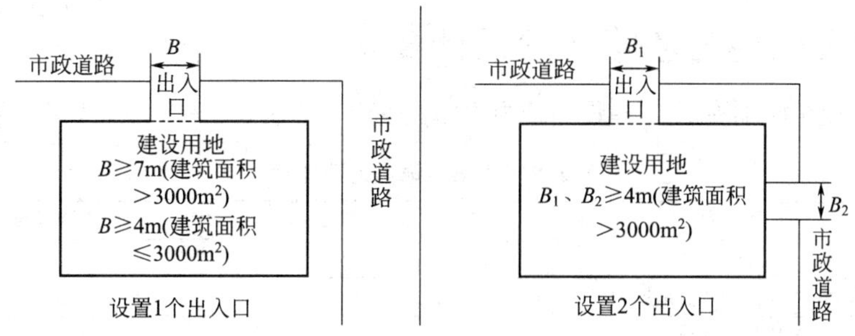

图 3.5 出入口数量和宽度

表 3.7 机动车出入口位置设置

序号	机动车出入口位置	距离大小	序号	机动车出入口位置	距离大小
1	与大中城市主干道交叉口的距离(自道路红线交叉点量起)	≥70m	4	公园、学校、儿童及残疾人使用建筑的出入口	≥20m
2	与人行横道线、人行过街天桥、人行地道(包括引道、引桥)的最边缘线距离	≥5m	5	基地道路坡度大于8%时	应设缓冲段与城市道路连接
3	与地铁出入口、公共交通站台边缘距离	≥15m	6	与立体交叉口的距离或其他特殊情况	应符合当地城市规划行政主管部门的规定

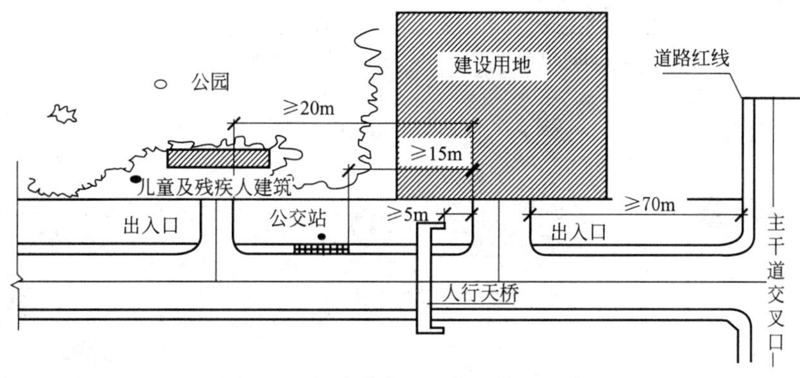

图 3.6 机动车出入口位置设置示意

(3) 地下车库的出入口位置设置 建筑用地内地下车库的出入口设置应符合表 3.8 和图 3.7 的规定。

表 3.8 地下车库机动车出入口位置设置

机动车出入口位置	距离大小
地下车库出入口距基地道路的交叉路口或高架路的起坡点	≥7.50m
地下车库出入口与道路垂直时,出入口与道路红线距离	≥7.50m
地下车库出入口与道路平行时	应经不小于7.50m长的缓冲车道汇入基地道路

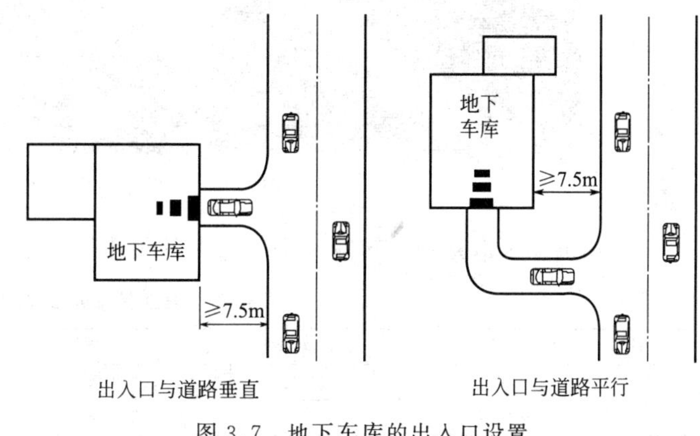

图 3.7 地下车库的出入口设置

3.2.2 建设用地内道路一般设计要求

（1）建设用地内道路宽度　建设用地内道路宽度应符合表3.9和图3.8规定。如图3.9所示。

表3.9　建设用地内道路宽度

序号	道路类型	车型	道路宽度/m
1	人行道	—	≥1.5
2	非机动车道(单向行驶)	—	≥1.5
	非机动车道(双向行驶)	—	≥3.5
3	单车道	—	≥4.0
4	双车道(双向行驶)	小型车	≥6.0
		中型车以上	≥7.0
5	消防车道	—	≥4.0(净宽)

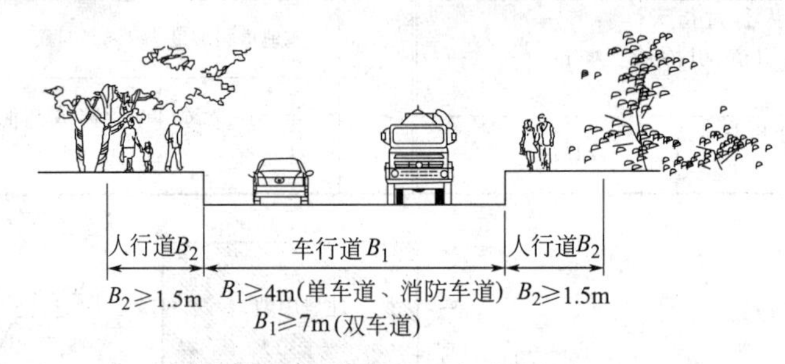

图3.8　建设用地内道路宽度

图3.9　建设用地内道路示意

（2）机动车道路最小转弯半径　汽车的最小转弯半径应符合表3.10和图3.10规定。

表3.10　汽车的最小转弯半径

序号	车型	最小转弯半径 R/m	序号	车型	最小转弯半径 R/m
1	微型车	4.50	4	中型车(含客货车)	7.20～9.00
2	小型车	6.00	5	大型车(含客货车)	9.00～10.50
3	轻型车	6.50～7.20	6	铰接车(含客货车)	10.50～12.50

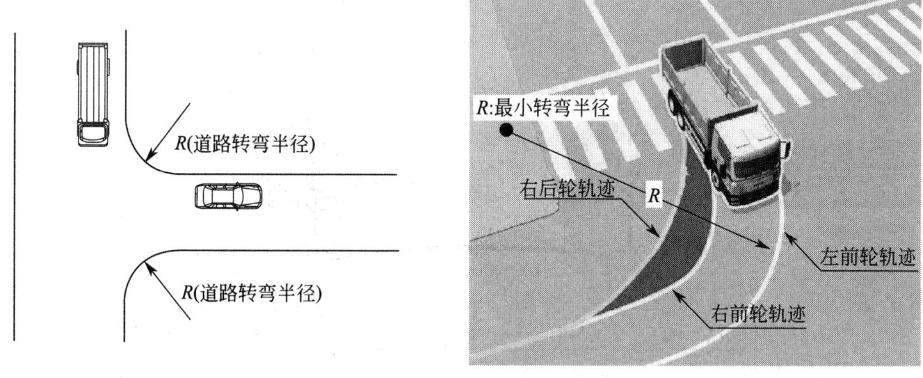

图 3.10　道路转弯最小半径

（3）建设用地地面和道路坡度规定　建设用地地面和道路坡度应符合表 3.11 规定。

表 3.11　建设用地内地面和道路坡度

序号	道路性质	道路坡度(i)
1	地面坡度	$i \geqslant 0.2\%$(注：坡度大于 8%时宜分成台地，台地连接处应设挡墙或护坡；坡度小于0.2%时，宜采用多坡向或特殊措施排水)
2	机动车车道坡度	横坡：$i=1\%\sim2\%$ 纵坡：(1)一般情况：$0.3\% \leqslant i \leqslant 8\%$，采用 8%坡度时其坡长不应大于 200m (2)在个别路段：$0.3\% \leqslant i \leqslant 11\%$，其坡长应控制在 100m (3)在多雪严寒地区：$0.2\% \leqslant i \leqslant 5\%$，其坡长应控制在 350m
3	非机动车车道坡度	横坡：$i=1\%\sim2\%$ 纵坡：(1)一般情况：$0.2\% \leqslant i \leqslant 3.5\%$，采用 3.5%坡度时其坡长不应大于 150m (2)在多雪严寒地区：$0.2\% \leqslant i \leqslant 2\%$，其坡长不应大于 100m
4	人行道坡度	横坡：$i=1\%\sim2\%$ 纵坡：(1)一般情况：$0.2\% \leqslant i \leqslant 8\%$ (2)在多雪严寒地区：$0.2\% \leqslant i \leqslant 4\%$

3.2.3　居住区的道路设计要求

（1）居住区内道路宽度　根据《城市居住区规划设计规范》，居住区内道路可分为：居住区道路、小区路、组团路和宅间小路四级。其道路宽度，应符合表 3.12 规定。

表 3.12　居住区内道路宽度

序号	道路名称	路面宽度/m	备注
1	居住区道路	≥20	红线宽度，有条件的地区宜采用 30m
2	小区路	6～9	建筑控制线之间的宽度，需敷设供热管线的不宜小于 14m；无供热管线的不宜小于 10m
3	组团路	3～5	建筑控制线之间的宽度，需敷设供热管线的不宜小于 10m；无供热管线的不宜小于 8m
4	宅间小路	≥2.5	路面宽

（2）道路出入口及间距　小区内主要道路至少应有两个方向与外围道路相连，其交角不宜小于 75°；出入口间距不应小于 150m；人行出口间距不宜超过 80m。沿街建筑物长度超过 150m 时，应设不小于 4m×4m 的消防车通道；当建筑物长度超过 80m 时，应在底层加设人行通道。

（3）无障碍通道　居住区各级道路（图 3.11）、居住区内公共活动中心应考虑无障碍设计，人行道纵坡不应大于 2.5%。通行轮椅车的坡道宽度不应小于 2.5m，纵坡不应大于 2.5%。

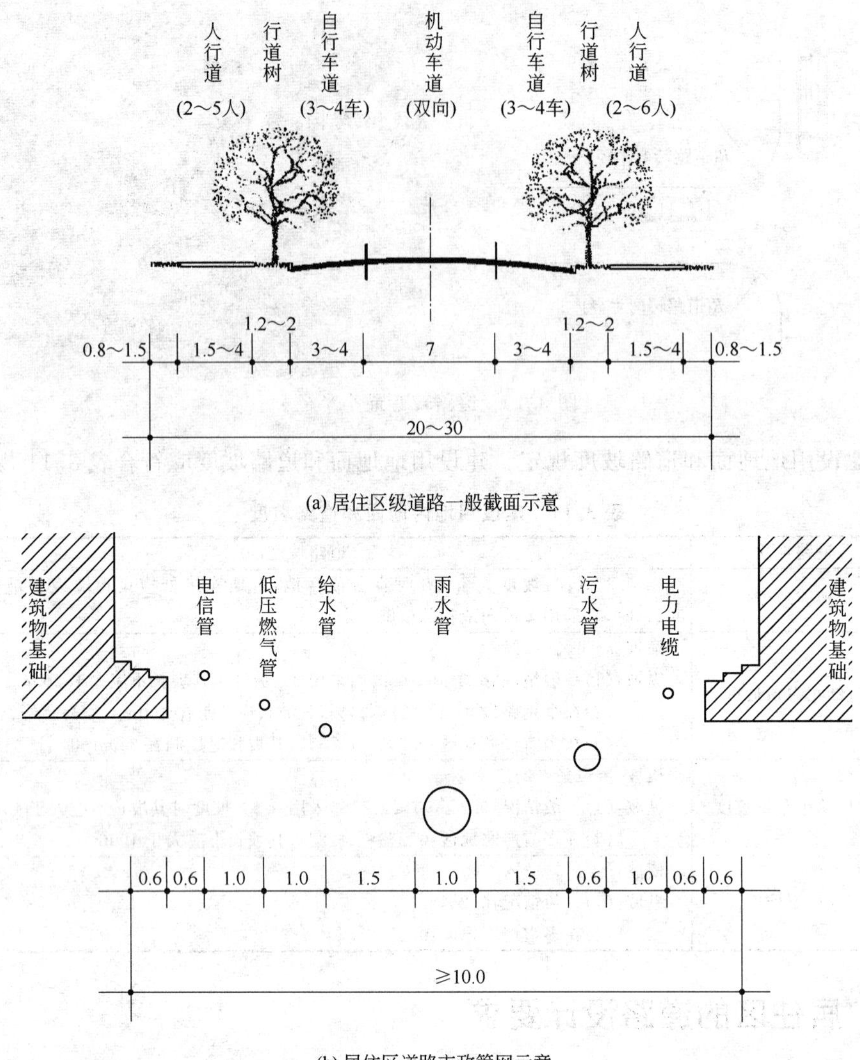

(a) 居住区级道路一般截面示意

(b) 居住区道路市政管网示意

图 3.11 居住区道路示意（单位：m）

（4）道路回车场地 居住区内尽端式道路的长度不宜大于 120m，并应在尽端设不小于 12m×12m 的回车场地。各种回车场平面形式参见图 3.12。

（5）道路边缘至建筑物距离 居住区内道路边缘至建筑物、构筑物的最小距离，应符合表 3.13 规定。

表 3.13 道路边缘至建筑物、构筑物的最小距离 单位：m

与建、构筑物关系			道路级别		
			居住区道路	小区路	组团路及宅间小路
建筑物面向道路	无出入口	高层	5	3	2
		多层	3	3	2
	有出入口		—	5	2.5
建筑物山墙面向道路		高层	4	2	1.5
		多层	2	2	1.5
围墙面向道路			1.5	1.5	1.5

注：居住区道路的边缘指红线；小区路、组团路及宅间小路的边缘指路面边线；当小区路设有人行便道时，其道路边缘指便道边线。

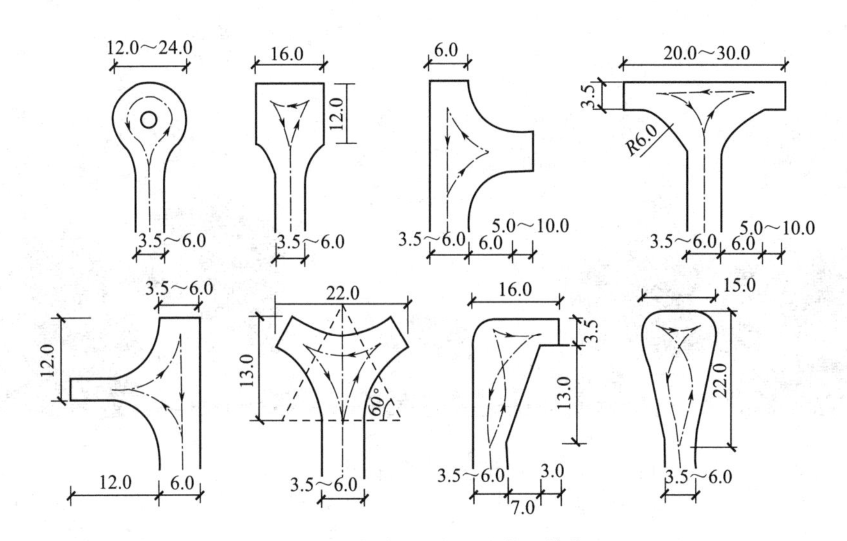

图 3.12　回车场常见平面形式（单位：m）

3.2.4　城市道路设计要求

（1）城市道路应按道路在道路网中的地位、交通功能以及对沿线的服务功能等，分为快速路、主干路、次干路和支路四个等级。各级道路的设计速度应符合表 3.14 的规定。快速路和主干路的辅路设计速度宜为主路的 0.4～0.6 倍。

表 3.14　各级道路的设计速度

道路等级	快速路			主干路			次干路			支路		
设计速度/(km/h)	100	80	60	60	50	40	50	40	30	40	30	20

（2）道路最小净高应符合表 3.15 的规定。

表 3.15　道路最小净高

道路种类	行驶车辆类型	最小净高 m
机动车道	各种机动车	4.5
	小客车	3.5
非机动车道	自行车、三轮车	2.5
人行道	行人	2.5

（3）道路交通量达到饱和状态时的道路设计年限为：快速路、主干路应为 20 年；次干路应为 15 年；支路宜为 10～15 年。

（4）城市道路各种类型路面结构的设计使用年限应符合表 3.16 的规定。

表 3.16　路面结构的设计使用年限　　单位：年

道路等级	路面结构类型		
	沥青路面	水泥混凝土路面	砌块路面
快速路	15	30	—
主干路	15	30	—
次干路	10	20	—
支路	8(10)	15	10(20)

（5）城市道路横断面可分为单幅路、两幅路、三幅路、四幅路及特殊形式的断面形式，

参见图 3.13。

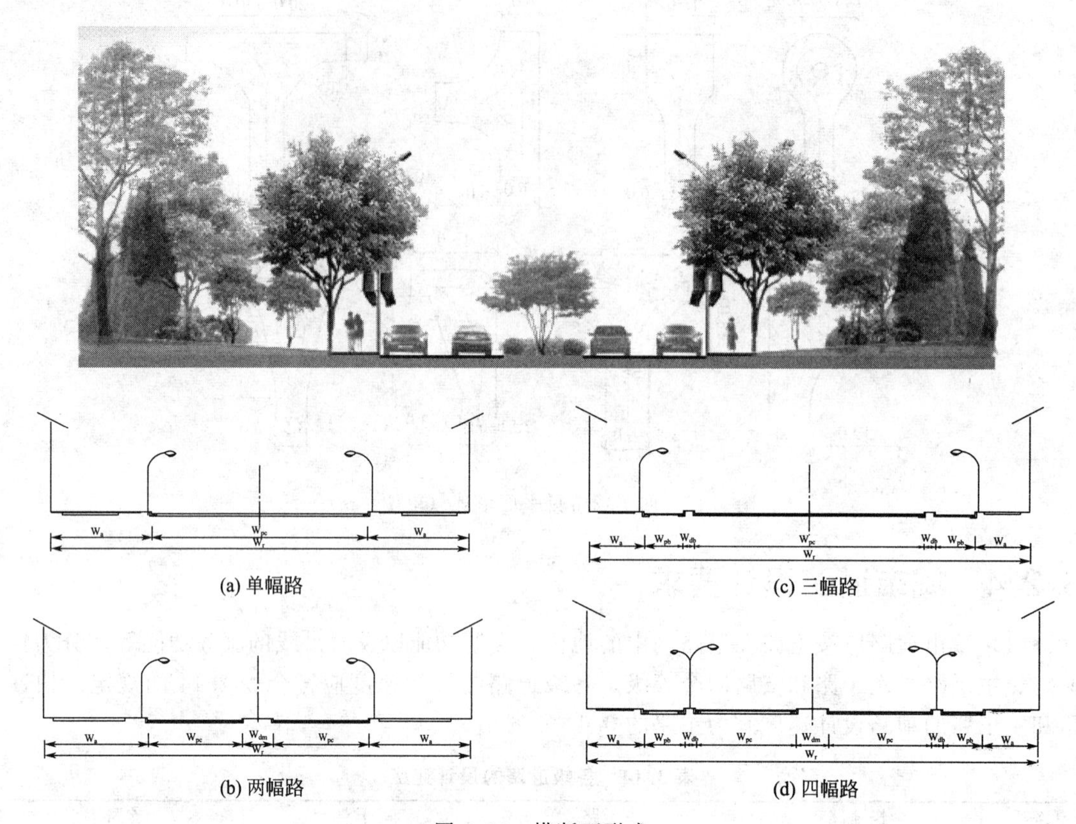

图 3.13 横断面形式

（6）路面面层类型的选用应符合表 3.17 的规定。

表 3.17 路面面层类型及适用范围

面层类型	适用范围
沥青混凝土	快速路、主干路、次干路、支路、城市广场、停车场
水泥混凝土	快速路、主干路、次干路、支路、城市广场、停车场
贯入式沥青碎石、上拌下贯式沥青碎石、沥青表面处治和稀浆封层	支路、停车场
砌块路面	支路、城市广场、停车场

3.2.5 各种用地的坡度

居住区各种场地的适用坡度，应符合表 3.18 规定。

表 3.18 各种场地的适用坡度 单位：%

序号	场地名称		适用坡度
1	密实性地面和广场		0.3～3.0
2	广场兼停车场		0.2～0.5
3	室外场地	儿童游戏场	0.3～2.5
		运动场	0.2～0.5
		杂用场地	0.3～2.9
4	绿地		0.5～1.0
5	湿陷性黄土地面		0.5～7.0

3.2.6 消防车道

(1) 街区内的道路应考虑消防车的通行，道路中心线间的距离不宜大于 160m。当建筑物沿街道部分的长度大于 150m 或总长度大于 220m 时，应设置穿过建筑物的消防车道。确有困难时，应设置环形消防车道。如图 3.14 所示。

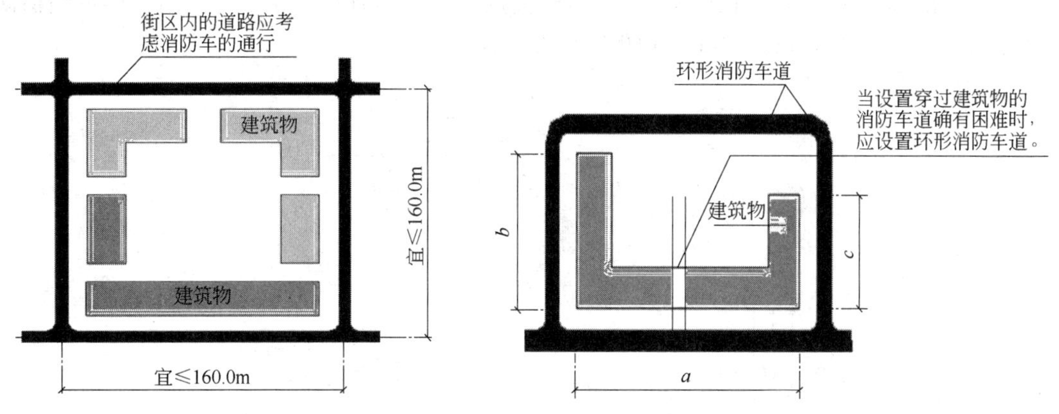

图 3.14　消防车道设置示意

(2) 高层民用建筑，超过 3000 个座位的体育馆，超过 2000 个座位的会堂，占地面积大于 3000㎡的商店建筑、展览建筑等单、多层公共建筑应设置环形消防车道，确有困难时，可沿建筑的两个长边设置消防车道；对于高层住宅建筑和山坡地或河道边临空建造的高层民用建筑，可沿建筑的一个长边设置消防车道，但该长边所在建筑立面应为消防车登高操作面。

(3) 有封闭内院或天井的建筑物，当内院或天井的短边长度大于 24m 时，宜设置进入内院或天井的消防车道；当该建筑物沿街时，应设置连通街道和内院的人行通道（可利用楼梯间），其间距不宜大于 80m。如图 3.15 所示。

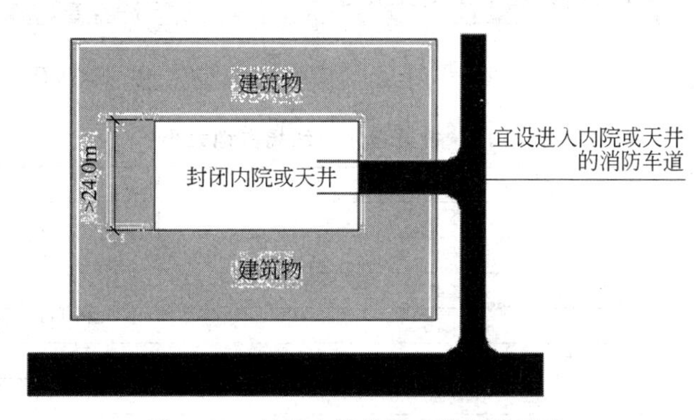

图 3.15　封闭内院消防车道设置示意

(4) 在穿过建筑物或进入建筑物内院的消防车道两侧，不应设置影响消防车通行或人员安全疏散的设施。

(5) 供消防车取水的天然水源和消防水池应设置消防车道。消防车道的边缘距离取水点不宜大于 2m。

(6) 消防车道应符合下列要求：

① 车道的净宽度和净空高度均不应小于 4.0m；

② 转弯半径应满足消防车转弯的要求；

③ 消防车道与建筑之间不应设置妨碍消防车操作的树木、架空管线等障碍物；

④ 消防车道靠建筑外墙一侧的边缘距离建筑外墙不宜小于 5m；

⑤ 消防车道的坡度不宜大于 8%。

(7) 环形消防车道至少应有两处与其他车道连通。尽头式消防车道应设置回车道或回车场，回车场的面积不应小于 12m×12m；对于高层建筑，不宜小于 15m×15m；供重型消防车使用时，不宜小于 18m×18m。如图 3.16 所示。

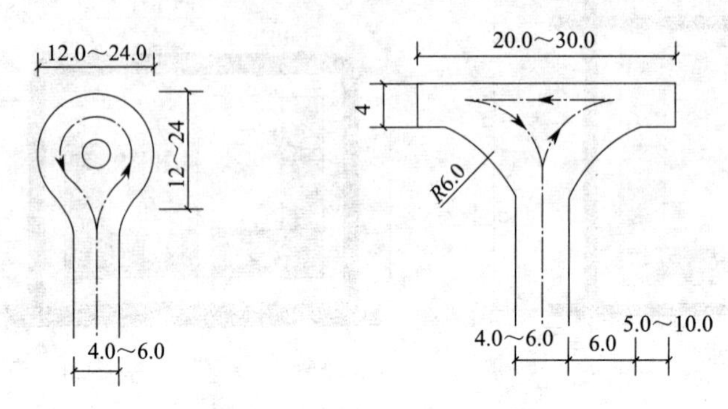

图 3.16　尽头式回车道示意

(8) 消防车道的路面、救援操作场地、消防车道和救援操作场地下面的管道和暗沟等，应能承受重型消防车的压力。

(9) 消防车道可利用城乡、厂区道路等，但该道路应满足消防车通行、转弯和停靠的要求。

(10) 消防车道不宜与铁路正线平交，确需平交时，应设置备用车道，且两车道的间距不应小于一列火车的长度。

3.3 各类室外运动场占地大小

各类室外运动场占地大小如表 3.19 所示。其中足球场、篮球场如图 3.17 所示。

表 3.19　各类室外运动场占地大小

序号	名称	大小(长度×宽度)	单位	备　注
1	足球	120×90	m^2	60×40(儿童)
		90×45		
		75×45		
2	篮球	28×16	m^2	球场界线外 2m 不得有障碍物
3	排球	24×15	m^2	
4	手球	40×20	m^2	
5	网球	40×20	m^2	
		36×18		
6	羽毛球	15×8	m^2	
7	门球	(约 20～25)×(约 15～20)	m^2	
8	高尔夫球	60	ha	18 洞
9	200m 跑道	93.14×50.64	m^2	6 条跑道，两端圆弧半径 18m
		88.10×50.40	m^2	4 条跑道
10	300m 跑道	137.14×66.02	m^2	8 条跑道
		136.04×63.04	m^2	6 条跑道

续表

序号	名称		大小(长度×宽度)	单位	备　注
11	400m 跑道		175.136×95.136	m^2	8 条跑道
			170.436×90.436	m^2	6 条跑道
12	滑冰场		65×36	m^2	
13	花样滑轮		50×25	m^2	
14	游泳池		50×25	m^2	水深大于 1.5m
15	儿童游戏场	儿童戏水池	面积大小不限	m^2	水深不大于 0.4m
		儿童滑梯	3×7.6	m^2	
		沙场区	4.5×4.5	m^2	
		攀登架	3×7.5	m^2	
		小秋千	4.8×9.7	m^2	四组秋天架

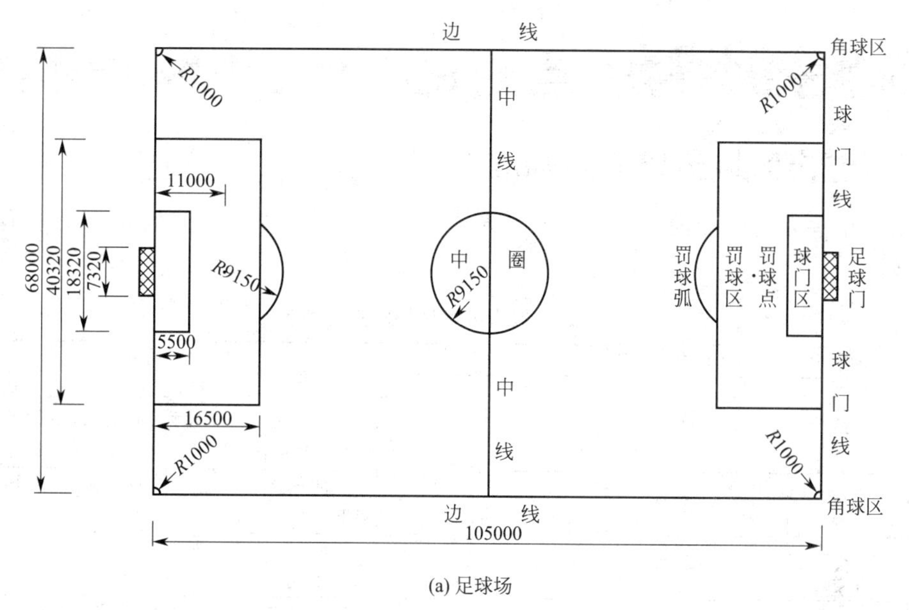

(a) 足球场

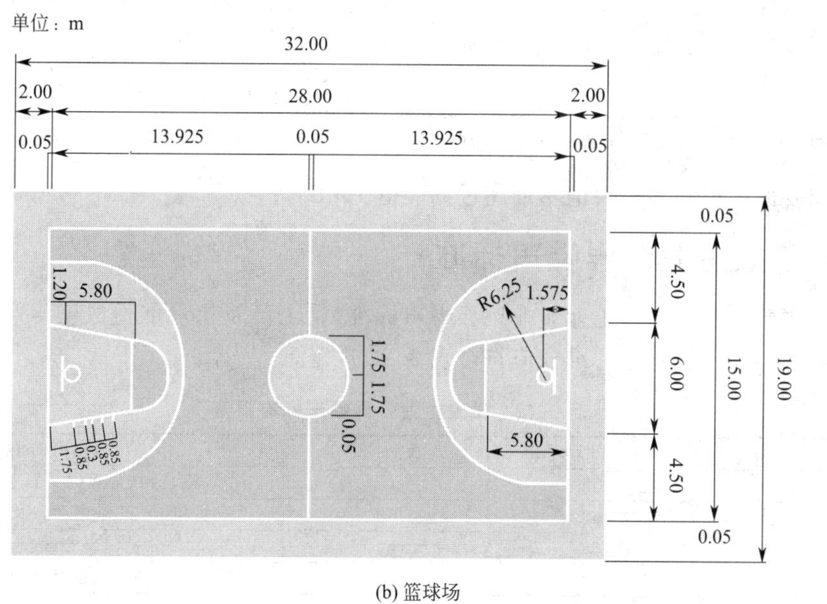

(b) 篮球场

图 3.17　室外运动场示意

3.4 城市高压走廊安全隔离带宽度

建筑用地内存在城市高压走廊的，应设置安全隔离带，安全隔离带内不得建设任何建筑物，其宽度数值参考表 3.20。

表 3.20 城市高压走廊安全隔离带宽度

序号	电压等级	安全隔离带宽度/m	序号	电压等级	安全隔离带宽度/m
1	35kV 以下	>10	4	220kV	>36
2	35～110kV	>20	5	500kV	>50
3	110kV	>24			

3.5 环境噪声国家标准

3.5.1 城市区域环境噪声标准

按照《中华人民共和国城市区域环境噪声标准》，城市五类区域的环境噪声限值如表 3.21 所列。

表 3.21 城市五类环境噪声标准值

序号	标准类别	昼间(白天)/dB	夜间/dB	适用范围
1	0 类	50	40	疗养区、高级别墅区、高级宾馆区等特别需要安静的区域。位于城郊和乡村的这一类区域分别按严于 0 类标准 5dB 执行。
2	1 类	55	45	以居住、文教机关为主的区域。乡村居住环境可参照执行该类标准
3	2 类	60	50	居住、商业、工业混杂区
4	3 类	65	55	工业区
5	4 类	70	55	城市中的道路交通干线道路两侧区域，穿越城区的内河航道两侧区域。穿越城区的铁路主、次干线两侧区域的背景噪声(指不通过列车时的噪声水平)限值也执行该类标准

注：“昼间（day-time）”是指 6：00～22：00 的时段，“夜间（night-time）”是指 22：00～次日 6：00 的时段。

夜间突发的噪声，其最大值不准超过标准值 15dB。

3.5.2 工业企业厂界噪声标准

根据《中华人民共和国工业企业厂界噪声标准》，工厂及有可能造成噪声污染的企事业单位的各类边界、厂界噪声标准值应符合表 3.22 规定。

表 3.22 工业企业厂界噪声标准限值

序号	类别	昼间(白天)/dB	夜间/dB	适用范围
1	Ⅰ	55	45	以居住、文教机关为主的区域
2	Ⅱ	60	50	居住、商业、工业混杂区及商业中心区
3	Ⅲ	65	55	工业区
4	Ⅳ	70	55	交通干线道路两侧区域

注：“昼间（day-time）”是指 6：00～22：00 的时段，“夜间（night-time）”是指 22：00～次日 6：00 的时段。

夜间频繁突发的噪声（如排气噪声）。其峰值不准超过标准值 10dB（A），夜间偶然突发的噪声（如短促鸣笛声），其峰值不准超过标准值 15dB（A）。

3.5.3 建筑施工场界环境噪声排放标准

（1）根据国家标准《建筑施工场界环境噪声排放标准 GB 12523—2011》，建筑施工过程中场界环境噪声不得超过表 3.23 规定的排放限值。

表 3.23　建筑施工场界环境噪声排放限值

昼间(day-time)	夜间(night-time)
70dB(A)	55dB(A)

（2）夜间噪声最大声级超过限值的幅度不得高于 15dB（A）。

3.6 城市规划对建筑的限定

3.6.1 不得突出用地红线的建筑突出物

建筑物及附属设施不得突出道路红线和用地红线建造，不得突出的建筑突出物如表 3.24 所列。如图 3.18 所示。

表 3.24　不得突出用地红线的建筑突出物

建筑物名称	备　注
地下建筑物及附属设施	包括结构挡土桩、挡土墙、地下室、地下室底板及其基础、化粪池等
地上建筑物及附属设施	包括门廊、连廊、阳台、室外楼梯、台阶、坡道、花池、围墙、平台、散水明沟、地下室进排风口、地下室出入口、集水井、采光井等
其他设施	除建设用地内连接城市的管线、隧道、天桥等市政公共设施外

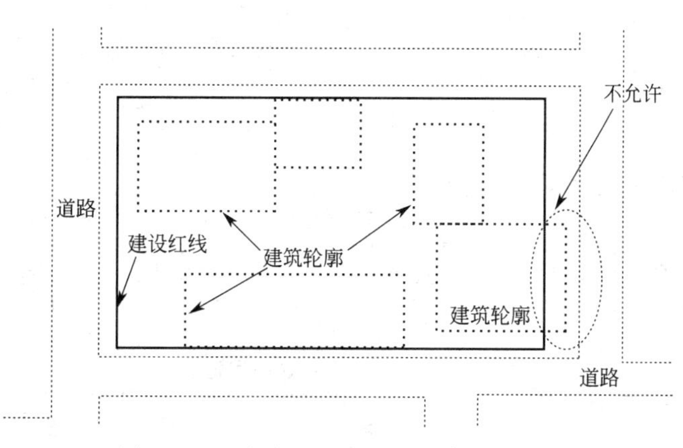

图 3.18　不得突出用地红线的建筑突出物

除城市规划确定的永久性空地外，紧贴基地用地红线建造的建筑物不得向相邻基地方向设洞口、门、外平开窗、阳台、挑檐、空调室外机、废气排出口及排泄雨水。

3.6.2 允许突出道路红线的建筑突出物

经当地城市规划行政主管部门批准，允许突出道路红线的建筑突出物应符合表 3.25 规定，如图 3.19 所示。

表 3.25 允许突出道路红线的建筑突出物

建筑物名称	备 注
在有人行道的路面上空	①2.50m以上允许突出建筑构件：凸窗、窗扇、窗罩、空调机位，突出的深度不应大于0.50m ②2.50m以上允许突出活动遮阳，突出宽度不应大于人行道宽度减1m，并不应大于3m ③3m以上允许突出雨篷、挑檐，突出的深度不应大于2m ④5m以上允许突出雨篷、挑檐，突出的深度不宜大于3m
在无人行道的路面上空	4m以上允许突出建筑构件：窗罩，空调机位，突出深度不应大于0.50m

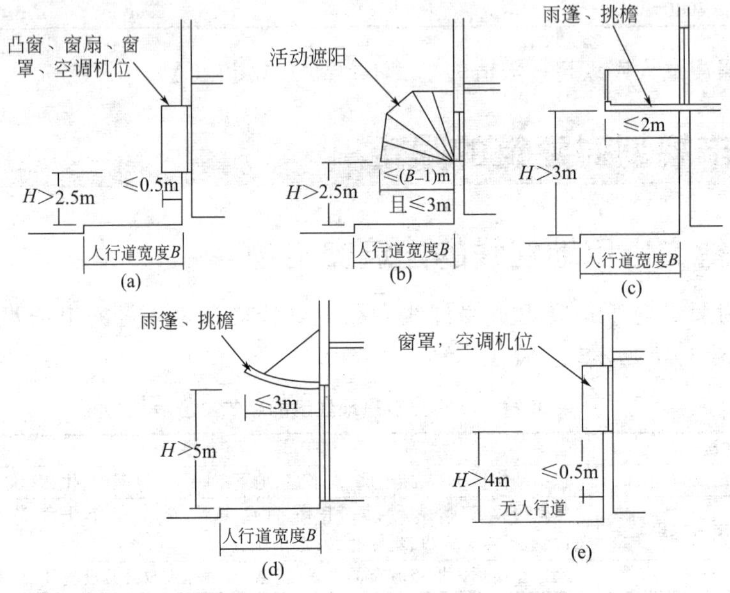

图 3.19 允许突出道路红线的建筑突出物

建筑物和建筑突出物均不得向道路上空直接排泄雨水、空调冷凝水及从其他设施排出的废水。

3.7 人员密集建筑的用地要求

大型、特大型的文化娱乐、商业服务、体育、交通等人员密集建筑的用地应符合表3.26规定，如图3.20所示。

表 3.26 人员密集建筑的用地要求

建筑物名称	备 注
建设用地与城市道路关系	建设用地应至少有一面直接邻接城市道路
建设用地沿城市道路的长度	应按建筑规模或疏散人数确定，并至少不小于基地周长的1/6
建设用地通向城市道路出口设置	应至少有两个或两个以上不同方向通向城市道路的（包括以基地道路连接的）出口
建设用地或建筑物的主要出入口设置	建设用地或建筑物的主要出入口，不得和快速道路直接连接，也不得直对城市主要干道的交叉口
建筑物主要出入口前宽度要求	建筑物主要出入口前应有供人员集散用的空地，其面积和长宽尺寸应根据使用性质和人数确定
绿化和停车场布置要求	绿化和停车场布置不应影响集散空地的使用并不宜设置围墙、大门等障碍物

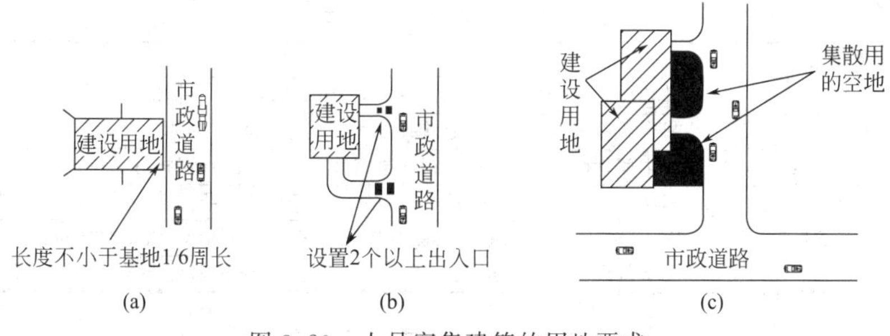

图 3.20　人员密集建筑的用地要求

3.8　建筑间距要求

建筑间距是指两栋建筑物或构筑物外墙外皮最凸出处（不含居住建筑阳台）之间的水平距离；建筑间距系数一般指在正南北或正东西方向上出现重叠的建筑之间，遮挡建筑与被遮挡建筑在正南北或正东西方向上的水平距离与遮挡建筑高度的比值。如图 3.21 所示。

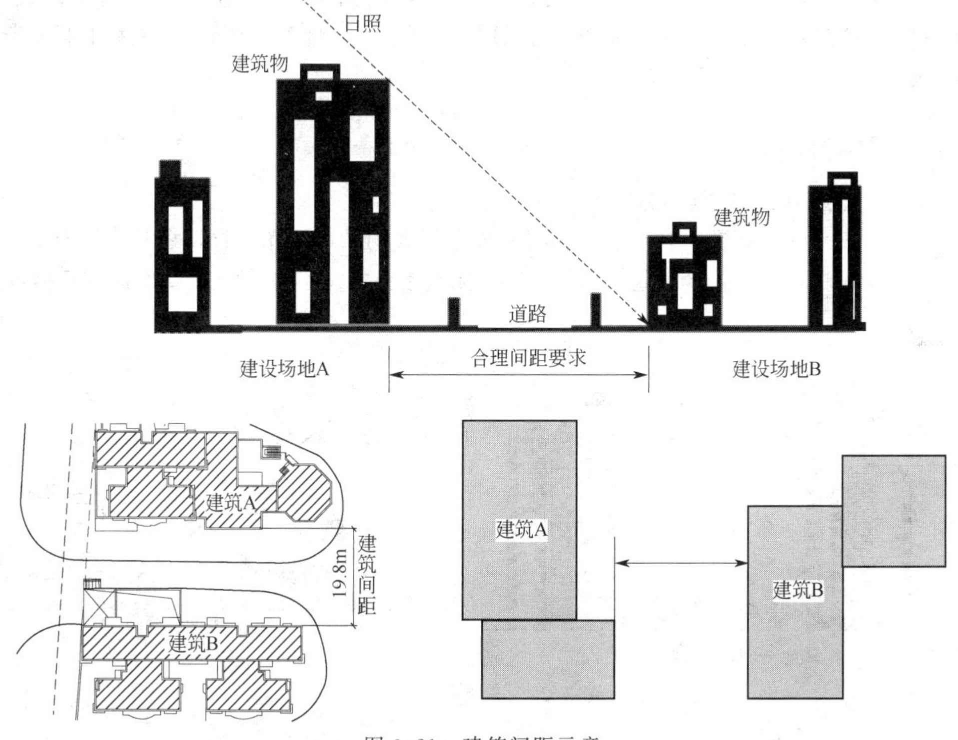

图 3.21　建筑间距示意

建筑总平面布局和建筑间距应满足防火、日照、采光、通风、卫生以及环保等相关建筑设计规范和规定。

3.8.1　日照间距要求

（1）建筑日照标准　建筑间距应以满足日照要求为基础，综合考虑采光、通风、消防、防灾、管线埋设、视觉卫生等要求确定。建筑日照标准和住宅建筑日照标准应分别符合表 3.27、表 3.28 要求。

表 3.27 建筑日照标准

序号	建筑类型	日照标准
1	住宅	每套住宅至少应有一个居住空间获得日照，该日照标准应符合表 3.22 规定
2	宿舍	其半数以上的居室，应能获得同住宅居住空间相等的日照标准
3	托儿所、幼儿园	其主要生活用房，应能获得冬至日不小于 3h 的日照标准
4	老年人住宅、残疾人住宅	其卧室、起居室应能获得冬至日不小于 2h 的日照标准
5	医院、疗养院	其半数以上的病房和疗养室应能获得冬至日不小于 2h 的日照标准
6	中小学	其半数以上的教室应能获得冬至日不小于 2h 的日照标准

表 3.28 住宅建筑日照标准

建筑气候区划	Ⅰ、Ⅱ、Ⅲ、Ⅶ气候区		Ⅳ气候区		Ⅴ、Ⅵ气候区
	大城市	中小城市	大城市	中小城市	
日照标准日	大寒日			冬至日	
日照时数/h	≥2	≥3		≥1	
有效日照时间带/h	8～16			9～15	
日照时间计算起点	底层窗台面(距室内地坪 0.9m 高的外墙位置)				

注：建筑气候区划参见中国气候区划图。

（2）日照间距计算　正面日照间距可按日照标准确定的不同方位的日照间距系数控制，可采用不同方位间距折减系数换算表进行换算（表 3.23）。日照间距计算方法如下式所述及图 3.22 所示。

$$L_{\mathrm{d}}=kH$$

式中　L_{d}——日照间距；

H——遮挡建筑计算高度；

k——日照间距系数，各地的日照间距系数因太阳的高度角不同而各异。另外，相同区域的不同方位的建筑，其日照间距系数按其方位不同采用表 3.29 的进行换算。

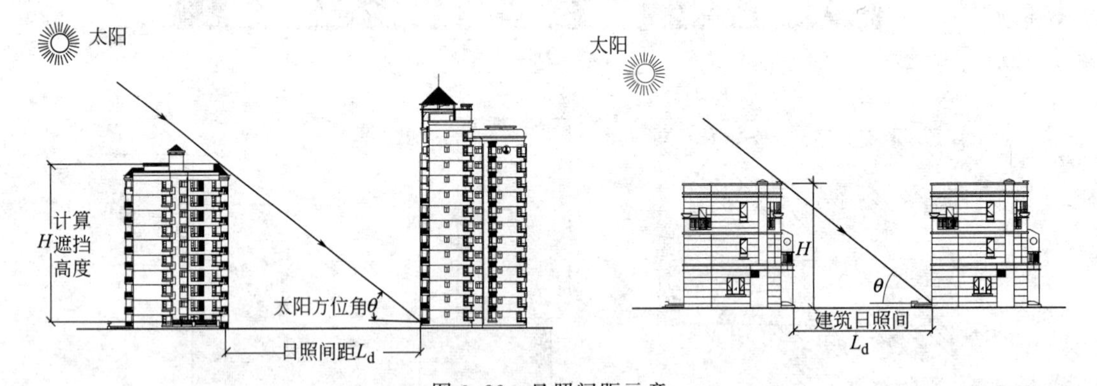

图 3.22 日照间距示意

表 3.29 不同建筑方位间距折减换算表

建筑方位	0°～15°(含)	15°～30°(含)	30°～45°(含)	45°～60°(含)	>60°
折减值	1.0L	0.9L	0.8L	0.9L	0.95L

注：1. 表中方位为正南向（0°）偏东、偏西的方位角。
2. L 为当地正南向住宅的标准日照间距（m）。
3. 本表指标仅适用于无其他日照遮挡的平行布置条式住宅之间。

或

$$L_{\mathrm{d}}=\frac{H}{\tan\theta}$$

式中 θ——太阳方位角，各地的太阳方位角因太阳的高度角不同而各异。

3.8.2 住宅的侧面间距

住宅侧面间距，应符合表3.30规定，如图3.23所示。其中高层塔式住宅、多层和中高层点式住宅与侧面有窗的各种层数住宅之间应考虑视觉卫生因素，适当加大间距。

表3.30 住宅侧面间距

住宅类型	侧面间距/m
条式多层住宅之间	≥6
高层住宅与各种层数住宅之间	≥13

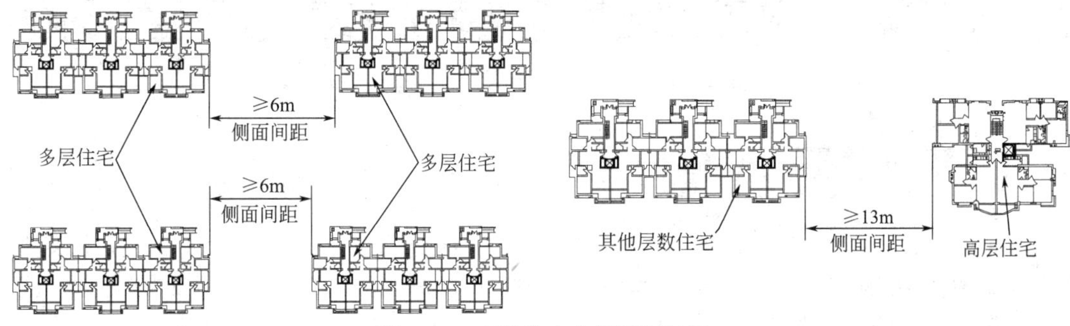

图3.23 多层住宅之间侧面间距

3.8.3 其他间距

（1）通风间距 通风间距是为了获得较好的自然通风，两幢建筑间为避免受由于风压而形成的负风压影响所需保持的最小距离。如图3.24所示。

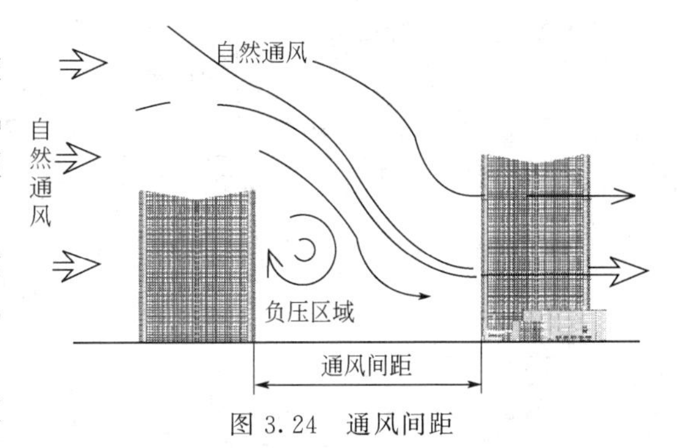

图3.24 通风间距

（2）生活私密性间距 应在设计中注意避免出现对居室的视线干扰情况，一般最小为18m。如图3.25所示。

（3）城市防灾疏散间距 城市主要防灾疏散通道两侧建筑间距应大于40m，且应大于建筑高度的1.5倍。如图3.26所示。

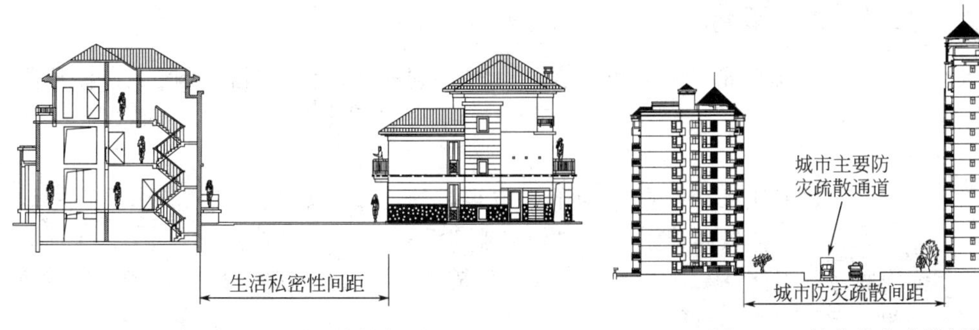

图3.25 生活私密性间距

图3.26 城市防灾疏散间距

（4）防火间距 民用建筑之间的防火间距、与其他建筑的防火间距应符合GB 50016—

2014《建筑设计防火规范》有关规定，如图3.27所示。更多内容参见第1章相关内容。

图3.27　建筑防火间距示意

3.9　建筑总平面竖向设计

场地竖向设计是指应根据建设项目的使用要求，结合用地的地形特点和施工技术条件，研究建筑物、构筑物、道路等相互之间的标高关系，充分利用地形，少开土石方量，经济、合理地确定建筑物、道路等的竖向位置。

3.9.1　地面设计基本形式

地面设计按其整平连接形式可分为三种，如表3.31所示。选择地面设计连接形式，要综合考虑以下因素：自然地形的坡度大小、建筑物的使用要求及运输联系、场地面积大小、土石方工程量多少等。一般情况下，自然地形坡度小于3%，应选用平坡式；自然地形坡度大于8%时，采用台阶式。但当场地长度超过500m时，虽然自然地形坡度小于3%，也可采用台阶式。

表3.31　地面设计的形式

地面设计形式	特　点
平坡式	平坡式是将用地处理成一个或几个坡向的整平面，坡度和标高没有剧烈的变化
台阶式	由两个标高差较大的不同整平面相连接而成的，在连接处一般设置挡土墙或护坡等构筑物
混合式	即平坡和台阶混合使用的形式。如根据使用要求和地表特点，把建设用地分为几个大的区域，每个大的区域用平坡式改造地形，而坡面相接处用台阶连接

3.9.2　标高设计基本原则

（1）用地不被水淹，雨水能顺利排出　在山区要特别注意防洪、排洪问题。在江河附近，设计标高应高出设计洪水位0.5m以上，而设计水位视建设项目的性质、规模、使用年限确定。

（2）考虑地下水位、地质条件影响　地下水位很高的地段不宜挖方；地下水位低的地段，可考虑适当挖方，以获得较高地耐力，减少基础埋深。

（3）考虑交通联系的可能性　应当考虑场地内外道路、铁路连接的可能性，场地内建筑物、构筑物之间相互运输联系的可能性。

（4）减少土石方工程量　地形起伏变化不大的地方，应使设计标高尽量接近自然地形标高；在地形起伏变化较大地区，应充分利用地形，避免大填大挖。

3.9.3 标高设计一般要求

(1) 室内外高差关系 当建筑物有进车道时，室内外高差一般为0.15m；当无进车道时，一般室内地坪比室外地面高出0.45～0.60m，允许在0.30～0.9m的范围内变动。

(2) 建筑物与道路关系 当建筑物无进车道时，地面排水坡度最好在1%～3%之间，允许在0.5%～6%之间变动；当建筑设进车道时，坡度为0.4%～3%，机动车通行最大坡度为8%。

道路中心标高一般比建筑室内地坪低0.25～0.30m以上；同时，道路原则上不设平坡部分，其最小纵坡为0.3%，以利于建筑物之间的雨水排至道路，然后沿着路缘石排水槽排入雨口。

3.9.4 国家高程控制系统(表3.32)

(1) 黄海高程 1956年9月4日，国务院批准试行《中华人民共和国大地测量法式(草案)》，首次建立国家高程基准，称“1956年黄海高程系”，简称“黄海基面”。后经复查，发现该高程系验潮资料过短，准确性较差，改用青岛验潮站1950～1979年的观测资料重新推算，并命名为“1985年国家高程基准”。

(2) 85高程 国家水准点设于青岛市观象山，其高程为72.260m，作为我国高程测量的依据。它的高程是以“1985年国家高程基准”所定的平均海水面为零点测算而得。如图3.28所示。

图3.28 中国水准零点

(3) 吴淞高程 采用上海吴淞口验潮站1871～1900年实测的最低潮位所确定的海面作为基准面，所建立的高程系统称为“吴淞高程系统”。

(4) 珠江高程 是以珠江基面为基准的高程系，在广东地区应用较为广泛。

表3.32 高程基准换算关系

转换者 / 被转换者	56黄海高程基准	85高程基准	吴淞高程基准	珠江高程基准
56黄海高程基准	—	+0.029	−1.688	+0.586
85高程基准	−0.029	—	−1.717	+0.557
吴淞高程基准	+1.688	+1.717	—	+2.274
珠江高程基准	−0.586	−0.557	−2.274	—

注：高程基准之间的差值为各地区精密水准点之间差值的平均值。

Chapter 04

第4章 建筑高度和建筑面积计算

4.1 民用建筑高度分类

4.1.1 居住建筑高度划分

住宅建筑高度一般按其层数分类，如表 4.1、图 4.1～图 4.4 所示。

表 4.1 住宅建筑高度划分

建筑类型	建筑高度/层数	备注	建筑类型	建筑高度/层数	备注
低层住宅	1～3		中高层住宅	7～9	高度不大于 27m
多层住宅	4～6		高层住宅	≥10	高度大于 27m

图 4.1 低层住宅示意

图 4.2　多层住宅示意

(a) 中高层住宅示意

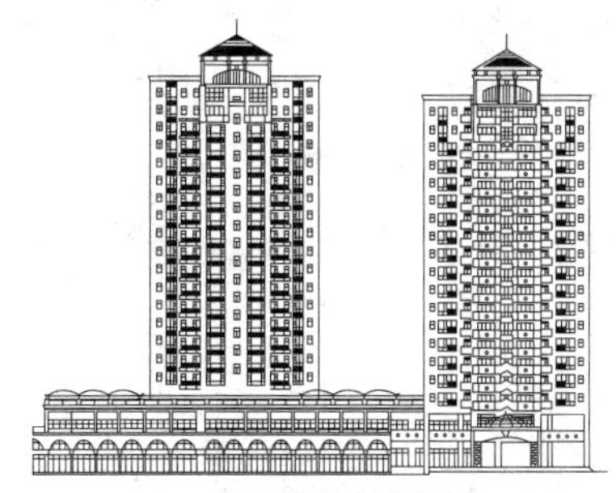

(b) 高层住宅示意

图 4.3　高层住宅

4.1.2　公共建筑高度划分

公共建筑高度一般按其实际高度分类，如表 4.2、图 4.4、图 4.5 所示。

表 4.2　公共建筑高度划分

序号	建筑类型	建筑高度
1	单层建筑	不大于 24m 且层数为单层
2	多层建筑	不大于 24m 且层数为多层
3	高层建筑	大于 24m 且≤100m(不包括建筑高度大于 24m 的单层公共建筑)
4	超高层建筑	大于 100m

图 4.4　低层和多层建筑

图 4.5　高层和超高层建筑

4.2　民用建筑高度计算

建筑高度一般指建筑物室外地面到其檐口（平屋顶）或屋面面层（坡屋顶）的高度。

4.2.1 机场和军事要塞工程等控制区内的建筑高度

重要风景区附近的建筑物、世界遗产保护范围、文物保护单位周围建设控制地带内，机场、电台、电信、微波通信、气象台、卫星地面站、军事要塞工程等周围控制区内的建筑高度，应按建筑物室外地面至建筑物和构筑物最高点的高度计算，包括电梯间、楼梯间、水箱、烟囱、屋脊、天线、避雷针等的高度。如图 4.6 所示。

4.2.2 非相关控制区内建筑高度

非相关控制区内建筑高度，根据建筑屋面的形式（平屋顶、坡屋顶）进行计算。

① 平屋顶按建筑物室外地面至其屋面面层或女儿墙顶点的高度计算，如图 4.7、图 4.8 所示。

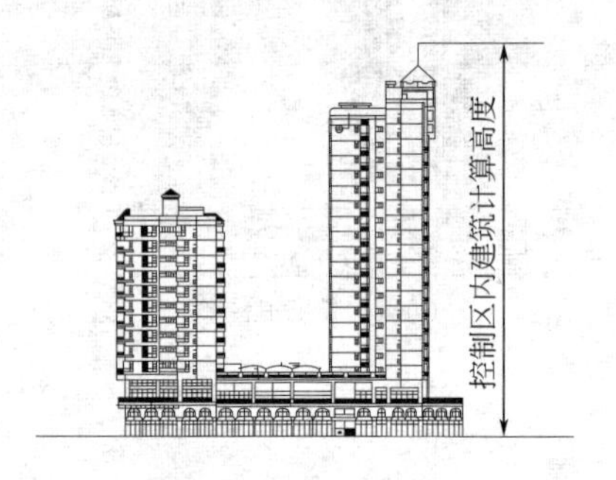

图 4.6 按最高点计算

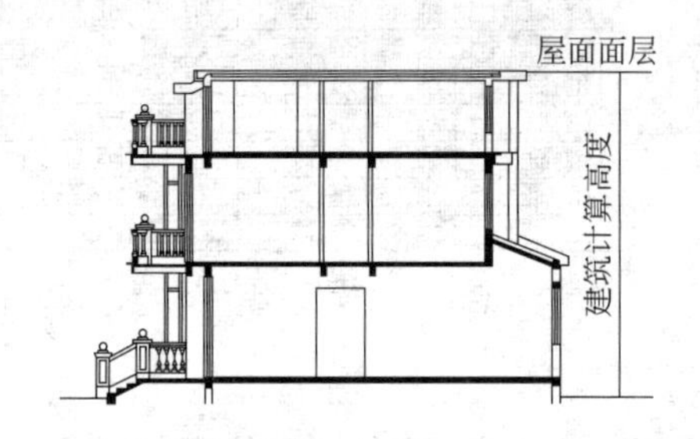

图 4.7 按屋面面层计算（平屋面）

图 4.8 按女儿墙顶点计算（平屋面）

② 坡屋顶按建筑物室外地面至屋檐和屋脊的平均高度计算，如图 4.9 所示。

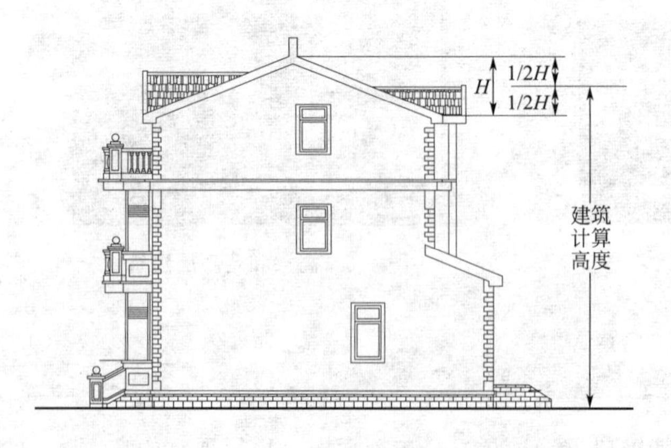

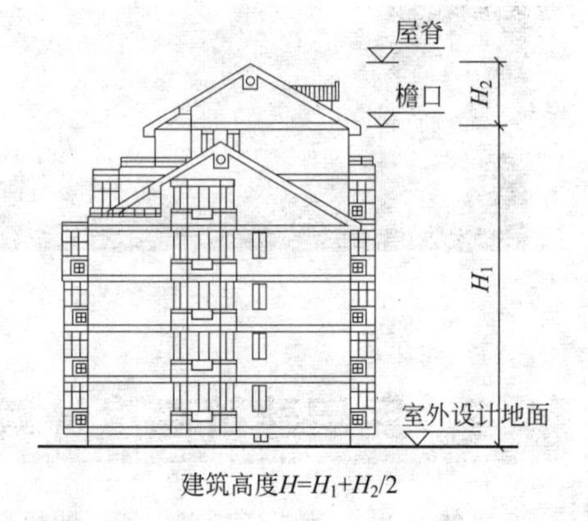

图 4.9 按平均高度计算（坡屋面）

③ 一栋建筑有不同高度屋面时，以最高屋面计算其高度。如图 4.10。

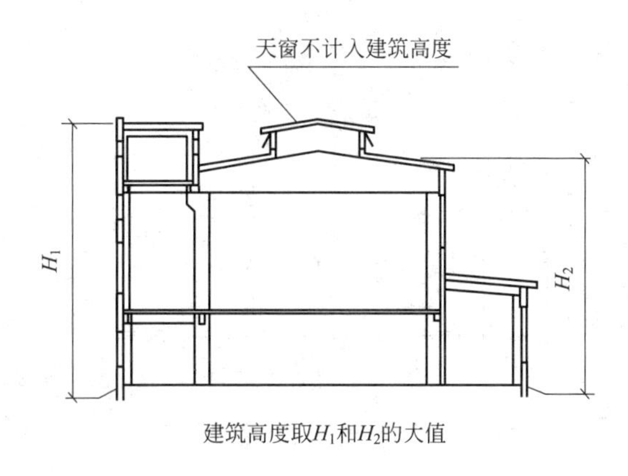

图 4.10　建筑高度计算示意

④ 非相关控制区内建筑下列突出物不计入建筑高度内，如图 4.11 所示：

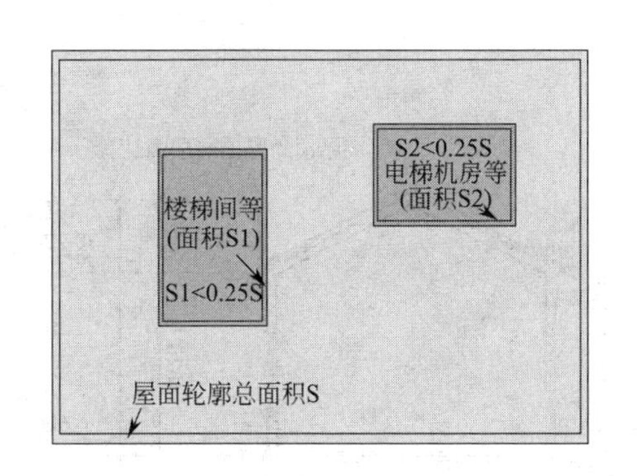

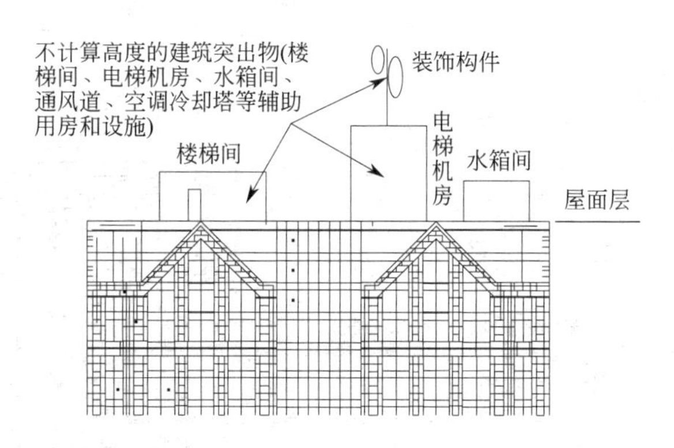

图 4.11　不计入建筑高度的突出物

a. 局部突出屋面的楼梯间、电梯机房、水箱间等辅助用房占屋顶平面面积不超过 1/4 者；

b. 突出屋面的通风道、烟囱、装饰构件、花架、通信设施等；

c. 空调冷却塔等设备。

4.3　建筑层高和室内净高计算

4.3.1　建筑层高计算

建筑层高在非屋面层及平屋顶层有不同的计算要求。

① 在非屋面层，其层高由建筑物各层之间以楼、地面面层（完成面）计算的垂直距离，如图 4.12 所示。

② 在平屋顶层，该层层高由该层楼面面层（完成面）至平屋面的结构面层计算的垂直距离，如图 4.13 所示。

③ 在带坡屋顶的屋顶层，该层层高由该层楼面面层（完成面）至坡顶的结构面层与外墙外皮延长线的交点计算的垂直距离，如图 4.14 所示。

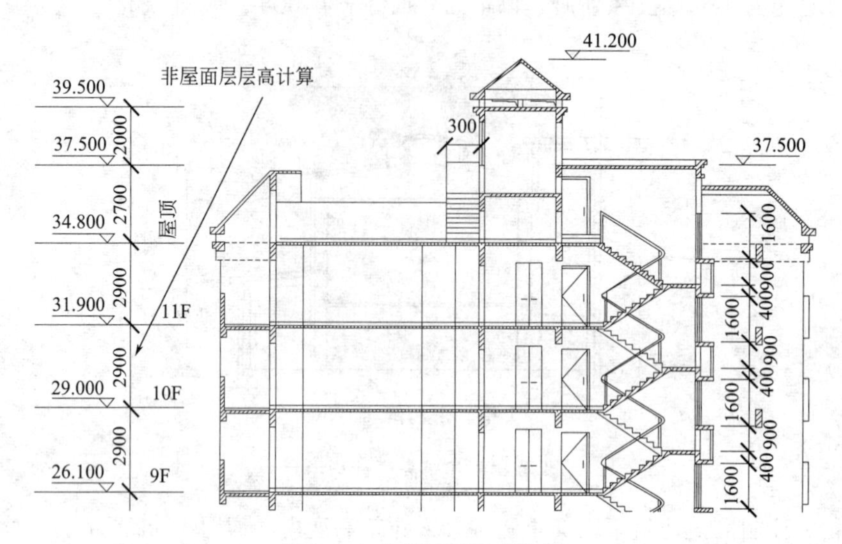

图 4.12　非屋面层层高计算

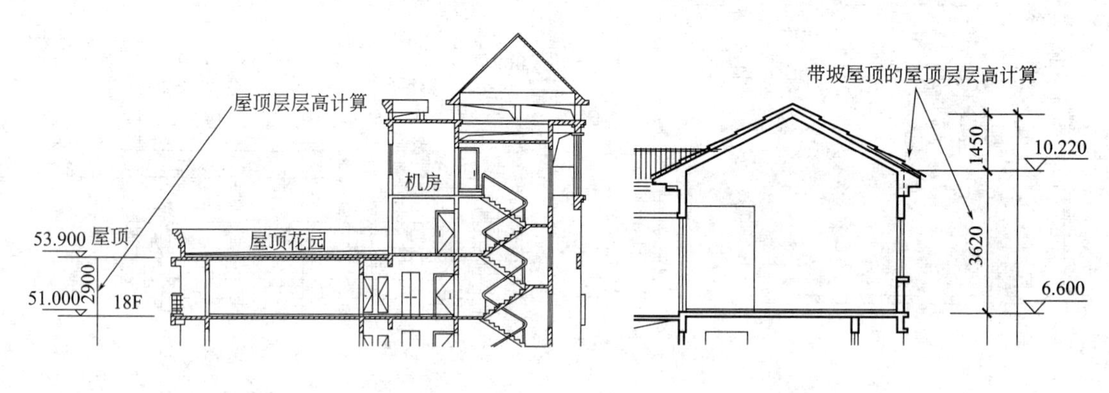

图 4.13　平屋顶层层高计算　　　　图 4.14　坡屋顶层层高计算

4.3.2 建筑室内净高计算

室内净高的计算，是从楼、地面面层（完成面）至吊顶或楼盖、屋盖底面之间的有效使用空间的垂直距离。如图 4.15 所示。

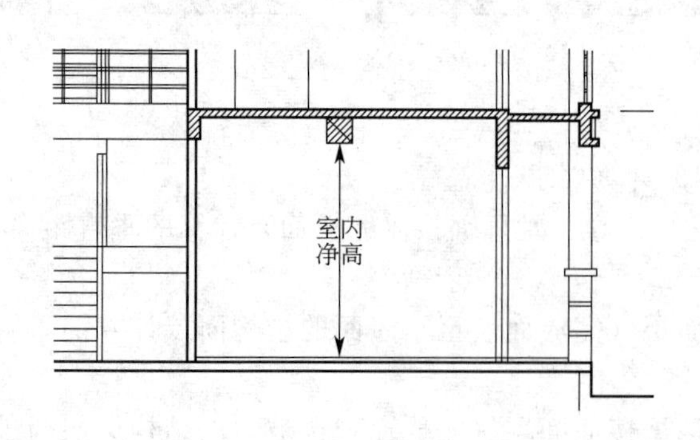

图 4.15　室内净高计算

4.3.3 建筑物室内净高一般要求

① 建筑物用房的室内净高应符合专用建筑设计规范的规定。
② 地下室、局部夹层、走道等有人员正常活动的最低处的净高不应小于 2m。

4.4 各类型建筑物室内净高要求

4.4.1 住宅建筑室内净高要求

根据国家规范 GB 50096—2011《住宅设计规范》，住宅层高宜为 2.80m，住宅主要功能房间净高应符合如下要求。

① 卧室、起居室（厅）的室内净高不应低于 2.40m，局部净高不应低于 2.10m，且局部净高的室内面积不应大于室内使用面积的 1/3。

② 利用坡屋顶内空间作卧室、起居室（厅）时，至少有 1/2 的使用面积的室内净高不应低于 2.10m。

③ 厨房、卫生间的室内净高不应低于 2.20m。

④ 厨房、卫生间内排水横管下表面与楼面、地面净距不得低于 1.90m，且不得影响门、窗扇开启。

4.4.2 办公建筑室内净高要求

根据国家规范 JGJ 67《办公建筑设计规范》，办公建筑主要功能房间净高应符合如下要求：

① 一类办公建筑室内净高不应低于 2.70m；
② 二类办公建筑室内净高不应低于 2.60m；
③ 三类办公建筑室内净高不应低于 2.50m；
④ 办公建筑的走道净高不应低于 2.20m；
⑤ 贮藏间净高不应低于 2.00m。

4.4.3 综合医院建筑室内净高要求

根据国家规范 GB 51039—2014《综合医院建筑设计规范》，综合医院建筑主要功能房间净高应符合如下要求：

① 诊查室不宜低于 2.60m；
② 病房不宜低于 2.80m；
③ 公共走道不宜低于 2.30m；
④ 医技科室宜根据需要确定。

4.4.4 中小学校建筑室内净高要求

根据国家规范 GB 50099—2011《中小学校设计规范》，中小学校建筑主要功能房间净高应符合如下要求。

① 主要教学用房净高应符合表 4.3 的规定。
② 各类体育场地最小净高应符合表 4.4 的规定。

表 4.3 主要教学用房的最小净高 单位：m

教室	小学	初中	高中
普通教室、史地、美术、音乐教室	3.00	3.05	3.10
舞蹈教室	4.50		
科学教室、实验室、计算机教室、劳动教室、技术教室、合班教室	3.10		
阶梯教室	最后一排(楼地面最高处)距顶棚或上方突出物最小距离为 2.20m		

表 4.4 各类体育场地最小净高 单位：m

体育场地	田径	篮球	排球	羽毛球	乒乓球	体操
最小净高	9	7	7	9	4	6

注：田径场地可减少部分项目降低净高。

4.4.5 饮食建筑室内净高要求

根据国家规范 JGJ 64《饮食建筑设计规范》，饮食建筑主主要功能房间净高应符合如下要求。

① 小餐厅和小饮食厅的室内净高不应低于 2.60m；设空调者不应低于 2.40m。

② 大餐厅和大饮食厅的室内净高不应低于 3.00m；异形顶棚的大餐厅和饮食厅最低处不应低于 2.40m。

③ 厨房和饮食制作间的室内净高不应低于 3m。

4.4.6 文化馆建筑室内净高要求

根据国家规范 JGJ/T 41—2014《文化馆建筑设计规范》，文化馆建筑主要功能房间净高应符合如下要求。

① 文化馆建筑的舞蹈排练室室内净高不应低于 4.5m。

② 文化馆建筑的计算机与网络教室室内净高不应小于 3.0m。

③ 文化馆建筑的录音录像室室内净高宜为 5.5m。

4.4.7 托儿所、幼儿园建筑室内净高要求

根据国家规范 JGJ 39—2016《托儿所、幼儿园建筑设计规范》，托儿所、幼儿园建筑主要功能房间净高应符合如下要求。

① 活动室、寝室、乳儿室、多功能活动室的室内最小净高不应低于表 4.5 的规定。

② 托儿所、幼儿园建筑的厨房加工间室内净高不应低于 3.0m。

表 4.5 托儿所、幼儿园建筑主要功能房间的室内净高要求

序号	房间名称	净高/m
1	活动室、寝室、乳儿室	3.0
2	多功能活动室	3.9

4.4.8 图书馆建筑室内净高要求

根据国家规范 JGJ 38—2015《图书馆建筑设计规范》，图书馆建筑主要功能房间净高应符合如下要求。

① 书库的净高不应小于 2. 40m。有梁或管线的部位，其底面净高不宜小于 2. 30m。

② 采用积层书架的书库，结构梁或管线的底面净高不应小于 4. 70m。

4.4.9　宿舍建筑室内净高要求

根据国家规范 JGJ 36—2005《宿舍建筑设计规范》，宿舍建筑主要功能房间净高应符合如下要求。

① 宿舍的居室在采用单层床时，层高不宜低于 2.80m；在采用双层床或高架床时，层高不宜低于 3.60m。

② 宿舍的居室在采用单层床时，净高不应低于 2.60m；在采用双层床或高架床时，净高不应低于 3.40m。

③ 宿舍的辅助用房的净高不宜低于 2.50m。

4.4.10　商店建筑室内净高要求

根据国家规范 JGJ 48—2014《商店建筑设计规范》，商店建筑主要功能房间净高应符合如下要求。

① 营业厅的净高应按其平面形状和通风方式确定，并应符合表 4.6 的规定；

表 4.6　营业厅的净高

通风方式	自然通风			机械排风和自然通风相结合	空气调节系统
	单面开窗	前面敞开	前后开窗		
最大进深与净高比	2∶1	2.5∶1	4∶1	5∶1	—
最小净高/m	3.20	3.20	3.50	3.50	3.00

② 设有空调设施、新风量和过渡季节通风量不小于 20m³/（h·人），并且有人工照明的面积不超过 50m² 的房间或宽度不超过 3m 的局部空间的净高可酌减，但不应小于 2.40m；

③ 大型和中型书店设计，当采用开架书廊营业方式时，可利用空间设置夹层，其净高不应小于 2.10m；

④ 储存库房的净高应根据有效储存空间及减少至营业厅垂直运距等确定，应按楼地面至上部结构主梁或桁架下弦底面间的垂直高度计算。设有货架的储存库房净高不应小于 2.10m；设有夹层的储存库房净高不应小于 4.60m；无固定堆放形式的储存库房净高不应小于 3.00m。

4.4.11　车库建筑室内净高要求

根据国家规范 JGJ 100—2015《车库建筑设计规范》，车库建筑主要功能房间净高应符合如下要求。

① 车辆出入口及坡道的最小净高应符合表 4.7 的规定。

② 停车区域净高不应小于表 4.7 规定的出入口及坡道处净高要求。

③ 复式机动车库停车区域的净高应根据各类停车设备的尺寸确定。

④ 非机动车库的停车区域净高不应小于 2.0m。

表 4.7　车辆出入口及坡道的最小净高

序号	车型	最小净高/m	序号	车型	最小净高/m
1	微型车、小型车	2.20	3	中、大型客车	3.70
2	轻型车	2.95	4	中、大型货车	4.20

4.4.12 旅馆建筑室内净高要求

根据国家规范 JGJ 62—2014《旅馆建筑设计规范》，旅馆建筑主要功能房间净高应符合如下要求。

① 客房居住部分净高，当设空调时不应低于 2.40m；不设空调时不应低于 2.60m；

② 利用坡屋顶内空间作为客房时，应至少有 8.0m^{2}面积的净高不低于 2.40m；

③ 客房卫生间净高不应低于 2.20m；

④ 客房层公共走道及客房内走道净高不应低于 2.10m。

4.4.13 疗养院建筑室内净高要求

根据国家规范 JGJ 40《疗养院建筑设计规范》，疗养院建筑主要功能房间净高应符合如下要求：疗养室室内净高不应低于 2.60m。

4.4.14 电影院建筑室内净高要求

根据国家规范 JGJ 58—2008《电影院建筑设计规范》，电影院建筑主要功能房间净高应符合如下要求：放映机房的净高不宜小于 2.60m。

4.4.15 档案馆建筑室内净高要求

根据国家规范 JGJ 25—2010《档案馆建筑设计规范》，旅馆建筑主要功能房间净高应符合如下要求：档案库净高不应低于 2.60m。

4.4.16 博物馆建筑室内净高要求

根据国家规范 JGJ 66—2015《博物馆建筑设计规范》，旅馆建筑主要功能房间净高应符合如下要求。

① 历史类、艺术类、综合类博物馆的展厅，展示一般历史文物或古代艺术品的展厅，净高不宜小于 3.5m；展示一般现代艺术品的展厅，净高不宜小于 4.0m ；临时展厅的分间面积不宜小于 200 时，净高不宜小于 4.5m。

② 文物类藏品库房净高宜为 2.8～3.0m；现代艺术类藏品、标本类藏品库房净高宜为 3.5～4.0m；特大体量藏品库房净高应根据工艺要求确定。

③ 实物修复用房每间面积宜为 50～100m^2，净高不应小于 3.0m。

④ 自然博物馆展厅净高不宜低于 4.0m。

⑤ 动物标本制作室净高不宜小于 4.0m，并应有良好的采光，焊接区应满足防火要求。缝合室净高不宜小于 4.0m，并应有良好的采光和清洁的环境。

⑥ 特大型科技馆、大型科技馆主要入口层展厅净高宜为 6.0～7.0m；大中型科技馆、中型科技馆主要入口层净高宜为 5.0～6.0m；特大型科技馆、大型科技馆楼层净高宜为 5.0～6.0m；大中型科技馆、中型科技馆楼层净高宜为 4.5～5.0m。

4.4.17 养老设施建筑室内净高要求

根据国家规范 GB 50867—2013《养老设施建筑设计规范》，旅馆建筑主要功能房间净高应符合如下要求。

① 老年人居住用房的净高不宜低于 2.60m；

② 当利用坡屋顶空间作为老年人居住用房时，最低处距地面净高不应低于 2.20m，且低于 2.60m 高度部分面积不应大于室内使用面积的 1/3。

4.5 建筑面积计算方法

4.5.1 单层建筑物的建筑面积计算

① 单层建筑物的建筑面积应按自然层外墙结构外围水平面积计算，其建筑面积计算方法如表 4.8 所列。如图 4.16 所示。

表 4.8　单层建筑物的建筑面积计算

单层建筑物结构层高	建筑面积计算方法
结构层高 $H \geqslant 2.20$m	计算全部面积
结构层高 $H < 2.20$m	计算 1/2 面积

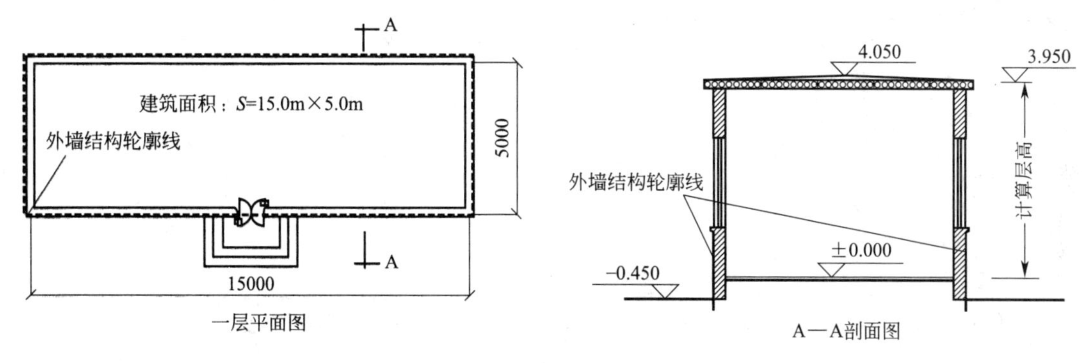

图 4.16　单层建筑面积计算示意

② 单层建筑物形成建筑空间的坡屋顶，其建筑面积计算方法如表 4.9 所列。如图 4.17 所示。

表 4.9　单层建筑物坡屋顶内空间的建筑面积计算

单层建筑物坡屋顶结构净高 H	建筑面积计算方法
结构净高 $H > 2.10$m 的部位	计算全部面积
2.10m $\geqslant$ 结构净高 $H > 1.20$m 的部位	计算 1/2 面积
结构净高 $H < 1.20$m 的部位	不计算面积

③ 单层建筑物内设有局部楼层者，对于局部楼层的二层及以上楼层，其建筑面积计算方法如表 4.10 所列。如图 4.18 所示。

表 4.10　单层建筑物内局部楼层的建筑面积计算

局部楼层的结构层高	建筑面积计算方法
结构层高 $H \geqslant 2.20$m	计算全部面积(有围护结构的应按其围护结构外围水平面积计算，无围护结构的应按其结构底板水平面积计算)
结构层高 $H < 2.20$m	计算 1/2 面积(有围护结构的应按其围护结构外围水平面积计算，无围护结构的应按其结构底板水平面积计算)

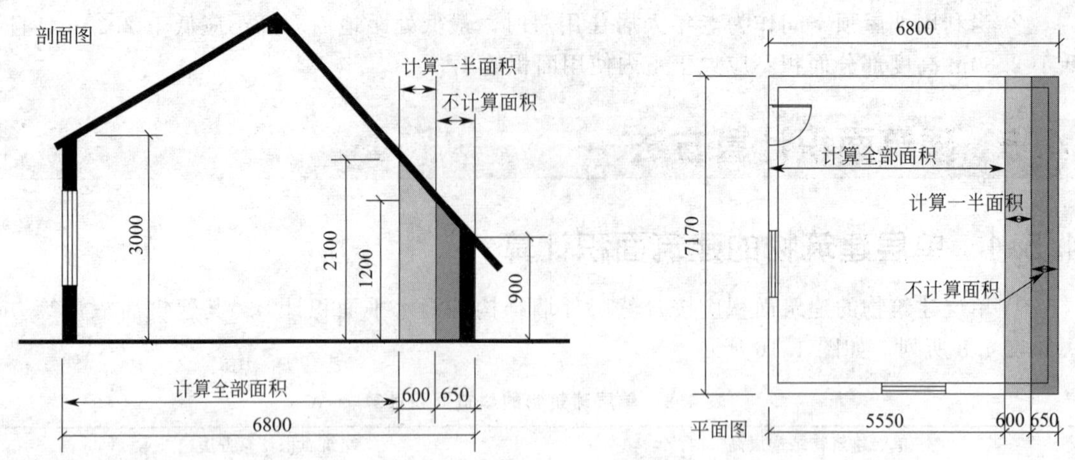

图 4.17　坡屋顶面积计算示意

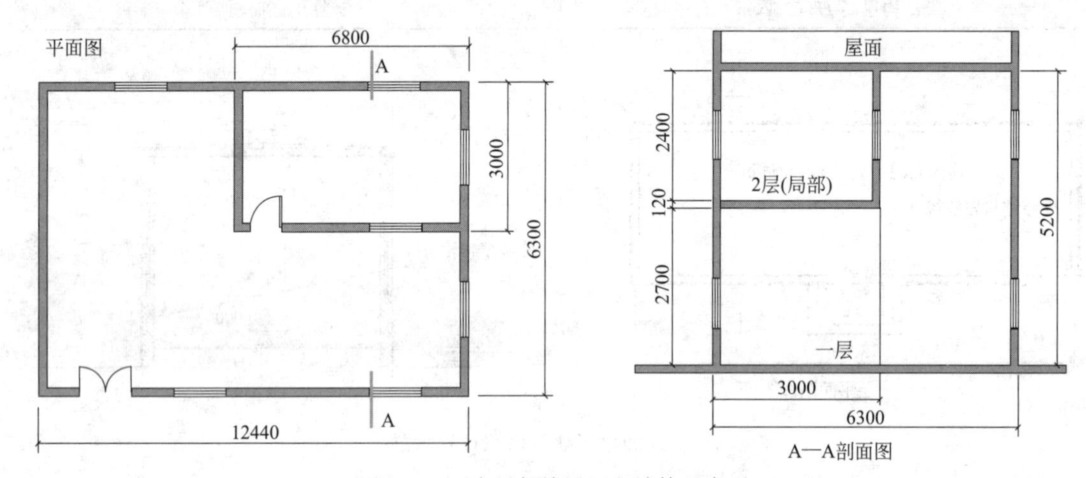

图 4.18　有局部楼层面积计算示意

4.5.2　多层建筑物的建筑面积计算

① 多层建筑物的建筑面积应按自然层外墙结构外围水平面积之和计算（参考单层建筑图示），其建筑面积计算方法如表 4.11 所示。

表 4.11　多层建筑物的建筑面积计算（一）

多层建筑物结构层高 H	建筑面积计算方法
层高 $H \geqslant 2.20$m	计算各自然层全部面积之和
层高 $H < 2.20$m	计算各自然层 1/2 面积之和

② 多层建筑形成建筑空间的坡屋顶（参考单层建筑图示）、场馆看台下的建筑空间（图 4.19），其建筑面积计算方法如表 4.12 所列。

表 4.12　多层建筑物的建筑面积计算（二）

形成建筑空间的坡屋顶结构净高 H、场馆看台下的建筑空间结构净高 H	建筑面积计算方法
结构净高 $H > 2.10$m 的空间	计算全部面积
2.10m $\geqslant$ 结构净高 $H > 1.20$m 的空间	计算 1/2 面积
结构净高 $H < 1.20$m 的空间	不计算面积

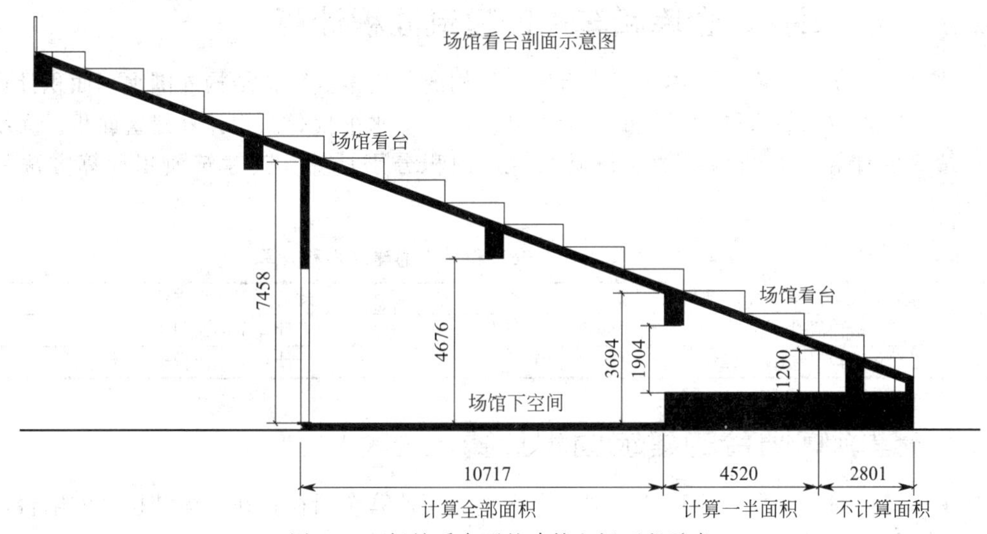

图 4.19　场馆看台下的建筑空间面积示意

4.5.3　地下室、半地下室的建筑面积计算

地下室、半地下室应按其结构外围水平面积计算，其建筑面积计算方法如表 4.13 所列。如图 4.20 所示。

表 4.13　地下室、半地下室的建筑面积计算

地下室、半地下室结构层高 H	建筑面积计算方法
结构层高 $H \geqslant 2.20\text{m}$	计算全部面积
结构层高 $H < 2.20\text{m}$	计算 1/2 面积

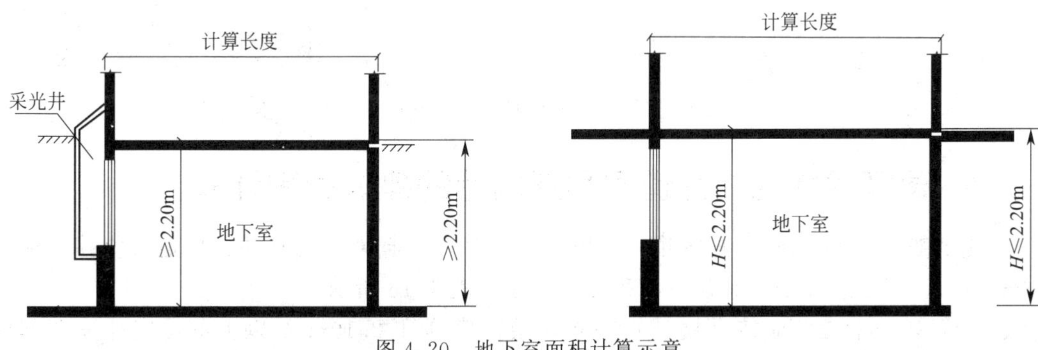

图 4.20　地下室面积计算示意

4.5.4　建筑物的门厅和大厅建筑面积计算

建筑物的门厅、大厅应按一层计算建筑面积，门厅、大厅内设置的走廊应按走廊结构底板水平投影面积计算建筑面积。其建筑面积计算方法如表 4.14 所示。

表 4.14　门厅和大厅的建筑面积计算

门厅和大厅结构层高 H	建筑面积计算方法
结构层高 $H \geqslant 2.20\text{m}$	计算全部面积
结构层高 $H < 2.20\text{m}$	计算 1/2 面积

4.5.5 立体书库、仓库和车库的建筑面积计算

立体书库、立体仓库、立体车库，有围护结构的，应按其围护结构外围水平面积计算建筑面积；无围护结构、有围护设施的，应按其结构底板水平投影面积计算建筑面积。无结构层的应按一层计算，有结构层的应按其结构层面积分别计算。其建筑面积计算方法如表4.15所示。

表4.15 立体书库、仓库和车库的建筑面积计算

立体书库、仓库和车库的结构层高 H	建筑面积计算方法
结构层高 $H \geqslant 2.20$m	计算全部面积
结构层高 $H < 2.20$m	计算1/2面积

4.5.6 建筑物阳台的建筑面积计算

在主体结构内的阳台，应按其结构外围水平面积计算全面积；在主体结构外的阳台，应按其结构底板水平投影面积计算1/2面积。如图4.21所示。

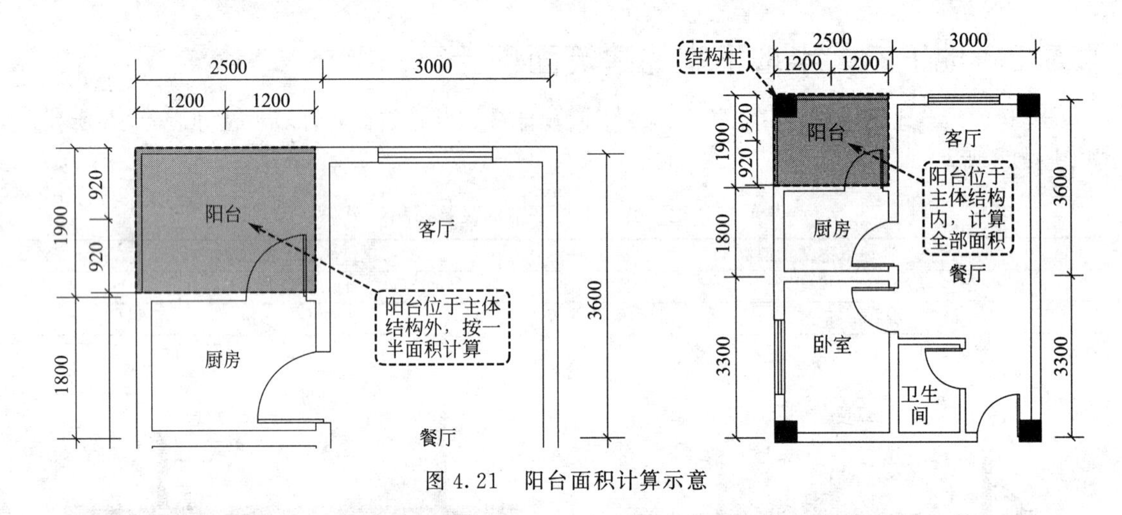

图4.21 阳台面积计算示意

4.5.7 建筑楼梯间、井道间和烟囱等的建筑面积计算

① 建筑物的室内楼梯、电梯井、提物井、管道井、通风排气竖井、烟道，应并入建筑物的自然层计算建筑面积，其建筑面积计算方法如表4.16所示。

② 有顶盖的采光井应按一层计算面积，结构净高在2.10m及以上的，应计算全部面积，结构净高在2.10m以下的，应计算1/2面积。

③ 室外楼梯应并入所依附建筑物自然层，并应按其水平投影面积的1/2计算建筑面积。如图4.22所示。

表4.16 井道间的建筑面积计算

井道类型	建筑面积计算方法
室内楼梯间	按自然层计算全部面积
室内电梯井、观光电梯井	按自然层计算全部面积
提物井、管道井、通风排气竖井	按自然层计算全部面积
烟道	按自然层计算全部面积

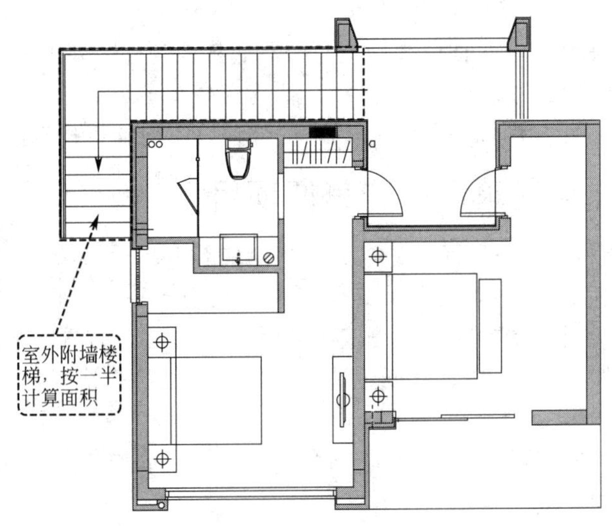

图 4.22　室外楼梯面积计算示意

4.5.8　建筑落地橱窗、门斗、设备层、架空层等的建筑面积计算

下列空间应按其围护结构外围水平面积计算，结构层高在 2.20m 及以上的，应计算全面积；结构层高在 2.20m 以下的，应计算 1/2 面积：

① 门斗；

② 有围护结构的舞台灯光控制室；

③ 附属在建筑物外墙的落地橱窗；

④ 设在建筑物顶部的、有围护结构的楼梯间、水箱间、电梯机房等；

⑤ 建筑物内的设备层、管道层、避难层等有结构层的楼层；

⑥ 建筑物架空层及坡地建筑物吊脚架空层，应按其顶板水平投影计算建筑面积；如图 4.23 所示。

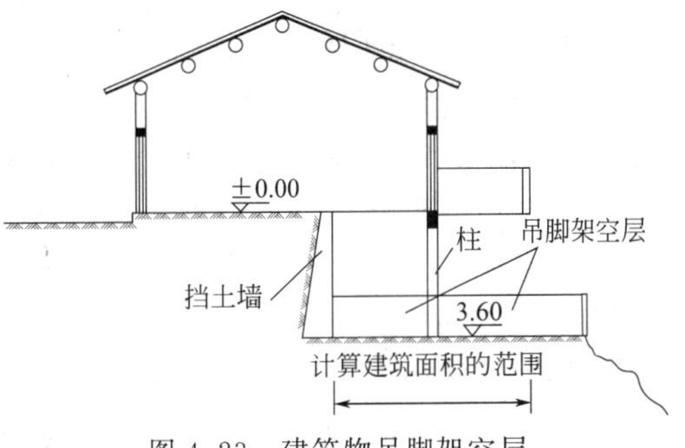

图 4.23　建筑物吊脚架空层

4.5.9　雨篷的建筑面积计算

① 有柱雨篷应按其结构板水平投影面积的 1/2 计算建筑面积。

② 无柱雨篷的结构外边线至外墙结构外边线的宽度在 2.10m 及以上的，应按雨篷结构板的水平投影面积的 1/2 计算建筑面积。

4.5.10　计算全部建筑面积的其他项目

(1) 以幕墙作为围护结构的建筑物，应按幕墙外边线计算建筑面积；

(2) 建筑物的外墙外保温层，应按其保温材料的水平截面积计算，并计入自然层建筑面积；

(3) 与室内相通的变形缝，应按其自然层合并在建筑物建筑面积内计算。对于高低联跨的建筑物，当高低跨内部连通时，其变形缝应计算在低跨面积内；

(4) 建筑物间的架空走廊，有顶盖和围护结构的，应按其围护结构外围水平面积计算全部面积；

（5）围护结构不垂直于水平面的楼层，应按其底板面的外墙外围水平面积计算。结构净高在 2.10m 及以上的部位，应计算全部面积；结构净高在 1.20m 及以上至 2.10m 以下的部位，应计算 1/2 面积；结构净高在 1.20m 以下的部位，不应计算建筑面积。

4.5.11 计算一半建筑面积的其他项目

① 门廊应按其顶板水平投影面积的 1/2 计算建筑面积；

② 有围护设施的室外走廊（挑廊），应按其结构底板水平投影面积计算 1/2 面积；

③ 有围护设施（或柱）的檐廊，应按其围护设施（或柱）外围水平面积计算 1/2 面积；

④ 有顶盖无围护结构的车棚、货棚、站台、加油站、收费站等，应按其顶盖水平投影面积的 1/2 计算建筑面积；

⑤ 有顶盖无围护结构的车棚、货棚、站台、加油站、收费站等，应按其顶盖水平投影面积的 1/2 计算建筑面积；

⑥ 窗台与室内楼地面高差在 0.45m 以下且结构净高在 2.10m 及以上的凸（飘）窗，应按其围护结构外围水平面积计算 1/2 面积；

⑦ 建筑物间的架空走廊无围护结构、有围护设施的，应按其结构底板水平投影面积计算 1/2 面积。

4.5.12 不需计算建筑面积的项目

下列建筑项目不应计算建筑面积：

① 与建筑物内不相连通的建筑部件；

② 骑楼、过街楼底层的开放公共空间和建筑物通道；

③ 舞台及后台悬挂幕布和布景的天桥、挑台等；

④ 露台、露天游泳池、花架、屋顶的水箱及装饰性结构构件；

⑤ 建筑物内的操作平台、上料平台、安装箱和罐体的平台；

⑥ 勒脚、附墙柱、垛、台阶、墙面抹灰、装饰面、镶贴块料面层、装饰性幕墙，主体结构外的空调室外机搁板（箱）、构件、配件，挑出宽度在 2.10m 以下的无柱雨篷和顶盖高度达到或超过两个楼层的无柱雨篷；

⑦ 窗台与室内地面高差在 0.45m 以下且结构净高在 2.10m 以下的凸（飘）窗，窗台与室内地面高差在 0.45m 及以上的凸（飘）窗；

⑧ 室外爬梯、室外专用消防钢楼梯；

⑨ 无围护结构的观光电梯；

⑩ 建筑物以外的地下人防通道，独立的烟囱、烟道、地沟、油（水）罐、气柜、水塔、贮油（水）池、贮仓、栈桥等构筑物。

Chapter 05

第5章 建筑工程停车场(库)设计

5.1 停车位基本参数

5.1.1 停车位大小

（1）机动车设计车型的外廓尺寸　可参考表 5.1 取值。

表 5.1　机动车设计车型的参考外廓尺寸

设计车型		外廓尺寸/m		
		总长	总宽	总高
微型车		3.80	1.60	1.80
小型车		4.80	1.80	2.00
轻型车		7.00	2.25	2.75
中型车	客车	9.00	2.50	3.20
	货车	9.00	2.50	4.00
大型车	客车	12.00	2.50	3.50
	货车	11.50	2.50	4.00

（2）一般停车位大小　可参考如下尺寸。

① 小型汽车每个停车位尺寸按 2.5m×5.0m 估算，如图 5.1 所示；

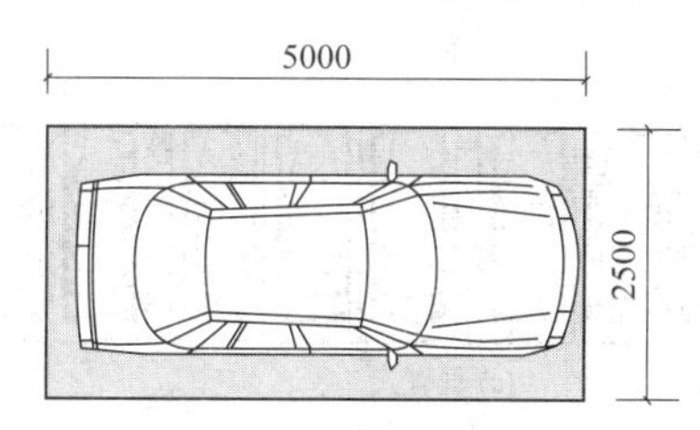

图 5.1　小汽车停车位大小

② 中型客车每个停车位尺寸按 3.0m×(8.0～10)m 估算；

③ 大型客车每个停车位尺寸按 4.0m×(10～15)m 估算。

5.1.2 停车方式

(1) 停车方式 可采用平行式、斜列式（倾角 30°、45°、60°）垂直式或混合式。如图 5.2 所示。

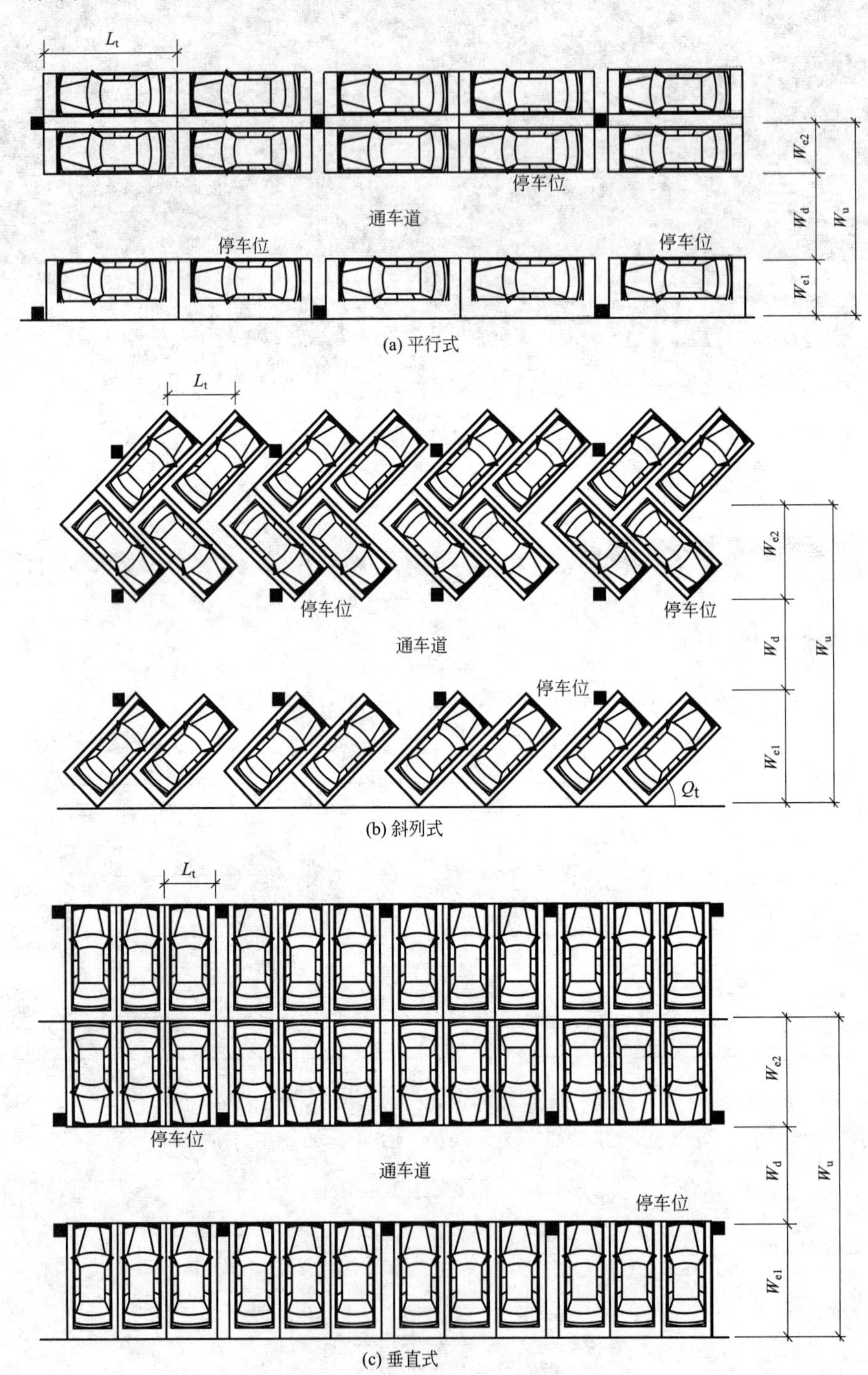

图 5.2 机动车停车方式示意

(2) 机动车最小停车位、通（停）车道宽度　可通过计算或作图法求得，且库内通车道宽度应大于或等于 3.0m。小型车的最小停车位、通（停）车道宽度宜符合表 5.2 的规定。

表 5.2　小型车的最小停车位、通（停）东道宽度

停车方式			垂直通车道方向的最小停车位宽度/m		平行通车道方向的最小停车位宽度 L_t/m	通(停)车道最小宽度 W_d/m
			W_{e1}	W_{e2}		
平行式		后退停车	2.4	2.1	6.0	3.8
斜列式	30°	前进(后退)停车	4.8	3.6	4.8	3.8
	45°	前进(后退)停车	5.5	4.6	3.4	3.8
	60°	前进停车	5.8	5.0	2.8	4.5
	60°	后退停车	5.8	5.0	2.8	4.2
垂直式		前进停车	5.3	5.1	2.4	9.0
		后退停车	5.3	5.1	2.4	5.5

5.2 停车总体要求

5.2.1 居住区停车场、停车库配套设置要求

(1) 停车场是指专用于停放由内燃机驱动且无轨道的客车、货车、工程车等汽车的露天场地或构筑物。汽车库是指用于停放由内燃机驱动且无轨道的客车、货车、工程车等汽车的建筑物（包括地下汽车库）。车库建筑按所停车辆类型分为机动车库和非机动车库，按建设方式可划分为独立式和附建式。如图 5.3 所示。

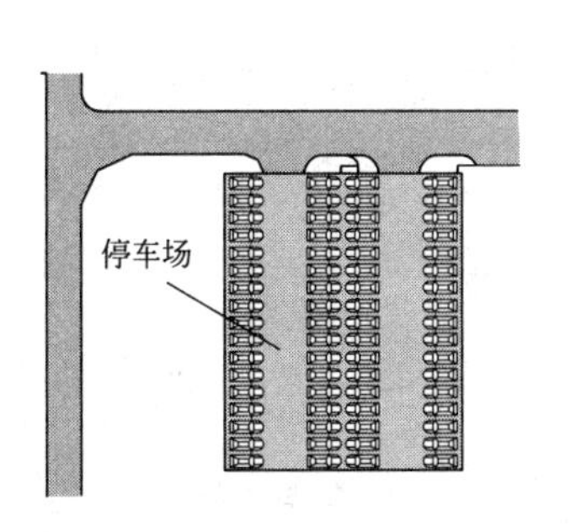

(a) 停车场(平面)

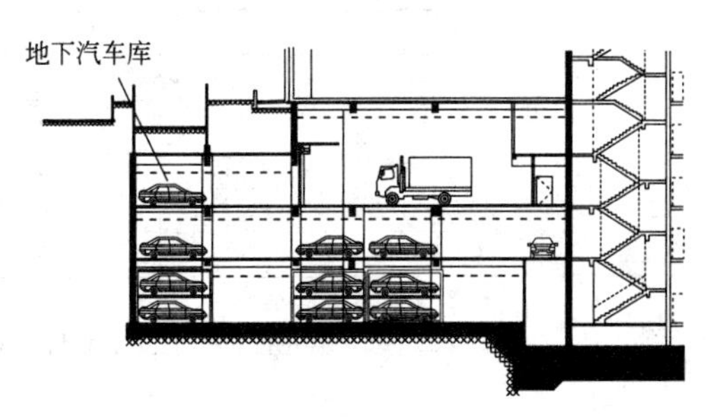

(b) 汽车库(剖面)

图 5.3　停车场和汽车库示意

(2) 按照国家规范GB 50180 (2016年版)《城市居住区规划设计规范》要求，居住区内必须配套设置居民汽车（含通勤车）停车场、停车库，并应符合表5.3规定。其中居住区内地面停车率是指居住区内居民汽车的停车位数量与居住户数的比率。

表5.3　居住区内停车场、库配套设置要求

项目名称	大小要求	项目名称	大小要求
居民汽车停车率	≥10%	停车场、库服务半径	≤150m
居住区内地面停车率	≤10%		

(3) 新建居民区配建停车位应预留充电基础设施安装条件。

5.2.2　汽车库设置位置要求

① 车库不应布置在易燃、可燃液体或可燃气体的生产装置区和贮存区内。

② 汽车库不应与甲、乙类厂房、仓库贴邻或组合建造。

③ 汽车库不应与托儿所、幼儿园、中小学校的教学楼、老年人建筑、病房楼等组合建造；当确需组合建造时，应符合下列要求：

a. 应组合建造在上述建筑的地下；

b. 采用耐火极限不低于2.00h的楼板完全分隔；

c. 汽车库的疏散楼梯应独立设置；

d. 除楼梯间外的开口部位与上述建筑的外墙之间应保持6m的水平距离。

④ 地下、半地下汽车库内不应设置修理车位、喷漆间、充电间、乙炔间和甲、乙类物品贮存室。

⑤ 汽车库和修车库内不应设置汽油罐、加油机。

⑥ 燃油或燃气锅炉、油浸变压器、充有可燃油的高压电容器和多油开关等，不宜设置在汽车库、修车库内。

⑦ Ⅰ、Ⅱ类汽车库、停车场宜设置耐火等级不低于二级的消防器材间。

5.3　汽车库的防火要求

5.3.1　车库的防火分类

① 车库的防火分类分为四类（Ⅰ～Ⅳ），并应符合表5.4的规定。

表5.4　车库的防火分类

名称		Ⅰ	Ⅱ	Ⅲ	Ⅳ
汽车库	停车数量/辆	>300	151～300	51～150	≤50
	或总建筑面积/m²	>10000	5001～10000	2001～5000	≤2000
修车库	车位数/个	>15	6～15	3～5	≤2
	或总建筑面积/m²	>3000	1001～3000	501～1000	≤500
停车场	停车数量/辆	>400	251～400	101～250	≤100

② 当屋面露天停车场与下部汽车库共用汽车坡道时，其停车数量应计算在汽车库的总车辆数内。

③ 室外坡道、屋面露天停车场的建筑面积可不计入车库的建筑面积之内。

④ 公交汽车库的建筑面积可按本表5.4的规定值增加2.0倍。

5.3.2　汽车库的耐火等级

汽车库、修车库的耐火等级分为三级（一级、二级、三级），并符合表 5.5 规定。

表 5.5　汽车库、修车库的耐火等级

序号	车库类型	耐火等级
1	地下汽车库、半地下汽车库、高层汽车库	应为一级
2	甲、乙类物品运输车的汽车库、修车库	应为一级
3	Ⅰ类的汽车库、修车库	应为一级
4	Ⅱ、Ⅲ类的汽车库、修车库	不应低于二级
5	Ⅳ类的汽车库、修车库	不应低于三级

5.3.3　汽车库的防火间距

① 根据国家规范如 GB 50067—2014《汽车库、修车库、停车场设计防火规范》，车库之间以及车库与其他建筑物之间的防火间距不应小于表 5.6 的规定。如图 5.4 所示。

表 5.6　车库之间以及车库与除甲类物品仓库外的其他建筑物之间的防火间距 单位：m

车库名称和耐火等级		汽车库、修车库、厂房、仓库、民用建筑和耐火等级		
		一、二级	三级	四级
汽车库、修车库	一、二级	10	12	14
	三级	12	14	16
停车场		6	8	10

② 高层汽车库与其他建筑物之间，汽车库、修车库与高层工业、民用建筑之间的防火间距应按表 5.6 规定值增加 3.0m。

③ 汽车库、修车库与甲类厂房之间的防火间距应按表 5.6 规定值增加 2.0m。

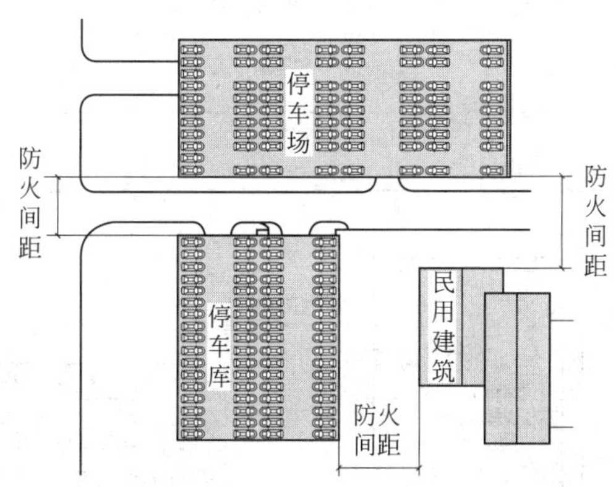

图 5.4　车库之间及其与其他建筑物之间的防火间距

④ 车库与甲类物品仓库的防火间距不应小于表 5.7 的规定。如图 5.5 所示。

表 5.7　车库与甲类物品仓库的防火间距　　单位：m

名称		总容量/t	汽车库、修车库		停车场
			一、二级	三级	
甲类物品仓库	3、4 项	≤5	15	20	15
		>5	20	25	20
	1、2、5、6 项	≤10	12	15	12
		>10	15	20	15

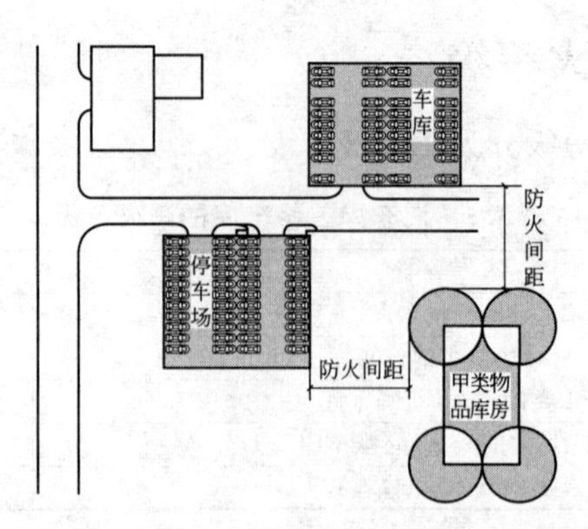

图 5.5 车库与甲类物品库房的防火间距

⑤ 车库与可燃材料露天、半露天堆场的防火间距不应小于表 5.8 的规定。如图 5.6 所示。

表 5.8 汽车库与可燃材料露天、半露天堆场的防火间距 单位：m

名称		总容量	汽车库、修车库		停车场
			一、二级	三级	
稻草、麦秸、芦苇等 W/t		10～5000	15	20	15
		5001～10000	20	25	20
		10001～20000	25	30	25
棉麻、毛、化纤、百货 W/t		10～500	10	15	10
		501～1000	15	20	15
		1001～5000	20	25	20
煤和焦炭 W/t		1000～5000	6	8	6
		＞5000	8	10	8
粮食	筒仓 W/t	10～5000	10	15	10
		5001～20000	15	20	15
	席穴囤 W/t	10～5000	15	20	15
		5001～20000	20	25	20
木材等可燃材料 W/m^3		50～1000	10	15	10
		1001～10000	15	20	15

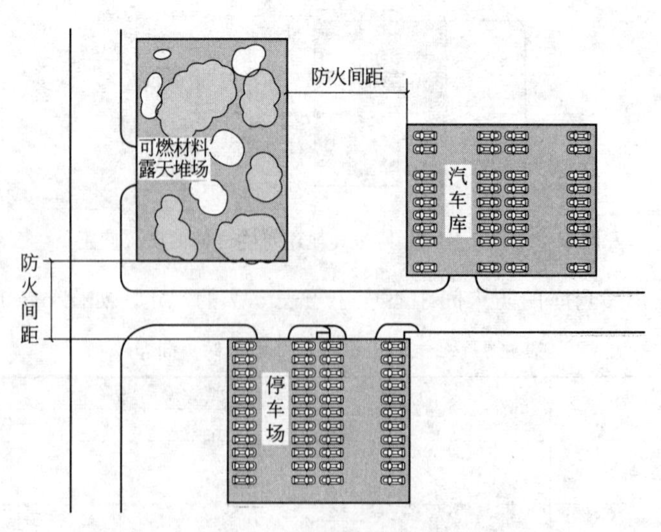

图 5.6 车库与可燃材料露天堆场防火间距

⑥ 车库与易燃、可燃液体储罐，可燃气体储罐，液化石油气储罐的防火间距，不应小于表 5.9 的规定。如图 5.7 所示。

表 5.9　车库与易燃、可燃液体储罐，可燃气体储罐，液化石油气储罐的防火间距　　单位：m

名称	总容量/m^3	汽车库、修车库		停车场
		一、二级	三级	
易燃液体储罐	1～50	12	15	12
	51～200	15	20	15
	201～1000	20	25	20
	1001～5000	25	30	25
可燃液体储罐	5～250	12	15	12
	251～1000	15	20	15
	1001～5000	20	25	20
	5001～25000	25	30	25
湿式可燃气体储罐	≤1000	12	15	12
	1001～10000	15	20	15
	>10000	20	25	20
液化石油气储罐	1～30	18	20	18
	31～200	20	25	20
	201～500	25	30	25
	>500	30	40	30

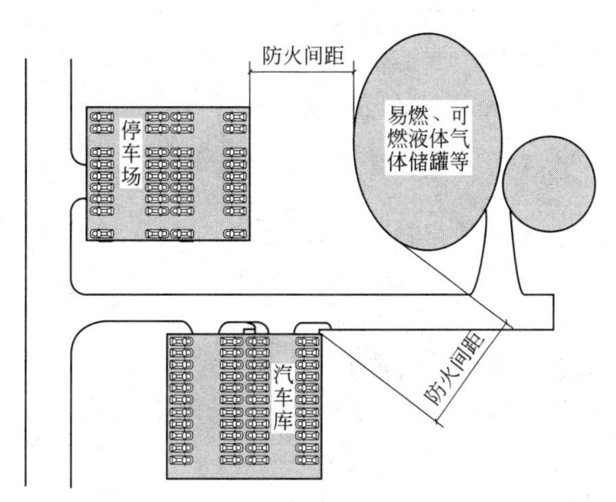

图 5.7　车库与易燃、可燃液体、气体储罐的防火间距

⑦ 乙类物品运输车的车库与民用建筑之间的防火间距不应小于 25m，与重要公共建筑的防火间距不应小于 50m。甲类物品运输车的车库与明火或散发火花地点的防火间距不应小于 30m，与厂房、仓库的防火间距应按表 5.9 的规定值增加 2m。

5.3.4　汽车库的防火分区

① 汽车库防火分区的最大允许建筑面积应符合表 5.10 的规定。

表 5.10　汽车库防火分区最大允许建筑面积　　单位：m^2

耐火等级	单层汽车库	多层汽车库	地下汽车库或高层汽车库
一、二级	3000	2500	2000
三级	1000	—	—

② 半地下汽车库、设在建筑物首层的汽车库的防火分区最大允许建筑面积不应超过 2500m^2。

③ 甲、乙类物品运输车的汽车库、修车库，每个防火分区的最大允许建筑面积不应超过 500m^2。

④ 修车库每个防火分区的最大允许建筑面积不应超过 2000m^2，当修车部位与相邻使用有机溶剂的清洗和喷漆工段采用防火墙分隔时，每个防火分区的最大允许建筑面积可扩大至 4000m^2。

⑤ 敞开式、错层式、斜楼板式汽车库的上下连通层面积应叠加计算，每个防火分区的最大允许建筑面积可按表 5.10 规定值增加 1.0 倍。

⑥ 室内有车道且有人员停留的机械式汽车库的防火分区最大允许建筑面积应按表 5.10 规定值减少 35%。

⑦ 设置自动灭火系统的汽车库，每个防火分区的最大允许建筑面积可按表 5.10 的规定增加 1.0 倍。

5.3.5 汽车库安全疏散要求

① 汽车库、修车库的人员安全出口和汽车疏散出口应分开设置。设在工业与民用建筑内的汽车库，其车辆疏散出口应与其他场所的人员安全出口分开设置。

② 除室内无车道且无人员停留的机械式汽车库外，汽车库、修车库内每个防火分区的人员安全出口不应少于 2 个，Ⅳ类汽车库和Ⅲ、Ⅳ类的修车库可设 1 个。

③ 汽车库室内任一点至最近安全出口的疏散距离不应超过 45m，当设置自动灭火系统时，其距离不应超过 60m，对于单层或设在建筑物首层的汽车库，室内任一点至室外出口的距离不应超过 60m。

④ 汽车库、修车库的汽车疏散出口应布置在不同的防火分区内，且整个汽车库、修车库的汽车疏散出口总数不应少于 2 个，但符合下列条件之一的可设 1 个：

a. Ⅳ类汽车库；

b. 设置双车道汽车疏散出口的Ⅲ类地上汽车库；

c. 设置双车道汽车疏散出口的停车数量小于等于 100 辆且建筑面积小于 4000m^2 的地下或半地下汽车库；

d. Ⅱ、Ⅲ、Ⅳ类修车库。

5.4 汽车库、修车库内通车道宽度要求

5.4.1 机动车通车道宽度要求

① 汽车库、修车库总平面内，单向行驶的机动车道宽度不应小于 4.0m，双向行驶的小型车道不应小于 6.0m，双向行驶的中型车以上车道不应小于 7.0m；单向行驶的非机动车道宽度不应小于 1.5m，双向行驶不宜小于 3.5m。

② 汽车库、修车库内通车道宽度应大于或等于 3.0m。

5.4.2 机动车出入口坡道最小净宽要求

机动车出入口可采用直线坡道、曲线坡道和直线与曲线组合坡道，其中直线坡道可选用

内直坡道式、外直坡道式。机动车坡道式出入口可采用单车道或双车道，坡道最小净宽应符合表5.11的规定。如图5.8所示。

表5.11　机动车出入口坡道最小净宽

形式	最小净宽/m	
	微型、小型车	轻型、中型、大型车
直线单行	3.0	3.5
直线双行	5.5	7.0
曲线单行	3.8	5.0
曲线双行	7.0	10.0

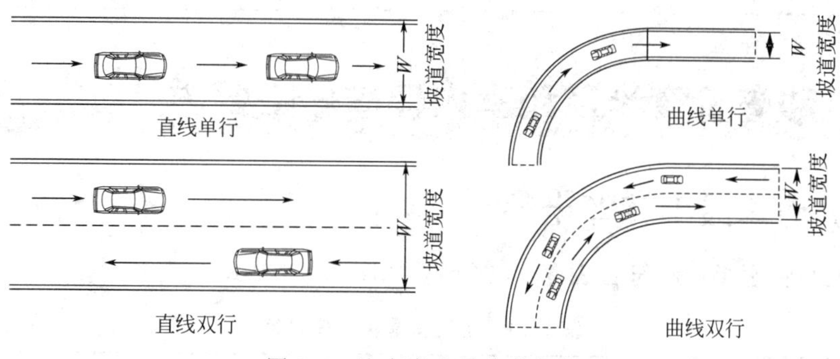

图5.8　汽车库内通车道宽度

5.4.3 机动车出入口坡道的最大纵向坡度

机动车出入口坡道的最大纵向坡度应符合表5.12的规定。如图5.9所示。

表5.12　机动车出入口坡道的最大纵向坡度

车型	直线坡道		曲线坡道	
	百分比/%	比值(高∶长)	百分比/%	比值(高∶比)
微型车 小型车	15.0	1∶6.67	12	1∶8.3
轻型车	13.3	1∶7.50	10	1∶10.0
中型车	12.0	1∶8.3		
大型客车 大型货车	10.0	1∶10	8	1∶12.5

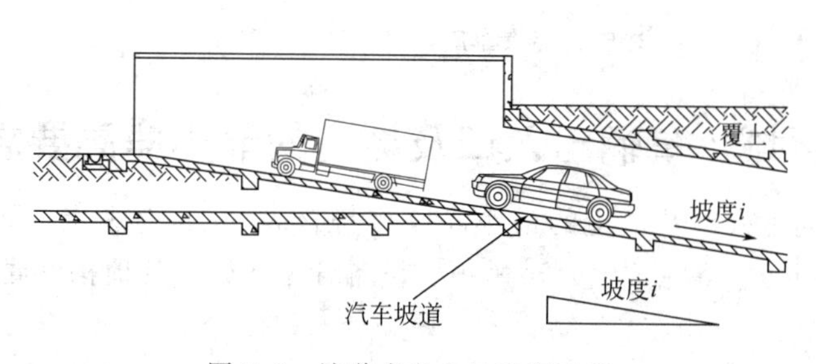

图5.9　坡道式出入口坡度示意

5.4.4 机动车之间以及机动车与墙柱等之间距离要求

机动车之间以及机动车与墙、柱、护栏之间的最小净距应符合表5.13的规定。净距指最近距离，当墙、柱外有突出物时，从其凸出部分外缘算起。

表 5.13 机动车之间以及机动车与墙、柱、护栏之间最小净距

项目		机动车类型		
		微型车、小型车	轻型车	中型车、大型车
平行式停车时机动车间纵向净距/m		1.20	1.20	2.40
垂直式、斜列式停车时机动车间纵向净距/m		0.50	0.70	0.80
机动车间横向净距/m		0.60	0.80	1.00
机动车与柱间净距/m		0.30	0.30	0.40
机动车与墙、护栏及其他构筑物间净距/m	纵向	0.50	0.50	0.50
	横向	0.60	0.80	1.00

5.5 机动车转弯半径和室内停车净空要求

5.5.1 机动车最小转弯半径

机动车最小转弯半径应符合表 5.14 规定。如图 5.10 所示。

表 5.14 机动车最小转弯半径

序号	车型	最小转弯半径 R/m	序号	车型	最小转弯半径 R/m
1	微型车	4.50	4	中型车	7.20～9.00
2	小型车	6.00	5	大型车	9.00～10.50
3	轻型车	6.00～7.20			

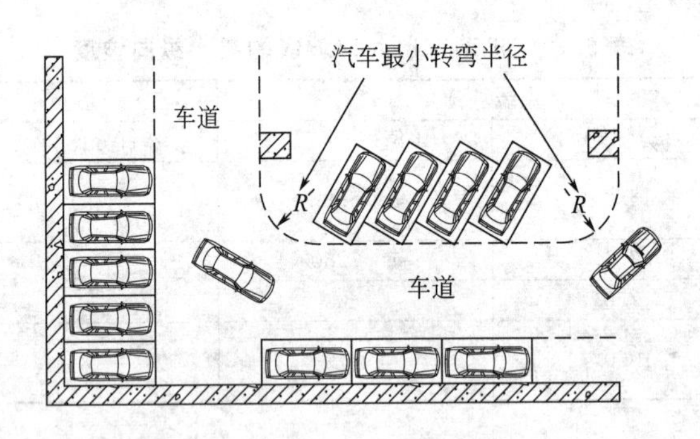

图 5.10 汽车库内最小转弯半径示意

5.5.2 停车区域、车辆出入口及坡道的最小净高要求

停车区域、车辆出入口及坡道的最小净高应符合表 5.15 的规定。如图 5.11 所示。其中，净高指从楼地面面层（完成面）至吊顶、设备管道、梁或其他构件底面之间的有效使用空间的垂直高度。

表 5.15 停车区域、车辆出入口及坡道的最小净高

序号	车型	最小净高/m	序号	车型	最小净高/m
1	微型车、小型车	2.20	3	中型、大型客车	3.70
2	轻型车	2.95	4	中型、大型货车	4.20

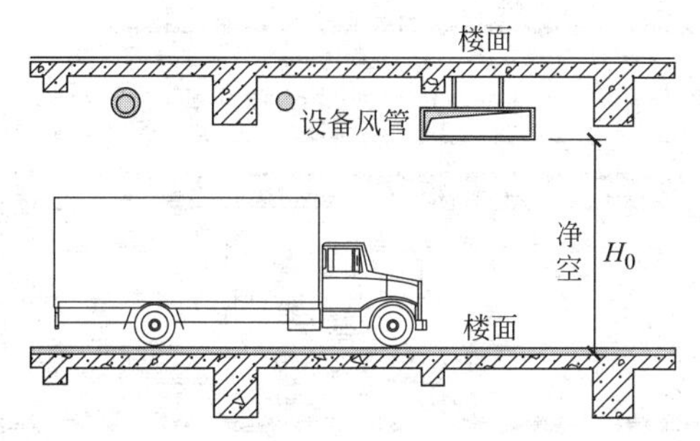

图 5.11　汽车库室内最小净高

5.6　机械式机动车库

5.6.1　机械式机动车库停放车辆的外廓尺寸及重量

机械式机动车库是指采用机械式停车设备存取、停放机动车的车库，分为全自动机动车库与复式机动车库。机械式机动车库停放车辆的外廓尺寸及重量可按表 5.16 规定采用。

表 5.16　机械式机动车库停放车辆的外廓尺寸及重量

序号	车型	机动车长×车宽×车高/m	重量/kg
1	小型车	≤4.4×1.75×1.45	≤1300
2	中型车	≤4.7×1.8×1.45	≤1500
3	大型车	≤5.0×1.85×1.55	≤1700
4	特大型车	≤5.3×1.90×1.55	≤2350
5	超大型车	≤5.6×2.05×1.55	≤2550
6	客车	≤5.0×1.85×2.05	≤1850

5.6.2　机械式机动车库停车位的最小外廓尺寸

机械式机动车库停车位的最小外廓尺寸应符合表 5.17 的规定。

表 5.17　机械式机动车库的停车位最小外廓尺寸

尺寸	全自动机动车库	复式机动车库
宽度/m	车宽+0.15	车宽+0.50(通道)
长度/m	车长+0.20	车长+0.20
高度/m	车高+微升微降高度+0.05，且不小于 1.60	车高+微升微降高度+0.05，且不小于 1.60，兼做人行通道时应不小于 2.00

5.7　常见机械式机动车库形式

5.7.1　升降横移类停车设备

升降横移类停车设备是指利用存车板或其他载车装置升降和横向平移存取汽车的机械式停车设备。每个车位均有载车板，所需存取车辆的载车板通过升、降、横移运动到达地面层，驾驶员进入车库，存取车辆，完成存取过程，图 5.12 为升降横移类停车设备示意图。

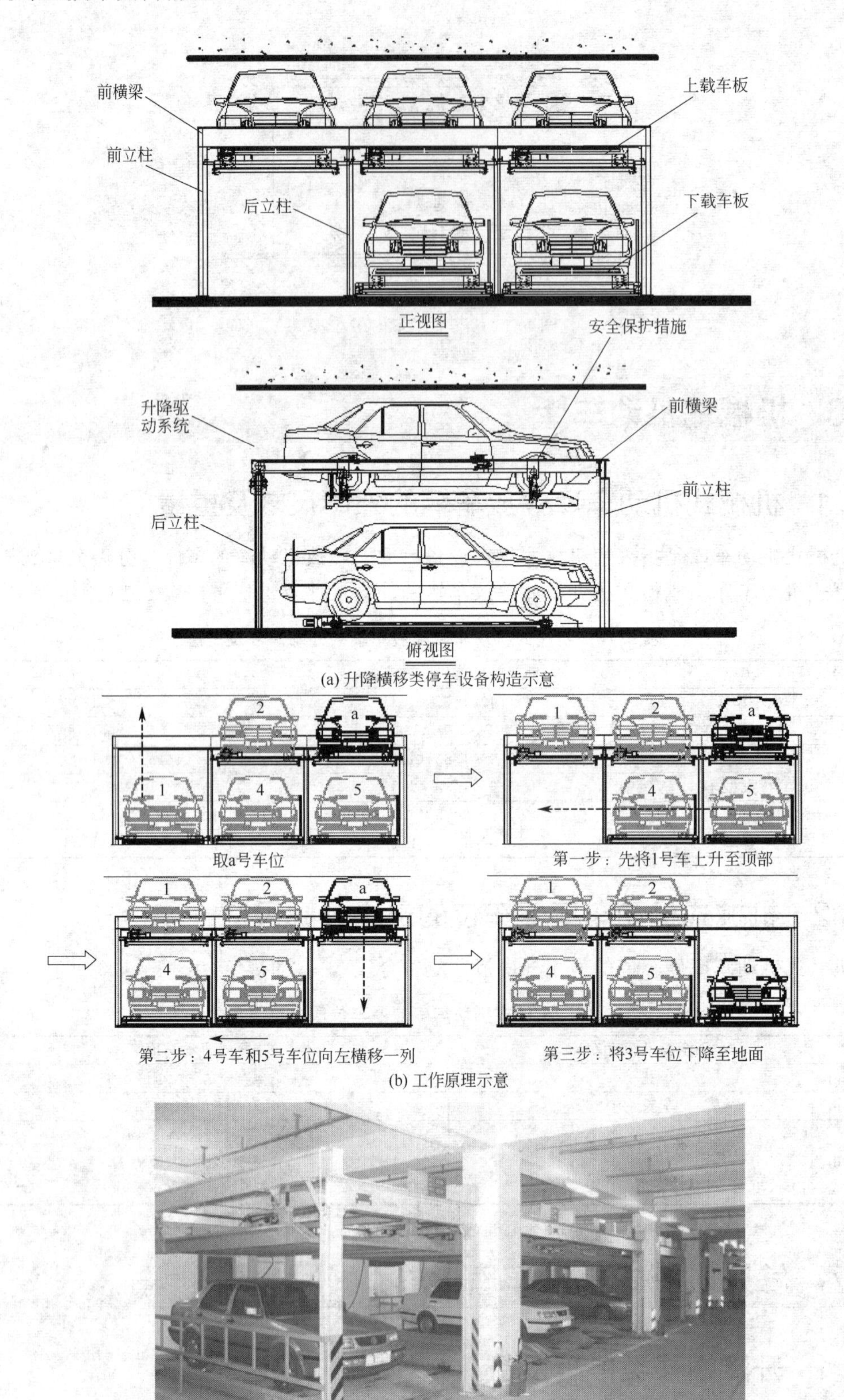

图 5.12 升降横移类停车设备示意

5.7.2　水平循环类停车设备

水平循环类停车设备是指使用水平循环机构使车位产生水平循环运动到达升降机或出入口而存取汽车的机械式停车设备。如图 5.13 所示。

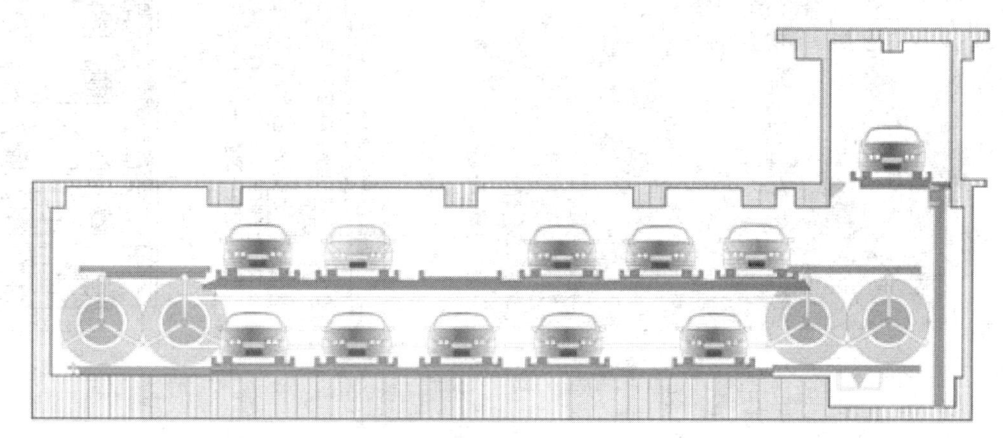

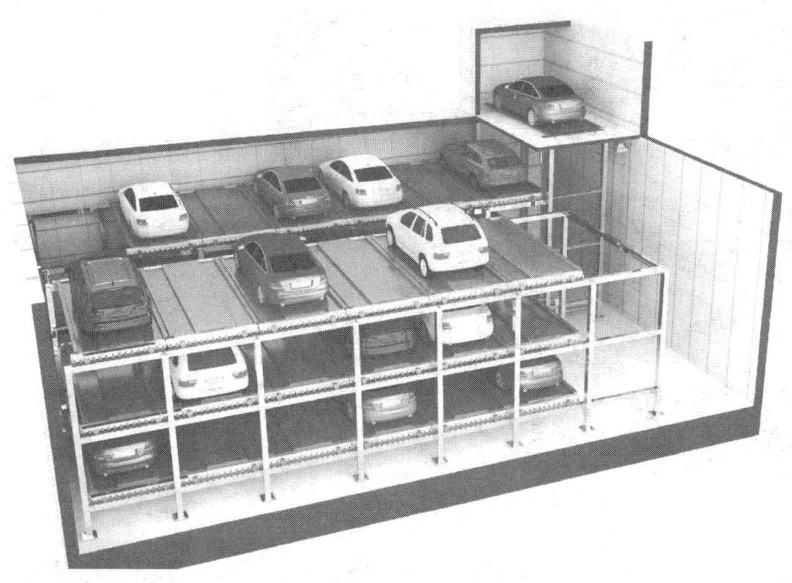

图 5.13　水平循环类停车设备示意

5.7.3　垂直循环类停车设备

垂直循环类停车设备是指使用垂直循环机构使车位产生垂直循环运动到达出入口层而存取汽车的机械式停车设备。如图 5.14 所示。

5.7.4　多层循环类停车设备

多层循环类停车设备是指用循环运动的车位系统存取停放多层车辆的机械式停车设备。如图 5.15 所示。

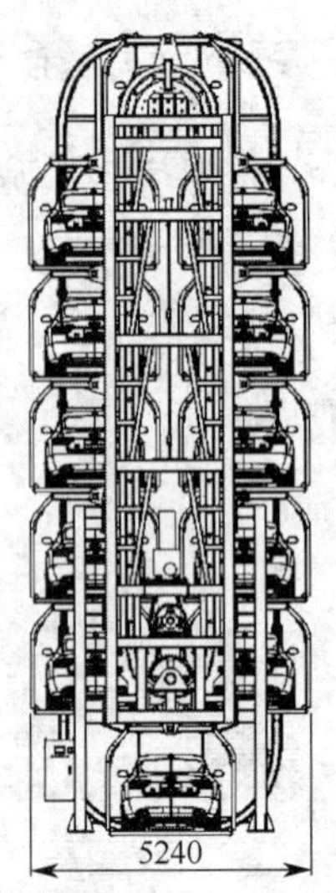

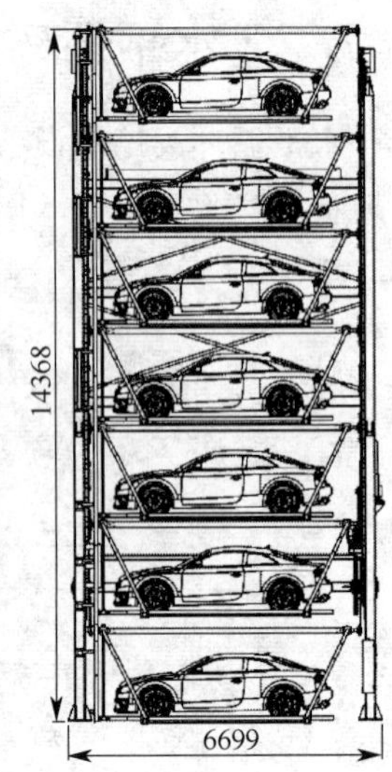

图 5.14　垂直循环类停车设备示意

图 5.15　多层循环类停车设备示意

5.8　非机动车停车设计

① 非机动车库不宜设在地下二层及以下，当地下停车层地坪与室外地坪高差大于 7m 时，应设机械提升装置。

② 非机动车库车辆出入口可采用踏步式出入口或坡道式出入口。踏步式出入口推车斜坡的坡度不宜大于 25%，单向净宽不应小于 0.35m，总净宽度不应小于 1.80m 坡道式出入口的斜坡坡度不宜大于 15%，坡道宽度不应小于 1.80m。

③ 自行车和电动自行车车库出入口净宽不应小于 1.80m，机动轮椅车和三轮车车库单向出入口净宽不应小于车宽加 0.60m。

④ 非机动车库的停车区域净高不应小于 2.0m。

⑤ 非机动车设计车型的外廓尺寸可按表 5.18 的规定取值。

表 5.18　非机动车设计车型的外廓尺寸

车型＼几何尺寸	车辆几何尺寸/m		
	长度	宽度	高度
自行车	1.90	0.60	1.20
三轮车	2.50	1.20	1.20
电动自行车	2.00	0.80	1.20
机动轮椅车	2.00	1.00	1.20

⑥ 自行车的停车方式可采取垂直式和斜列式。自行车停车位的宽度、通道宽度应符合表 5.19 的规定（图 5.16），其他类型非机动车应按本表相应调整。

表 5.19　自行车停车位的宽度和通道宽度

停车方式		停车位宽度/m		车辆横向间距/m	通道宽度/m	
		单排停车	双排停车		一侧停车	两侧停车
垂直排列		2.00	3.20	0.60	1.50	2.60
斜排列	60°	1.70	3.00	0.50	1.50	2.60
	45°	1.40	2.40	0.50	1.20	2.00
	30°	1.00	1.80	0.50	1.20	2.00

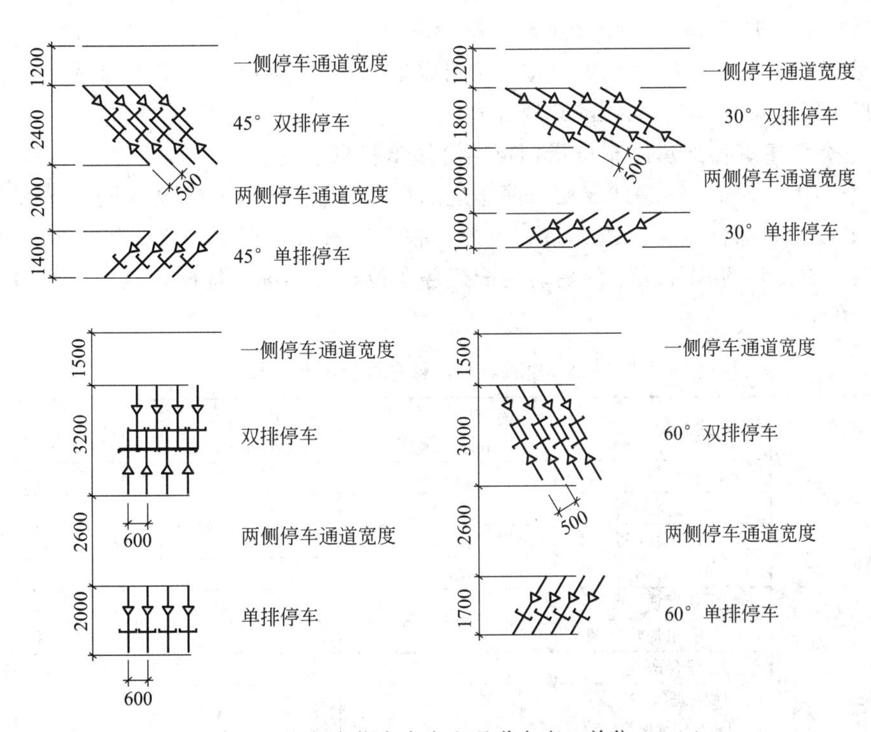

图 5.16　自行车停车宽度和通道宽度（单位：mm）

5.9　城市停车规划

5.9.1　城市停车规划面积要求

① 根据国家规范 GB/T 51149—2016《城市停车规划规范》，地面机动车停车场标准车停放面积宜采用 25～30m²；地下机动车停车库与地上机动车停车楼标准车停放建筑面积宜

采用 30～40m²，机械式机动车停车库标准车停放建筑面积宜采用 15～25m²。

② 根据国家规范 GB/T 51149—2016《城市停车规划规范》，非机动车单个停车位建筑面积宜采用 1.5～1.8m²。

③ 停车场应结合电动车辆发展需求、停车场规模及用地条件，预留充电设施建设条件，具备充电条件的停车位数量不宜小于停车位总数的 10%。

④ 建筑物配建停车场需设置机械停车设备的，居住类建筑其机械停车位数量不得超过停车位总数的 90%。采用二层升降式或二层升降横移式机械停车设备的停车设施，其净空高度不得低于 3.8m。

5.9.2 建筑物配建停车位标准

① 根据 GB/T 51149—2016《城市停车规划规范》，规划人口规模大于 50 万人城市的主要建筑类型的车位配建标准可参考如下：

a. 普通商品房配建机动车停车位指标可采取 1 车位/户，配建非机动车停车位指标可采取 2 车位/户；

b. 医院的建筑物配建机动车停车位指标可采取 1.2 车位/100m² 建筑面积，配建非机动车停车位指标可采取 2 车位/100m² 建筑面积；

c. 办公类建筑物配建机动车停车位指标可采取 0.65 车位/100m² 建筑面积，配建非机动车停车位指标可采取 2 车位/100m² 建筑面积；

d. 其他类型建筑物配建停车位指标可结合城市特点确定。

② 根据 GB/T 51149—2016《城市停车规划规范》，建筑物配建停车位指标参考值（表 5.20，表中数值为综合考虑我国北京、上海、香港、重庆、深圳、广州等主要城市，参考伦敦、纽约、新加坡等国际城市的建筑物配建停车位相关标准，提出建筑物分类和配建停车位指标参考值）。

表 5.20 建筑物配建停车位指标参考值

建筑物大类	建筑物子类	机动车停车位指标下限值	非机动车停车位指标下限值	单位
居住	别墅	1.2	2.0	车位/户
	普通商品房	1.0	2.0	车位/户
	限价商品房	1.0	2.0	车位/户
	经济适用房	0.8	2.0	车位/户
	公共租赁住房	0.6	2.0	车位/户
	廉租住房	0.3	2.0	车位/户
医院	综合医院	1.2	2.5	车位/100m² 建筑面积
	其他医院（包括独立门诊、专科医院等）	1.5	3.0	车位/100m² 建筑面积
学校	幼儿园	1.0	10.0	车位/100 师生
	小学	1.5	20.0	车位/100 师生
	中学	1.5	70.0	车位/100 师生
	小学	1.5	20.0	车位/100 师生
	中学	1.5	70.0	车位/100 师生
	中等专业学校	2.0	70.0	车位/100 师生
	高等院校	3.0	70.0	车位/100 师生
办公	行政办公	0.65	2.0	车位/100m² 建筑面积
	商务办公	0.65	2.0	车位/100m² 建筑面积
	其他办公	0.5	2.0	车位/100m² 建筑面积

续表

建筑物大类	建筑物子类	机动车停车位指标下限值	非机动车停车位指标下限值	单位
商业	宾馆、旅馆	0.3	1.0	车位/客房
	餐饮	1.0	4.0	车位/100m² 建筑面积
	娱乐	1.0	4.0	车位/100m² 建筑面积
	商场	0.6	5.0	车位/100m² 建筑面积
	配套商业	0.6	6.0	车位/100m² 建筑面积
	大型超市、仓储式超市	0.7	6.0	车位/100m² 建筑面积
	批发市场、综合市场、农贸市场	0.7	5.0	车位/100m² 建筑面积
文化体育设施	体育场馆	3.0	15.0	车位/100 座位
	展览馆	0.7	1.0	车位/100m² 建筑面积
	图书馆、博物馆、科技馆	0.6	5.0	车位/100m² 建筑面积
	会议中心	7.0	10.0	车位/100 座位
	剧院、音乐厅、电影院	7.0	10.0	车位/100 座位
工业和物流仓储	厂房	0.2	2.0	车位/100m² 建筑面积
	仓库	0.2	2.0	车位/100m² 建筑面积
交通枢纽	火车站	1.5	—	车位/100 高峰乘客
	港口	3.0	—	车位/100 高峰乘客
	机场	3.0	—	车位/100 高峰乘客
	长途客车站	1.0	—	车位/100 高峰乘客
	公交枢纽	0.5	3.0	车位/100 高峰乘客
游览场所	风景公园	2.0	5.0	车位/公顷占地面积
	主题公园	3.5	6.0	车位/公顷占地面积
	其他游览场所	2.0	5.0	车位/公顷占地面积

5.10 国内主要城市建筑物配建停车位及充电桩标准要求

5.10.1 北京市建筑物项目配建机动车停车泊位设置标准

① 根据京政发【2015】7 号文件《北京市居住公共服务设施配置指标》规定，新建改建居住项目配建机动车停车泊位设置标准如表 5.21 所示。

表 5.21　北京市新建改建居住项目配建机动车停车泊位设置标准

类别		单位	旧城地区		一类地区	二类地区	三类地区
			下限	上限	下限	下限	下限
商品房		车位/户	0.8	1.1	1.1	1.2	1.3
保障性住房	销售类	车位/户	0.5	0.8	0.8	1.0	1.1
	租赁类	车位/户	0.3	0.5	0.5	0.6	0.9

a. 旧城地区：二环路以内；一类地区：二环路至三环路之间；二类地区：三环路至五环路之间，五环路以外边缘集团，海淀山后、丰台河西集中建设区及新城建设区；三类地区：五环路以外除二类地区以外的其他地区。

b. 居住类建筑物配建车位中包含每户 0.1 个访客车位。

c. 地面停车率（小汽车地面单层停车位与居住户数地比率）按不大于 10％控制。

d. 居住类建筑应将 18％配建机动车停车位作为电动车停车位。

② 根据北京市电动汽车充电基础设施专项规划，北京市停车场配建充电设施要求如下。

a. 具备条件的既有建筑物配建停车场及社会公共停车场应按不低于10%的车位比例建设充电设施。

b. 全市新建及改扩建各类建筑物应按以下标准建设充电设施或预留建设安装条件：

- 居住类建筑按照配建停车位的100%规划建设；
- 办公类建筑按照配建停车位的25%规划建设；
- 商业类建筑及社会停车场库（含P+R停车场）按照配建停车位的20%规划建设；
- 其他类公共建筑（如医院、学校、文体设施等）按照配建停车位的15%规划建设；
- 相关配建标准作为规划审批前置条件。

5.10.2 上海市建筑物项目配建机动车停车泊位设置标准

根据上海市《建筑工程交通设计及停车库（场）设置标准》，上海市建筑工程配置停车位指标如下。

① 办公建筑停车位指标（车位/100m^2），见表5.22。

表5.22 办公建筑停车位指标

单位	机动车				非机动车	
	一类区域		二类区域	三类区域	内部	外部
	下限	上限	下限	下限		
车位/每100m^2建筑面积	0.6	0.7	0.8	1.0	1.0	0.75

② 商业建筑停车位指标（车位/100m^2），总建筑面积小于500m^2可不配建停车位，见表5.23。

表5.23 商业建筑停车位指标

类别	单位	机动车			非机动车	
		一类区域	二类区域	三类区域	内部	外部
零售商场	车位/每100m^2建筑面积	0.5	0.8	1.0	0.75	1.2
超级市场、批发市场	车位/每100m^2建筑面积	0.8	1.2	1.5	0.75	1.2

③ 宾馆建筑停车位指标（车位/客房），见表5.24。

表5.24 宾馆建筑停车位指标

项目		机动车	非机动车	
			内部	外部
一类区域	中高档宾馆、旅馆、酒店	0.5	0.75	—
	一般旅馆、招待所	0.3	0.75	0.25
二类区域	中高档宾馆、旅馆、酒店	0.6	0.75	—
	一般旅馆、招待所	0.4	0.75	0.25
三类区域	中高档宾馆、旅馆、酒店	0.6	0.75	—
	一般旅馆、招待所	0.4	0.75	0.25

④ 餐饮、娱乐场所（含桑拿、健身等休闲场所）建筑停车位指标（车位/100m^2），见表5.25。

表5.25 餐饮、娱乐场所（含桑拿、健身等休闲场所）建筑停车位指标

单位	机动车			非机动车	
	一类区域	二类区域	三类区域	内部	外部
车位/每100m^2建筑面积	1.5	2.0	2.5	0.5	—

⑤ 医院建筑停车位指标（车位/100m²），见表5.26。

表5.26 医院建筑停车位指标

类别	单位	机动车			非机动车	
		一类区域	二类区域	三类区域	内部	外部
综合性医院	车位/每100m² 建筑面积	0.6	0.8	1.0	0.7	1.0
社区卫生服务中心	车位/每100m² 建筑面积	0.2	0.3	0.5	0.3	0.5
疗养院	车位/每100m² 建筑面积	0.4	0.6	0.8	0.3	—

⑥ 住宅建筑停车位指标（车位/户）

a. 住宅建筑机动车停车位，见表5.27。

表5.27 住宅建筑机动车停车位

住宅类型	建筑面积类别	单位	配建指标		
			一类区域	二类区域	三类区域
商品房、动迁安置房	一类(平均每户建筑面积≥140m² 或别墅)	车位/每户	1.2	1.4	1.6
	二类(90m²≤平均每户建筑面积<140m²)	车位/每户	1.0	1.1	1.2
	三类(平均每户建筑面积<90m²)	车位/每户	0.8	0.9	1.0
经济适用房		车位/每户	0.5	0.6	0.8
公共租赁房(成套小户型住宅)		车位/每户	0.3	0.4	0.5

b. 住宅建筑非机动车停车位，见表5.28。

表5.28 住宅建筑非机动车停车位

建筑面积类别	单位	配建标准		
		一类区域	二类区域	三类区域
一类(平均每户建筑面积≥140m² 或别墅)	车位/每户	0.8	0.5	0.5
二类(90m²≤平均每户建筑面积<140m²)	车位/每户	1.0	0.9	0.9
三类(平均每户建筑面积<90m²)	车位/每户	1.2	1.1	1.1

5.10.3 广州市建筑物项目配建机动车停车泊位设置标准

根据《广州市城乡规划技术规定》要求，广州市建筑工程配置停车位指标如下：

① 住宅建筑工程的停车配建标准根据住宅类型、所处区位、交通条件等因素综合确定，每100m² 的住宅建筑面积应当配建1.2～1.8个停车位；属于城市更新改造项目的，每100m² 的住宅建筑面积应当配建1.0～1.8个停车位；

② 新出让用地应当按照停车位的一定比例预留新能源汽车充电设施接口。

5.10.4 深圳市建筑物项目配建机动车停车泊位设置标准

根据《深圳市城市规划标准与准则》规定，深圳市建筑工程配置停车位指标如表5.29所示。

表 5.31 主要项目配建停车场（库）的停车位指标

分类			单位	配建标准
居住类	单身宿舍		车位/100m^2 建筑面积	0.3～0.4；专门或利用内部道路为每幢楼设置1个装卸货泊位及1个上下客泊位
居住类	单元式住宅、安居房	建筑面积＜60m^2	车位/户	0.4～0.6；专门或利用内部道路为每幢楼设置1个装卸货泊位及1个上下客泊位
居住类	单元式住宅、安居房	60m^2≤建筑面积＜90m^2	车位/户	0.6～1.0；专门或利用内部道路为每幢楼设置1个装卸货泊位及1个上下客泊位
居住类	单元式住宅、安居房	90m^2≤建筑面积＜144m^2	车位/户	1.0～1.2；专门或利用内部道路为每幢楼设置1个装卸货泊位及1个上下客泊位
居住类	单元式住宅、安居房	建筑面积≥144m^2	车位/户	1.2～1.5；专门或利用内部道路为每幢楼设置1个装卸货泊位及1个上下客泊位
居住类	独立联立式住宅		车位/户	≥2.0
居住类	经济适用房		车位/户	0.3～0.5；专门或利用内部道路为每幢楼设置1个装卸货泊位及1个上下客泊位
居住类	轨道车站500m半径范围内的住宅停车位，不超过相应分类配建标准下限的80%			
商业类	行政办公楼		车位/100m^2 建筑面积	一类区域：0.4～0.8；二类区域：0.8～1.2；三类区域：1.2～2.0
商业类	其他办公楼		车位/100m^2 建筑面积	一类区域：0.3～0.5；二类区域：0.5～0.8；三类区域：0.8～1.0
商业类	商业区		车位/100m^2 建筑面积	首2000m^2每100m^2 2.0，2000m^2以上每100m^2一类区域：0.4～0.6；二类区域：0.6～1.0；三类区域：1.0～1.5 每2000m^2建筑面积设置1个装卸货泊位；超过5个时，每增加5000m^2，增设1个装卸货泊位
商业类	购物中心、专业批发市场		车位/100m^2 建筑面积	一类区域：0.8～1.2；二类区域：1.2～1.5；三类区域：1.5～2.0 每2000m^2建筑面积设置1个装卸货泊位 超过5个时，每增加5000m^2，增设1个装卸货泊位
商业类	酒店		车位/客房	一类区域：0.2～0.3；二类区域：0.3～0.4；三类区域：0.4～0.5 每100间客房设1个装卸货泊位、1个小型车辆港湾式停车位、0.5个旅游巴士上下客泊位
商业类	餐厅		车位/10座	一类区域：0.8～1.0；二类区域：1.2～1.5 三类区域：1.5～2
工业仓储类	厂房		车位 100m^2 建筑面积	0.2～0.6，近市区的厂房取高限，所提供的车位半数应作停泊客车，其余供货车停泊及装卸货物之用 对占地面积较大的厂房，除设一般货车使用的装卸货泊位外，还应另设大货车装卸货泊位，供货柜车使用
工业仓储类	仓库		车位 100m^2 建筑面积	0.2～0.4
公共服务类	综合公园、专类公园		车位/公顷 占地面积	8～15
公共服务类	其他公园		车位/公顷 占地面积	需进行专题研究
公共服务类	占地面积大于50ha公园的配建标准需进行专题研究			
公共服务类	体育场馆		车位/100座	3.0～4.0(小型场馆)，2.0～3.0(大型场馆)
公共服务类	影剧院		车位/100座	市级(大型)影剧院4.5～5.5；每100个座位设1个小型车辆港湾式停车位 一般影剧院2.0～3.0；每200个座位设1个小型车辆港湾式停车位
公共服务类	博物馆、图书馆、科技馆		车位/100m^2 建筑面积	0.5～1.0
公共服务类	展览馆		车位/100m^2 建筑面积	0.7～1.0
公共服务类	会议中心		车位/100座	3.0～4.5
公共服务类	独立门诊		车位/100m^2 建筑面积	一类区域：0.6～0.7；二类区域：0.8～1.0；三类区域：1.0～1.3 1个以上有盖路旁港湾式停车位供救护车使用

续表

分类		单位	配建标准
公共服务类			1个以上路旁港湾式停车位供其他车辆使用
	综合医院、中医医院、妇儿医院	车位/病床	一类区域:0.8～1.2;二类区域:1.0～1.4;三类区域:1.2～1.8 每50张病床设1个路旁港湾式小型客车停车位;另设2个以上有盖路旁停车处,供救护车使用
	其他专科医院	车位/病床	一类区域:0.5～0.8;二类区域:0.6～1.0;三类区域:0.8～1.3 每50张病床设1个路旁港湾式小型客车停车位。另设2个以上有盖路旁停车处,供救护车使用
	疗养院	车位/病床	0.3～0.6
	大中专院校	车位/100学位	2.0～3.0
	中学	车位/100学位	0.7～1.5,校址范围内至少设2个校车停车处
	小学	车位/100学位	0.5～1.2,校址范围内至少设2个校车停车处
	幼儿园	车位/100学位	0.5～1.2,校址范围内至少设2个校车停车处

5.10.5 天津市建筑物项目配建机动车停车泊位设置标准

根据《天津市建设项目配建停车场(库)标准》规定,天津市建筑工程配置停车位指标如下。

① 住宅建筑停车位指标(车位/户):廉租住房配建机动车停车位不少于0.2个车位/户,非机动车停车位不少于2.0辆/户,见表5.30。

表5.30 住宅建筑停车位指标

建筑面积/(m^2/户)	机动车位/(车位/户)	非机动车位/(辆/户)
≥150	1.5	1.0
≥90;<150	1.0	1.5
≥60;<90	0.7	1.8
<60	0.5	2.0

② 办公建筑停车位指标(车位/100m^2),见表5.31。

表5.31 办公建筑停车位指标

项目	机动车位 /(车位/100m^2建筑面积)		非机动车位 /(辆/100m^2建筑面积)
行政办公	中心城区内环线以内	1.0	1.5
	中心城区内环线以外	1.5	1.5
其他办公	中心城区内环线以内	0.8	1.0
	中心城区内环线以外	1.2	1.0

③ 商业建筑停车位指标(车位/100m^2),见表5.32。

表5.32 商业建筑停车位指标

项目	机动车位 /(车位/100m^2建筑面积)		非机动车位 /(辆/100m^2建筑面积)
普通商业	中心城区内环线以内	0.6	2.0
	中心城区内环线以外	0.8	2.0
超市 (大于一万平方米)	中心城区内环线以内	1.0	3.0
	中心城区内环线以外	1.5	3.0
综合市场、批发市场	中心城区内环线以内	1.0	3.0
	中心城区内环线以外	1.5	3.0

④ 旅馆建筑停车位指标(车位/客房),见表5.33。

表 5.33 旅馆建筑停车位指标

项目	机动车位/(车位/客房)		非机动车位/(辆/客房)
三星及三星以上	中心城区内环线以内	0.3	1.0
	中心城区内环线以外	0.4	1.0
其他	中心城区内环线以内	0.15	1.0
	中心城区内环线以外	0.2	1.0

⑤ 餐饮、娱乐类建筑停车位指标（车位/客房），见表 5.34。

表 5.34 餐饮、娱乐类建筑停车位指标

项目	机动车位(车位/100m² 建筑面积)		非机动车位/(辆/100m² 建筑面积)
餐饮、娱乐	中心城区内环线以内	1.5	1.0
	中心城区内环线以外	2.0	1.0

⑥ 医院建筑停车位指标（车位/客房），见表 5.35。

表 5.35 医院建筑停车位指标

项目		机动车位	非机动车位
综合医院、专科医院	住院部(车位/床位)	0.3	0.5
	其他部分(车位/100m² 建筑面积)	1.0	0.5
疗养院(车位/100m² 建筑面积)		0.3	0.5
社区卫生服务中心(车位/100m² 建筑面积)		0.4	3.0
独立门诊(车位/100m² 建筑面积)		1.5	1.5

⑦ 学校建筑停车位指标（车位/客房），见表 5.36。

表 5.36 学校建筑停车位指标

项目	机动车位/(车位/100 名学生)	非机动车位/(辆/100 名学生)
幼儿园	1.5	5.0
小学	2.5	20.0
中学	3.0	70.0
中专、职校	4.0	70.0
大专院校	6.0	60.0

5.10.6 重庆市建筑物项目配建机动车停车泊位设置标准

根据《重庆市城市规划管理技术规定》的规定，建筑工程配置停车位指标如表 5.37：

① 区县（自治县）建设项目停车位配建标准，按照以下规定执行：

a. 特大城市执行本标准表；

b. 大城市不得低于下表标准的 80%；

c. 中等城市不得低于下表标准的 70%；

d. 小城市不得低于下表标准的 60%。

② 除区县（自治县）政府所在地之外的建制镇停车位配建标准参照标准表执行。

表 5.39　重庆市停车位配建标准表

序号	建筑使用功能		单　　位	指标
1	住宅	中高档住宅(建筑面积>$100m^2$)	车位/$100m^2$ 建筑面积	1.0
		普通住宅(建筑面积≤$100m^2$)	车位/$100m^2$ 建筑面积	0.8
		公共租赁房、安置房	车位/$100m^2$ 建筑面积	0.34
		廉租住房	车位/$100m^2$ 建筑面积	0.2
2	幼儿园、物管用房、社区组织工作用房等住宅配套用房		车位/$100m^2$ 建筑面积	0.7
3	商业、办公、医院、五星级旅馆		车位/$100m^2$ 建筑面积	1.0
4	四星级及以下旅馆、展览馆、博物馆、科技馆、图书馆等文化设施		车位/$100m^2$ 建筑面积	0.7
5	场馆[不包括设在学校内的体育场(馆)]	会展中心	车位/$100m^2$ 建筑面积	0.6
		大型体育场(馆)	车位/100 座	4.0
		其他体育场(馆)	车位/100 座	2.5
6	学校	中小学校	车位/$100m^2$ 建筑面积	0.3
		大中专院校	车位/$100m^2$ 建筑面积	0.5
7	工业、物流仓储		车位/$100m^2$ 建筑面积	0.1
8	长途客运站、火车站、客运码头、机场		车位/$100m^2$ 建筑面积	0.5
9	公园		车位/$100m^2$ 公园用地	0.05

注：1. 本表中停车位均指小型汽车的停车位。计算出停车位数量不足 1 个的按 1 个计算。

2. 长途客运站、火车站、客运码头、机场等交通枢纽项目，场馆，工业、物流仓储的配建标准为规划参考值；高新技术产业中的楼宇工业等项目配建标准按照办公建筑标准执行。

3. 大中专院校、中小学校建设项目的停车位配建按扣除教学用房以后的建筑面积计算。

4. 宿舍建筑停车位配建标准按该宿舍所服务的建筑（如工业、学校等）确定。

5. 未列入附表中的建筑停车位配建标准，由城乡规划主管部门根据具体情况，参照有关标准确定。

第6章

Chapter 06

建筑工程绿化设计

6.1 城市绿化规划建设指标

根据《城市绿化条例》及《城市绿化规划建设指标的规则》，城市绿化规划指标包括人均公共绿地面积、城市绿化覆盖率和城市绿地率。如图 6.1 所示。

城市人均公共绿地面积和绿化覆盖率等规划指标，由国务院城市建设行政主管部门根据不同城市的性质、规模和自然条件等实际情况规定。城市绿化规划应当从实际出发，根据城市发展需要，合理安排同城市人口和城市面积相适应的城市绿化用地面积。

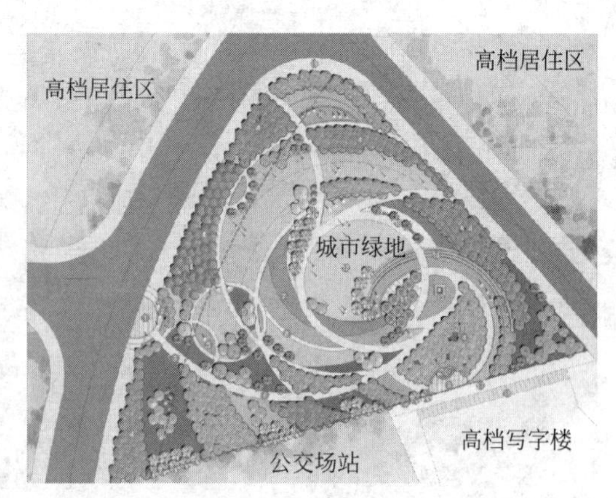

图 6.1 城市绿地示意

6.1.1 人均公共绿地面积

根据《城市绿化条例》及《城市绿化规划建设指标的规则》，人均公共绿地面积是指城市中每个居民平均占有公共绿地的面积，其计算方法如下：

$$\text{人均公共绿地面积}(\mathrm{m}^2)=\frac{\text{城市公共绿地总面积}}{\text{城市非农业人口}}$$

人均公共绿地面积指标根据城市人均建设用地指标而定，具体参见表 6.1。

人均公共绿地面积指标根据城市人均建设用地指标而定：

① 人均建设用地指标不足 $75\mathrm{m}^2$ 的城市，人均公共绿地面积应不少于 $6.0\mathrm{m}^2$。

② 人均建设用地指标 $75\sim105\mathrm{m}^2$ 的城市，人均公共绿地面积应不少于 $7.0\mathrm{m}^2$。

③ 人均建设用地指标超过 $105\mathrm{m}^2$ 的城市，人均公共绿地面积应不少于 $8.0\mathrm{m}^2$。

6.1.2　城市绿化覆盖率

根据《城市绿化条例》及《城市绿化规划建设指标的规则》，城市绿化覆盖率是指城市绿化覆盖面积占城市面积的比率，城市绿化覆盖率应不少于 35%。其计算方法如下：

$$\text{城市绿化覆盖率}(\%)=\frac{\text{城市内全部绿化种植垂直投影面积}}{\text{城市面积}}\times100\%$$

6.1.3　城市绿地率

根据《城市绿化条例》及《城市绿化规划建设指标的规则》，城市绿地率是指城市各类绿地（含公共绿地、居住区绿地、单位附属绿地、防护绿地、生产绿地、风景林地等六类）总面积占城市面积的比率。城市绿地率应不少于 30%。其计算方法如下：

$$\text{城市绿地率}(\%)=\frac{\text{城市六类绿地面积之和}}{\text{城市面积}}\times100\%$$

为保证城市绿地率应不少于 30%指标的实现，各类绿地单项指标应符合表 6.1 的要求。

表 6.1　各类绿地单项指标

<table>
<tr><th colspan="2">项 目 名 称</th><th>指标大小</th><th>备注</th></tr>
<tr><td colspan="2">新建居住区绿地占居住区总用地比率</td><td>≥30%</td><td>属于旧城改造区的可降低 5%</td></tr>
<tr><td colspan="2">城市道路主干道绿带面积占道路总用地比率</td><td>≥20%</td><td>属于旧城改造区的可降低 5%</td></tr>
<tr><td colspan="2">城市道路次干道绿带面积所占比率</td><td>≥15%</td><td>属于旧城改造区的可降低 5%</td></tr>
<tr><td colspan="2">城市内河、海、湖等水体及铁路旁的防护林带宽度</td><td>≥30m</td><td></td></tr>
<tr><td rowspan="3">单位附属绿地面积占单位总用地面积比率不低于 30%</td><td>工业企业、交通枢纽，仓储、商业中心等绿地率</td><td>≥20%</td><td rowspan="3">因特殊情况不能按上述标准进行建设的单位，必须经城市园林绿化行政主管部门批准，并根据《城市绿化条例》规定，将所缺面积的建设资金交给城市园林绿化行政主管部门统一安排绿化建设作为补偿，补偿标准应根据所处地段绿地的综合价值由所在城市具体规定</td></tr>
<tr><td>产生有害气体及污染工厂的绿地率(并根据国家标准设立不少于 50m 的防护林带)</td><td>≥30%</td></tr>
<tr><td>学校、医院、疗养院所、机关团体、公共文化设施部队等单位的绿地率</td><td>≥35%</td></tr>
<tr><td colspan="2">生产绿地面积占城市建成区总面积比率</td><td>≥2%</td><td></td></tr>
<tr><td colspan="2">公共绿地中绿化用地所占比率</td><td>—</td><td>参照 GB 51192—2016《公园设计规范》执行</td></tr>
</table>

6.2　居住区内的绿地规划

根据 GB 50180《城市居住区规划设计规范》，居住区内绿地应包括：公共绿地、宅旁绿地、公共服务设施所属绿地和道路绿地（即道路红线内的绿地），其中包括满足当地植树绿化覆土要求、方便居民出入的地下或半地下建筑的屋顶绿地，不应包括其他屋顶、晒台的人工绿地。如图 6.2 所示。

图 6.2　居住区绿地示意

6.2.1　居住区内绿地率

根据 GB 50180《城市居住区规划设计规范》，居住区内绿地率应符合表 6.2 规定。

表 6.2　居住区内绿地率指标

居住区类型	新建居住区	旧区改建
居住区内绿地率	≥30%(不应低于)	≥25%(不宜低于)

6.2.2　居住区内的公共绿地设置要求

根据 GB 50180《城市居住区规划设计规范》，居住区内的公共绿地，应根据居住区不同的规划布局形式，设置相应的中心绿地，以及老年人、儿童活动场地和其他的块状、带状公共绿地等。居住区内公共绿地的总指标，应根据居住人口规模分别达到表 6.3 所列规定。

表 6.3　居住区内公共绿地的总指标

名　称	公共绿地的总指标	备　注
组团	≥0.5m^2/人	旧区改建可酌情降低，但不得低于相应指标的 70%
小区(含组团)	≥1.0m^2/人	
居住区(含小区与组团)	≥1.5m^2/人	

(1) 中心公共绿地设置　各级中心公共绿地设置应符合如下一些要求及表 6.4 的规定：

① 至少应有一个边与相应级别的道路相邻；

② 绿化面积（含水面）不宜小于 70%；

③ 便于居民休憩、散步和交往之用，宜采用开敞式，以绿篱或其他通透式院墙栏杆作分隔；

④ 组团绿地的设置应满足有不少于 1/3 的绿地面积在标准的建筑日照阴影线范围之外的要求，并便于设置儿童游戏设施和适于成人游憩活动。

表 6.4　各级中心公共绿地设置规定

中心绿地名称	设置内容	要求	最小规模/ha
居住区公园	花木草坪、花坛水面、凉亭雕塑、小卖茶座、老幼设施、停车场地和铺装地面等	园内布局应有明确的功能划分	1.0
小游园	花木草坪、花坛水面、雕塑、儿童设施和铺装地面等	园内布局应有一定的功能划分	0.4
组团绿地	花木草坪、桌椅、简易儿童设施等	灵活布局	0.04

(2) 院落式组团绿地的设置　确定组团绿地（包括其他块状、带状绿地）面积标准的基本要素：

① 要满足日照环境的基本要求，即“应有不少于 1/3 的绿地面积在当地标准的建筑日照阴影线范围之外”；

② 要满足功能要求，即“要便于设置儿童游戏设施和适于老年人、成人游憩活动”而不干扰居民生活；

③ 要考虑空间环境的因素，即绿地四邻建筑物的高度及绿地空间的形式——是开敞型还是封闭型等。

表 6.5 是根据以上三要素对不同类型院落式组团绿地的面积标准的计算做出的规定。

表 6.5　院落式组团绿地的设置要求

封闭型绿地		开敞型绿地		封闭型绿地		开敞型绿地	
南侧多层楼	南侧高层楼	南侧多层楼	南侧高层楼	南侧多层楼	南侧高层楼	南侧多层楼	南侧高层楼
$L \geqslant 1.5L_2$	$L \geqslant 1.5L_2$	$L \geqslant 1.5L_2$	$L \geqslant 1.5L_2$	$S_1 \geqslant 800m^2$	$S_1 \geqslant 1800m^2$	$S_1 \geqslant 500m^2$	$S_1 \geqslant 1200m^2$
$L \geqslant 30m$	$L \geqslant 50m$	$L \geqslant 30m$	$L \geqslant 50m$	$S_2 \geqslant 1000m^2$	$S_2 \geqslant 2000m^2$	$S_2 \geqslant 600m^2$	$S_2 \geqslant 1400m^2$

注：1. L——南北两楼正面间距，m；L_2——当地住宅的标准日照间距，m；S_1——北侧为多层楼的组团绿地面积，m^2；S_2——北侧为高层楼的组团绿地面积，m^2。

2. 开敞型院落式组团绿地应符合其他相关规定。

(3) 其他块状带状公共绿地设置　其他块状带状公共绿地，如街头绿地、儿童游戏场和设于组团之间的绿地等，一般均为开敞式，四邻空间环境较好，面积可比组团内绿地略小，但应同时满足宽度不小于 8m，面积不小于 $400m^2$ 和相关的日照环境要求。

6.3 居住区内绿地面积计算

6.3.1 宅旁(宅间)绿地面积计算

宅旁（宅间）绿地面积计算的起止界应符合图 6.3 所示的相关规定：

① 绿地边界对宅间路、组团路和小区路算到路边，当小区路设有人行便道时算到便道边，沿居住区路、城市道路则算到红线；

② 距房屋墙脚 1.5m；

③ 对其他围墙、院墙算到墙脚。

6.3.2 道路绿地面积计算

道路绿地面积计算，以道路红线内规划的绿地面积为准进行计算。

6.3.3 院落式组团绿地面积计算

院落式组团绿地面积计算起止界应符合图 6.4 所示的相关规定：

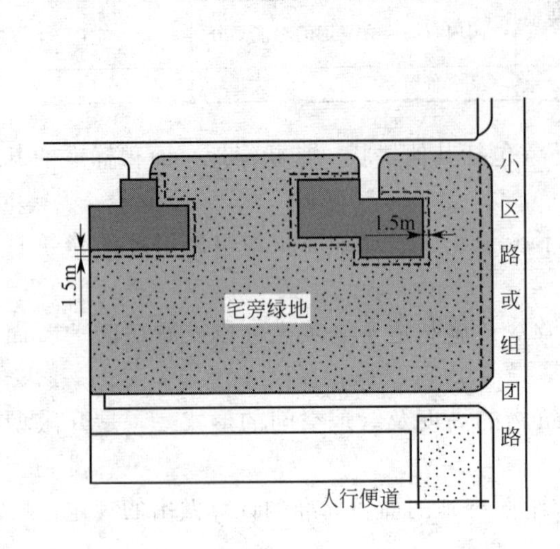

图 6.3　宅旁绿地面积计算的起止界

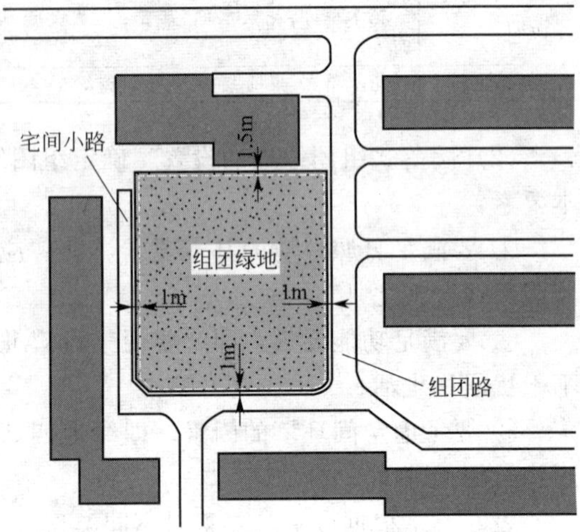

图 6.4　院落式组团绿地面积计算的起止界

① 设人行便道时，算到人行便道边；

② 临城市道路、居住区级道路时算到道路红线；

③ 距房屋墙脚 1.5m。

6.3.4 开敞型院落式组团绿地面积计算

开敞型院落组团绿地，至少有一个面面向小区路，或向建筑控制线宽度不小于 10m 的组团级主路敞开，并向其开设绿地的主要出入口和满足图 6.5 所示的规定。

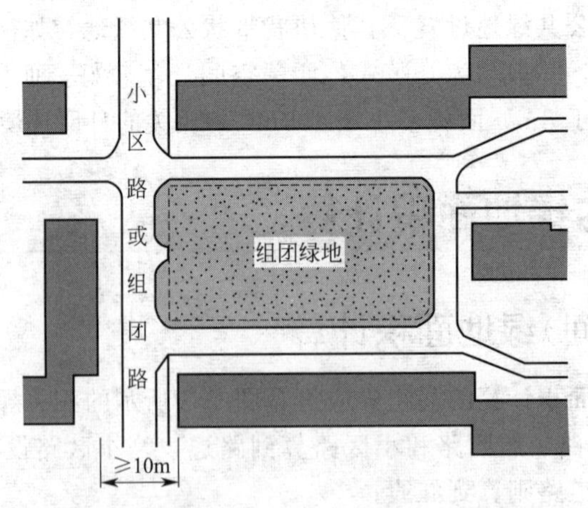

图 6.5　开敞型院落式组团绿地面积计算的起止界

6.3.5 其他块状、带状公共绿地面积计算

其他块状、带状公共绿地面积计算的起止界同院落式组团绿地。沿居住区（级）道路、城市道路的公共绿地算到红线。

6.4　园林植物种植必需的最低土层厚度

根据 CJJ 82—2012《园林绿化工程施工及验收规范》，栽植基础严禁使用含有害成分的土壤，除有设施空间绿化等特殊隔离地带，绿化栽植土壤有效土层下不得有不适水层。

根据 CJJ 82—2012《园林绿化工程施工及验收规范》，绿化栽植或播种前应对该地区的土壤理化性质进行化验分析，采取相应的土壤改良、施肥和置换客土等措施，绿化栽植土壤有效土层厚度应符合表 6.6 规定。

表 6.6　绿化栽植土壤有效土层厚度

项次	项目	植被类型		土层厚度/cm	检验方法
1	一般栽植	乔木	胸径≥20cm	≥180	挖样洞，观察或尺量检查
			胸径<20cm	≥150(深根) ≥100(浅根)	
		灌木	大、中灌木，大藤本	≥90	
			小灌木、宿根花卉、小藤本	≥40	
		棕榈类		≥90	
		竹类	大径	≥80	
			中、小径	≥50	
		草坪、花卉、草本地被		≥30	
2	设施顶面绿化	乔木		≥80	
		灌木		≥45	
		草坪、花卉、草本地被		≥15	

6.5　绿化树木与建筑设施的距离要求

6.5.1　树木与架空电力线路导线的距离要求

根据《城市道路绿化规划与设计规范》，树木与架空电力线路导线的最小垂直距离应符合表 6.7 的规定。如图 6.6 所示。

表 6.7　树木与架空电力线路导线的最小垂直距离

电压/kV	1～10	35～110	154～220	330
最小垂直距离/m	1.5	3.0	3.5	4.5

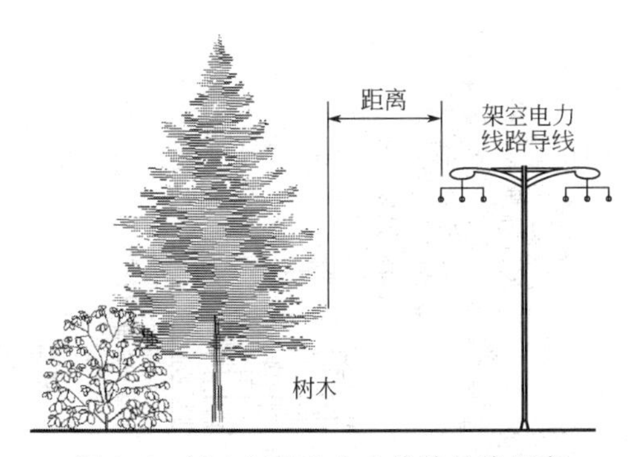

图 6.6　树木与架空电力线路导线距离

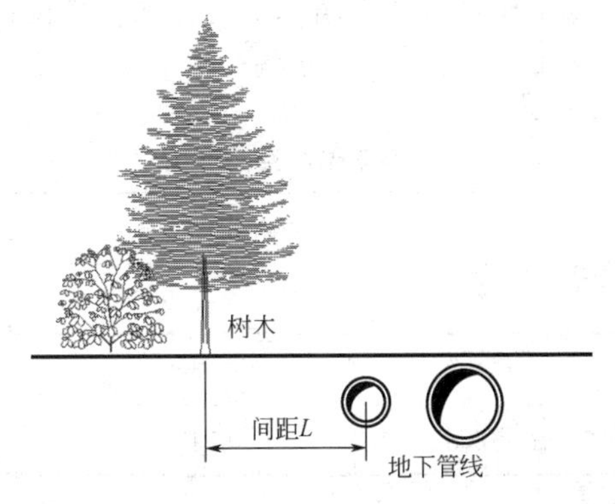

图 6.7　树木与地下管线外缘水平距离

6.5.2 树木与地下管线外缘的水平距离要求

根据《城市道路规划与设计规范》，绿化树木与地下管线外缘的最小水平距离宜符合表6.8的规定；行道树绿带下方不得敷设管线，如图6.7所示。

表6.8 树木与地下管线外缘最小水平距离

管线名称	距乔木中心距离/m	距灌木中心距离/m	管线名称	距乔木中心距离/m	距灌木中心距离/m
电力电缆	1.0	1.0	污水管道	1.5	—
电信电缆(直埋)	1.0	1.0	燃气管道	1.2	1.2
电信电缆(管道)	1.5	1.0	热力管道	1.5	1.5
给水管道	1.5	—	排水盲沟	1.0	—
雨水管道	1.5	—			

6.5.3 树木与其他设施的水平距离要求

根据《城市道路规划与设计规范》树木与其他设施的最小水平距离应符合表6.9的规定。

表6.9 树木与其他设施的最小水平距离

设施名称	至乔木中心距离/m	至灌木中心距离/m	设施名称	至乔木中心距离/m	至灌木中心距离/m
低于2m的围墙	1.0	—	电力、电线杆柱	1.5	—
挡土墙	1.0	—	消防龙头	1.5	2.0
路灯杆柱	2.0	—	测量水准点	2.0	2.0

6.6 停车场绿化设计

根据《城市道路绿化规划与设计规范》，停车场周边应种植高大庇荫乔木，并宜种植隔离防护绿带；在停车场内宜结合停车间隔带种植高大庇荫乔木。

停车场种植的庇荫乔木可选择行道树种，其树木下高度应符合表6.10所示停车位净空高度的规定。如图6.8所示。

表6.10 停车位净空高度的规定

车辆类型	树木下净空高度/m
小型汽车	2.5
中型汽车	3.5
载货汽车	4.5

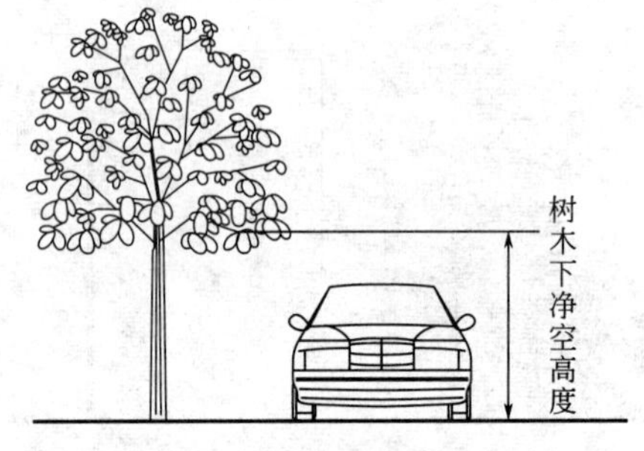

图6.8 树木下净空高度要求

6.7 道路绿化设计

6.7.1 分车绿化带设计

分车绿化设计应符合下列相关规定。

① 分车绿带的植物配置应形式简洁，树形整齐，排列一致。乔木树干中心至机动车道路缘石外侧距离不宜小于0.75m。

② 中间分车绿带应阻挡相向行驶车辆的眩光，在距相邻机动车道路面高度0.6m至1.5m之间的范围内，配置植物的树冠应常年枝叶茂密，其株距不得大于冠幅的5倍。

③ 两侧分车绿带宽度大于或等于1.5m的，应以种植乔木为主，并宜乔木、灌木、地被植物相结合。其两侧乔木树冠不宜在机动车道上方搭接。分车绿带宽度小于1.5m的，应以种植灌木为主，并应灌木、地被植物相结合。

6.7.2 行道树绿化设计

行道树绿化设计应符合下列相关规定。

① 行道树绿化带种植应以行道树为主，并宜乔木、灌木、地被植物相结合，形成连续的绿带。在行人多的路段，行道树绿带不能连续种植时，行道树之间宜采用透气性路面铺装。树池上宜覆盖池箅子。

② 行道树定植株距，应以其树种壮年期冠幅为准，最小种植株距应为4m。行道树树干中心至路缘石外侧最小距离宜为0.75m。

③ 种植行道树其苗木的胸径：快长树不得小于5cm，慢长树不宜小于8cm。

6.8 园林常见种植植物

6.8.1 植物分类

见图6.9、图6.10。

（1）按植物的外部形态分类

① 乔木。树形高大，主干明显，分枝点高。其树高度为20m以上的为大乔木，高度为8～20m为中乔木，8m以下是小乔木。

② 灌木。树干没有明显主干，呈丛生状或自干的基部分枝。一般株高为2m以上的为大灌木，高为1～2m为中灌木，小灌木指高度不超过1m。

③ 地被植物。指低矮或蔓生的植物，其高度不超过0.15～0.5m。

④ 草皮。用于覆盖地面的草本植物，可供观赏，具有装饰作用。

⑤ 花卉。具有观赏价值的木本花卉和草本花卉。

（2）按树木在绿化中的用途和应用方式分类

① 庭阴树。以用其绿荫为主的树种，多为树冠大荫浓的落叶乔木。

② 行道树。用于道路两旁遮荫或构成路景的落叶和常绿乔木，具有抗性强、耐修剪、主干直、分枝点高等特点。株距大于4m，距路边的外侧最小距离0.5m。

③ 园景树。作为庭园和局部的中心景物，如观姿、观花、观叶、观果等树种。

(a) 乔木(雪松)

(b) 灌木(杜鹃花)

(c) 草皮

(d) 地被植物

图 6.9　常见植物形态示意

④ 花灌木。用其花或果为观赏的灌木。

⑤ 藤木。具有细长茎蔓的木质藤本植物，可攀缘或垂挂在各种支架上或吸附在墙壁上。

⑥ 绿篱树种。作为密植，耐修剪、分枝多。

⑦ 木本地被。用于覆盖地面或坡地的低矮、匍匐的灌木或藤木。

⑧ 抗污染树种。适用于工厂及矿区对烟尘和有害气体有较强抗性的树种。

(a) 行道树

图 6.10

(b) 绿篱树

(c) 庭阴树

图 6.10　常见植物用途示意

6.8.2　常用种植植物图例

绿地常用种植植物图例如图 6.11 所示，仅供参考。

乔木	桃花心木	麻楝	樟树	阴香	橡胶榕	细叶榕	高山榕	黄槿	假苹婆	马占相思	大叶相思
	腊肠树	黄槐	白玉兰	白千层	红花紫荆	尖叶杜英	伊朗紫硬	胶复羽叶栾	水石榕	罗汉松	垂柳
	大花第伦	桃国庆花	雨树	盆架子	佛肚竹	血桐	黄兰	火力楠	紫檀	木棉	蓝花楹
	重阳木秋树	海南红豆	海南蒲桃	水蒲桃	仁面	蝴蝶果	芒果	扁桃果	海南菜豆	猫尾木	垂叶榕
	大叶榕	树菠萝	法国枇杷	银桦	石栗	鱼木	鸡蛋花	吊瓜	荔枝	凤凰木	菩堤榕
	宫粉紫荆	刺桐	大叶紫薇	南洋杉	圆柏	落羽杉	串钱柳	莫氏榄仁	南洋楹	羊蹄甲	木麻黄
	丹桂	翻白叶	龙柏	竹柏	乌柏	水翁	幌伞枫	铁刀木	火焰木	粉单竹	荷花玉兰
	花叶榕	金钱榕	台湾相思	福木							
棕榈	苏铁	大王椰子	假槟榔	金山葵	单干鱼尾葵	蒲葵	海南椰子	酒瓶椰子	国王椰子	冻子椰子	银海枣
	加拿利海枣	大丝葵	霸王棕	山棕	姜棕	油棕	美丽针葵	短穗鱼尾葵	鱼骨葵	散尾葵	龟背竹
	三药槟榔	大叶棕竹	董棕	红刺露兜	芭蕉	旅人蕉	棕榈01	棕榈	春羽	阴影	
灌木	大红花	九里香	山瑞香	米兰	黄金叶	白蝉	夹竹桃	含笑	美蕊花	朱樱花	四季桂花
	红果仔	黄金榕	毛杜鹃	江南杜鹃	福建茶	龙船花	垂叶榕柱	七彩大红花	造型花叶	榕山指甲	非洲茉莉
	木樨榄	双夹槐	狗牙花	红杏	希美莉	金脉爵床	红千层	细叶紫薇	勒杜鹃	洒金榕	荷花
	龙柏球	红叶李	红花继木	花叶女贞	炮仗花						

图 6.11　绿地常用种植植物平面图例

第7章 建筑地下室设计

7.1 地下室防水设计技术要求

地下工程必须进行防水设计，防水设计应定级准确、方案可靠、施工简便、经济合理。如图 7.1 所示。

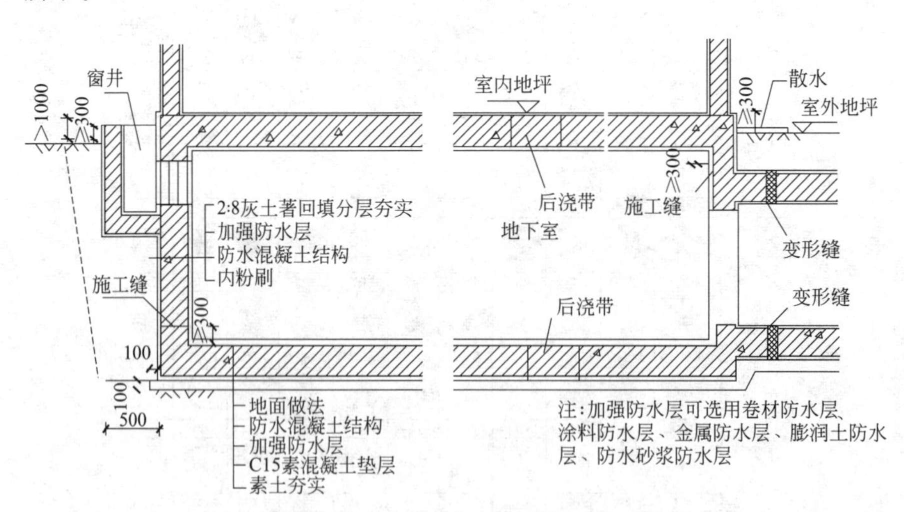

图 7.1 地下工程防水设计示意图

地下室工程防水设计应包括如下一些主要内容：

① 防水等级和设防要求；

② 防水混凝土的抗渗等级和其他技术指标，质量保证措施；

③ 其他防水层选用的材料及其技术指标，质量保证措施；

④ 工程细部构造的防水措施，选用的材料及其技术指标，质量保证措施；

⑤ 工程的防排水系统，地面挡水、截水系统及工程各种洞口的防倒灌措施。

7.1.1　地下工程防水设计基本规定

① 地下工程迎水面主体结构采用防水混凝土，并应根据防水等级的要求采取其他防水措施。

② 地下工程的变形缝、施工缝、诱导缝、后浇带、穿墙管（盒）、预埋件、预留通道接头、桩头等细部构造，应加强防水措施。

③ 地下工程的排水管沟、地漏、出入口、窗井、风井等，应有防倒灌措施，寒冷及严寒地区的排水沟应有防冻措施。

④ 单建式的地下工程，应采用全封闭、部分封闭防排水设计；附建式的全地下或半地下工程的防水设防高度，应高出室外地坪高程 500mm 以上。

7.1.2　地下工程防水等级

地下工程的防水等级分为四级，各级的标准应符合表 7.1 的规定。

表 7.1　地下工程的防水标准

防水等级	标　　准	防水等级	标　　准
一级	不允许渗水，结构表面无湿渍	三级	有少量漏水点，不得有线流和漏泥沙 任意 $100m^2$ 防水面积上的漏水点数不超过 7 处，单个漏水点的最大漏水量不大于 2.5L/d，单个湿渍的最大面积不大于 $0.3m^2$
二级	不允许漏水，结构表面可有少量湿渍 工业与民用建筑：总湿渍面积不应大于总防水面积（包括顶板、墙面、地面）的 1/1000；任意 $100m^2$ 防水面积上的湿渍不超过 1 处，单个湿渍的最大面积不大于 $0.1m^2$ 其他地下工程：总湿渍面积不应大于总防水面积的 6/1000；任意 $100m^2$ 防水面积上的湿渍不超过 4 处，单个湿渍的最大面积不大于 $0.2m^2$	四级	有漏水点，不得有线流和漏泥沙 整个工程平均漏水量不大于 $2L/(m^2 \cdot d)$；任意 $100m^2$ 防水面积的平均漏水量不大于 $4L/(m^2 \cdot d)$

7.1.3　地下工程防水等级适用范围

地下工程不同防水等级的适用范围，应根据工程的重要性和使用中对防水的要求按表 7.2 选定。

表 7.2　不同防水等级适用范围

防水等级	适　用　范　围
一级	人员长期停留的场所；因有少量湿渍会使物品变质、失效的储物场所及严重影响设备正常运转和危及工程安全运营的部位；极重要的战备工程
二级	人员经常活动的场所；在有少量湿渍的情况下不会使物品变质、失效的储物场所及基本不影响设备正常运转和工程安全运营的部位；重要的战备工程
三级	人员临时活动的场所；一般战备工程
四级	对渗漏水无严格要求的工程

7.1.4　地下工程的防水设防要求

地下工程的防水设防要求，应根据使用功能、使用单限、水文地质、结构形式、环境条件、施工方法及材料性能等因素合理确定。明挖法、暗挖法地下工程的防水设防要求分别应按表 7.3、表 7.4 选用。

表 7.3　明挖法地下工程的防水设防要求

工程部位		主体						施工缝					后浇带				变形缝、诱导缝						
防水措施		防水混凝土	防水砂浆	防水卷材	防水涂料	塑料防水板	金属板	遇水膨胀止水条	中埋式止水带	外贴式止水带	外抹防水砂浆	外涂防水涂料	膨胀混凝土	遇水膨胀止水条	外贴式止水带	防水嵌缝材料	中埋式止水带	外贴式止水带	可卸式止水带	防水嵌缝材料	外贴防水卷材	外涂防水涂料	遇水膨胀止水条
防水等级	一级	应选	应选一至二种					应选二种					应选	应选二种			应选	应选二种					
	二级	应选	应选一种					应选一至二种					应选	应选一至二种			应选	应选一至二种					
	三级	应选	宜选一种					宜选一至二种					应选	宜选一至二种			应选	宜选一至二种					
	四级	宜选	—					宜选一种					应选	宜选一种			应选	宜选一种					

表 7.4　暗挖法地下工程的防水设防要求

工程部位		主体				内衬砌施工缝					内衬砌变形缝、诱导缝				
防水措施		复合式衬砌	离壁式衬砌、衬套	贴壁式衬砌	喷射混凝土	外贴式止水带	遇水膨胀止水条	防水嵌缝材料	中埋式止水带	外涂防水涂料	中埋式止水带	外贴式止水带	可卸式止水带	防水嵌缝材料	遇水膨胀止水条
防水等级	一级	应选一种			—	应选二种					应选	应选二种			
	二级	应选一种				应选一至二种					应选	应选一至二种			
	三级	—		应选一种		宜选一至二种					应选	宜选一种			
	四级			应选一种		宜选一种					应选	宜选一种			

7.2　地下室防水设计构造措施

7.2.1　防水混凝土

防水混凝土可通过调整配合比，或掺加外加剂、掺合料等措施配制而成，其抗渗等级不得小于 P6。

防水混凝土的设计抗渗等级，应符合表 7.5 的规定。

表 7.5　防水混凝土的设计抗渗等级

工程埋置深度 H/m	设计抗渗等级	工程埋置深度 H/m	设计抗渗等级
$H<10$	P6	$20\leqslant H<30$	P10
$10\leqslant H<20$	P8	$H\geqslant 30$	P12

防水混凝土结构底板的混凝土垫层，强度等级不应小于 C15，厚度不应小于 100mm，在软弱土层中不应小于 150mm。如图 7.2 所示。

防水混凝土的环境温度不得高于 80℃；处于侵蚀性介质中防水混凝土的耐侵蚀要求应根据介质的性质按有关标准执行。

防水混凝土结构，应符合下列规定：

① 结构厚度不应小于 250mm；

② 裂缝宽度不得大于 0.2mm，并不得贯通；

③ 钢筋保护层厚度应根据结构的耐久性和工程环境选用，迎水面钢筋保护层厚度不应小于 50mm。

防水混凝土应分层连续浇筑，分层厚度不得大于500mm。

防水混凝土终凝后应立即进行养护，养护时间不得少于14天。

7.2.2　水泥砂浆防水层

① 防水砂浆应包括聚合物水泥防水砂浆、掺外加剂或掺合料的防水砂浆，宜采用多层抹压法施工。

② 水泥砂浆防水层可用于地下工程主体结构的迎水面或背水面，不应用于受持续振动或温度高于80℃的地下工程防水。

③ 聚合物水泥防水砂浆厚度单层施工宜为6～8mm，双层施工宜为10～12mm；掺外加剂或掺合料的水泥防水砂浆厚度宜为18～20mm。

④ 水泥砂浆的品种和配合比设计应根据防水工程要求确定。

⑤ 水泥砂浆防水层终凝后，应及时进行养护，养护温度不宜低于5℃，并应保持砂浆表面湿润，养护时间不得少于14天。

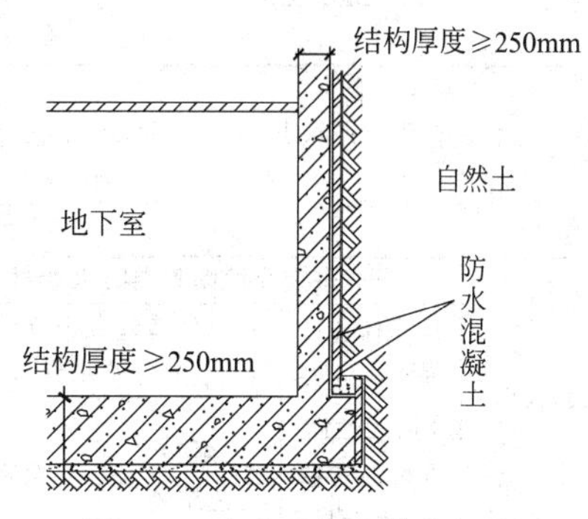

图7.2　防水混凝土结构示意

⑥ 水泥砂浆防水层的基层混凝土强度或砌体用的砂浆强度均不应低于设计值的80%。

7.2.3　卷材防水层

（1）卷材防水层应铺设在混凝土结构的迎水面。

（2）卷材防水层用于建筑物地下室时，应铺设在结构底板垫层至墙体防水设防高度的结构基面上；用于单建式的地下工程时，应从结构底板垫层铺设至顶板基面，并应在外围形成封闭的防水层。如图7.3所示。

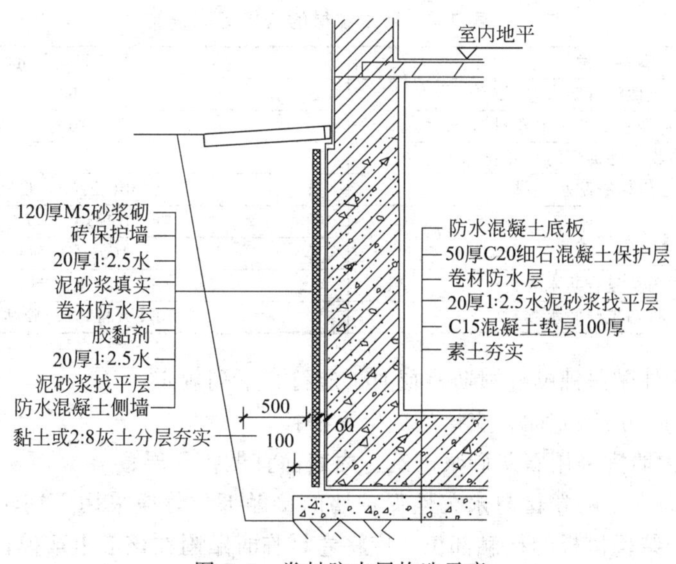

图7.3　卷材防水层构造示意

（3）卷材防水层的卷材品种可按表7.6选用，并应符合卷材及其胶黏剂应具有良好的耐水性、耐久性、耐刺穿性、耐腐蚀性和耐菌性规定。

表 7.6　卷材防水层的卷材品种

类别	品种名称
高聚物改性沥青类防水卷材	弹性体改性沥青防水卷材
	改性沥青聚乙烯胎防水卷材
	自粘聚合物改性沥青防水卷材
合成高分子类防水卷材	三元乙丙橡胶防水卷材
	聚氯乙烯防水卷材
	聚乙烯丙纶复合防水卷材
	高分子自粘胶膜防水卷材

(4) 卷材防水层的厚度应符合表 7.7 的规定。

表 7.7　卷材防水层的厚度

<table>
<tr><td rowspan="3">卷材品种</td><td colspan="3">高聚物改性沥青类防水卷材</td><td colspan="4">合成高分子类防水卷材</td></tr>
<tr><td rowspan="2">弹性体改性沥青防水卷材、改性沥青聚乙烯胎防水卷材</td><td colspan="2">自粘聚合物改性沥青防水卷材</td><td rowspan="2">三元乙丙橡胶防水卷材</td><td rowspan="2">聚氯乙烯防水卷材</td><td rowspan="2">聚乙烯丙纶复合防水卷材</td><td rowspan="2">高分子自粘胶膜防水卷材</td></tr>
<tr><td>聚酯毡胎体</td><td>无胎体</td></tr>
<tr><td>单层厚度/mm</td><td>≥4</td><td>≥3</td><td>≥1.5</td><td>≥1.5</td><td>≥1.5</td><td>卷材：≥0.9
黏结料：≥1.3
芯材厚度≥0.6</td><td>≥1.2</td></tr>
<tr><td>双层总厚度/mm</td><td>≥(4+3)</td><td>≥(3+3)</td><td>≥(1.5+1.5)</td><td>≥(1.2+1.2)</td><td>≥(1.2+1.2)</td><td>卷材：≥(0.7+0.7)
黏结料：≥(1.3+1.3)
芯材厚度≥0.5</td><td>—</td></tr>
</table>

(5) 采用卷材防水，阴阳角处应做成圆弧或 45°坡角，其尺寸应根据卷材品种确定。在阴阳角等特殊部位，应增做卷材加强层，加强层宽度宜为 300～500mm。

(6) 不同品种防水卷材的搭接宽度，应符合 7.8 的要求。

表 7.8　防水卷材的搭接宽度

卷材品种	搭接宽度/mm
弹性体改性沥青防水卷材	100
改性沥青聚乙烯胎防水卷材	100
自粘聚合物改性沥青防水卷材	80
三元乙丙橡胶防水卷材	100/60(胶黏剂/胶黏带)
聚氯乙烯防水卷材	60/80(单焊缝/双焊缝)
	100(胶黏剂)
聚乙烯丙纶复合防水卷材	100(黏结料)
高分子自粘胶膜防水卷材	70/80(自粘胶/胶粘带)

(7) 采用外防外贴法铺贴卷材防水层时，应符合下列规定：

① 应先铺平面，后铺立面，交接处应交叉搭接；

② 临时性保护墙宜采用石灰砂浆砌筑，内表面宜做找平层；

③ 从底面折向立面的卷材与永久性保护墙的接触部位，应采用空铺法施工；卷材与临时性保护墙或围护结构模板的接触部位，应将卷材临时贴附在该墙上或模板上，并应将顶端临时固定；

④ 当不设保护墙时，从底面折向立面的卷材接槎部位应采取可靠的保护措施；

⑤ 混凝土结构完成，铺贴立面卷材时，应先将接槎部位的各层卷材揭开，并应将其表

面清理干净，如卷材有局部损伤，应及时进行修补；卷材接槎的搭接长度，高聚物改性沥青类卷材应为150mm，合成高分子类卷材应为100mm；当使用两层卷材时，卷材应错槎接缝，上层卷材应盖过下层卷材。卷材防水层甩槎、接槎构造见图7.4。

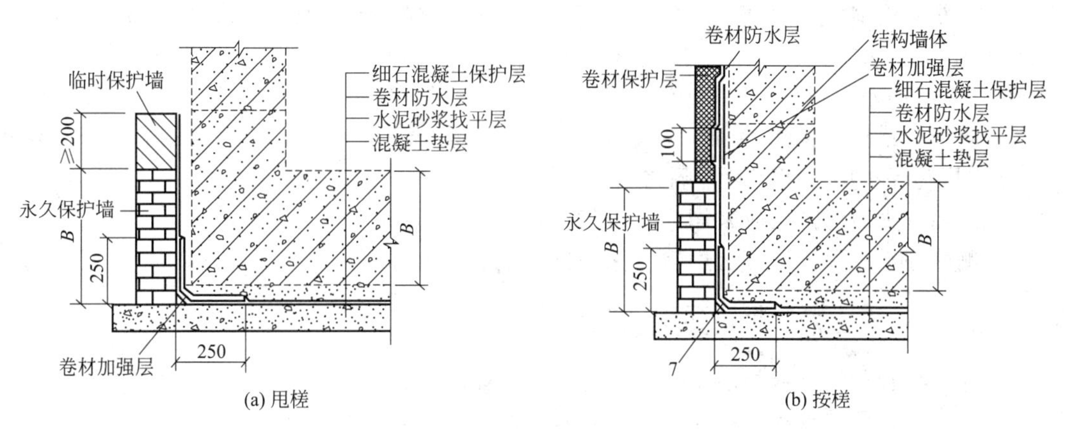

图7.4　卷材防水层甩槎、接槎构造示意

(8) 采用外防内贴法铺贴卷材防水层时，应符合下列规定。

① 混凝土结构的保护墙内表面应抹厚度为20mm的1∶3水泥砂浆找平层，然后铺贴卷材。

② 卷材宜先铺立面，后铺平面；铺贴立面时，应先铺转角，后铺大面。

7.2.4　涂料防水层

(1) 涂料防水层应包括无机防水涂料和有机防水涂料。无机防水涂料可选用掺外加剂、掺合料的水泥基防水涂料、水泥基渗透结晶型防水涂料。有机防水涂料可选用反应型、水乳型、聚合物水泥等涂料。

(2) 无机防水涂料宜用于结构主体的背水面，有机防水涂料宜用于地下工程主体结构的迎水面，用于背水面的有机防水涂料应具有较高的抗渗性，且与基层有较好的黏结性。

(3) 采用有机防水涂料时，基层阴阳角应做成圆弧形，阴角直径宜大于50mm，阳角直径宜大于10mm，在底板转角部位应增加胎体增强材料，并应增涂防水涂料。

(4) 防水涂料宜采用外防外涂或外防内涂做法，如图7.5所示。

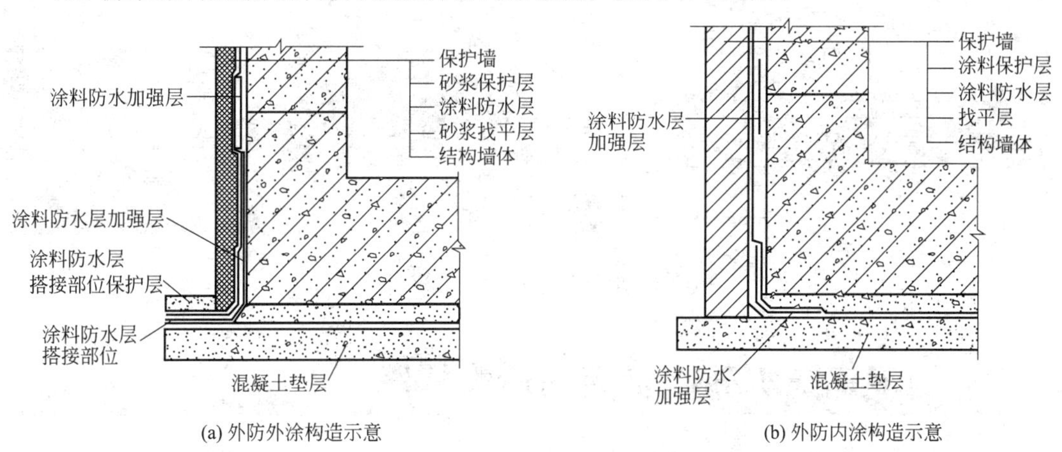

图7.5　防水涂料构造示意

(5) 掺外加剂、掺合料的水泥基防水涂料厚度不得小于3.0mm；水泥基渗透结晶型防水涂料的用量不应小于1.5kg/m²，且厚度不应小于1.0mm；有机防水涂料的厚度不得小于1.2mm。

(6) 防水涂料应分层刷涂或喷涂，涂层应均匀，不得漏刷漏涂；接槎宽度不应小于100mm。

(7) 有机防水涂料施工完后应及时做保护层，保护层应符合下列规定：

① 底板、顶板应采用20mm厚1∶2.5水泥砂浆层和40～50mm厚的细石混凝土保护层，防水层与保护层之间宜设置隔离层；

② 侧墙背水面保护层应采用20mm厚1∶2.5水泥砂浆；

③ 侧墙迎水面保护层宜选用软质保护材料或20mm厚1∶2.5水泥砂浆。

7.2.5 地下工程种植顶板防水

① 地下工程种植顶板的防水等级应为一级，如图7.6所示。

② 地下工程种植顶板结构应为现浇防水混凝土，结构找坡，坡度宜为1%～2%；种植顶板厚度不应小于250mm，最大裂缝宽度不应大于0.2mm，并不得贯通；

③ 变形缝应作为种植分区边界，不得跨缝种植。

④ 种植顶板的泛水部位应采用现浇钢筋混凝土，泛水处防水层高出种植土应大于250mm。泛水部位、水落口及穿顶板管道四周宜设置200～300mm宽的卵石隔离带。

图7.6　地下工程顶板种植绿化示意

7.3 地下室防水节点常见构造大样图

地下室防水节点常见构造大样参见图7.7～图7.22，供地下室防水设计参考。

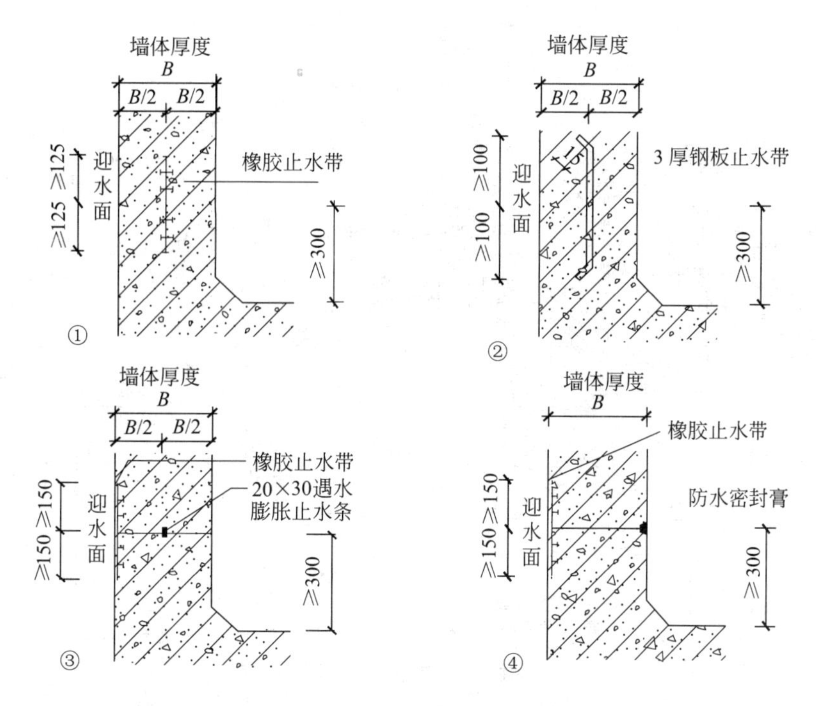

图 7.7　施工缝防水节点构造

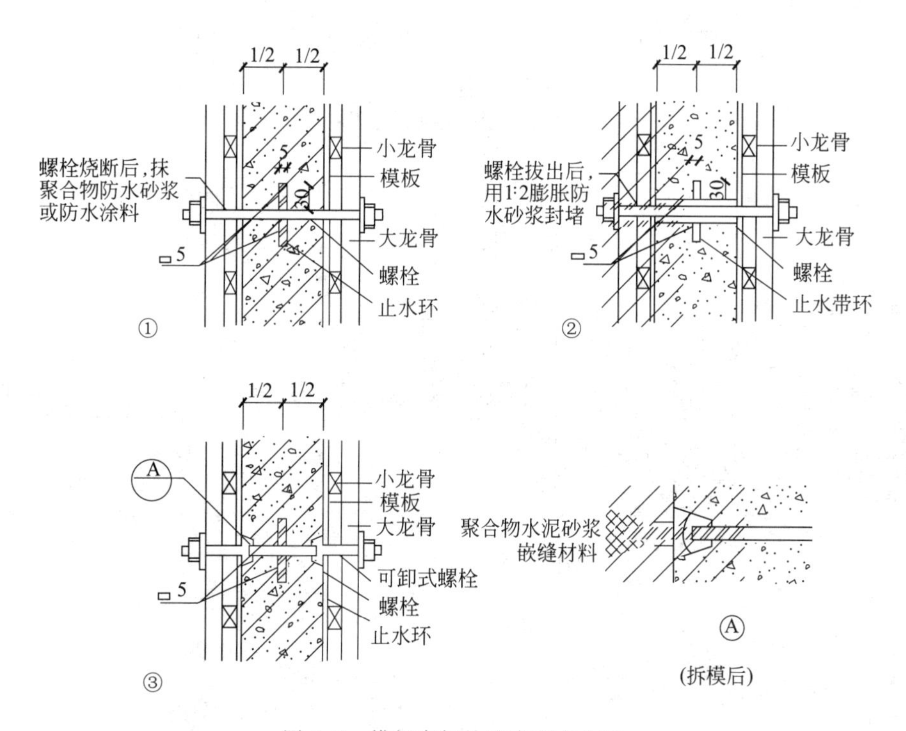

图 7.8　模板穿螺栓防水节点构造

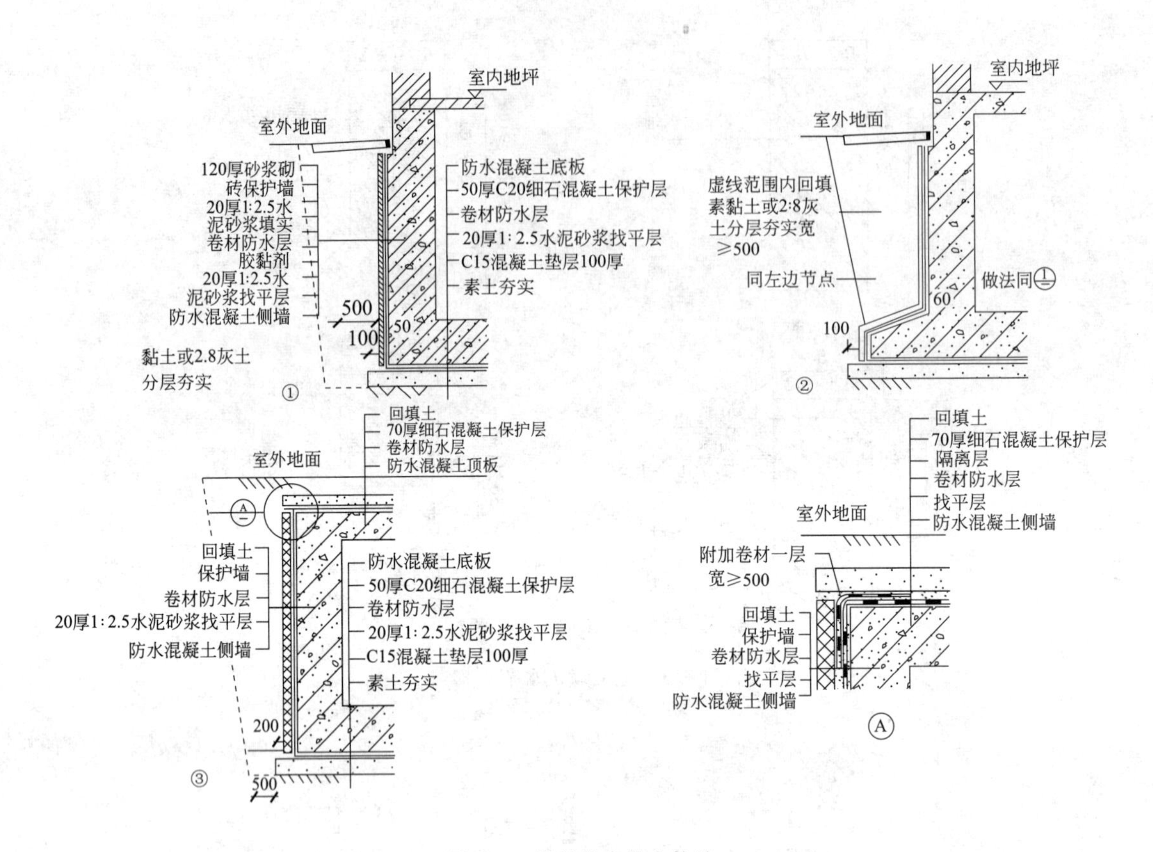

图 7.9 卷材防水节点构造

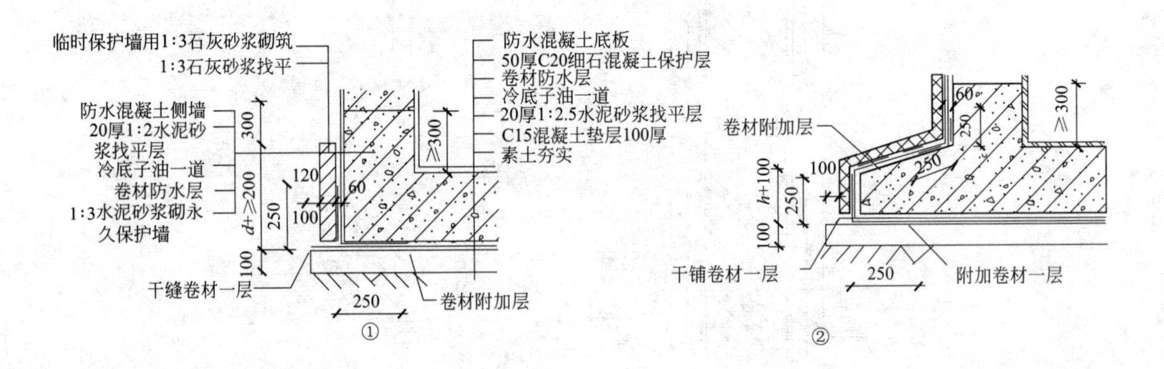

图 7.10 卷材防水转角处节点构造

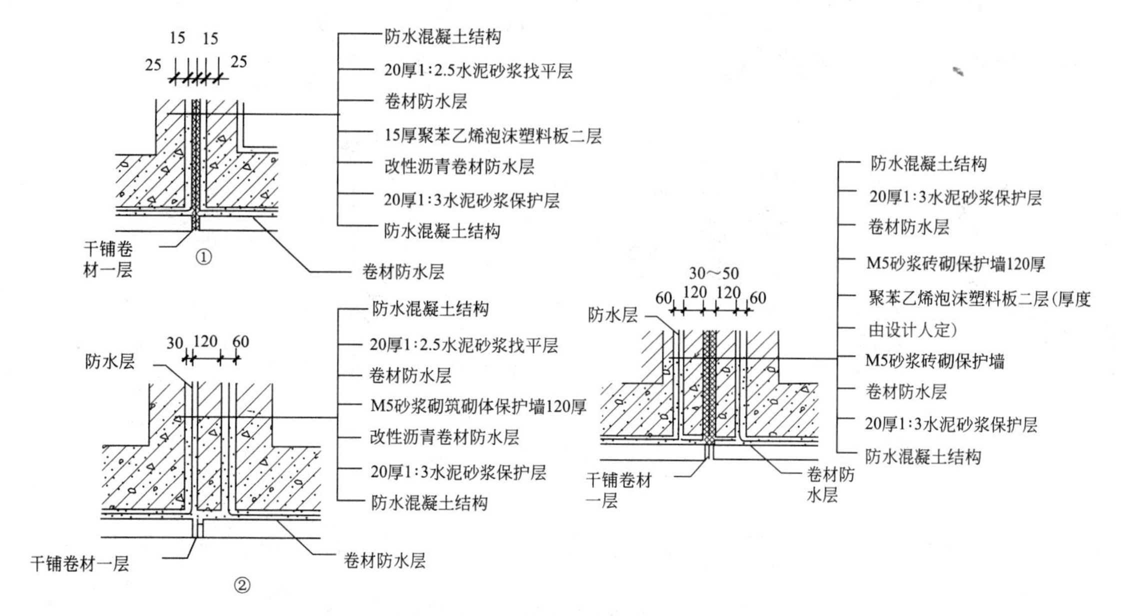

图 7.11　双墙卷材防水节点构造

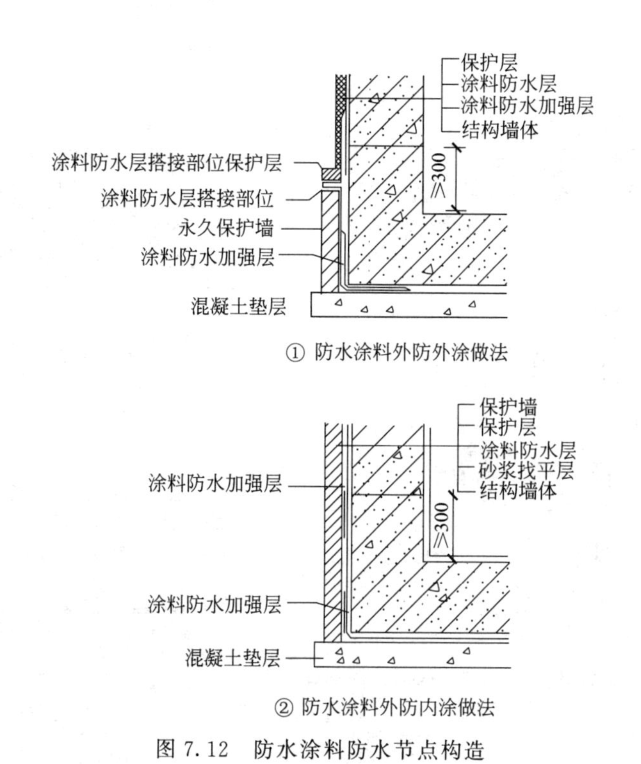

图 7.12　防水涂料防水节点构造

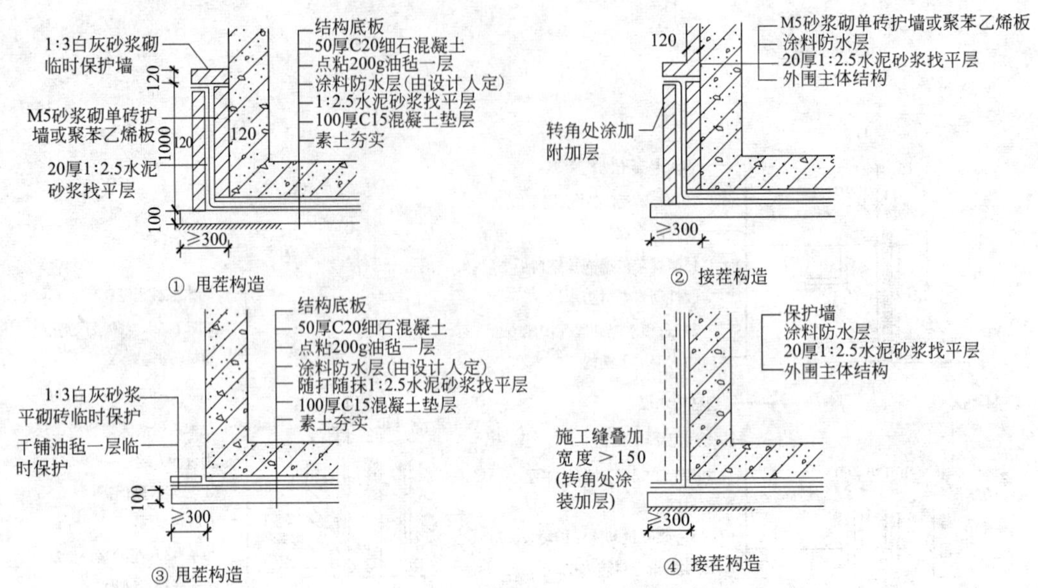

图 7.13　防水涂料防水甩、接茬节点构造

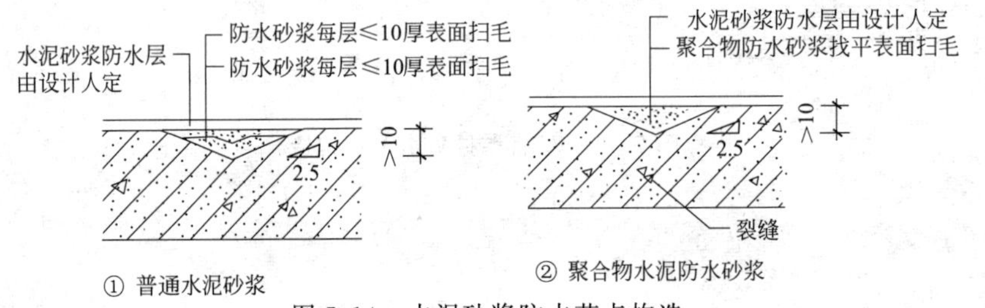

图 7.14　水泥砂浆防水节点构造

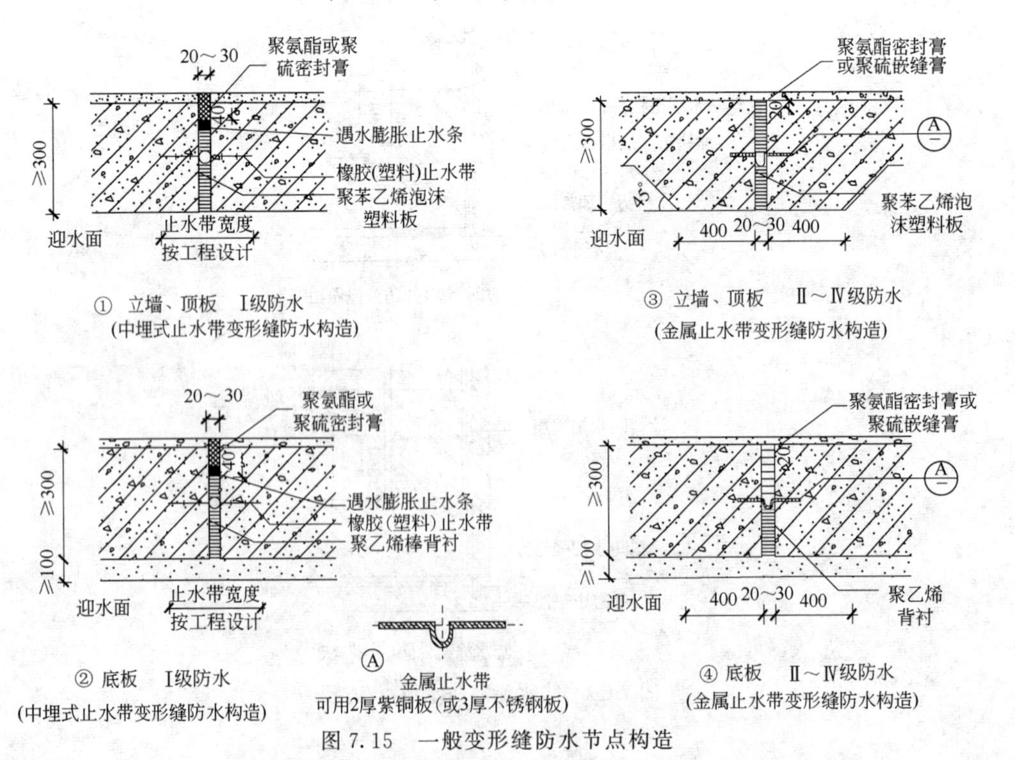

图 7.15　一般变形缝防水节点构造

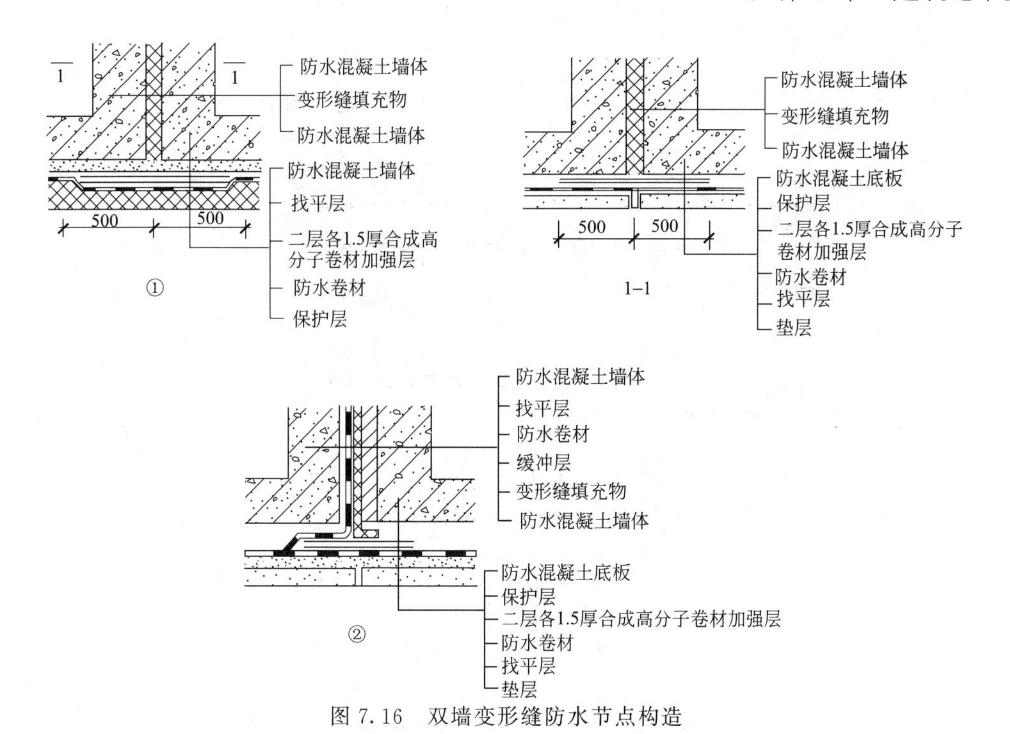

图 7.16　双墙变形缝防水节点构造

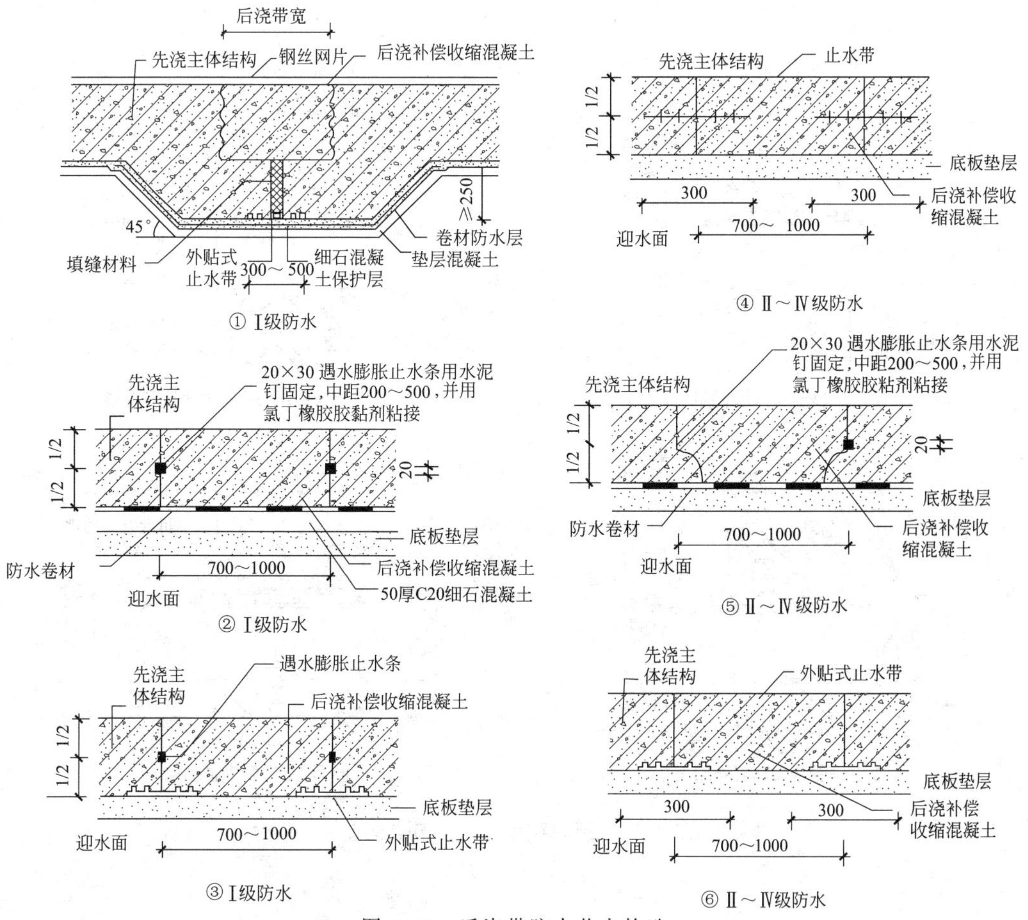

图 7.17　后浇带防水节点构造

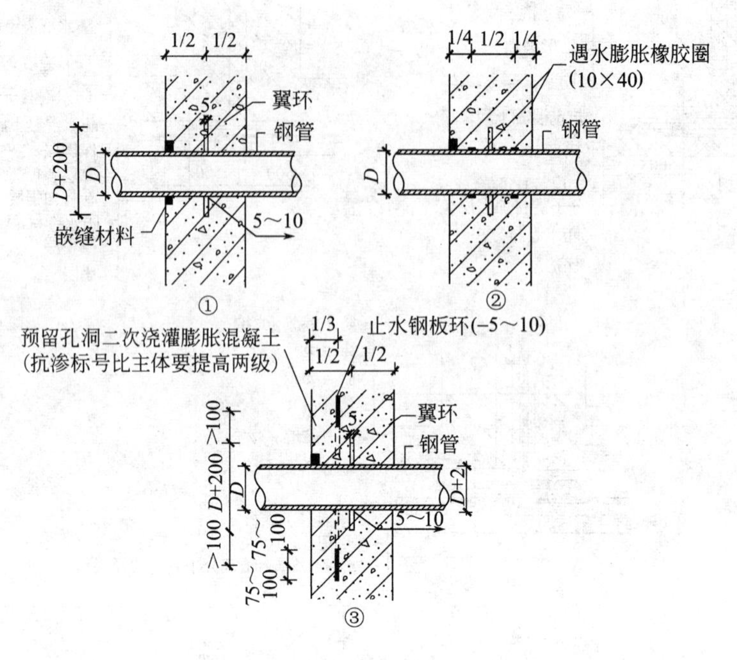

图 7.18 翼环式穿墙管防水节点构造

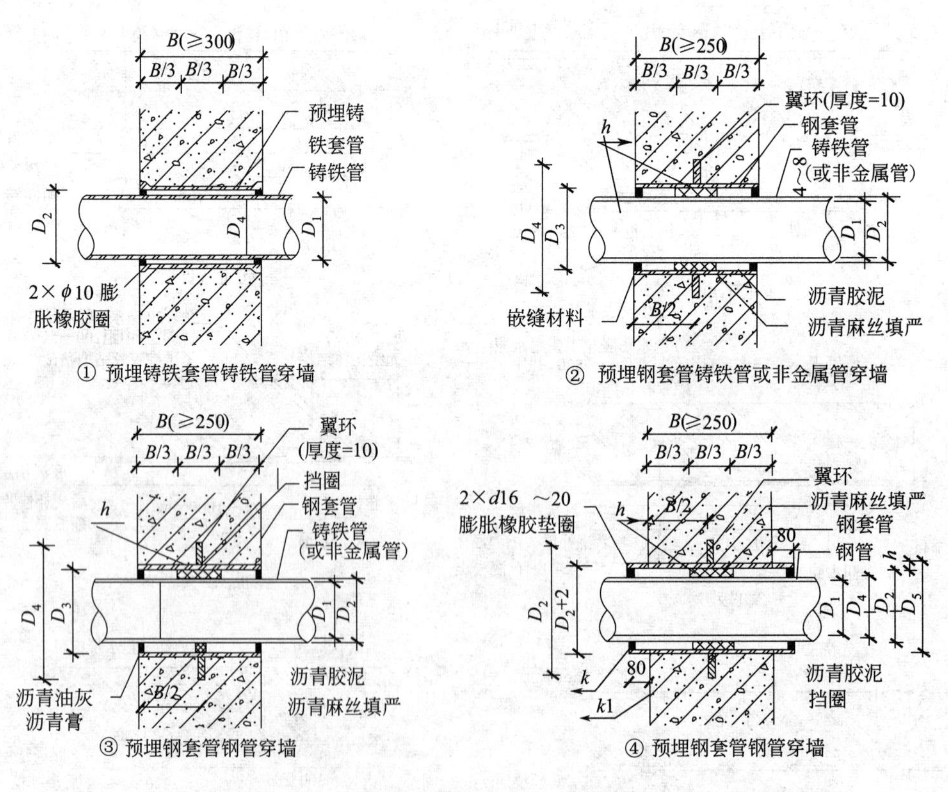

图 7.19 预埋穿墙管防水节点构造

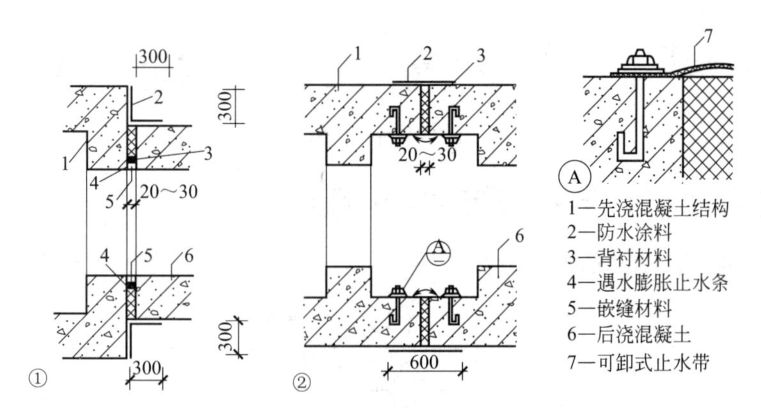

图 7.20　预留通道接头防水节点构造

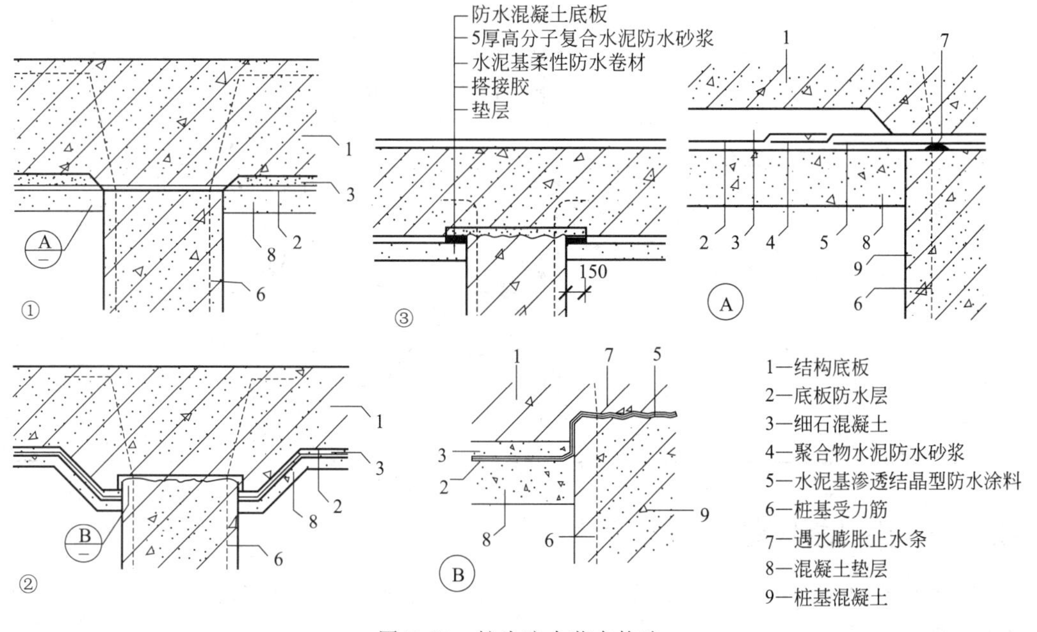

图 7.21　桩头防水节点构造

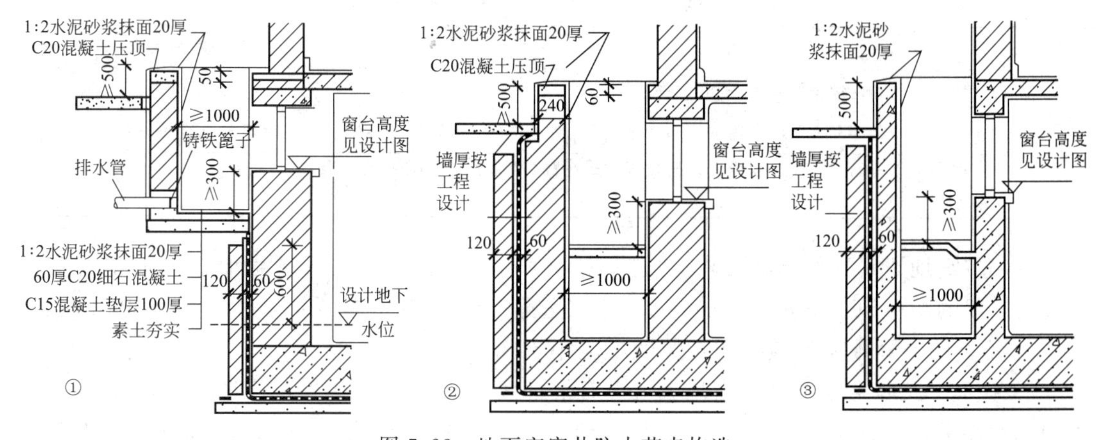

图 7.22　地下室窗井防水节点构造

7.4 地下室防空设计

防空地下室是指具有预定战时防空功能的地下室。

7.4.1 防空地下室类别和抗力级别范围

防空地下室按其防护功能要求分类，详见表7.9。

表7.9 防空地下室类别

类别	防护功能要求	类别	防护功能要求
甲类防空地下室	必须满足其预定的战时对核武器、常规武器和生化武器的各项防护要求	乙类防空地下室	必须满足其预定的战时对常规武器和生化武器的各项防护要求

防空地下室的抗力级别分为7级，具体范围详见表7.10。

表7.10 防空地下室抗力级别

序号	抗力级别		防护功能
1	防常规武器抗力级别	常5级	防常规武器抗力级别为5级
		常6级	防常规武器抗力级别为6级
2	防核武器抗力级别	核4级	防核武器抗力级别为4级
		核4B级	防核武器抗力级别为4B级
		核5级	防核武器抗力级别为5级
		核6级	防核武器抗力级别为6级
		核6B级	防核武器抗力级别为6B级

7.4.2 防空地下室建筑设计要求

（1）建筑室内净高要求　按照GB 50038《人民防空地下室设计规范》，防空地下室建筑室内净高要求满足表7.11规定。

表7.11 防空地下室建筑室内净高要求

序号	类别	室内净高要求
1	防空地下室的室内地平面至梁底和管底的净高	≥2.00m
2	专业队装备掩蔽部和人防汽车库的室内地平面至梁底和管底的净高	≥(车辆高度+0.20m)
3	防空地下室的室内地平面至顶板的结构板底面的净高(专业队装备掩蔽部和人防汽车库除外)	≥2.40m

（2）防空地下室顶板厚度要求　按照GB 50038《人民防空地下室设计规范》，战时室内有人员停留的防空地下室，其钢筋混凝土顶板应符合下列规定。

① 乙类防空地下室的顶板防护厚度不应小于250mm。

② 对于甲类防空地下室，当顶板上方有上部建筑时，其防护厚度应满足表7.12的最小防护厚度要求；当顶板上方没有上部建筑时，其防护厚度应满足表7.13的最小防护厚度要求。

表 7.12 有上部建筑时顶板最小防护厚度要求

城市海拔/m	剂量限值/Gy	防核武器抗力级别				城市海拔/m	剂量限值/Gy	防核武器抗力级别			
		4	4B	5	6、6B			4	4B	5	6、6B
≤200	0.1	970	820	460	250	＞1200	0.1	1070	930	610	250
	0.2	860	710	360							
＞200 ≤1200	0.1	1010	860	540			0.2	960	820	500	
	0.2	900	750	430							

表 7.13 无上部建筑时顶板最小防护厚度要求

城市海拔/m	剂量限值/Gy	防核武器抗力级别				城市海拔/m	剂量限值/Gy	防核武器抗力级别			
		4	4B	5	6、6B			4	4B	5	6、6B
≤200	0.1	1150	1000	640	250	＞1200	0.1	1250	1110	790	250
	0.2	1040	890	540							
＞200 ≤1200	0.1	1190	1040	720			0.2	1140	1000	680	
	0.2	1080	930	610							

③ 不满足最小防护厚度要求的顶板，应在其上面覆土，覆土的厚度不应小于最小防护厚度与顶板防护厚度之差的 1.4 倍。

④ 战时室内有人员停留的顶板底面高于室外地平面（即非全埋式）的乙类防空地下室和非全埋式的核 6 级、核 6B 级甲类防空地下室，其室外地平面以上的钢筋混凝土外墙厚度不应小于 250mm。

（3）防空地下室防护单元和抗爆单元划分 按照 GB 50038《人民防空地下室设计规范》，防空地下室防护单元和抗爆单元划分应符合下列要求。此外相邻防护单元之间应设置防护密闭隔墙（亦称防护单元隔墙）。防护密闭隔墙应为整体浇筑的钢筋混凝土墙。

① 上部建筑层数为 9 层或不足 9 层（包括没有上部建筑）的防空地下室应按表 7.14 的要求划分防护单元和抗爆单元。

表 7.14 防护单元和抗爆单元建筑面积 单位：m^2

工程类型	医疗救护工程	防空专业队工程		人员掩蔽工程	配套工程
		队员掩蔽部	装备掩蔽部		
防护单元	≤1000		≤4000	≤2000	≤4000
抗爆单元	≤500		≤2000	≤500	≤2000

注：防空地下室内部为小房间布置时，可不划分抗爆单元。

② 上部建筑的层数为 10 层或多于 10 层（其中一部分上部建筑可不足 10 层或没有上部建筑，但其建筑面积不得大于 200m^2）的防空地下室，可不划分防护单元和抗爆单元（注：位于多层地下室底层的防空地下室，其上方的地下室层数可计入上部建筑的层数）。

③ 对于多层的乙类防空地下室和多层的核 5 级、核 6 级、核 6B 级的甲类防空地下室，当其上下相邻楼层划分为不同防护单元时，位于下层及以下的各层可不再划分防护单元和抗爆单元。

④ 乙类防空地下室防护单元隔墙的厚度常 5 级不得小于 250mm，常 6 级不得小于 200mm。

⑤ 两相邻防护单元之间应至少设置一个连通口。在连通口的防护单元隔墙两侧应各设置一道防护密闭门，墙两侧都设有防护密闭门的门框墙厚度不宜小于 500mm。如图 7.23 所示。

（4）防空地下室出入口要求 防空地下室战时使用的出入口，其设置应符合下列规定。

防空地下室的每个防护单元不应少于两个出入口（不包括竖井式出入口、防护单元之间的连通口)，其中至少有一个室外出入口（竖井式除外)。战时主要出入口应设在室外出入口。

(5) 防空地下室室内装修设计要求　防空地下室的顶板不应抹灰。平时设置吊顶时，应采用轻质、坚固的龙骨，吊顶饰面材料应方便拆卸。

设置地漏的房间和通道，其地面坡度不应小于0.5%，坡向地漏，且其地面应比相连的无地漏房间（或通道）的地面低20mm。

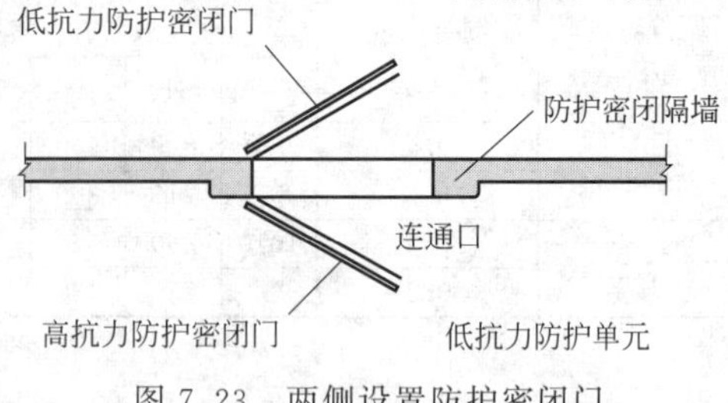

图 7.23　两侧设置防护密闭门

(6) 防空地下室防水要求　上部建筑范围内的防空地下室顶板应采用防水混凝土，当有条件时宜附加一种柔性防水层。

防空地下室的防水设计不应低于《地下工程防水技术规范》规定的防水等级二级标准。

(7) 防空地下室机电设备管线要求　穿过人防围护结构的管道应符合下列规定：

① 与防空地下室无关的管道不宜穿过人防围护结构；上部建筑的生活污水管、雨水管、燃气管不得进入防空地下室；

② 穿过防空地下室顶板、临空墙和门框墙的管道，其公称直径不宜大于150mm；

③ 凡进入防空地下室的管道及其穿过的人防围护结构，均应采取防护密闭措施。

(8) 防空地下室地面建筑的倒塌范围　按照GB 50038《人民防空地下室设计规范》，甲类防空地下室设计中的地面建筑的倒塌范围，宜按表7.15确定。

表 7.15　甲类防空地下室地面建筑的倒塌范围

防核武器抗力级别	地面建筑结构类型	
	砌体结构	钢筋混凝土结构、钢结构
4、4B	建筑高度	建筑高度
5、6、6B	0.5倍建筑高度	5.00m

注：1. 表内“建筑高度”系指室外地平面至地面建筑檐口或女儿墙顶部的高度。

2. 核5级、核6级、核6B级的甲类防空地下室，当毗邻出地面段的地面建筑外墙为钢筋混凝土剪力墙结构时，可不考虑其倒塌影响。

7.4.3　防空地下室入口人防门的设置要求

人防门是指防护密闭门和密闭门的统称。按照GB 50038《人民防空地下室设计规范》，防空地下室出入口人防门的设置应符合下列规定：

① 人防门的设置数量应符合表7.16的规定，并按由外到内的顺序，设置防护密闭门、密闭门；

② 防护密闭门应向外开启；

③ 密闭门宜向外开启。

表 7.16　出入口人防门的设置数量

人防门	工程类别			
	医疗救护工程、专业队队员掩蔽部、一等人员掩蔽所、生产车间、食品站		二等人员掩蔽所、电站控制室、物资库、区域供水站	专业队装备掩蔽部、汽车库、电站发电机房
	主要口	次要口		
防护密闭门	1	1	1	1
密闭门	2	1	1	0

7.4.4　防空地下室设计其他相关要求

按照 GB 50038《人民防空地下室设计规范》，当电梯通至地下室时，电梯必须设置在防空地下室的防护密闭区以外。如图 7.24 所示。

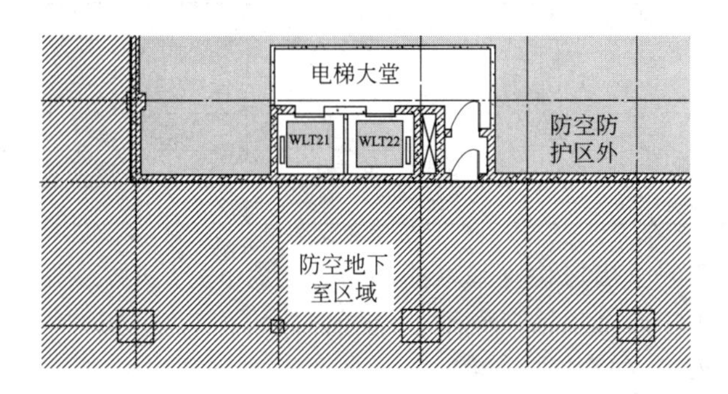

图 7.24　防空地下室电梯设置

7.5　地下室防火设计

7.5.1　地下室耐火等级和防火分区

（1）地下室耐火等级　地下建筑（室）或半地下建筑（室）的耐火等级不应低于一级。

（2）地下室防火分区见表 7.17。

表 7.17　地下室防火分区

名称	耐火等级	防火分区的最大允许建筑面积/m^2	当建筑内设置自动灭火系统时防火分区最大允许建筑面积/m^2	备注
地下或半地下建筑(室)	一级	500	1000	设备用房的防火分区最大允许建筑面积不应大于 $1000m^2$
地下商店营业厅、展览厅	一级	—	2000	—

7.5.2　地下室安全疏散基本要求

（1）地下室安全出口设置基本要求

① 除人员密集场所外，建筑面积不大于 $500m^2$、使用人数不超过 30 人且埋深不大于 10m 的地下或半地下建筑（室），当需要设置 2 个安全出口时，其中一个安全出口可利用直通室外的金属竖向梯。

② 除歌舞娱乐放映游艺场所外，防火分区建筑面积不大于 $200m^2$ 的地下或半地下设备间、防火分区建筑面积不大于 $50m^2$ 且经常停留人数不超过 15 人的其他地下或半地下建筑（室），可设置 1 个安全出口或 1 部疏散楼梯。

③ 除本规范另有规定外，建筑面积不大于 $200m^2$ 的地下或半地下设备间、建筑面积不大于 $50m^2$ 且经常停留人数不超过 15 人的其他地下或半地下房间，可设置 1 个疏散门。

（2）地下汽车库安全出口设置基本要求

① 对于停车当量小于25辆的小型车库，出入口可设一个单车道，并应采取进出车辆的避让措施。

② 机动车库出入口和车道数量应符合表7.18的规定。

表7.18　机动车库出入口和车道数量

规模 / 停车当量 / 出入口和车道数量	特大型	大型		中型		小型	
停车当量	>1000	501～1000	301～500	101～300	51～100	25～50	<25
机动车出入口数量	≥3	≥2		≥2	≥1	≥1	
非居住建筑出入口车道数量	≥5	≥4	≥3	≥2		≥2	≥1
居住建筑出入口车道数量	≥3	≥2	≥2	≥2		≥2	≥1

(3) 地下人防工程安全出口设置基本要求：防空地下室战时使用的出入口，防空地下室的每个防护单元不应少于两个出入口（不包括竖井式出入口、防护单元之间的连通口）。其中至少有一个室外出入口（竖井式除外）。

7.6 地下室不同功能空间设置基本要求

7.6.1 地下室用作商场等一般商业用途设置要求

① 营业厅、展览厅不应设置在地下三层及以下楼层。如图7.25所示。

② 地下或半地下营业厅、展览厅不应经营、储存和展示甲、乙类火灾危险性物品。

③ 剧场、电影院、礼堂等设置在地下或半地下时，宜设置在地下一层，不应设置在地下三层及以下楼层。

④ 托儿所、幼儿园的儿童用房，老年人活动场所和儿童游乐厅等儿童活动场所不应设置在地下或半地下。

⑤ 医院和疗养院的住院部分不应设置在地下或半地下。

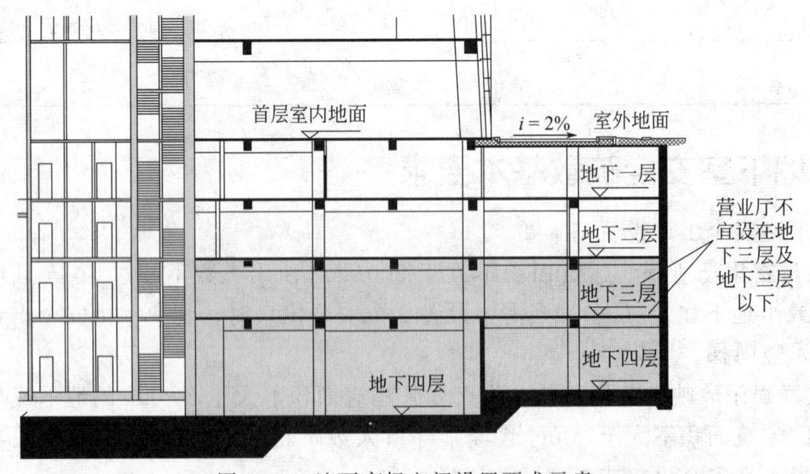

图7.25　地下商场空间设置要求示意

7.6.2 地下室歌舞、游艺厅、网吧等娱乐场所设置要求

歌舞厅、录像厅、夜总会、卡拉OK厅（含具有卡拉OK功能的餐厅）、游艺厅

(含电子游艺厅)、桑拿浴室(不包括洗浴部分)、网吧等歌舞娱乐放映游艺场所(不含剧场、电影院)不应布置在地下二层及以下楼层；确需布置在地下一层时，地下一层的地面与室外出入口地坪的高差不应大于 10m，一个厅、室的建筑面积不应大于 200m²。如图 7.26 所示。

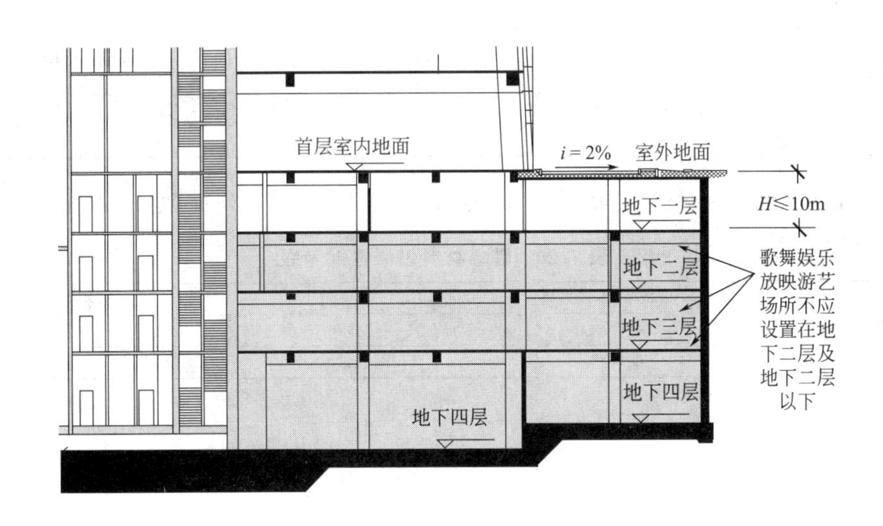

图 7.26　地下歌舞娱乐游艺场所设置示意

7.6.3　地下人员密集场所设置相关规定

建筑内的会议厅、多功能厅等人员密集的场所，设置在地下或半地下时，宜设置在地下一层，不应设置在地下三层及以下楼层。

7.6.4　地下居住等其他空间设置要求

① 卧室、起居室(厅)、厨房不应布置在地下室；当布置在半地下室时，必须对采光、通风、日照、防潮、排水及安全防护采取措施，并不得降低各项指标要求。

② 除卧室、起居室(厅)、厨房以外的其他功能房间可布置在地下室，当布置在地下室时，应对采光、通风、防潮、排水及安全防护采取措施。

7.7　地下室建筑装饰要求

地下民用建筑(包括单层、多层、高层民用建筑的地下部分，单独建造在地下的民用建筑以及平战结合的地下人防工程)内部各部位装修材料的燃烧性能等级，不应低于表 7.20 的规定。对于地下民用建筑的疏散走道和安全出口的门厅，其顶棚、墙面和地面的装修材料应采用 A 级装修材料。地下商场、地下展览厅的售货柜台、固定货架、展览台等，应采用 A 级装修材料。

单独建造的地下民用建筑的地上部分，其门厅、休息室、办公室等内部装修材料的燃烧性能等级可在表 7.19 的基础上降低一级要求。

表 7.19 地下民用建筑内部各部位装修材料要求

建筑物及场所名称	装修材料燃烧性能等级						
	顶棚	墙面	地面	隔断	固定家具	装饰织物	其他装饰材料
休息室和办公室等、旅馆的客房及公共活动用房等	A	B1	B1	B1	B1	B1	B2
娱乐场所、旱冰场等，舞厅、展览厅等，医院的病房、医疗用房等	A	A	B1	B1	B1	B1	B2
电影院的观众厅、商场的营业厅	A	A	A	B1	B1	B1	B2
停车库、人行通道、图书资料库、档案库	A	A	A	A	A	—	—

其中装修材料按其燃烧性能应划分为四级，详见表 7.20 所列规则。

表 7.20 装修材料燃烧性能等级

等　级	装修材料燃烧性能	等　级	装修材料燃烧性能
A	不燃性	B2	可燃性
B1	难燃性	B3	易燃性

Chapter 08

第8章 建筑墙体设计

8.1 建筑墙体基本设计要求

8.1.1 建筑墙体类型

墙身材料应因地制宜，采用新型建筑墙体材料。外墙应根据当地气候条件和建筑使用要求，采取保温、隔热、隔声、防潮等措施，并满足相关规范的要求。如图 8.1 所示为外墙大样（局部）示意图。

墙身应根据其在建筑物中的位置、作用和受力状态确定墙体厚度、材料及构造做法，材料的选择应因地制宜。

(1) 按部位分类　建筑墙体按部位及其性能可以分为外墙、内墙。如图 8.2 所示。

(2) 按性能分类　建筑墙体按受力性质可以为承重墙体和非承重墙体（图 8.3）。常见的承重墙体和非承重墙体所采用的材料参见表 8.1。

表 8.1　常见墙体材料

墙体类型	材料名称
承重墙体	混凝土小型砌块、混凝土中型砌块、粉煤灰中型砌块、灰砂砖、粉煤灰砖、钢筋混凝土等
非承重墙体(框架填充墙体)	多孔砖、陶粒空心砖、加气混凝土砌块、混凝土空心砌块、灰砂砖等
非承重内隔墙墙体	混凝土条板、GRC 条板、钢丝网抹水泥砂浆板、轻集料混凝土板、石膏圆孔板、轻钢龙骨石膏板、硅钙板、铝合金玻璃隔断、玻璃隔断等

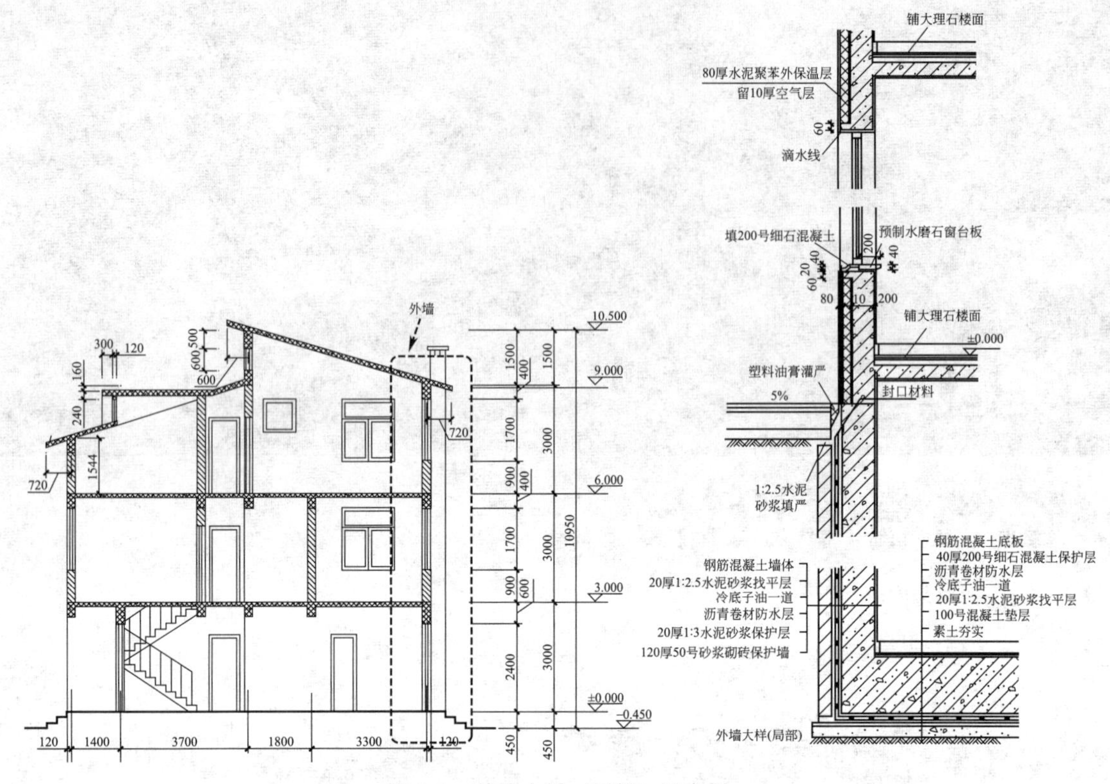

图 8.1 外墙大样（局部）示意图

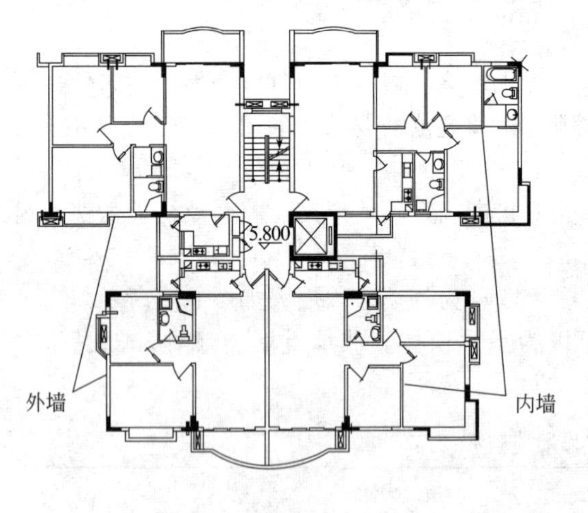

图 8.2 外墙和内墙

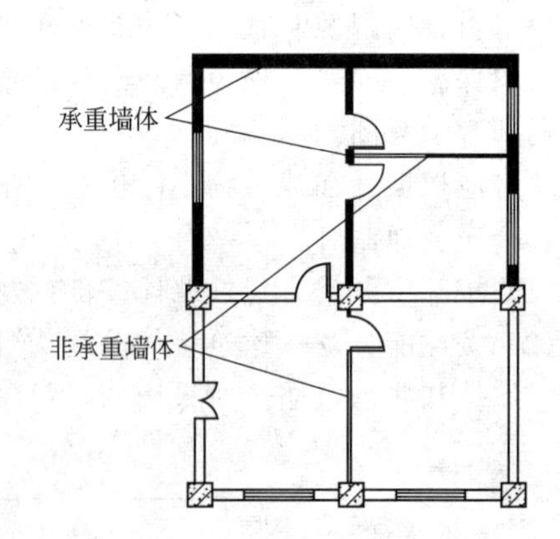

图 8.3 承重墙体和非承重墙体

8.1.2 多层砌体结构房屋层数和高度要求

砌体结构由块体和砂浆砌筑而成的墙、柱作为建筑物主要受力构件的结构，是砖砌体、砌块砌体和石砌体结构的统称。如图 8.4 所示。

① 根据 GB 50003—2011《砌体结构设计规范》，多层砌体结构房屋的层数和总高度不应超过表 8.2 的规定。

② 室内外高差大于 0.6m 时，多层砌体结构房屋总高度应允许比表 8.2 中的数据适当增

图 8.4　砌体结构建筑示意

加，但增加量应少于 1.0m。

③ 乙类的多层砌体结构房屋仍按本地区设防烈度查表 8.2，其层数应减少一层且总高度应降低 3m。

表 8.2　多层砌体房屋的层数和总高度限值　　单位：m

房屋类别		最小墙厚度/mm	设防烈度和设计基本地震加速度											
			6		7				8				9	
			0.05g		0.10g		0.15g		0.20g		0.30g		0.40g	
			高度	层数	高度	层数	高度	层数	高度	层数	高度	层数	高度	层数
多层砌体房屋	普通砖	240	21	7	21	7	21	7	18	6	15	5	12	4
	多孔砖	240	21	7	21	7	18	6	18	6	15	5	9	3
		190	21	7	18	6	15	5	15	5	12	4	—	—
	混凝土砌块	190	21	7	21	7	18	6	18	6	15	5	9	3
底部框架-抗震墙砌体房屋	普通砖　多孔砖	240	22	7	22	7	19	6	16	5	—	—	—	—
	多孔砖	190	22	7	19	6	16	5	13	4	—	—	—	—
	混凝土砌块	190	22	7	22	7	19	6	16	5	—	—	—	—

④ 各层横墙较少的多层砌体房屋，总高度应比表 8.2 中的规定降低 3m，层数相应减少一层；各层横墙很少的多层砌体房屋，还应再减少一层。

⑤ 多层砌体结构房屋的层高，不应超过 3.6m。

⑥ 多层砌体房屋总高度与总宽度的最大比值，宜符合表 8.3 的要求。

表 8.3　多层砌体房屋最大高宽比

烈度	6	7	8	9
最大高宽比	2.5	2.5	2.0	1.5

8.1.3 砌体结构墙体材料强度要求

① 砌体结构房屋中承重结构的块体的强度等级，应按表 8.4 规定采用，如图 8.5 所示。

表 8.4 承重结构的块体的强度等级

序号	承重结构的砌块类型	砌块强度等级
1	烧结普通砖、烧结多孔砖	MU30 、MU25 、MU20 、MU15 和 MU10
2	蒸压灰砂普通砖、蒸压粉煤灰普通砖	MU25 、MU20 和 MU15
3	混凝土普通砖、混凝土多孔砖	MU30 、MU25 、MU20 和 MU15
4	混凝土砌块、轻集料混凝土砌块	MU20 、MU15 、MU10 、MU7.5 和 MU5
5	石材	MU100 、MU80 、MU60 、MU50 、MU40 、MU30 和 MU20

(a) 烧结普通砖

(b) 烧结多孔砖

(c) 蒸压灰砂普通砖

(d) 混凝土多孔砖

图 8.5 部分常见砌体材料

② 砌体结构房屋中自承重墙的空心砖、轻集料混凝土砌块的强度等级，应按下列规定采用：

a. 空心砖的强度等级 MU10 、MU7.5、MU5 和 MU3.5；

b. 轻集料混凝土砌块的强度等级 MU10、MU7.5、MU5 和 MU3.5。

③ 砌体结构房屋中各种砌体采用的砂浆强度等级应按表 8.5 规定采用。

表 8.5　砂浆的强度等级

序号	承重结构的砌块类型	砌块强度等级
1	烧结普通砖、烧结多孔砖、蒸压灰砂普通砖和蒸压粉煤灰普通砖砌体采用的普通砂浆	M15、M10、M7.5、M5 和 M2.5
2	蒸压灰砂普通砖和蒸压粉煤灰普通砖砌体采用的专用砌筑砂浆	Ms15、Ms10、Ms7.5、Ms5.0
3	混凝土普通砖、混凝土多孔砖、单排孔混凝土砌块和煤矸石混凝土砌块砌体采用的砂浆	Mb20、Mb15、Mb10、Mb7.5 和 Mb5
4	双排孔或多排孔轻集料混凝土砌块砌体采用的砂浆	Mb10、Mb7.5 和 Mb5
5	毛料石、毛石砌体采用的砂浆	M7.5、M5 和 M2.5

④ 地面以下或防潮层以下的砌体、潮湿房间的墙或环境类别 2 的砌体，所用材料的最低强度等级应符合表 8.6 的规定：

表 8.6　地面以下或防潮层以下的砌体、潮湿房间的墙所用材料的最低强度等级

潮湿程度	烧结普通砖	混凝土普通砖、蒸压普通砖	混凝土砌块	石材	水泥砂浆
稍潮湿的	MU15	MU20	MU7.5	MU30	M5
很潮湿的	MU20	MU20	MU10	MU30	M7.5
含水饱和的	MU20	MU25	MU15	MU40	M10

⑤ 处于环境类别 3～5 等有侵蚀性介质的砌体材料应符合下列规定：

a. 不应采用蒸压灰砂普通砖、蒸压粉煤灰普通砖；

b. 应采用实心砖，砖的强度等级不应低于 MU20，水泥砂浆的强度等级不应低于 M10；

c. 混凝土砌块的强度等级不应低于 MU15，灌孔混凝土的强度等级不应低于 Cb30，砂浆的强度等级不应低于 Mb10。

8.1.4　砌体结构砌体墙体柱子厚度要求

① 承重的独立砖柱截面尺寸不应小于 240mm×370mm；如图 8.6 所示。

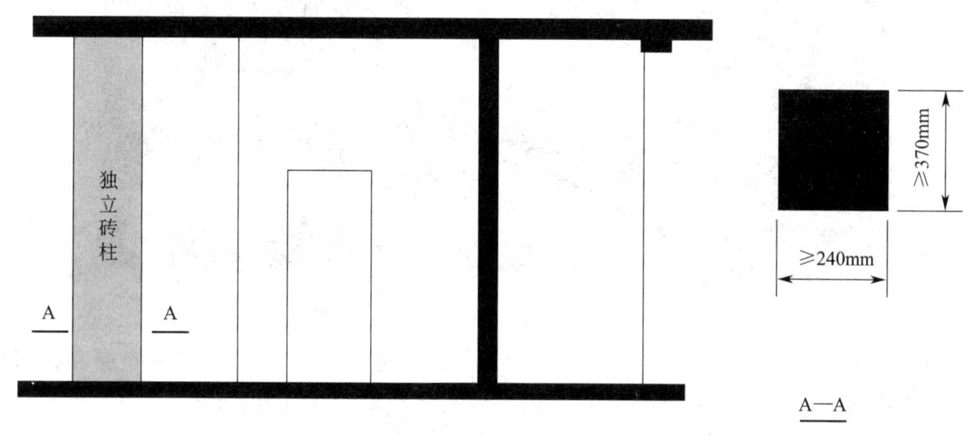

图 8.6　独立砖柱截面尺寸示意

② 毛石墙的厚度不宜小于 350mm，毛料石柱较小边长不宜小于 400mm。

③ 框架填充墙墙体墙厚不应小于 90mm，填充墙砌筑砂浆的强度等级不宜低于 M5（Mb5、Ms5）。

④ 砌体结构房屋抗震横墙的间距，不应超过表 8.7 的要求。

表 8.7　房屋抗震横墙的间距　　单位：m

房屋类别		烈度			
		6	7	8	9
多层砌体房屋	现浇或装配整体式钢筋混凝土楼、屋盖	15	15	11	7
	装配式钢筋混凝土楼、屋盖	11	11	9	4
	木屋盖	9	9	4	—
底部框架-抗震墙砌体房屋	上部各层	同多层砌体房屋			—
	底层或底部两层	18	15	11	—

⑤ 多层砌体房屋中砌体墙段的局部尺寸限值，宜符合表 8.8 的要求。

表 8.8　砌体房屋中砌体墙段局部尺寸限值

部位	6 度	7 度	8 度	9 度
承重窗间墙最小宽度	1.0	1.0	1.2	1.5
承重外墙尽端至门窗洞边的最小距离	1.0	1.0	1.2	1.5
非承重外墙尽端至门窗洞边的最小距离	1.0	1.0	1.0	1.0
内墙阳角至门窗洞边的最小距离	1.0	1.0	1.5	2.0
无锚固女儿墙(非出入口处)的最大高度	0.5	0.5	0.5	0.0

8.1.5　砌体结构圈梁设置要求

① 各类砖砌体房屋的现浇钢筋混凝土圈梁的宽度宜与墙厚相同，当墙厚不小于 240mm 时，其宽度不宜小于墙厚的 2/3 。圈梁高度不应小于 120mm。如图 8.7 所示。

图 8.7　砌体结构圈梁示意

② 住宅、办公楼等多层砌体结构民用房屋，且层数为 3～4 层时，应在底层和檐口标高处各设置一道圈梁。当层数超过 4 层时，除应在底层和檐口标高处各设置一道圈梁外，至少应在所有纵、横墙上隔层设置。

③ 多层砌体工业房屋，应每层设置现浇混凝土圈梁。

8.1.6　砌体结构构造柱设置要求

① 各类砖砌体房屋的现浇钢筋混凝土构造柱设置部位应符合表 8.9 的规定；

表 8.9　砖砌体房屋构造柱设置要求

<table>
<tr><th colspan="4">房屋层数</th><th colspan="2" rowspan="2">设置部位</th></tr>
<tr><th>6 度</th><th>7 度</th><th>8 度</th><th>9 度</th></tr>
<tr><td>≤五</td><td>≤四</td><td>≤三</td><td></td><td rowspan="3">①楼、电梯间四角，楼梯斜梯段上下端对应的墙体处
②外墙四角和对应转角
③错层部位横墙与外纵墙交接处
④大房间内外墙交接处
⑤较大洞口两侧
（注：较大洞口是指内墙不小于 2.1m 的洞口）</td><td>①隔 12m 或单元横墙与外纵墙交接处
②楼梯间对应的另一侧内横墙与外纵墙交接处</td></tr>
<tr><td>六</td><td>五</td><td>四</td><td>二</td><td>①隔开间横墙（轴线）与外墙交接处
②山墙与内纵墙交接处</td></tr>
<tr><td>七</td><td>六、七</td><td>五、六</td><td>三、四</td><td>①内墙（轴线）与外墙交接处
②内墙的局部较小墙垛处
③内纵墙与横墙（轴线）交接处</td></tr>
</table>

② 多层砖砌体房屋构造柱的最小截面可为 180mm×240mm（墙厚 190mm 时为 180mm×190mm）；

③ 多层砖砌体房屋的构造柱与墙连接处应砌成马牙槎。如图 8.8 所示。

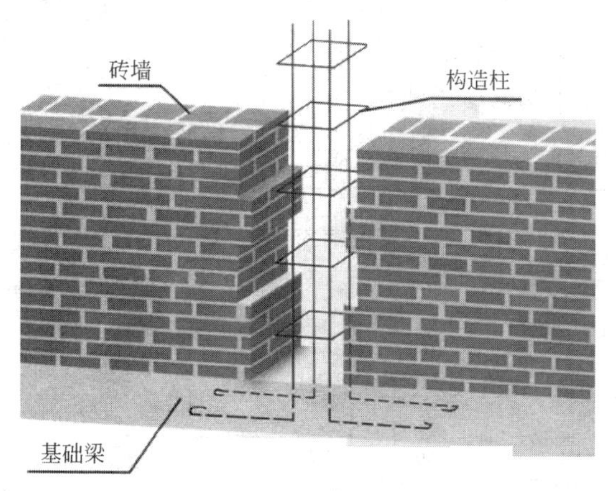

图 8.8　构造柱示意

8.1.7　钢筋混凝土框架结构建筑基本抗震构造措施

① 钢筋混凝土框架结构梁的截面尺寸，宜符合下列各项要求（图 8.9）：

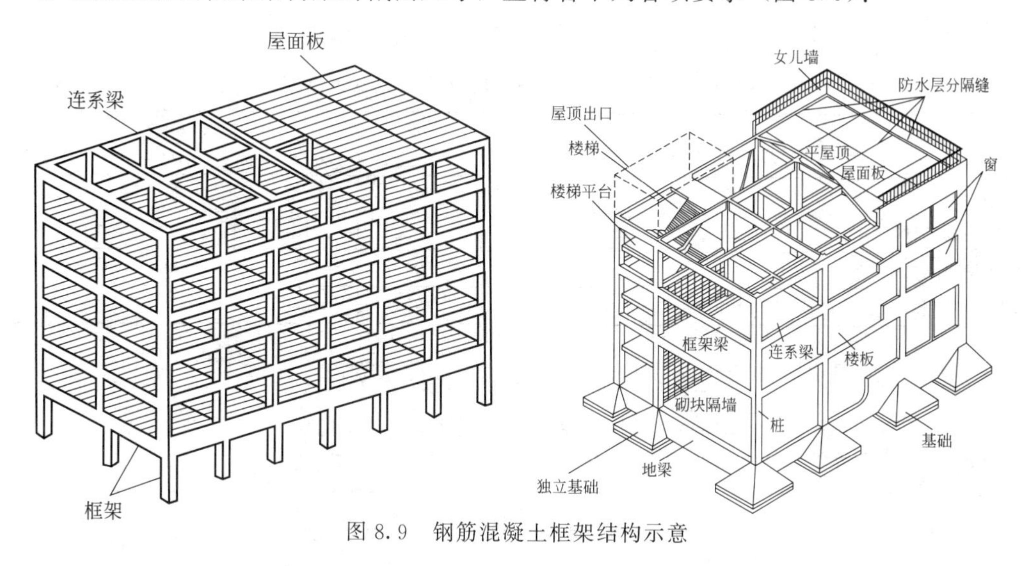

图 8.9　钢筋混凝土框架结构示意

a. 截面宽度不宜小于 200mm；

b. 截面高宽比不宜大于 4；

c. 净跨与截面高度之比不宜小于 4。

② 钢筋混凝土框架结构柱的截面尺寸，宜符合下列各项要求。

a. 截面的宽度和高度，四级抗震等级或不超过 2 层时不宜小于 300mm，一、二、三级抗震等级且超过 2 层时不宜小于 400mm。

b. 圆柱的直径，四级抗震等级或不超过 2 层时不宜小于 350mm，一、二、三级抗震等级且超过 2 层时不宜小于 450mm。

c. 剪跨比宜大于 2。

d. 截面长边与短边的边长比不宜大于 3。

8.1.8 房屋最大高度

（1）现浇钢筋混凝土房屋最大高度

① 现浇钢筋混凝土房屋的结构类型和最大高度应符合表 8.10 的要求。

② 平面和竖向均不规则的结构，适用的最大高度宜适当降低。

表 8.10 现浇钢筋混凝土房屋适宜的结构类型最大高度

结构类型		烈度				
		6	7	8(0.2g)	8(0.3g)	9
框架		60	50	40	35	24
框架-抗震墙		130	120	100	80	50
抗震墙		140	120	100	80	60
部分框支抗震墙		120	100	80	50	不应采用
筒体	框架-核心筒	150	130	100	90	70
	筒中筒	180	150	120	100	80
板柱-抗震墙		80	70	55	40	不应采用

（2）多层及高层钢结构民用房屋最大高度

① 多层及高层钢结构民用房屋的结构类型和最大高度应符合表 8.11 的规定。平面和竖向均不规则的钢结构，适用的最大高度宜适当降低。

表 8.11 钢结构房屋适用的结构类型最大高度 单位：m

结构类型	6、7度	7度	8度		9度
	(0.10g)	(0.15g)	(0.20g)	(0.30g)	(0.40g)
框架	110	90	90	70	50
框架-中心支撑	220	200	180	150	120
框架-偏心支撑(延性墙板)	240	220	200	180	160
筒体(框筒，筒中筒，桁架筒，束筒)和巨型框架	300	280	260	240	180

② 钢结构民用房屋的最大高宽比不宜超过表 8.12 的规定。

表 8.12 钢结构民用房屋适用的最大高宽比

烈度	6、7	8	9
最大高宽比	6.5	6.0	5.5

8.2　建筑墙身防潮和防水设计

8.2.1　墙身防潮、防渗及防水设置基本要求

① 砌体墙应在室外地面以上，位于室内地面垫层处设置连续的水平防潮层；室内相邻地面有高差时，应在高差处墙身侧面加设防潮层。

② 湿度较大的房间四周墙体内侧应设防潮层。

③ 室内墙面有防水、防潮等要求时，应设置防水层。室内墙面有防污、防碰等要求时，应按使用要求设置墙裙。

④ 外窗台应采取防水排水构造措施。

⑤ 外墙上空调室外机搁板应组织好冷凝水的排放，并采取防雨水倒灌及外墙防潮的构造措施。

⑥ 地震区防潮层应满足墙体抗震整体连接的要求。

8.2.2　墙身防潮层设置位置

墙身防潮应符合下列要求。

① 砌体墙应在室外地面以上，位于室内地面垫层处设置连续的水平防潮层；室内相邻地面有高差时，应在高差处墙身侧面加设防潮层；如图 8.10 所示。

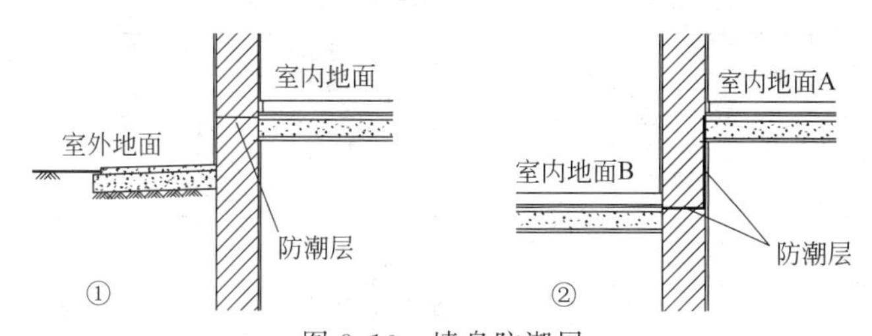

图 8.10　墙身防潮层

② 湿度大的房间外墙或内墙内侧应设防潮层。

③ 室内墙面有防水、防潮、防污、防碰等要求时，应按使用要求设置墙裙。

④ 当墙身为混凝土、钢筋混凝土或石砌块时，不需设置防潮层。

8.2.3　建筑墙身防潮层构造做法

① 防潮层一般使用 1∶2.5 水泥砂浆内掺水泥砂浆重量 3%～5%的防水剂，厚 20mm。

② 防潮层一般设置在室内地面下约 0.06m 处。

③ 石膏板和加气混凝土隔墙的底部，应采用细石混凝土（≥C15)、高度≥100mm 与墙体等宽的基础带作为防潮和防水构造措施。

8.2.4　墙身防水设计要求

建筑物外墙应根据工程性质、当地气候条件、所采用的墙体材料及装饰面材料等因素确定防水做法。

① 处于高湿环境的墙体应采用混凝土砌块等耐水性好的材料，不宜采用吸湿性强的材料，不能使用因吸水变形、腐烂导致强度降低的材料。墙面应有防潮措施。

② 高湿度的房间（如卫生间、淋浴房、厨房等）的墙面或直接有被水淋的墙面（如小

便槽、淋浴间等），应做墙面防水隔离层。

③ 特别重要的建筑、墙体采用空心砌块或轻质砖的住宅、当地基本风压值大于0.6kPa、对防水要求比较高的建筑，其外墙宜用20mm厚防水砂浆或7mm厚聚合物水泥砂浆抹面再加防水涂层。

④ 一般公共建筑、9层以下住宅、墙体采用实心砖或钢筋混凝土的建筑、当地基本风压值小于0.6kPa地区的建筑，其外墙宜用20mm厚防水砂浆、5mm厚聚合物水泥砂浆抹面或用1∶2.5水泥砂浆粘贴面砖饰面。

⑤ 突出墙面的线脚、挑檐等上部与墙交接处宜做成小圆角并向外找坡不小于3%，以利排水；下部宜做滴水槽。

⑥ 开敞的阳台、露台等地面应做防水，其面层应低于相邻室内地面20mm以上（南方多雨地区应在150mm以上，且防水层沿外墙应翻起高度100mm以上）。

8.3 建筑墙身防火设计

建筑物应按国家现行防火规范GB 50016—2014《建筑设计防火规范》的规定进行设计，划分防火分区和防烟分区，设置相应的防火墙和挡烟垂壁。

① 不同耐火等级建筑墙体构件的燃烧性能和耐火极限不应低于表8.13的规定。

表8.13　墙体的耐火等级要求

构件名称		耐火等级			
		一级	二级	三级	四级
墙	防火墙	不燃性 3.00	不燃性 3.00	不燃性 3.00	不燃性 3.00
	承重墙	不燃性 3.00	不燃性 2.50	不燃性 2.00	难燃性 0.50
	非承重外墙	不燃性 1.00	不燃性 1.00	不燃性 0.50	可燃性
	楼梯间和前室的墙电梯井的墙	不燃性	不燃性	不燃性	难燃性
	住宅建筑单元之间的墙和分户墙	2.00	2.00	1.50	0.50
	疏散走道两侧的隔墙	不燃性 1.00	不燃性 1.00	不燃性 0.50	难燃性 0.25
	房间隔墙	不燃性 0.75	不燃性 0.50	难燃性 0.50	难燃性 0.25

② 防火墙应直接设置在建筑的基础或框架、梁等承重结构上，框架、梁等承重结构的耐火极限不应低于防火墙的耐火极限。

③ 防火墙应从楼地面基层隔断至梁、楼板或屋面板的底面基层。当高层厂房（仓库）屋顶承重结构和屋面板的耐火极限低于1.00h，其他建筑屋顶承重结构和屋面板的耐火极限低于0.50h时，防火墙应高出屋面0.5m以上。

④ 防火墙上不应开设门、窗、洞口，确需开设时，应设置不可开启或火灾时能自动关闭的甲级防火门、窗。

⑤ 可燃气体和甲、乙、丙类液体的管道严禁穿过防火墙。防火墙内不应设置排气道。

⑥ 附设在建筑内的消防控制室、灭火设备室、消防水泵房和通风空气调节机房、变配电室等，应采用耐火极限不低于2.00h的防火隔墙和1.50h的楼板与其他部位分隔。设置在丁、戊类厂房内的通风机房，应采用耐火极限不低于1.00h的防火隔墙和0.50h的楼板与其他部位分隔。

⑦ 除国家防火规范另有规定外，建筑外墙上、下层开口之间应设置高度不小于1.2m的实体墙或挑出宽度不小于1.0m、长度不小于开口宽度的防火挑檐；当室内设置自动喷水灭火系统时，上、下层开口之间的实体墙高度不应小于0.8m。当上、下层开口之间设置实体墙确有困难时，可设置防火玻璃墙，但高层建筑的防火玻璃墙的耐火完整性不应低于1.00h，多层建筑防火玻璃墙的耐火完整性不应低于0.50h。外窗的耐火完整性不应低于防火玻璃墙的耐火完整性要求。

⑧ 住宅建筑外墙上相邻户开口之间的墙体宽度不应小于1.0m；小于1.0m时，应在开口之间设置突出外墙不小于0.6m的隔板。

⑨ 实体墙、防火挑檐和隔板的耐火极限和燃烧性能，均不应低于相应耐火等级建筑外墙的要求。

8.4 建筑墙体隔声减噪设计

根据《民用建筑隔声设计规范》，常见不同建筑的墙体的空气声隔声性能，应符合表8.14的规定。

表8.14　常见不同建筑墙体的空气声隔声性能要求

<table>
<tr><th>序号</th><th>建筑类型</th><th>建筑构件名称</th><th colspan="4">空气声隔声性能标准/dB</th></tr>
<tr><td rowspan="4">1</td><td rowspan="4">住宅建筑</td><td>分户墙</td><td colspan="4">>45(高要求的住宅>50)</td></tr>
<tr><td>外墙</td><td colspan="4">≥45</td></tr>
<tr><td>户内卧室墙</td><td colspan="4">≥35</td></tr>
<tr><td>户内分室墙</td><td colspan="4">≥30</td></tr>
<tr><td rowspan="3">2</td><td rowspan="3">办公建筑</td><td>办公室、会议室与产生噪声的房间之间的隔墙</td><td colspan="2">高要求标准
>45</td><td colspan="2">低限标准</td></tr>
<tr><td>办公室、会议室的外墙</td><td colspan="4">≥45</td></tr>
<tr><td>办公室、会议室与普通房间的隔墙</td><td colspan="2">高要求标准
>50</td><td colspan="2">低限标准
>45</td></tr>
<tr><td rowspan="6">3</td><td rowspan="6">医院建筑</td><td>病房与产生噪声房间之间的隔墙</td><td colspan="2">高要求标准
>55</td><td colspan="2">低限标准
>50</td></tr>
<tr><td>手术室与产生噪声房间之间的隔墙</td><td colspan="2">高要求标准
>50</td><td colspan="2">低限标准
>45</td></tr>
<tr><td>病房之间及病房、手术室与普通房间之间的隔墙</td><td colspan="2">高要求标准
>50</td><td colspan="2">低限标准
>45</td></tr>
<tr><td>诊室之间的隔墙</td><td colspan="2">高要求标准
>45</td><td colspan="2">低限标准
>40</td></tr>
<tr><td>听力测听室的隔墙</td><td colspan="2">—</td><td colspan="2">低限标准
>50</td></tr>
<tr><td>体外震波碎石室、核磁共振室的隔墙</td><td colspan="2">—</td><td colspan="2">低限标准
>50</td></tr>
<tr><td rowspan="3">4</td><td rowspan="3">旅馆建筑</td><td>客房之间的隔墙</td><td>特级
>50</td><td colspan="2">一级
>45</td><td>二级
>40</td></tr>
<tr><td>客房与走廊之间的隔墙</td><td>特级
>45</td><td colspan="2">一级
>45</td><td>二级
>40</td></tr>
<tr><td>客房外墙(含窗)</td><td>特级
>40</td><td colspan="2">一级
>35</td><td>二级
>30</td></tr>
<tr><td rowspan="2">5</td><td rowspan="2">商业建筑</td><td>健身中心、娱乐场所等与噪声敏感房间之间的隔墙</td><td colspan="2">高要求标准
>60</td><td colspan="2">低限标准
>55</td></tr>
<tr><td>购物中心、餐厅、会展中心等与噪声敏感房间之间的隔墙</td><td colspan="2">高要求标准
>50</td><td colspan="2">低限标准
>45</td></tr>
</table>

8.5 室内地下管沟与墙体关系

① 室内地下管沟宜沿外墙布置，并应在外墙勒脚处设置铁箅子的通风孔，通风孔位置宜在地沟短部。长管沟中间可适当增加通风孔，间距一般在15m左右。通风孔下皮距离散水面不小于150mm。

② 室内地沟宜在室内设置检查人孔，其位置设置在地沟转折处或接口处，其间距不宜大于30m。

8.6 建筑墙体保温及节能设计

8.6.1 建筑墙体保温系统的防火要求

① 建筑的内、外保温系统，宜采用燃烧性能为A级的保温材料，不宜采用B2级保温材料，严禁采用B3级保温材料；设置保温系统的基层墙体或屋面板的耐火极限应符合本规范的有关规定。

② 建筑外墙采用内保温系统时，保温系统应符合下列规定。

- 对于人员密集场所，用火、燃油、燃气等具有火灾危险性的场所以及各类建筑内的疏散楼梯间、避难走道、避难间、避难层等场所或部位，应采用燃烧性能为A级的保温材料。
- 对于其他场所，应采用低烟、低毒且燃烧性能不低于B1级的保温材料。
- 保温系统应采用不燃材料做防护层。采用燃烧性能为B1级的保温材料时，防护层的厚度不应小于10mm。

③ 设置人员密集场所的建筑，其外墙外保温材料的燃烧性能应为A级。

④ 与基层墙体、装饰层之间无空腔的建筑外墙外保温系统，其保温材料应符合下列规定。

a. 住宅建筑：

- 建筑高度大于100m时，保温材料的燃烧性能应为A级；
- 建筑高度大于27m，但不大于100m时，保温材料的燃烧性能不应低于B1级；
- 建筑高度不大于27m时，保温材料的燃烧性能不应低于B2级。

b. 除住宅建筑和设置人员密集场所的建筑外，其他建筑：

- 建筑高度大于50m时，保温材料的燃烧性能应为A级；
- 建筑高度大于24m，但不大于50m时，保温材料的燃烧性能不应低于B1级；
- 建筑高度不大于24m时，保温材料的燃烧性能不应低于B2级。

⑤ 除设置人员密集场所的建筑外，与基层墙体、装饰层之间有空腔的建筑外墙外保温系统，其保温材料应符合下列规定：

- 建筑高度大于24m时，保温材料的燃烧性能应为A级；
- 建筑高度不大于24m时，保温材料的燃烧性能不应低于B1级。

⑥ 建筑的屋面外保温系统，当屋面板的耐火极限不低于1.00h时，保温材料的燃烧性能不应低于B2级；当屋面板的耐火极限低于1.00h时，不应低于B1级。采用B1、B2级保温材料的外保温系统应采用不燃材料作防护层，防护层的厚度不应小于10mm。

⑦ 当建筑的屋面和外墙外保温系统均采用B1、B2级保温材料时，屋面与外墙之间应采

用宽度不小于 500mm 的不燃材料设置防火隔离带进行分隔。

⑧ 建筑外墙的装饰层应采用燃烧性能为 A 级的材料，但建筑高度不大于 50m 时，可采用 B1 级材料。

8.6.2　全国建筑热工设计分区

① 全国的建筑热工设计区划分两级（图 8.11）。一级区划指标及设计原则应符合表 8.15 的规定。

图 8.11　全国建筑热工设计分区图（引自 GB 50352—2005《民用建筑设计通则》）

② 在各一级区划内，采用 HDD18、CDD26 作为二级区划指标，将各一级划细分。二级区划指标应符合表 8.16 的规定。

表 8.15　建筑热工设计一级区划指标及设计原则

一级区划名称	区划指标		设计原则
	主要指标	辅助指标	
严寒地区(1)	$t_{min\cdot m}\leqslant -10$℃	$145\leqslant d_{\leqslant 5}$	必须充分满足冬季保温要求，一般可以不考虑夏季防热
寒冷地区(2)	-10℃$<t_{min\cdot m}\leqslant 0$℃	$90\leqslant d_{\leqslant 5}<145$	应满足冬季保温要求，部分地区兼顾夏季防热
夏热冬冷地区(3)	0℃$<t_{min\cdot m}\leqslant 10$℃ 25℃$<t_{max\cdot m}\leqslant 30$℃	$0\leqslant d_{\leqslant 5}<90$ $40\leqslant d_{\geqslant 25}<110$	必须满足夏季防热要求，适当兼顾冬季保温

续表

一级区划名称	区划指标		设计原则
	主要指标	辅助指标	
夏热冬暖地区(4)	$10℃<t_{min\cdot m}$ $25℃<t_{max\cdot m}\leqslant 29℃$	$100\leqslant d_{\geqslant 25}<200$	必须充分满足夏季防热要求，一般可不考虑冬季保温
温和地区(5)	$0℃<t_{min\cdot m}\leqslant 13℃$ $18℃<t_{max\cdot m}\leqslant 25℃$	$0\leqslant d_{\leqslant 5}<90$	部分地区应考虑冬季保温，一般可不考虑夏季防热

注：$t_{min\cdot m}$表示最冷月平均温度；$t_{max\cdot m}$表示最热月平均温度；$d_{\leqslant 5}$表示日平均温度≤5℃的天数；$d_{\geqslant 25}$表示日平均温度≥25℃的天数。

表 8.16　建筑热工设计二级区划指标及设计要求

二级区划名称	区划指标		设计要求
严寒 A 区(1A)	6000≤HDD18		冬季保温要求极高，必须满足保温设计要求，不考虑防热设计
严寒 B 区(1B)	5000≤HDD18<6000		冬季保温要求非常高，必须满足保温设计要求，不考虑防热设计
严寒 C 区(1C)	3800≤HDD18<5000		必须满足保温设计要求，可不考虑防热设计
寒冷 A 区(2A)	2000≤HDD18<3800	CDD26≤90	应满足保温设计要求，可不考虑防热设计
寒冷 B 区(2B)		CDD26>90	应满足保温设计要求，宜满足隔热设计要求，兼顾自然通风、遮阳设计
夏热冬冷 A 区(3A)	1200≤HDD18<2000		应满足保温、隔热设计要求，重视自然通风、遮阳设计
夏热冬冷 B 区(3B)	700≤HDD18<1200		应满足隔热、保温设计要求，强调自然通风、遮阳设计
夏热冬暖 A 区(4A)	500≤HDD18<700		应满足隔热设计要求，宜满足保温设计要求，强调自然通风、遮阳设计
夏热冬暖 B 区(4B)	HDD18<500		应满足隔热设计要求，可不考虑保温设计，强调自然通风、遮阳设计
温和 A 区(5A)	CDD26<10	700≤HDD18<2000	应满足冬季保温设计要求，可不考虑防热设计
温和 B 区(5B)		HDD18<700	宜满足冬季保温设计要求，可不考虑防热设计

注：HDD18——以 18℃为基准的采暖度日数；CDD26——以 26℃为基准的空调度日数。

8.6.3　建筑墙体保温设计基本要求

① 严寒、寒冷地区建筑设计必须满足冬季保温要求，夏热冬冷地区、温和 A 区建筑设计应满足冬季保温要求，夏热冬暖 A 区、温和 B 区宜满足冬季保温要求。

② 建筑物宜朝向南北或接近朝向南北，体形设计应减少外表面积，平、立面的凹凸不宜过多。

③ 严寒地区和寒冷地区的建筑不应设开敞式楼梯间和开敞式外廊，夏热冬冷 A 区不宜设开敞式楼梯间和开敞式外廊。

④ 严寒地区建筑出入口应设门斗或热风幕等避风设施，寒冷地区建筑出入口宜设门斗或热风幕等避风设施。

⑤ 外墙、屋顶、直接接触室外空气的楼板、分隔采暖房间与非采暖房间的内围护结构等非透光围护结构应按照规范的要求进行保温设计。

⑥ 外窗、透光幕墙、采光顶等透光外围护结构的面积不宜过大，应降低透光围护结构的传热系数值、提高透光部分的遮阳系数值，减少周边缝隙的长度，且应按照规范的要求进行保温设计。

8.6.4　建筑墙体防热设计基本要求

① 夏热冬暖和夏热冬冷地区建筑设计必须满足夏季防热要求，寒冷B区建筑设计宜考虑夏季防热要求。

② 建筑物防热应综合性地采取有利于防热的建筑总平面布置与形体设计、自然通风、建筑遮阳、围护结构隔热和散热、环境绿化、被动蒸发、淋水降温等措施。

③ 建筑朝向宜采用南北向或接近南北向，建筑平面、立面设计和门窗设置，应有利于自然通风，避免主要房间受东、西向的日晒。

建筑楼地面设计

9.1 建筑楼地面基本要求

9.1.1 一般楼地面基本要求

① 建筑物的底层地面标高，宜高出室外地面150mm。当有生产、使用的特殊要求或建筑物预期有较大沉降量等其他原因时，应增大室内外高差。如图9.1所示。

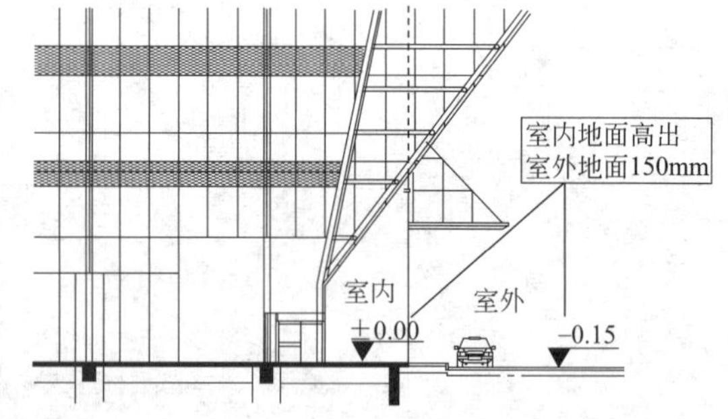

图9.1 室内外高差要求

② 木板、竹板地面，应采取防火、防腐、防潮、防蛀等相应措施。

③ 对混凝土或细石混凝土地面，混凝土面层或细石混凝土面层的强度等级不应小于C20；耐磨混凝土面层或耐磨细石混凝土面层的强度等级不应小于C30；底层地面的混凝土垫层兼面层的强度等级不应小于C20，其厚度不应小于80mm；细石混凝土面层厚度不应小于40mm。

④ 水泥砂浆地面，水泥砂浆的体积比应为1∶2，强度等级不应小于M15，面层厚度不应小于20mm。

9.1.2 楼地面防潮防水要求

① 有水或其他液体流淌的楼层地面孔洞四周翻边高度，不宜小于150mm；平台临空边缘应设置翻边或贴地遮挡，高度不宜小于100mm。

② 厕浴间和有防水要求的建筑地面应设置防水隔离层。楼层地面应采用现浇混凝土。

楼板四周除门洞外，应做强度等级不小于 C20 的混凝土翻边，其高度不小于 200mm。如图 9.2 所示。

③ 卫生间、淋浴间、厨房等受水或非腐蚀性液体经常浸湿的楼地面应采用防水、防滑类面层，且应低于相邻楼地面，并设排水坡坡向地漏；如图 9.2 所示。

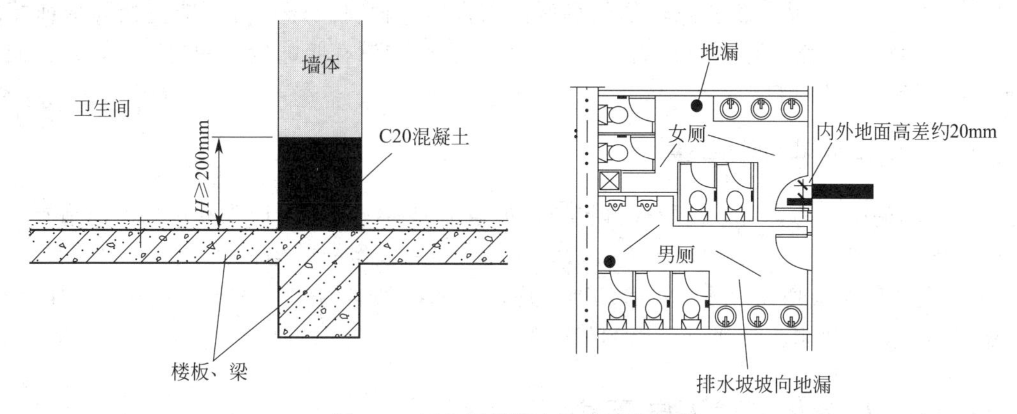

图 9.2　卫生间等排水构造要求示意

④ 有水或其他液体流淌的地段与相邻地段之间，应设置挡水或调整相邻地面的高差。

⑤ 厕所、浴室、盥洗室等受水或非腐蚀性液体经常浸湿的楼地面应采用防水、防滑类面层，且宜低于相邻楼地面，并设排水坡坡向地漏；厕浴间和有防水要求的建筑地面应有防水措施。

⑥ 经常有水流淌的楼地面应设置防水层，应设门槛等挡水设施，且应有排水措施。

⑦ 建筑地面应根据需要采取防潮、防基土冻胀、防不均匀沉陷等措施。

⑧ 存放食品、食料、种子或药物等的房间，其楼地面应采用无毒无味的面层材料。

9.1.3　楼地面防滑防碰撞要求

① 在踏步、坡道或经常有水、油脂、油等各种易滑物质的地面上，应采取防滑措施。

② 有强烈冲击、磨损等作用的沟、坑边缘以及经常受磕碰、撞击、摩擦等作用的室内外台阶、楼梯踏步的边缘，应采取加强措施。

③ 室内公共门厅、出入口、走道、室内游泳池、厕浴间、生产车间及防滑地面，应采用防滑系数（干态）≥0.6 的面层材料。

④ 室外公共场所的广场、人行道、步行街、停车场及建筑出口平台等，应采用防滑值(湿态)≥70 的面层材料。

⑤ 室内有明水处，尤其在泳池周围、浴池、洗手间、水产、蔬菜超市及生产车间、厨房加工间等区域应加设防滑垫，设置防滑标志。

9.1.4　防腐蚀等特殊房间楼地面要求

① 防腐蚀地面应少设地面接缝，并宜采用整体垫层。防腐蚀地面应低于非防腐蚀地面，且不宜低于 20mm；也可设置挡水设施。

② 防腐蚀地面与墙、柱交接处应设置与地面面层材料相同的踢脚板，高度不宜小于 250mm。

③ 有空气洁净度等级要求的地面不宜设变形缝，空气洁净度等级为 N1～N5 级的房间地面不应设变形缝。

④ 生产或使用过程中有防静电要求的地面面层，应采用表层静电耗散性材料，其表面电阻率、体积电阻率等主要技术指标应满足生产和使用要求，并应设置导静电泄放设施和接地连接。

⑤ 不发火花的地面，必须采用不发火花材料铺设，地面铺设材料必须经不发火花检验合格后方可使用。

⑥ 生产和储存食品、食料或药物的场所，在食品、食料或药物有可能直接与地面接触的地段，地面面层严禁采用有毒的材料。当此场所生产和储存吸味较强的食物时，地面面层严禁采用散发异味的材料。

9.1.5 楼地面保温要求

采暖房间的楼地面，可不采取保温措施，但遇下列情况之一时应采取局部保温措施：

① 架空或悬挑部分楼层地面，直接对室外或临非采暖房间的楼板；

② 严寒地区建筑物周边无采暖管沟时，底层地面在外墙内侧 1.00～2.00m 范围内宜采取保温措施，其传热阻不应小于外墙的传热阻。

9.2 建筑楼地面构造要求

建筑地面类型的选择，应根据建筑功能、使用要求、工程特征和技术经济条件，经过综合技术经济比较确定。

9.2.1 楼地面基本构造

① 底层地面的基本构造层宜为面层、垫层和地基。

② 楼层地面的基本构造层宜为面层和楼板。如图 9.3 所示。

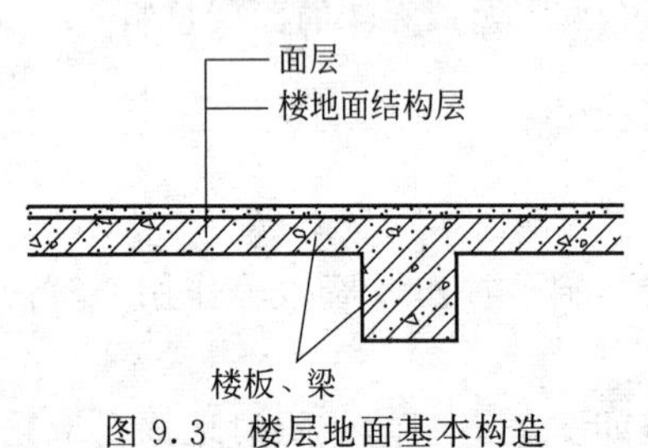

图 9.3 楼层地面基本构造

③ 当底层地面和楼层地面的基本构造层不能满足使用或构造要求时，可增设结合层、隔离层、填充层、找平层等其他构造层。

④ 建筑楼地面面层材料强度等级及厚度，应符合表 9.1、表 9.2 的规定。

表 9.1 面层类别及其材料选

面层类别	材料选择
水泥类整体面层	水泥砂浆、水泥钢(铁)屑、现制水磨石、混凝土、细石混凝土、耐磨混凝土、钢纤维混凝土或混凝土密封固化剂
树脂类整体面层	丙烯酸涂料、聚氨酯涂层、聚氨酯自流平涂料、聚酯砂浆、环氧树脂自流平涂料、环氧树脂自流平砂浆或干式环氧树脂砂浆
板块面层	陶瓷锦砖、耐酸瓷板(砖)、陶瓷地砖、水泥花砖、大理石、花岗石、水磨石板块、条石、块石、玻璃板、聚氯乙烯板、石英塑料板、塑胶板、橡胶板、铸铁板、网纹钢板、网络地板
木、竹面层	实木地板、实木集成地板、浸渍纸层压木质地板(强化复合木地板)、竹地板
不发火花面层	不发火花水泥砂浆、不发火花细石混凝土、不发火花沥青砂浆、不发火花沥青混凝土
防静电面层	导静电水磨石、导静电水泥砂浆、导静电活动地板、导静电聚氯乙烯地板
防油渗面层	防油渗混凝土或防油渗涂料的水泥类整体面层
防腐蚀面层	耐酸板块(砖、石材)或耐酸整体面层
矿渣、碎石面层	矿渣、碎石
织物面层	地毯

表 9.2 面层材料强度等级及厚度

面层材料	材料强度等级	厚度/mm
混凝土(垫层兼面层)	≥C20	按垫层确定
细石混凝土	≥C20	40～60
聚合物水泥砂浆	≥M20	20
水泥砂浆	≥M15	20
水泥钢(铁)屑	≥M40	30～40
水泥石屑	≥M30	30
现制水磨石	≥C20	≥30
耐磨混凝土(金属骨料面层)	≥C30	50～80
钢纤维混凝土	≥CF30	60
钢纤维混凝土(垫层兼面层)	≥CF30	120
钢纤维混凝土(垫层兼面层且为无缝地面)	≥CF35	140
防油渗混凝土	≥C30	60～70
防油渗涂料	—	5～7
耐热混凝土	≥C20	≥60
不发火花细石混凝土	≥C20	40～50
不发火花沥青砂浆	—	20～30
防静电水磨石	≥C20	40
防静电水泥砂浆	≥M15	40～50
防静电塑料板	—	2～3
防静电橡胶板	—	2～8
防静电活动地板	—	150～400
通风活动地板	—	300～400
水泥花砖	≥MU15	20～40
预制水磨石板	≥C20	25～30
陶瓷锦砖(马赛克)	—	5～8
陶瓷地砖(防滑地砖、釉面地砖)	—	8～14
大理石、花岗石板	—	20～40
耐酸瓷板(砖)	—	20、30、65
花岗岩条、块石	≥MU60	80～120
块石	≥MU30	100～150
玻璃板(不锈钢压边、收口)	—	12～24

面层材料		材料强度等级	厚度/mm
铸铁板		—	7～10
网纹钢板		—	6
网络地板		—	40～70
木板、竹板	单层	—	18～22
	双层		12～20
薄型木板(席纹拼花)		—	8～12
强化复合木地板		—	8～12
聚氨酯涂层		—	1.2
丙烯酸涂料		—	0.25
聚氨酯自流平涂料		—	2～4
环氧树脂自流平涂料		—	3～4
环氧树脂自流平砂浆		≥80MPa	4～7
干式环氧树脂砂浆		≥80MPa	3～5
地面辐射供暖面层	地砖	—	8～10
	水泥砂浆		20～30
	木板、强化复合木地板		12～20
矿渣、碎石(兼垫层)		—	80～150
煤矸石砖、耐火砖	平铺	≥MU10	53
	侧铺		115
干式环氧树脂砂浆		≥80MPa	3～5
聚酯砂浆		—	4～7
聚氯乙烯板含石英塑料板和塑胶板		—	1.6～3.2
橡胶板		—	3
聚氨酯橡胶复合面层		—	3.5～6.5(含发泡层、网格布等多种材料)
运动橡胶面层		—	4～5
地毯	单层	—	5～8
	双层		8～10

⑤ 建筑楼地面结合层材料及厚度，应符合表 9.3 的规定。

表 9.3 建筑楼地面结合层材料及厚度

面层材料	结合层材料	厚度/mm
大理石、花岗石板	1∶2 水泥砂浆或 1∶3 干硬性水泥砂浆	20～30
水泥花砖	1∶2 水泥砂浆或 1∶3 干硬性水泥砂浆	20～30
陶瓷锦砖(马赛克)	1∶1 水泥砂浆	5
陶瓷地砖(防滑地砖、釉面地砖)	1∶2 水泥砂浆或 1∶3 干硬性水泥砂浆	10～30
块石	砂、炉渣	60
铸铁板、网纹钢板	1∶2 水泥砂浆	45
	或砂、炉渣	60
花岗岩条(块)石	1∶2 水泥砂浆	15～20
	或砂	60

面层材料	结合层材料	厚度/mm
耐酸瓷板(砖)	树脂胶泥	3～5
	或水玻璃砂浆	15～20
	或聚酯砂浆	10～20
	或聚合物水泥砂浆	10～20
防静电水磨石、防静电水泥砂浆	防静电水泥浆一道，1∶3 防静电水泥砂浆内配导静电接地网	—
防静电塑料板、防静电橡胶板	专用胶黏剂粘贴	—
玻璃板(用不锈钢压边收口)	专用胶黏剂黏结	—
	C30 细石混凝土表面抹平	40
	或木板表面刷防腐剂及木龙骨	20

续表

面层材料	结合层材料	厚度/mm	面层材料	结合层材料	厚度/mm
木地板(实贴)	黏结剂,木板小钉	—	环氧树脂自流平涂料	环氧稀胶泥一道C25～C30细石混凝土	40
强化复合木地板	泡沫塑料衬垫	3～5			
	毛板、细木工板、中密度板	15～18	环氧树脂自流平砂浆聚酯砂浆	环氧稀胶泥一道C25～C30细石混凝土	40～50
耐酸花岗岩	沥青砂浆	20			
	或树脂砂浆	10～20	聚氯乙烯板(含石英塑料板、塑胶板)、橡胶板	专用胶黏剂粘贴	—
	或聚合物水泥砂浆	10～20		1∶2水泥砂浆	20
耐磨混凝土(金属骨料)	刷水泥浆一道(掺建筑胶,下一层为不低于C30混凝土)	—		或C20细石混凝土	30
			聚氨酯橡胶复合面层、运动橡胶板面层	树脂胶泥自流平层	3
				C25～C30细石混凝土	40～50
钢纤维混凝土	刷水泥浆一道(掺建筑胶,下一层为不低于C30混凝土)	—	地面辐射供暖面层	1∶3水泥砂浆	20
				C20细石混凝土内配钢丝网(中间配加热管)	60
聚氨酯涂层	1∶2水泥砂浆	20	网络地板面层	(1∶2)～(1∶3)水泥砂浆	20
	或C25～C30细石混凝土	40			

⑥ 建筑楼地面填充层材料强度等级或配合比及其厚度，应符合表9.4的规定。

表9.4 建筑楼地面填充层材料强度等级或配合比及其厚度

填充层材料	强度等级和配合比	厚度/mm	填充层材料	强度等级和配合比	厚度/mm
水泥炉渣	1∶6	30～80	轻骨料混凝土	C10	30～80
水泥石灰炉渣	1∶1∶8	30～80	加气混凝土块	M5.0	≥50
陶粒混凝土	C10	30～80	水泥膨胀珍珠岩块	1∶6	≥50

⑦ 建筑楼地面找平层材料强度等级或配合比及其厚度，应符合表9.5的规定。

表9.5 建筑楼地面找平层材料强度等级或配合比及其厚度

找平层材料	强度等级或配合比	厚度/mm
水泥砂浆	1∶3	≥15
细石混凝土	C15～C20	≥30

⑧ 建筑楼地面隔离层的层数，应符合表9.6的规定。

表9.6 建筑楼地面隔离层的层数

隔离层材料	层数(或道数)	隔离层材料	层数(或道数)
石油沥青油毡	一层或二层	防水涂膜(聚氨酯类涂料)	二道或三道
防水卷材	一层	防油渗胶泥玻璃纤维布	一布二胶
有机防水涂料	一布三胶		

9.2.2 楼地面材料选择要求

① 建筑地面面层类别及其材料选择，应符合表9.3的有关规定。

② 公共建筑中，经常有大量人员走动或残疾人、老年人、儿童活动及轮椅、小型推车行驶的地面，其地面面层应采用防滑、耐磨、不易起尘的块材面层或水泥类整体面层。

③ 公共场所的门厅、走道、室外坡道及经常用水冲洗或潮湿、结露等容易受影响的地面，应采用防滑面层。

④ 有采暖要求的地面，可选用热源为低温热水的地面辐射供暖，面层宜采用地砖、水泥砂浆、木板、强化复合木地板等。

⑤ 受较大荷载或有冲击力作用的楼地面，应根据使用性质及场所选用由板、块材料、

混凝土等组成的易于修复的刚性构造，或由粒料、灰土等组成的柔性构造。

9.2.3　楼地面地基设置要求

① 地面垫层应铺设在均匀密实的地基上。对于铺设在淤泥、淤泥质土、冲填土及杂填土等软弱地基上时，应根据地面使用要求、土质情况并按现行国家标准有关规定进行设计与处理。

② 地面垫层下的填土应选用砂土、粉土、黏性土及其他有效填料，不得使用过湿土、淤泥、腐殖土、冻土、膨胀土及有机物含量大于8%的土。

③ 直接受大气影响的室外堆场、散水及坡道等地面，当采用混凝土垫层时，宜在垫层下铺设水稳性较好的砂、炉渣、碎石、矿渣、灰土及三合土等材料作为加强层。

9.2.4　楼地面垫层构造要求

① 现浇整体面层、以黏结剂结合的整体面层和以黏结剂或砂浆结合的块材面层，宜采用混凝土垫层。

② 通行车辆以及从车辆上倾卸物件或在地面上翻转物件等地面，应采用混凝土垫层。

③ 有水及浸蚀介质作用的地面，应采用刚性垫层。

④ 混凝土垫层的强度等级不应低于C15，当垫层兼面层时，强度等级不应低于C20。

⑤ 灰土垫层应采用熟化石灰与黏土或粉质黏土、粉土的拌合料铺设，其配合比宜为3∶7或2∶8，厚度不应小于100mm。

砂垫层厚度，不应小于60mm；砂石垫层厚度，不应小于100mm；碎石（砖）垫层的厚度，不应小于100mm。垫层应坚实、平整。

⑥ 三合土垫层宜采用石灰、砂与碎料的拌合料铺设，其配合比宜为1∶2∶4，厚度不应小于100mm，并应分层夯实。

⑦ 炉渣垫层宜采用水泥与炉渣或水泥、石灰与炉渣的拌合料铺设，其配合比宜为1∶6或1∶1∶6，厚度不应小于80mm。

9.3　建筑楼地面其他要求

9.3.1　楼地面伸缩缝设置

① 楼地面变形缝的设置，应符合下列要求：

a. 底层地面的沉降缝和楼层地面的沉降缝、伸缩缝、防震缝的设置，均应与结构相应的缝位置一致，且应贯通地面的各构造层，并做盖缝处理；

b. 变形缝的构造应能使其产生位移或变形时，不受阻、不被破坏，且不破坏地面；

c. 变形缝的材料，应按不同要求分别选用具有防火、防水、保温、防油渗、防腐蚀、防虫害性能的材料。

② 底层地面的混凝土垫层，应设置纵向缩缝和横向缩缝，如图9.4所示，并应符合下列要求：

a. 纵向缩缝应采用平头缝或企口缝，其间距宜为3～6m；当纵向缩缝为企口缝时，横向缩缝应做假缝；

b. 纵向缩缝采用企口缝时，垫层的厚度不宜小于150mm，企口拆模时的混凝土抗压强度不宜低于 3MPa；

c. 横向缩缝宜采用假缝，其间距宜为 6～12m；假缝的宽度宜为 5～12mm，高度宜为垫层厚度的 1/3；缝内应填水泥砂浆或膨胀型砂浆。

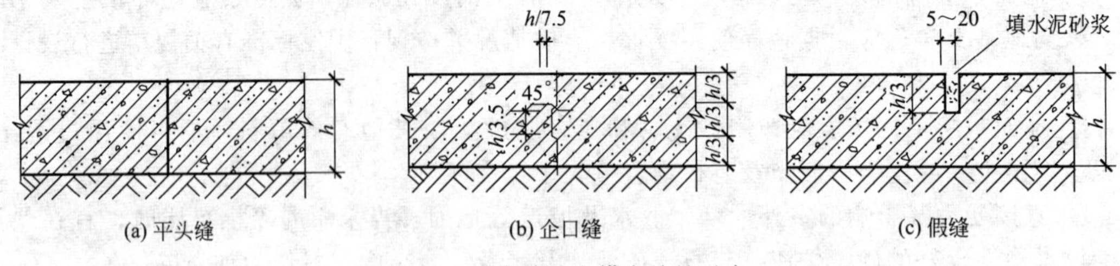

图 9.4　纵向缩缝和横向缩缝示意

③ 室外地面的混凝土垫层宜设伸缝，间距宜为 30m，缝宽宜为 20～30mm，缝内应填耐候弹性密封材料，沿缝两侧的混凝土边缘应局部加强。

9.3.2　楼地面排水坡度设置要求

① 地面排泄坡面的坡度，应符合下列要求：

a. 整体面层或表面比较光滑的块材面层，宜为 0.5%～1.5%；

b. 表面比较粗糙的块材面层，宜为 1%～2%。

② 排水沟的纵向坡度不宜小于 0.5%。排水沟宜设盖板。

9.3.3　楼地面室外散水设置

建筑物四周应设置散水、排水明沟或散水带明沟。散水的设置应符合下列要求：

① 散水的宽度，宜为 600～1000mm；当采用无组织排水时，散水的宽度可按檐口线放出 200～300mm；如图 9.5 所示；

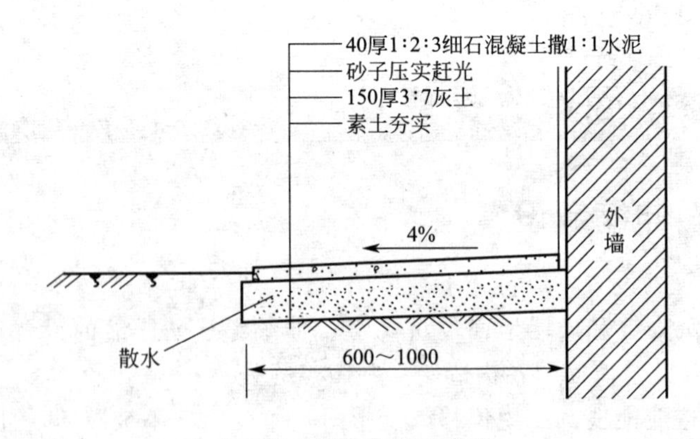

图 9.5　散水大样示意图

② 散水的坡度宜为 3%～5%。当散水采用混凝土时，宜按 20～30m 间距设置伸缩缝。散水与外墙交接处宜设缝，缝宽为 20～30mm，缝内应填柔性密封材料；

③ 当散水不外露须采用隐式散水时，散水上面覆土厚度不应大于 300mm，且应对墙身下部作防水处理，其高度不宜小于覆土层以上 300mm，并应防止草根对墙体；

④ 湿陷性黄土地区散水应采用现浇混凝土，并应设置厚 150mm 的 3：7 灰土或 300mm 厚的夯实素土垫层；垫层的外缘应超出散水和建筑外墙基底外缘 500mm。散水坡度不应小

于 5%，宜每隔 6～10m 设置伸缩缝。散水与外墙交接处应设缝，其缝宽和散水的伸缩缝缝宽均宜为 20mm，缝内应填柔性密封材料。

9.3.4　楼地面踢脚设置

① 踢脚线表面应洁净，与墙柱面的结合应牢固。踢脚线高度及出墙柱厚度应符合设计要求。

② 踢脚线的高度一般不宜小于 150mm。如图 9.6 所示是地砖踢脚构造示意。

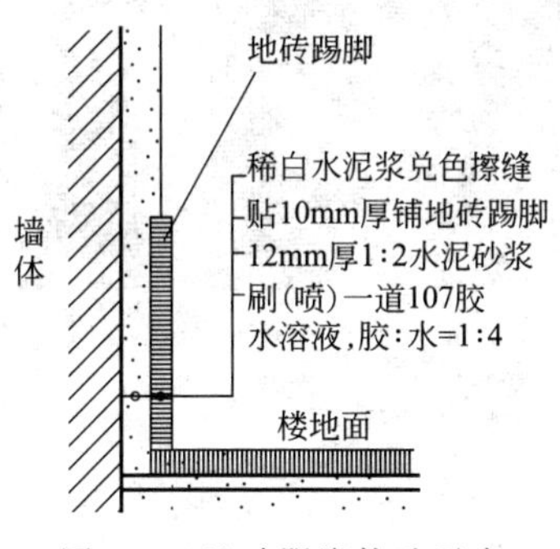

图 9.6　地砖踢脚构造示意

Chapter 10

第10章 建筑屋面设计

10.1 建筑屋面类型与基本要求

10.1.1 屋面常见型式

屋顶（屋面），又称屋盖。房屋最上层起覆盖作用的围护结构，用以防风、砂、雨、雪、日晒等外部环境气候对室内的侵袭。在炎热地区要求隔热，寒冷地区要求能保温。

由于支撑结构形式及建筑平面的不同，有平屋顶、坡屋顶、曲面屋顶、锯齿形屋顶和折板屋顶等多种形式。坡屋顶和平屋顶是屋面的主要形式，其中坡屋顶有四坡、双坡、单坡、变坡、锥形及筒形等类型。如图 10.1 所示。

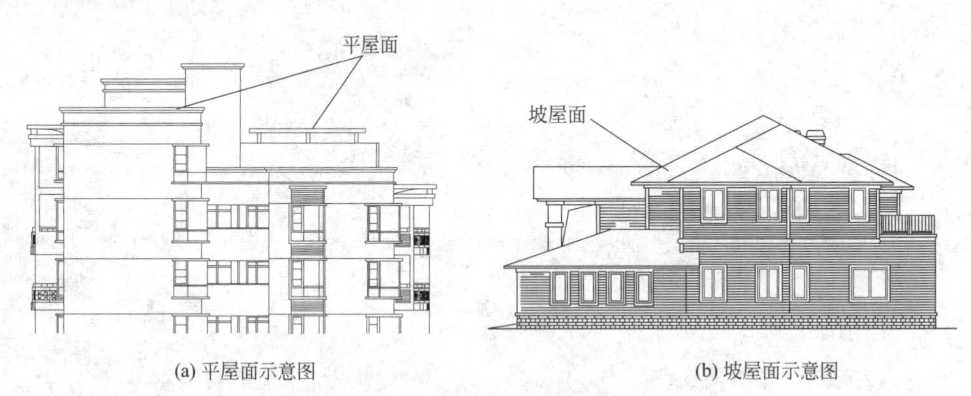

图 10.1 屋面示意

屋面工程应符合下列基本要求：

① 具有良好的排水功能和阻止水侵入建筑物内的作用；

② 冬季保温减少建筑物的热损失和防止结露；

③ 夏季隔热降低建筑物对太阳辐射热的吸收；

④ 适应主体结构的受力变形和温差变形；

⑤ 承受风、雪荷载的作用不产生破坏；

⑥ 具有阻止火势蔓延的性能；

⑦ 满足建筑外形美观和使用的要求。

10.1.2　屋面设计基本要求

① 屋面工程设计应遵照“保证功能、构造合理，防排结合、优选用材、美观耐用”的原则。

② 当屋面坡度较大或同一屋面落差较大时，应采取固定加强和防止屋面滑落的措施；平瓦必须铺置牢固。

③ 地震设防区或有强风地区的屋面应采取固定加强措施。

④ 采用钢丝网水泥或钢筋混凝土薄壁构件的屋面板应有抗风化、抗腐蚀的防护措施。

⑤ 当无楼梯通达屋面时，应设上屋面的检修人孔或低于 10m 时可设外墙爬梯，并应有安全防护和防止儿童攀爬的措施；如图 10.2 所示。

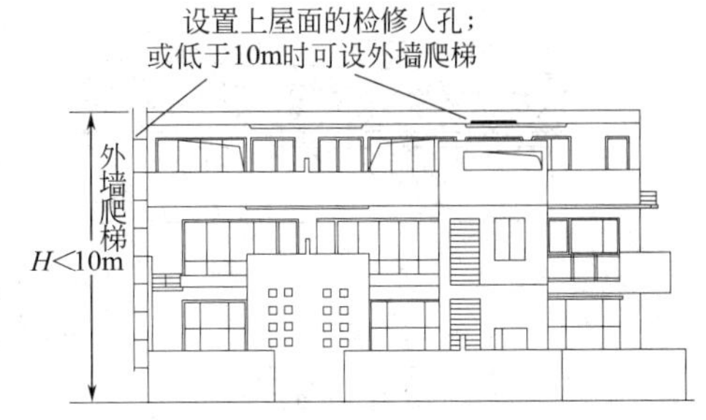

图 10.2　设上屋面的检修人孔或外墙爬梯

⑥ 闷顶应设通风口和通向闷顶的检修人孔；闷顶内应有防火分隔。

⑦ 屋面工程所用防水、保温材料应符合有关环境保护的规定，不得使用国家明令禁止及淘汰的材料。

10.2　建筑屋面构造设置

① 屋面的基本构造层次宜符合表 10.1 的要求。设计人员可根据建筑物的性质、使用功能、气候条件等因素进行组合。

表 10.1　屋面的基本构造层次

屋面类型	基本构造层次(自上而下)
卷材、涂膜屋面	保护层、隔离层、防水层、找平层、保温层、找平层、找坡层、结构层
	保护层、保温层、防水层、找平层、找坡层、结构层
	种植隔热层、保护层、耐根穿刺防水层、防水层、找平层、保温层、找平层、找坡层、结构层
	架空隔热层、防水层、找平层、保温层、找平层、找坡层、结构层
	蓄水隔热层、隔离层、防水层、找平层、保温层、找平层、找坡层、结构层
瓦屋面	块瓦、挂瓦条、顺水条、持钉层、防水层或防水垫层、保温层、结构层
	沥青瓦、持钉层、防水层或防水垫层、保温层、结构层
金属板屋面	压型金属板、防水垫层、保温层、承托网、支承结构
	上层压型金属板、防水垫层、保温层、底层压型金属板、支承结构
	金属面绝热夹芯板、支承结构
玻璃采光顶	玻璃面板、金属框架、支承结构
	玻璃面板、点支承装置、支承结构

② 屋面构造层次一般包括结构层、找平层、隔气层、保温层、防水层、隔离层、保护层、隔热层和面层等。具体屋面构造形式应根据屋面的使用要求和条件、材料性

能等由设计确定选用其中需要的一些构造层次。如图 10.3 所示是屋面构造的其中两种做法示意图。

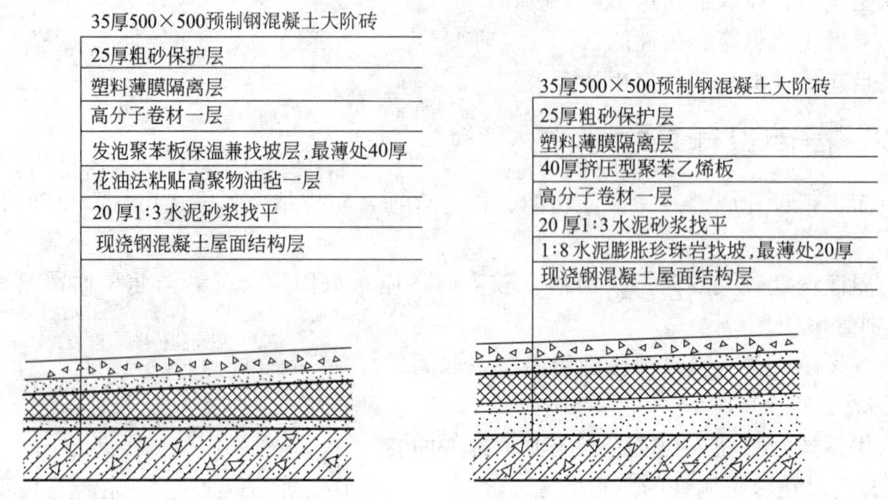

图 10.3 屋面构造示意图（单位：mm）

10.2.1 屋面结构层

① 结构层要求刚度大、整体性好、变形小，且表面清洁干净。

② 结构层采用装配式钢筋混凝土板时，板端、侧缝应用细石混凝土灌缝，其强度等级不低于 C20；板缝宽度大于 40mm 或上窄下宽时，板缝内应设置构造钢筋；板端缝应进行密封处理。

10.2.2 屋面找坡层和找平层

① 混凝土结构层宜采用结构找坡，坡度不应小于 3%；当采用材料找坡时，宜采用质量轻、吸水率低和有一定强度的材料，坡度宜为 2%。

② 卷材、涂膜的基层宜设找平层，其找平层厚度和技术要求应符合表 10.2 的规定。

表 10.2 找平层厚度和技术要求

找平层分类	适用的基层	厚度/mm	技术要求
水泥砂浆	整体现浇混凝土板	15～20	1∶2.5 水泥砂浆
	整体材料保温层	20～25	
细石混凝土	装配式混凝土板	30～35	C20 混凝土,宜加钢筋网片
	板状材料保温层		C20 混凝土

③ 保温层上的找平层应留设分格缝，缝宽宜为 5～20mm，纵横缝的间距不宜大于 6m。

10.2.3 屋面保温层

① 保温层应根据屋面所需传热系数或热阻选择轻质、高效的保温材料，保温层及其保温材料应符合表 10.3 的规定。

② 保温层宜选用吸水率低、密度和热导率小，并有一定强度的保温材料。

③ 保温层厚度应根据所在地区现行建筑节能设计标准，经计算确定。

④ 屋面热桥部位，当内表面温度低于室内空气的露点温度时，均应作保温处理。

⑤ 倒置式屋面保温层设计应符合下列规定：

a. 倒置式屋面的坡度宜为 3%；

b. 保温层应采用吸水率低，且长期浸水不变质的保温材料；

c. 板状保温材料的下部纵向边缘应设排水凹缝；

d. 保温层与防水层所用材料应相容匹配；

e. 保温层上面宜采用块体材料或细石混凝土做保护层；

f. 檐沟、水落口部位应采用现浇混凝土堵头或砖砌堵头，并应作好保温层排水处理。

表 10.3　保温层及其保温材料

保温层	保温材料
板状材料保温层	聚苯乙烯泡沫塑料，硬质聚氨酯泡沫塑料，膨胀珍珠岩制品，泡沫玻璃制品，加气混凝土砌块，泡沫混凝土砌块
纤维材料保温层	玻璃棉制品，岩棉、矿渣棉制品
整体材料保温层	喷涂硬泡聚氨酯，现浇泡沫混凝土

10.2.4　屋面隔热层

① 屋面隔热层设计应根据地域、气候、屋面形式、建筑环境、使用功能等条件，采取种植，架空和蓄水等隔热措施。

② 种植隔热层的构造层次应包括植被层、种植土层、过滤层和排水层等；种植隔热层宜根据植物种类及环境布局的需要进行分区布置，分区布置应设挡墙或挡板；过滤层宜采用 200～400g/m^2 的土工布，过滤层应沿种植土周边向上铺设至种植土高度；种植土四周应设挡墙，挡墙下部应设泄水孔，并应与排水出口连通；种植隔热层的屋面坡度大于 20%时，其排水层、种植土应采取防滑措施。

③ 架空隔热层宜在屋顶有良好通风的建筑物上采用，不宜在寒冷地区采用；当采用混凝土板架空隔热层时，屋面坡度不宜大于 5%；架空隔热层的高度宜为 180～300mm，架空板与女儿墙的距离不应小于 250mm；当屋面宽度大于 10m 时，架空隔热层中部应设置通风屋脊；架空隔热层的进风口，宜设置在当地炎热季节最大频率风向的正压区，出风口宜设置在负压区。

10.2.5　屋面隔汽层

① 当严寒及寒冷地区屋面结构冷凝界面内侧实际具有的蒸汽渗透阻小于所需值，或其他地区室内湿气有可能透过屋面结构层进入保温层时，应设置隔汽层。

② 隔汽层设计应符合下列规定：

a. 隔汽层应设置在结构层上、保温层下；

b. 隔汽层应选用气密性、水密性好的材料；

c. 隔汽层应沿周边墙面向上连续铺设，高出保温层上表面不得小于 150mm。

10.2.6　屋面隔离层

① 屋面中块体材料、水泥砂浆、细石混凝土保护层与卷材、涂膜防水层之间，应设置隔离层。

② 屋面隔离层材料的适用范围和技术要求宜符合表 10.4 的规定。

表 10.4　隔离层材料的适用范围和技术要求

隔离层材料	适用范围	技术要求
塑料膜	块体材料、水泥砂浆保护层	0.4mm 厚聚乙烯膜或 3mm 厚发泡聚乙烯膜
土工布	块体材料、水泥砂浆保护层	200g/m² 聚酯无纺布
卷材	块体材料、水泥砂浆保护层	石油沥青卷材一层
低强度等级砂浆	细石混凝土保护层	10mm 厚黏土砂浆，石灰膏：砂：黏土＝1：2.4：3.6
		10mm 厚石灰砂浆，石灰膏：砂＝1：4
		5mm 厚掺有纤维的石灰砂浆

10.2.7　屋面防水层

屋面防水层参见本章“屋面防水设计要求”小节内容。

10.2.8　屋面保护层

① 上人屋面保护层可采用块体材料、细石混凝土等材料，不上人屋面保护层可采用浅色涂料、铝箔、矿物粒料、水泥砂浆等材料。保护层材料的适用范围和技术要求应符合表 10.5 的规定。如图 10.4 所示。

表 10.5　保护层材料的适用范围和技术要求

保护层材料	适用范围	技术要求
浅色涂料	不上人屋面	丙烯酸系反射涂料
铝箔	不上人屋面	0.05mm 厚铝箔反射膜
矿物粒料	不上人屋面	不透明的矿物粒料
水泥砂浆	不上人屋面	20mm 厚 1：2.5 或 M15 水泥砂浆
块体材料	上人屋面	地砖或 30mm 厚 C20 细石混凝土预制块
细石混凝土	上人屋面	40mm 厚 C20 细石混凝土或 50mm 厚 C20 细石混凝土内配ϕ4@100 双向钢筋网片

图 10.4　屋面保护层

② 采用块体材料做保护层时，宜设分格缝，其纵横间距不宜大于 10m，分格缝宽度宜为 20mm，并应用密封材料嵌填。

③ 采用水泥砂浆做保护层时，表面应抹平压光，并应设表面分格缝，分格面积宜为 $1m^2$。

④ 采用细石混凝土做保护层时，表面应抹平压光，并应设分格缝，其纵横间距不应大于 6m，分格缝宽度宜为 10～20mm，并应用密封材料嵌填。

⑤ 采用淡色涂料做保护层时，应与防水层黏结牢固，厚薄应均匀，不得漏涂。

⑥ 块体材料、水泥砂浆、细石混凝土保护层与女儿墙或山墙之间，应预留宽度为 30mm 的缝隙，缝内宜填塞聚苯乙烯泡沫塑料，并应用密封材料嵌填。

10.3 屋面防水设计要求（屋面防水层）

① 屋面防水层采用的卷材、涂膜屋面防水等级和防水做法应符合表 10.6 的规定。如图 10.5 所示。

表 10.6　卷材、涂膜屋面防水等级和防水做法

防水等级	防水做法
Ⅰ级	卷材防水层和卷材防水层、卷材防水层和涂膜防水层、复合防水层
Ⅱ级	卷材防水层、涂膜防水层、复合防水层

图 10.5　屋面防水层示意

② 屋面防水卷材可按合成高分子防水卷材和高聚物改性沥青防水卷材选用，其外观质量和品种、规格应符合国家现行有关材料标准的规定。种植隔热屋面的防水层应选择耐根穿刺防水卷材。

③ 屋面防水层的每道卷材防水层最小厚度应符合表 10.7 的规定。

表 10.7　每道卷材防水层最小厚度

防水等级	合成高分子防水卷材	高聚物改性沥青防水卷材		
		聚酯胎、玻纤胎、聚乙烯胎	自粘聚酯胎	自粘无胎
Ⅰ级	1.2	3.0	2.0	1.5
Ⅱ级	1.5	4.0	3.0	2.0

④ 防水卷材接缝应采用搭接缝，卷材搭接宽度应符合表 10.8 的规定。如图 10.6 所示。

图 10.6 防水卷材铺贴示意（单位：mm）

表 10.8 卷材搭接宽度

单位：mm

卷材类别		搭接宽度
合成高分子防水卷材	胶黏剂	80
	胶粘带	50
	单缝焊	60，有效焊接宽度不小于 25
	双缝焊	80，有效焊接宽度 10×2＋空腔宽
高聚物改性沥青防水卷材	胶黏剂	100
	自粘	80

⑤ 屋面防水涂料可按合成高分子防水涂料、聚合物水泥防水涂料和高聚物改性沥青防水涂料选用，其外观质量和品种、型号应符合国家现行有关材料标准的规定。屋面坡度大于25％时，应选择成膜时间较短的涂料。如图 10.7 所示。

⑥ 每道涂膜防水层最小厚度应符合表 10.9 的规定。

图 10.7　屋面防水涂料示意

表 10.9　每道涂膜防水层最小厚度　　单位：mm

防水等级	合成高分子防水涂膜	聚合物水泥防水涂膜	高聚物改性沥青防水涂膜
Ⅰ级	1.5	1.5	2.0
Ⅱ级	2.0	2.0	3.0

⑦ 复合防水层设计应符合下列规定：

a. 选用的防水卷材与防水涂料应相容；

b. 防水涂膜宜设置在防水卷材的下面；

c. 挥发固化型防水涂料不得作为防水卷材黏结材料使用；

d. 水乳型或合成高分子类防水涂膜上面，不得采用热熔型防水卷材；

e. 水乳型或水泥基类防水涂料，应待涂膜实干后再采用冷粘铺贴卷材。

⑧ 复合防水层最小厚度应符合表 10.10 的规定。

表 10.10　复合防水层最小厚度

防水等级	合成高分子防水卷材＋合成高分子防水涂膜	自粘聚合物改性沥青防水卷材(无胎)＋合成高分子防水涂膜	高聚物改性沥青防水卷材＋高聚物改性沥青防水涂膜	聚乙烯丙纶卷材＋聚合物水泥防水胶结材料
Ⅰ级	1.2＋1.5	1.5＋1.5	3.0＋2.0	(0.7＋1.3)×2
Ⅱ级	1.0＋1.0	1.2＋1.0	3.0＋1.2	0.7＋1.3

⑨ 下列情况不得作为屋面的一道防水设防：

a. 混凝土结构层；

b. Ⅰ型喷涂硬泡聚氨酯保温层；

c. 装饰瓦及不搭接瓦；

d. 隔汽层；

e. 细石混凝土层；

f. 卷材或涂膜厚度不符合本规范规定的防水层。

⑩ 屋面防水层的附加层最小厚度应符合表 10.11 的规定，附加层设计还应符合下列规定：

表 10.11 屋面防水层的附加层最小厚度 单位：mm

附加层材料	最小厚度	附加层材料	最小厚度
合成高分子防水卷材	1.2	合成高分子防水涂料、聚合物水泥防水涂料	1.5
高聚物改性沥青防水卷材(聚酯胎)	3.0	高聚物改性沥青防水涂料	2.0

a. 檐沟、天沟与屋面交接处、屋面平面与立面交接处，以及水落口、伸出屋面管道根部等部位，应设置卷材或涂膜附加层；

b. 屋面找平层分格缝等部位，宜设置卷材空铺附加层，其空铺宽度不宜小于100mm。

10.4 建筑屋面排水设计

10.4.1 屋面的排水方式

① 屋面排水方式可分为有组织排水和无组织排水。有组织排水时，宜采用雨水收集系统。屋面雨水排水系统应迅速、及时地将屋面雨水排至室外雨水管渠或地面。

② 高层建筑屋面宜采用内排水；多层建筑屋面宜采用有组织外排水；低层建筑及檐高小于10m的屋面，可采用无组织排水。多跨及汇水面积较大的屋面宜采用天沟排水，天沟找坡较长时，宜采用中间内排水和两端外排水。

③ 屋面应适当划分排水区域，排水路线应简捷，排水应通畅。

④ 暴雨强度较大地区的大型屋面，宜采用虹吸式屋面雨水排水系统。

⑤ 严寒地区应采用内排水，寒冷地区宜采用内排水。

⑥ 湿陷性黄土地区宜采用有组织排水，并应将雨雪水直接排至排水管网。

⑦ 屋面排水系统应设置雨水斗。不同设计排水流态、排水特征的屋面雨水排水系统应选用相应的雨水斗。

10.4.2 屋面排水口设置要求

① 采用重力式排水时，屋面每个汇水面积内，雨水排水立管不宜少于2根；水落口和水落管的位置，应根据建筑物的造型要求和屋面汇水情况等因素确定。如图10.8所示。

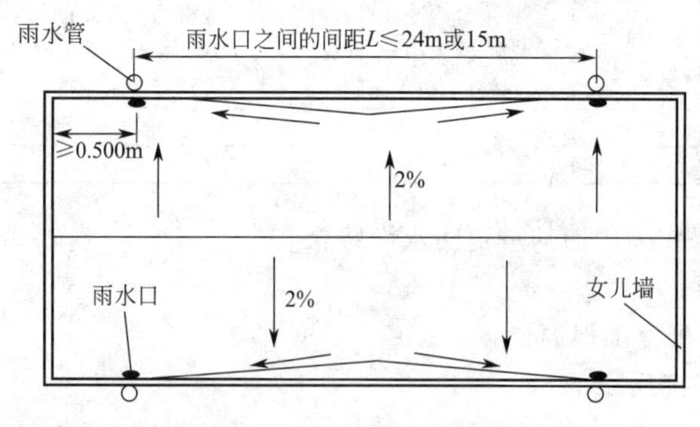

图 10.8 屋面雨水口设置示意

② 建筑屋面的雨水汇水面积应按地面、屋面水平投影面积计算。

③ 高层建筑裙房屋面的雨水应单独排放。高层建筑阳台排水系统应单独设置，多层建筑阳台雨水宜单独设置。阳台雨水立管底部应间接排水。当生活阳台设有生活排水设备及地

漏时，可不另设阳台雨水排水地漏。

④ 建筑屋面各汇水范围内，雨水排水立管不宜少于 2 根。

10.4.3　屋面排水坡度要求

① 屋面排水坡度应根据屋顶结构形式，屋面基层类别，防水构造形式，材料性能及当地气候等条件确定，并应符合表 10.12 的规定。

表 10.12　屋面的排水坡度

屋面类别		屋面排水坡度/%	屋面类别		屋面排水坡度/%
平屋面	防水卷材屋面	2～5	金属屋面	压型金属板、金属夹芯板	≥5
瓦屋面	平瓦	≥30		单层防水卷材金属屋面	≥2
	波形瓦	≥20	种植屋面	种植屋面	2～50
	沥青瓦	≥20	采光屋面	玻璃采光顶	≥5

② 平屋面采用结构找坡不应小于 3%，采用材料找坡宜为 2%。

③ 防水卷材屋面的坡度不宜大于 25%，当坡度大于 25%时应采取固定和防止滑落的措施。

④ 防水卷材屋面天沟、檐口纵向坡度不应小于 1%。

⑤ 架空隔热屋面坡度不宜大于 5%。

10.4.4　屋面檐沟和天沟排水要求

① 檐沟、天沟的过水断面，应根据屋面汇水面积的雨水流量经计算确定；

② 钢筋混凝土檐沟、天沟净宽不应小于 300mm，分水线处最小深度不应小于 100mm；沟内纵向坡度不应小于 1%，沟底水落差不得超过 200mm；

③ 檐沟、天沟排水不得流经变形缝和防火墙。

10.4.5　雨篷排水

大面积的雨篷应采用有组织排水，且一般不应少于 2 个排水口。

10.5　其他建筑屋面类型设计要求

10.5.1　瓦屋面设计基本要求

① 瓦屋面防水等级和防水做法应符合表 10.13 的规定。瓦屋面应根据瓦的类型和基层种类采取相应的构造做法。如图 10.9 所示。

表 10.13　瓦屋面防水等级和防水做法

序　号	防 水 等 级	防 水 做 法
1	Ⅰ	瓦＋防水层
2	Ⅱ	瓦＋防水垫层

② 瓦屋面与山墙及突出屋面结构的交接处，均应做不小于 250mm 高的泛水处理。

③ 在大风及地震设防地区或屋面坡度大于 100%时，瓦片应采取固定加强措施。

④ 严寒及寒冷地区瓦屋面，檐口部位应采取防止冰雪融化下坠和冰坝形成等措施。

⑤ 烧结瓦、混凝土瓦屋面的坡度不应小于 30%。烧结瓦、混凝土瓦应采用干法挂瓦，瓦与屋面基层应固定牢靠。

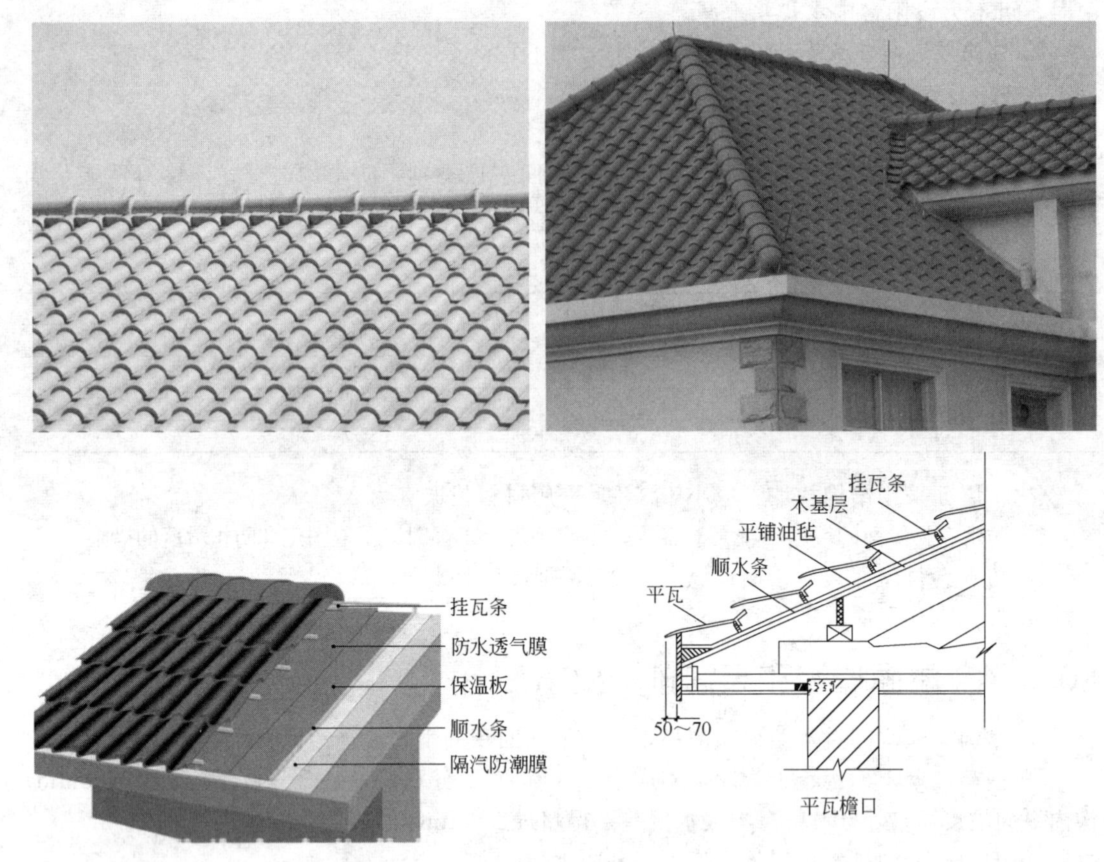

图 10.9 瓦屋面示意

⑥ 沥青瓦屋面的坡度不应小于20%。沥青瓦的固定方式应以钉为主、黏结为辅。每张瓦片上不得少于4个固定钉；在大风地区或屋面坡度大于100%时，每张瓦片不得少于6个固定钉。

10.5.2 金属板屋面设计基本要求

① 金属板屋面可按建筑设计要求，选用镀层钢板、涂层钢板、铝合金板、不锈钢板和钛锌板等金属板材。如图10.10所示。

② 金属板屋面在保温层下面宜设置隔汽层，在保温层的上面宜设置防水透气膜。

③ 金属板屋面的防结露设计，应符合现行国家标准《民用建筑热工设计规范》的有关规定。

④ 压型金属板采用咬口锁边连接时，屋面的排水坡度不宜小于5%；压型金属板采用紧固件连接时，屋面的排水坡度不宜小于10%。

⑤ 金属板在主体结构的变形缝处宜断开，变形缝上部应加扣带伸缩的金属盖板。

10.5.3 玻璃采光顶设计

① 玻璃采光顶设计应根据建筑物的屋面形式、使用功能和美观要求，选择结构类型、材料和细部构造。如图10.11所示。

② 玻璃采光顶应采用支承结构找坡，排水坡度不宜小于5%。

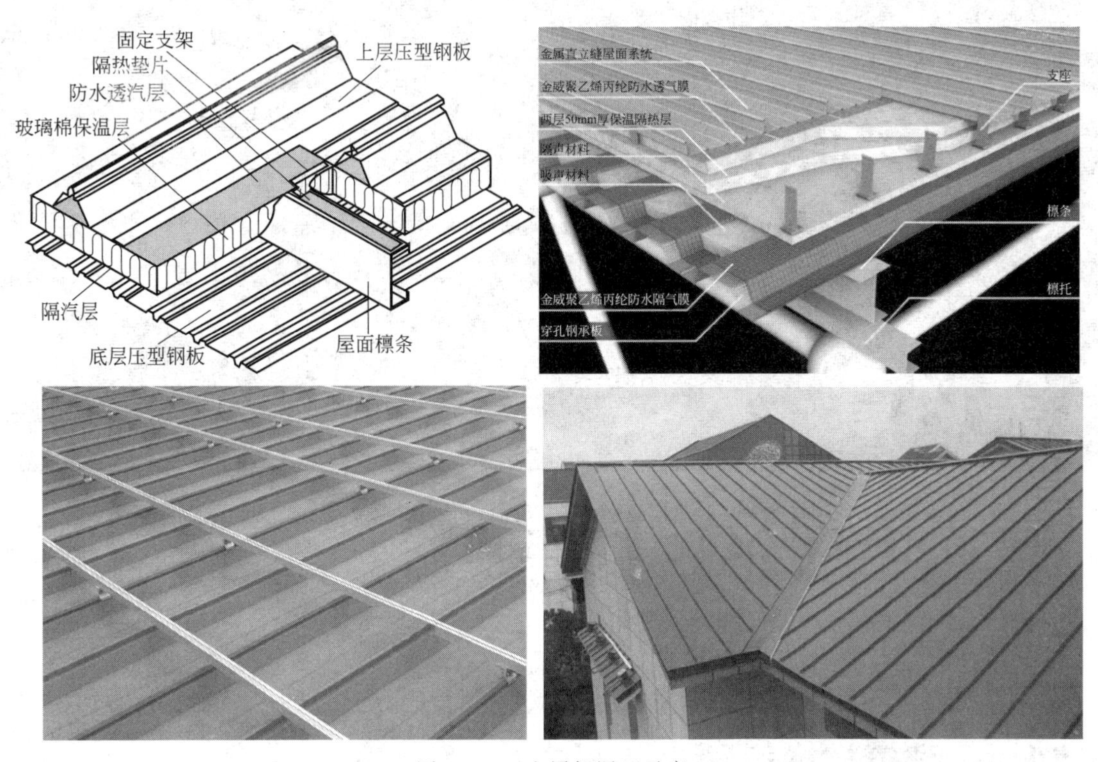

图 10.10　金属板屋面示意

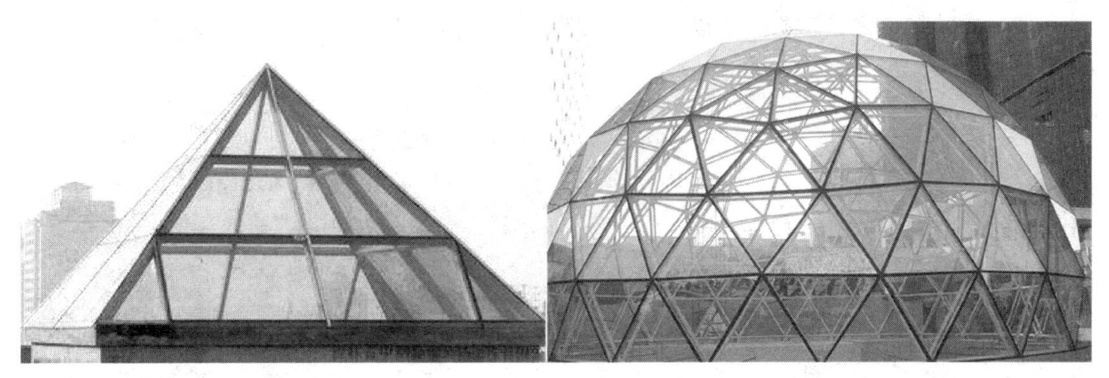

图 10.11　玻璃采光顶示意

③ 玻璃采光顶支承结构选用的金属材料应作防腐处理，铝合金型材应作表面处理；不同金属构件接触面之间应采取隔离措施。

④ 玻璃采光顶应采用安全玻璃，宜采用夹层玻璃或夹层中空玻璃。所有采光顶的玻璃应进行磨边倒角处理。玻璃原片应根据设计要求选用，且单片玻璃厚度不宜小于 6mm；夹层玻璃的玻璃原片厚度不宜小于 5mm 夹层。中空玻璃气体层的厚度不应小于 12mm。

第11章 Chapter 11

建筑楼梯及栏杆设计

11.1 建筑楼梯类型

楼梯的数量、位置、宽度和楼梯间形式应满足使用方便和安全疏散的要求。如图 11.1 所示。

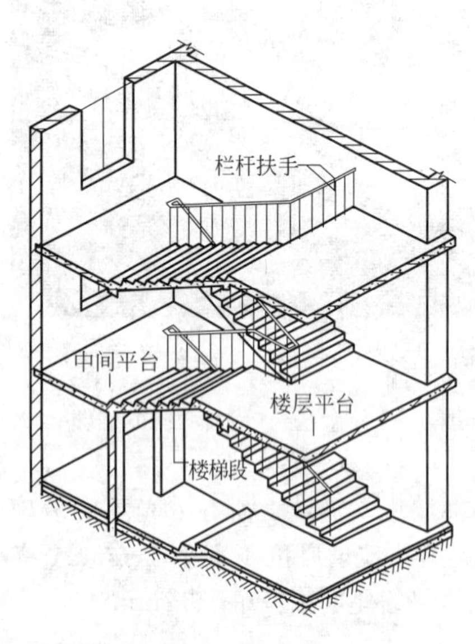

图 11.1 楼梯示意

11.1.1 常见楼梯型式

楼梯按其平面型式可以分为单跑楼梯、双跑楼梯等，其平面型式详见图 11.2～图 11.9 所示。

（1）单跑楼梯　见图 11.2 所示。

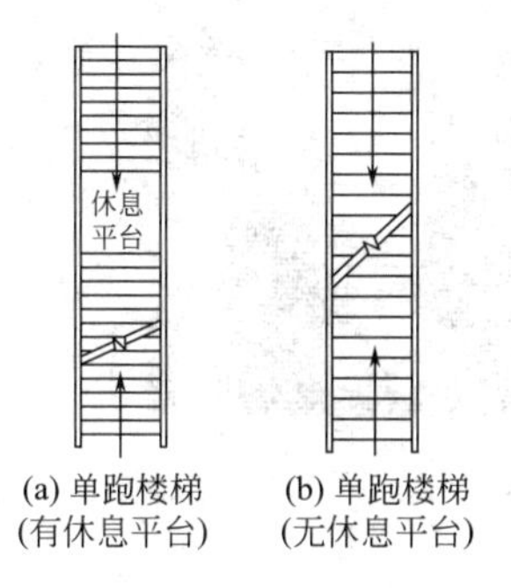

图 11.2　单跑楼梯示意

（2）双跑楼梯　见图 11.3 所示。

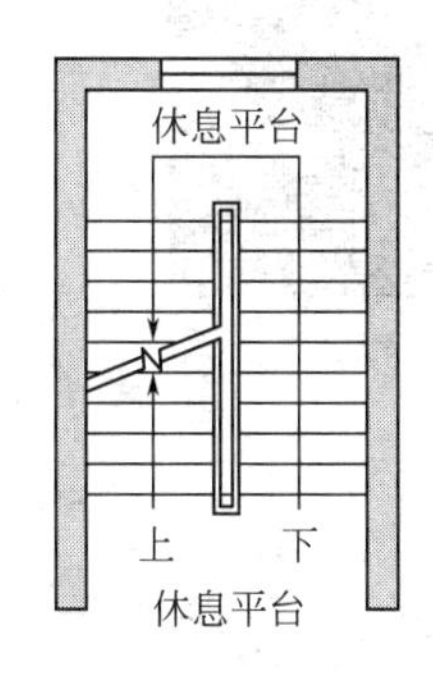

图 11.3　双跑楼梯示意

（3）剪刀楼梯　见图 11.4 所示。

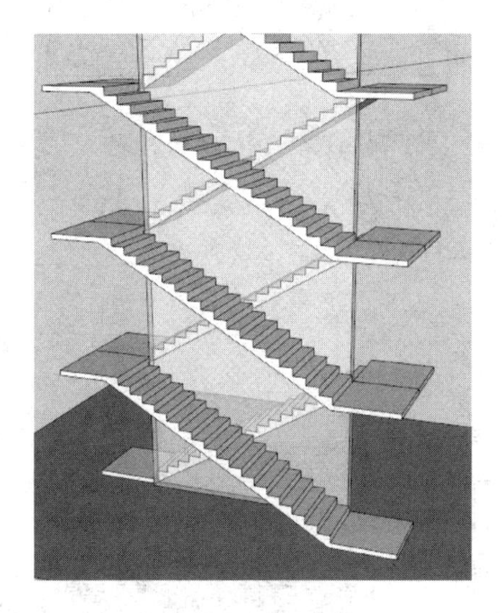

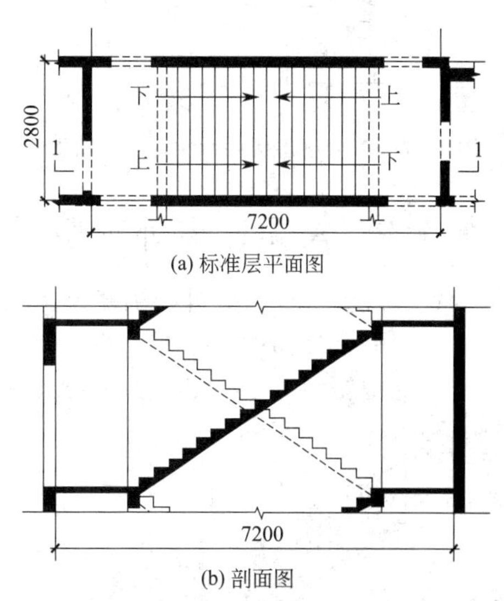

图 11.4　剪刀楼梯示意

（4）双分平行楼梯　见图 11.5 所示。
（5）转角楼梯　见图 11.6 所示。
（6）双分转角楼梯　见图 11.7 所示。
（7）三跑楼梯　见图 11.8 所示。

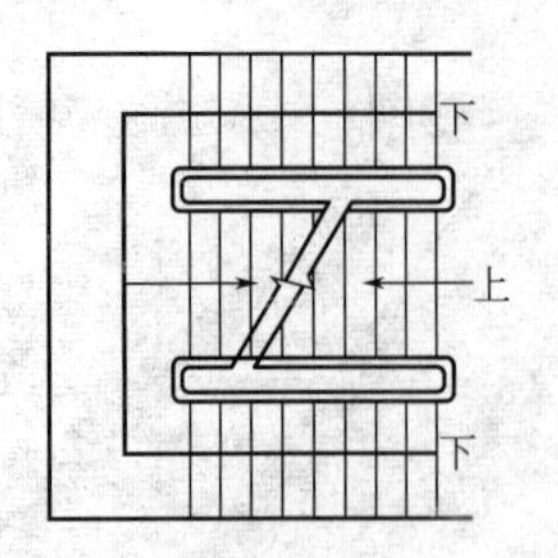

图 11.5　双分平行楼梯示意

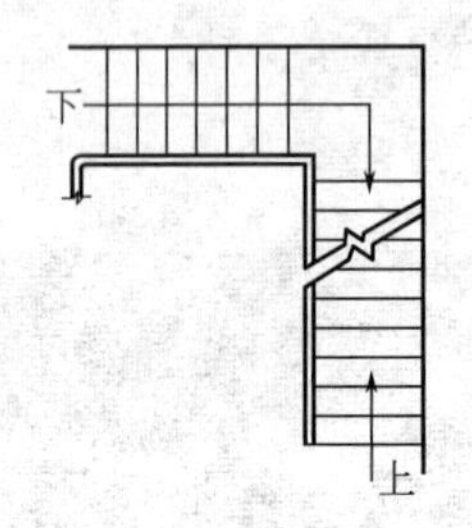

图 11.6　转角楼梯示意

（8）圆弧楼梯　见图 11.9 所示。

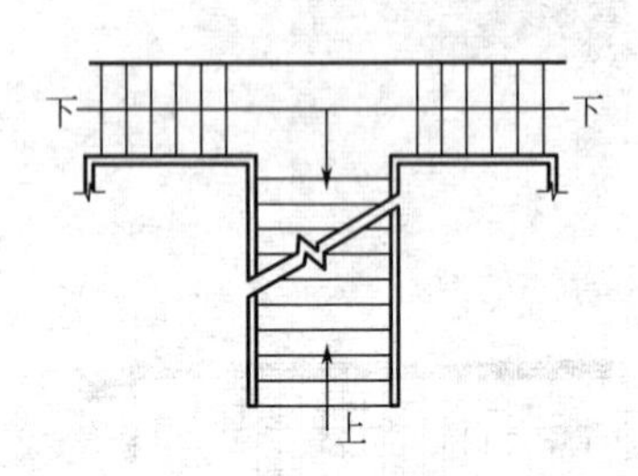

图 11.7　双分转角楼梯示意

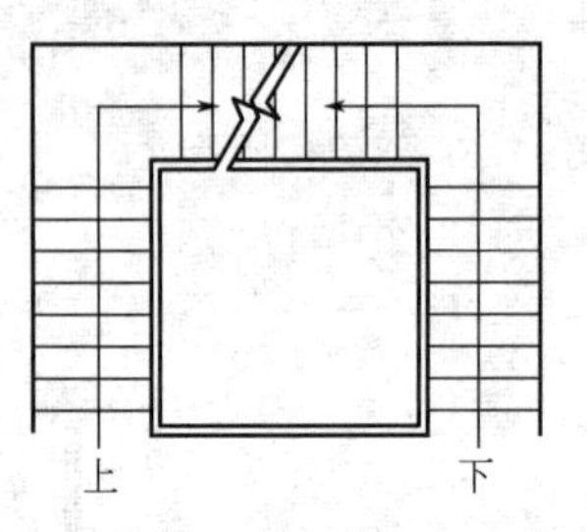

图 11.8　三跑楼梯示意

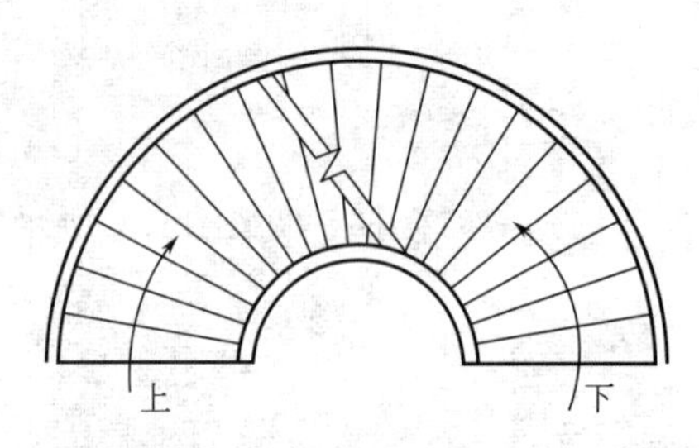

图 11.9　圆弧楼梯示意

11.1.2　常见楼梯外观型式

按外观型式可以分为悬挑楼梯、旋转楼梯等。

（1）悬挑楼梯　如图 11.10 所示。

（2）旋转楼梯　如图 11.11 所示。

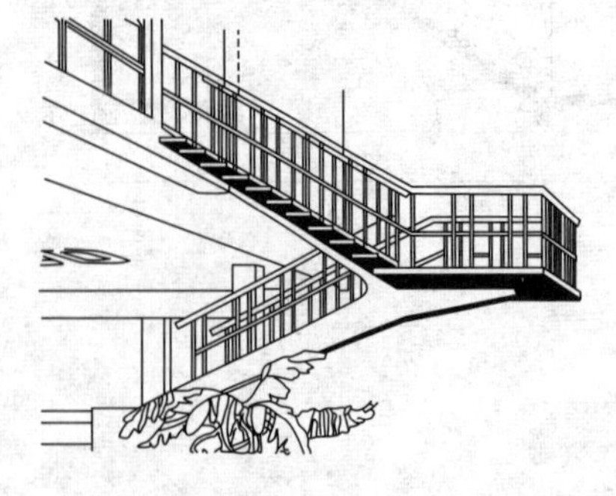

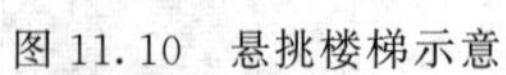

图 11.10　悬挑楼梯示意

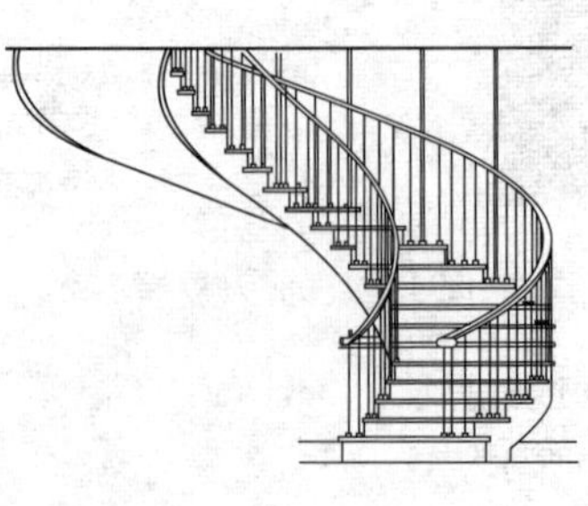

图 11.11　旋转楼梯示意

（3）螺旋楼梯　如图 11.12 所示。

图 11.12　螺旋楼梯示意

（4）悬挂楼梯　如图 11.13 所示。

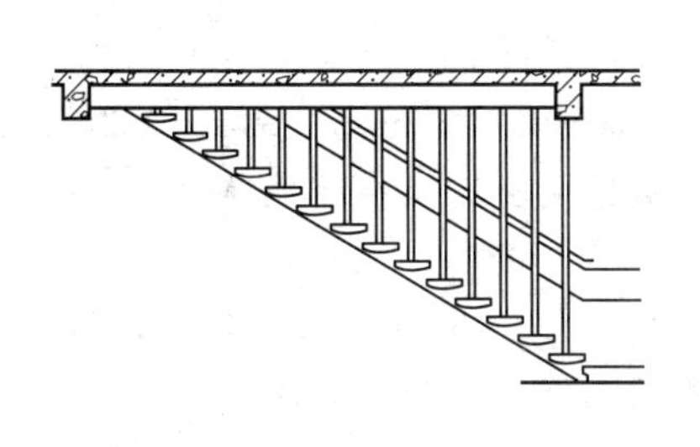

图 11.13　悬挂楼梯示意

11.1.3　楼梯各构造部位名称

楼梯平面、剖面及其踏步等各构造部位名称参见图 11.14。

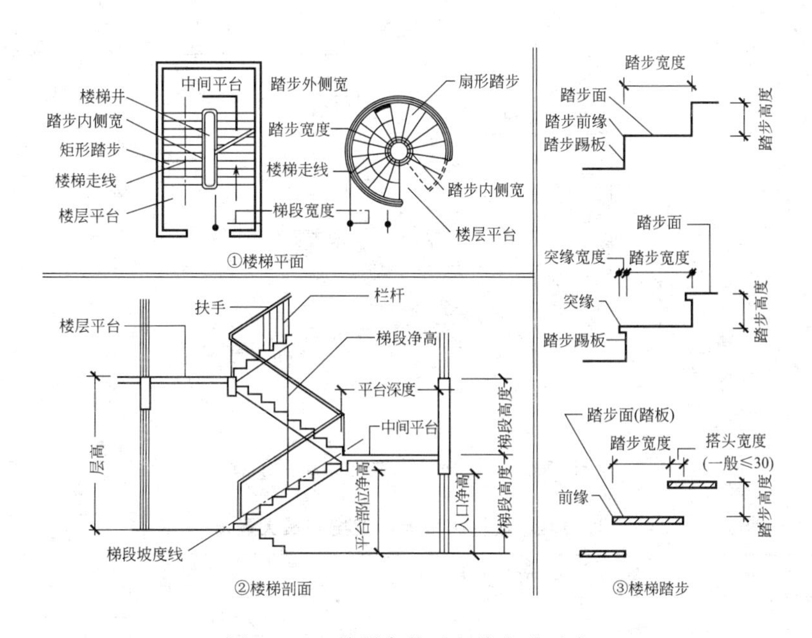

图 11.14　楼梯各构造部位名称示意

11.2 楼梯设计基本要求

11.2.1 楼梯间的开间及进深要求

① 楼梯的数量、位置、梯段净宽和楼梯间形式应满足使用方便和安全疏散的要求。如图 11.15 所示。

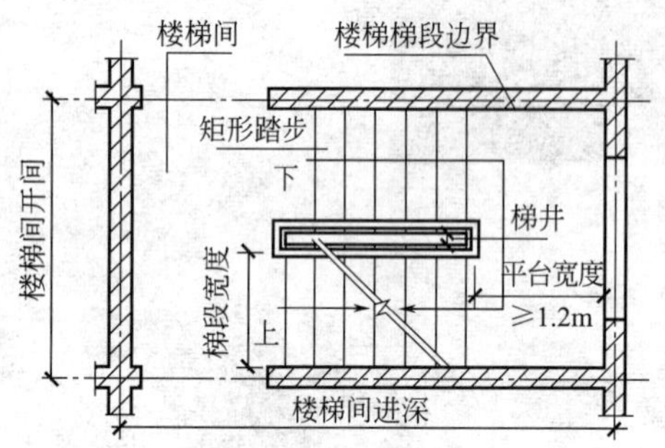

图 11.15 楼梯间的开间及进深示意

② 梯段改变方向时，扶手转向端处的平台最小宽度不应小于梯段净宽，并不得小于 1.20m，当有搬运大型物件需要时应适量加宽。直跑楼梯的中间平台宽度不应小于 0.90m。

11.2.2 楼梯踏步要求

① 楼梯踏步的宽度，可采用 220mm、250mm、240mm、260mm、280mm、300mm、320mm。

② 楼梯踏步的高度不宜大于 210mm，并不宜小于 140mm，各级踏步高度均应相同。

③ 楼梯梯段的最大坡度不宜超过 38°，即踏步高：踏步宽≤0.7813。坡度一般控制在 30°左右，对仅供少数人使用服务的楼梯则放宽要求，但不宜超过 45°。

④ 每个梯段的踏步不应超过 18 级，亦不应少于 3 级。

⑤ 踏步应采取防滑措施。

⑥ 每个梯段的踏步高度、宽度应一致，相邻梯段宜一致。楼梯踏步的宽度和高宽应符合表 11.1 规定。如图 11.16 所示。

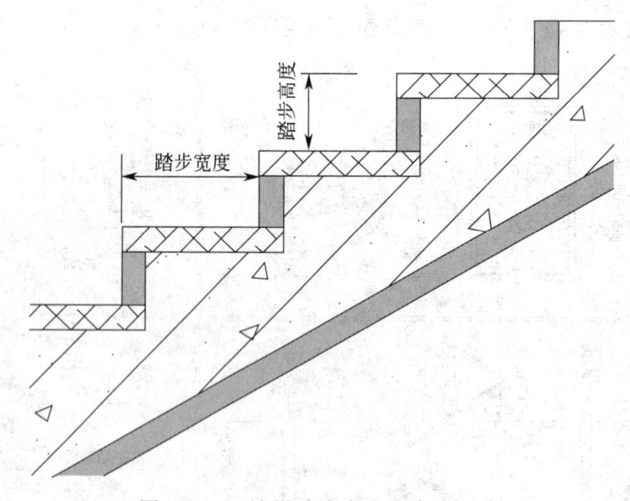

图 11.16 楼梯踏步宽度和高度示意

表 11.1 楼梯踏步最小宽度和最大高度　　单位：m

序号	楼梯类别	最小宽度	最大高度
1	住宅公共楼梯	0.26	0.175
2	托儿所、幼儿园、小学校楼梯	0.26	0.15
3	人员密集且竖向交通繁忙的建筑和大、中学校楼梯	0.28	0.16

续表

序号	楼梯类别		最小宽度	最大高度
4	宿舍楼梯	小学宿舍楼梯	0.26	0.15
		其他宿舍楼梯	0.27	0.165
5	老年人建筑楼梯		0.30	0.15
6	其他建筑或部位及竖向交通不繁忙的高层、超高层建筑楼梯		0.26	0.17
7	住宅套内楼梯、维修专用楼梯		0.22	0.20

注：螺旋楼梯和扇形踏步离内侧扶手中心 0.25m 处的踏步宽度不应小于 0.22m。

11.2.3　梯段要求

① 楼梯梯段宽度一般是指墙面至扶手中心线或扶手中心线之间的水平距离。

② 当一侧有扶手时，梯段净宽应为墙体装饰面至扶手中心线的水平距离，当双侧有扶手时，梯段净宽应为两侧扶手中心线之间的水平距离。当有凸出物时，梯段净宽应从凸出物表面算起。

③ 梯段净宽除应符合防火规范及专用建筑设计规范的规定外，供日常主要交通用的楼梯的梯段净宽应根据建筑物使用特征，按每股人流宽度为 0.55＋(0～0.15)m 的人流股数确定，并不应少于两股人流，即：2×(0.55＋0～0.15)＝1.10～1.40m。0～0.15m 为人流在行进中人体的摆幅，公共建筑人流众多的场所应取上限值。如图 11.17 所示。

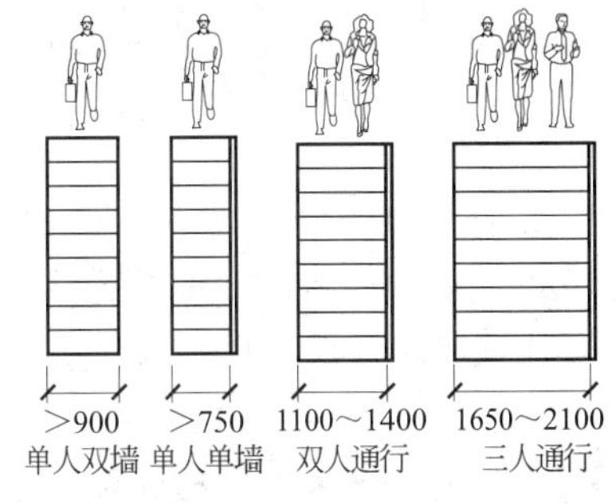

图 11.17　梯段宽度示意

11.2.4　楼梯高度要求

① 梯段净高是指自踏步前缘（包括最低和最高一级踏步前缘线以外 0.30m 范围内）量至上方凸出物下缘间的垂直高度。

② 楼梯平台上部及下部过道处的净高不应小于 2.0m，梯段净高不宜小于 2.20m。如图 11.18 所示。

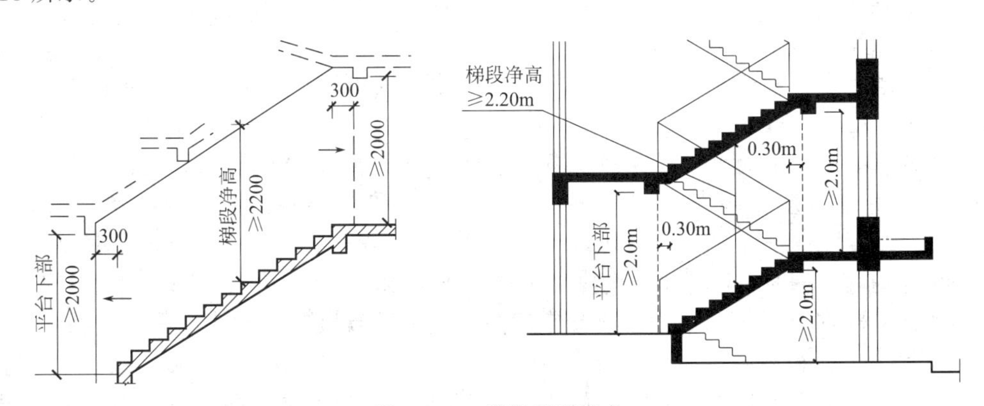

图 11.18　梯段高度要求

11.2.5　楼梯扶手要求

① 楼梯应至少于一侧设扶手，梯段净宽达三股人流时应两侧设扶手，达四股人流时宜加设中间扶手。

② 幼儿、老年建筑应在楼梯的两侧加扶手。

③ 室内楼梯扶手高度自踏步前缘线量起不宜小于0.90m。靠楼梯井一侧水平扶手长度超过0.50m时，其高度不应小于1.05m。如图11.19所示。

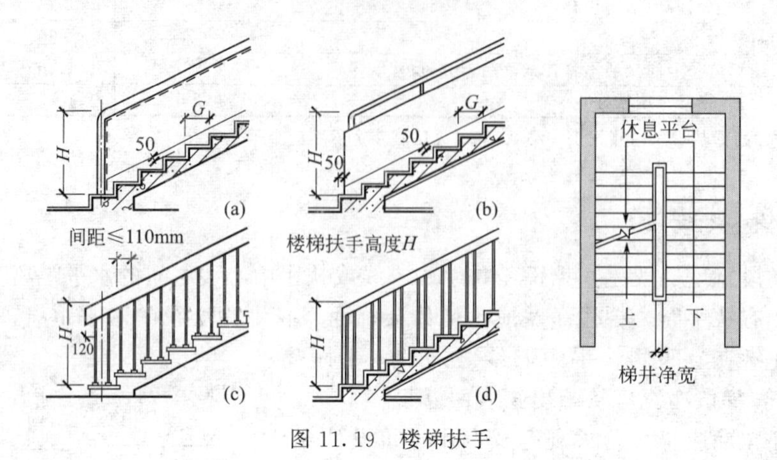

图11.19　楼梯扶手

④ 托儿所、幼儿园、中小学及少年儿童专用活动场所的楼梯，梯井净宽大于0.20m时，必须采取防止少年儿童攀滑的措施，楼梯栏杆应采取不易攀登的构造，当采用垂直杆件做栏杆时，其杆件净距不应大于0.11m。如图11.21所示。

11.3　常见民用建筑楼梯设置要求

11.3.1　住宅建筑楼梯、栏杆设置要求

根据GB 50096《住宅设计规范》，住宅建筑楼梯设置要求应符合如下要求。

① 楼梯梯段净宽不应小于1.10m，不超过六层的住宅，一边设有栏杆的梯段净宽不应小于1.00m。

② 楼梯踏步宽度不应小于0.26m，踏步高度不应大于0.175m。

③ 楼梯扶手高度不应小于0.90m。

④ 楼梯水平段栏杆长度大于0.50m时，其扶手高度不应小于1.05m。楼梯栏杆垂直杆件间净空不应大于0.11m。

⑤ 楼梯平台净宽不应小于楼梯梯段净宽，且不得小于1.20m。楼梯平台的结构下缘至人行通道的垂直高度不应低于2.00m。入口处地坪与室外地面应有高差，并不应小于0.10m。

⑥ 楼梯为剪刀梯时，楼梯平台的净宽不得小于1.30m。

⑦ 楼梯井净宽大于0.11m时，必须采取防止儿童攀滑的措施。

⑧ 公共出入口台阶踏步宽度不宜小于0.30m，踏步高度不宜大于0.15m，并不宜小于0.10m，踏步高度应均匀一致，并应采取防滑措施。台阶踏步数不应少于2级，当高差不足2级时，应按坡道设置；台阶宽度大于1.80m时，两侧宜设置栏杆扶手，高度应为0.90m。

根据GB 50096《住宅设计规范》，住宅建筑栏杆等防护设施设置要求应符合如下要求。

① 楼梯间、电梯厅等共用部分的外窗，窗外没有阳台或平台，且窗台距楼面、地面的净高小于0.90m时，应设置防护设施。

② 公共出入口台阶高度超过 0.70m 并侧面临空时，应设置防护设施，防护设施净高不应低于 1.05m。

③ 外廊、内天井及上人屋面等临空处的栏杆净高，六层及六层以下不应低于 1.05m，七层及七层以上不应低于 1.10m。防护栏杆必须采用防止儿童攀登的构造，栏杆的垂直杆件间净距不应大于 0.11m。放置花盆处必须采取防坠落措施。

住宅建筑的套内楼梯当一边临空时，梯段净宽不应小于 0.75m；当两侧有墙时，墙面之间净宽不应小于 0.90m，并应在其中一侧墙面设置扶手。

住宅建筑的套内楼梯的踏步宽度不应小于 0.22m；高度不应大于 0.20m，扇形踏步转角距扶手中心 0.25m 处，宽度不应小于 0.22m。

11.3.2　中小学校建筑楼梯、栏杆设置要求

① 中小学校教学用房的楼梯梯段宽度不应小于 1.20m，并应按 0.60m 的整数倍增加梯段宽度。每个梯段可增加不超过 0.15m 的摆幅宽度。

② 中小学校楼梯每个梯段的踏步级数不应少于 3 级，且不应多于 18 级，并应符合下列规定：

a. 各类小学楼梯踏步的宽度不得小于 0.26m，高度不得大于 0.15m；

b. 各类中学楼梯踏步的宽度不得小于 0.28m，高度不得大于 0.16m。

③ 楼梯的坡度不得大于 30°。

④ 疏散楼梯不得采用螺旋楼梯和扇形踏步。

⑤ 楼梯两梯段间楼梯井净宽不得大于 0.11m，大于 0.11m 时，应采取有效的安全防护措施。两梯段扶手间的水平净距宜为 0.10～0.20m。

⑥ 中小学校的楼梯扶手的设置应符合下列规定：

a. 楼梯宽度为 2 股人流时，应至少在一侧设置扶手；楼梯宽度达 3 股人流时，两侧均应设置扶手；楼梯宽度达 4 股人流时，应加设中间扶手；

b. 中小学校室内楼梯扶手高度不应低于 0.90m，室外楼梯扶手高度不应低于 1.10m；水平扶手高度不应低于 1.10m。

11.3.3　托儿所、幼儿园建筑楼梯、栏杆设置要求

托儿所、幼儿园建筑楼梯、扶手和踏步等应符合下列规定：

① 楼梯间应有直接的天然采光和自然通风；

② 楼梯除设成人扶手外，应在梯段两侧设幼儿扶手，其高度宜为 0.60m；

③ 供幼儿使用的楼梯踏步高度宜为 0.13m，宽度宜为 0.26m；

④ 严寒地区不应设置室外楼梯；

⑤ 幼儿使用的楼梯不应采用扇形、螺旋形踏步；

⑥ 楼梯踏步面应采用防滑材料；

⑦ 楼梯间在首层应直通室外。

幼儿使用的楼梯，当楼梯井净宽度大于 0.11m 时，必须采取防止幼儿攀滑措施。楼梯栏杆应采取不易攀爬的构造，当采用垂直杆件做栏杆时，其杆件净距不应大于 0.11m。

托儿所、幼儿园的外廊、室内回廊、内天井、阳台、上人屋面、平台、看台及室外楼梯等临空处应设置防护栏杆。防护栏杆的高度应从地面计算，且净高不应小于 1.10m。防护栏杆必须采用防止幼儿攀登和穿过的构造，当采用垂直杆件做栏杆时，其杆件净距离不应大

于0.11m。

托儿所、幼儿园建筑出入口台阶高度超过0.30m，并侧面临空时，应设置防护设施，防护设施净高不应低于1.05m。

11.3.4 医院建筑楼梯、栏杆设置要求

医院建筑楼梯的设置应符合下列要求：

① 楼梯的位置应同时符合防火、疏散和功能分区的要求；

② 主楼梯宽度不得小于1.65m，踏步宽度不应小于0.28m，高度不应大于0.16m。

11.3.5 老年人居住建筑楼梯、栏杆设置要求

① 老年人居住建筑严禁采用螺旋楼梯或弧线楼梯。

② 老年人居住建筑楼梯踏步踏面宽度不应小于0.28m，踏步踢面高度不应大于0.16m。同一楼梯梯段的踏步高度、宽度应一致，不应设置非矩形踏步或在休息平台区设置踏步。

③ 老年人居住建筑楼梯踏步前缘不宜突出。楼梯踏步应采用防滑材料。当踏步面层设置防滑、示警条时，防滑、示警条不宜突出踏面。

④ 老年人居住建筑扶手高度应为0.85～0.90m，设置双层扶手时，下层扶手高度宜为0.65～0.70m。扶手直径宜为40mm，到墙面净距宜为40mm。楼梯及坡道扶手端部宜水平延伸不小于0.30m，末端宜向内拐到墙面，或向下延伸不小于0.10m。

⑤ 老年人居住建筑下列空间位置应设置扶手。

a. 轮椅坡道应设置连续扶手；轮椅坡道的平台、轮椅坡道至建筑物的主要出入口宜设置连续的扶手。

b. 出入口台阶两侧应设置连续的扶手。

c. 公用走廊应设置扶手，扶手宜连续。

d. 老年人公寓楼梯梯段两侧均应设置连续扶手，老年人住宅楼梯梯段两侧宜设置连续扶手。

11.3.6 旅馆建筑楼梯、栏杆设置要求

旅馆建筑中庭栏杆或栏板高度不应低于1.20m。

11.3.7 商店建筑楼梯、栏杆设置要求

① 商店建筑的公用楼梯梯段最小净宽、踏步最小宽度和最大高度应符合表11.2的规定。

表11.2 商店建筑的公用楼梯梯段最小净宽、踏步最小宽度和最大高度

楼梯类别	梯段最小净宽/m	踏步最小宽度/m	踏步最大高度/m
营业区的公用楼梯	1.40	0.28	0.16
专用疏散楼梯	1.20	0.26	0.17
室外楼梯	1.40	0.30	0.15

② 商店建筑的公用室内外台阶的踏步高度不应大于0.15m且不宜小于0.10m，踏步宽

度不应小于 0.30m；当高差不足两级踏步时，应按坡道设置，其坡度不应大于 1∶12。

③ 商店建筑的公用楼梯、室内回廊、内天井等临空处的栏杆应采用防攀爬的构造，当采用垂直杆件做栏杆时，其杆件净距不应大于 0.11m。

④ 商店建筑人员密集的大型商店建筑的中庭应提高栏杆的高度。

11.3.8　宿舍建筑楼梯、栏杆设置要求

① 宿舍建筑楼梯门、楼梯及走道总宽度应按每层通过人数每 100 人不小于 1m 计算，且梯段净宽不应小于 1.20m，楼梯平台宽度不应小于楼梯梯段净宽。

② 宿舍楼梯踏步宽度不应小于 0.27m，踏步高度不应大于 0.165m。扶手高度不应小于 0.90m。楼梯水平段栏杆长度大于 0.50m 时，其扶手高度不应小于 1.05m。

③ 小学宿舍楼梯踏步宽度不应小于 0.26m，踏步高度不应大于 0.15m。楼梯扶手应采用竖向栏杆，且杆件间净宽不应大于 0.11m。楼梯井净宽不应大于 0.20m。

11.4　临空处栏杆设置基本要求

建筑栏杆高度应从楼地面或屋面至栏杆扶手顶面垂直高度计算，如底部有宽度大于或等于 0.22m，且高度低于或等于 0.45m 的可踏部位，应从可踏部位顶面起计算。如图 11.20 所示。

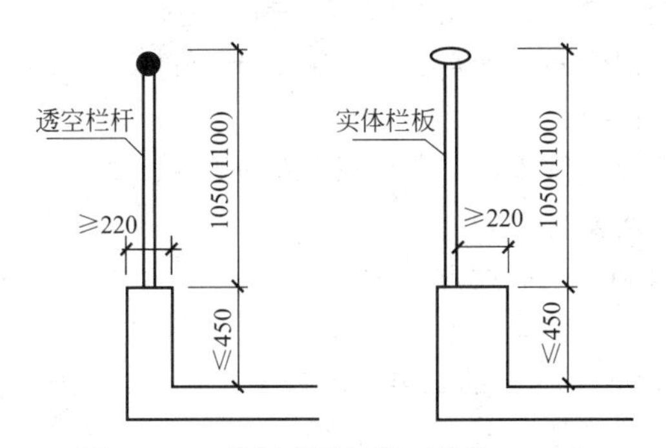

图 11.20　栏杆高度计算（单位：mm）

11.4.1　建筑窗台和台阶临空处栏杆设置

窗台和台阶临空处栏杆设置应符合下列规定。

① 人流密集的场所台阶高度超过 0.70m 并侧面临空时，应有防护设施如栏杆。

② 临空的窗台低于 0.80m 时，应采取防护措施，防护高度由楼地面起计算不应低于 0.80m（低窗台、凸窗等下部有能上人站立的宽窗台面时，贴窗护栏或固定窗的防护高度应从窗台面起计算）。

③ 住宅窗台低于 0.90m 时，应采取防护措施。

11.4.2　建筑阳台和屋面等临空处栏杆设置

阳台、外廊、室内回廊、内天井、上人屋面及室外楼梯等临空处应设置防护栏杆，并应符合下列规定，如图 11.21 所示。

① 栏杆应以坚固、耐久的材料制作，并能承受荷载规范规定的水平荷载。

② 临空高度在 24m 以下时，栏杆高度不应低于 1.05m，临空高度在 24m 及 24m 以上

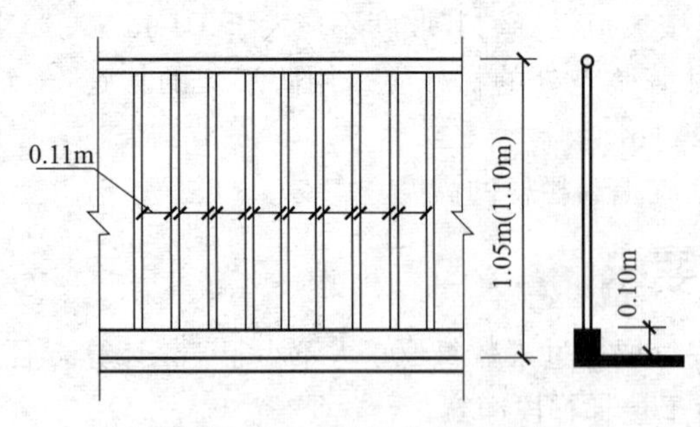

图 11.21　垂直栏杆高度要求

（包括中高层住宅）时，栏杆高度不应低于1.10m。

③ 栏杆离楼面或屋面0.10m高度内不宜留空。

④ 住宅、托儿所、幼儿园、中小学及少年儿童专用活动场所的栏杆必须采用防止少年儿童攀登的构造，当采用垂直杆件做栏杆时，其杆件净距不应大于0.11m。

⑤ 文化娱乐建筑、商业服务建筑、体育建筑、园林景观建筑等允许少年儿童进入活动的场所，当采用垂直杆件做栏杆时，其杆件净距也不应大于0.11m。

11.5　建筑楼梯防火设置要求

11.5.1　建筑楼梯防火设置基本要求

① 建筑的楼梯间宜通至屋面，通向屋面的门或窗应向外开启。

② 高层公共建筑的疏散楼梯，当分散设置，确有困难且从任一疏散门至最近疏散楼梯间入口的距离不大于10m时，可采用剪刀楼梯间，但应符合下列规定：

a. 楼梯间应为防烟楼梯间；

b. 梯段之间应设置耐火极限不低于1.00h的防火隔墙；

c. 楼梯间的前室应分别设置。

③ 一类高层公共建筑和建筑高度大于32m的二类高层公共建筑，其疏散楼梯应采用防烟楼梯间。

④ 裙房和建筑高度不大于32m的二类高层公共建筑，其疏散楼梯应采用封闭楼梯间。

⑤ 下列多层公共建筑的疏散楼梯，除与敞开式外廊直接相连的楼梯间外，均应采用封闭楼梯间：

a. 医疗建筑、旅馆、老年人建筑及类似使用功能的建筑；

b. 设置歌舞娱乐放映游艺场所的建筑；

c. 商店、图书馆、展览建筑、会议中心及类似使用功能的建筑；

d. 6层及以上的其他建筑。

⑥ 公共建筑的楼梯间应在首层直通室外，确有困难时，可在首层采用扩大的封闭楼梯间或防烟楼梯间前室。当层数不超过4层且未采用扩大的封闭楼梯间或防烟楼梯间前室时，可将直通室外的门设置在离楼梯间不大于15m处。

11.5.2　建筑疏散楼梯间和疏散楼梯设置要求

① 疏散楼梯间应符合下列规定。

a. 楼梯间应能天然采光和自然通风，并宜靠外墙设置。靠外墙设置时，楼梯间、前室及合用前室外墙上的窗口与两侧门、窗、洞口最近边缘的水平距离不应小于1.0m。

b. 楼梯间内不应设置烧水间、可燃材料储藏室、垃圾道。

c. 楼梯间内不应有影响疏散的凸出物或其他障碍物。

d. 封闭楼梯间、防烟楼梯间及其前室，不应设置卷帘。

e. 楼梯间内不应设置甲、乙、丙类液体管道。

f. 封闭楼梯间、防烟楼梯间及其前室内禁止穿过或设置可燃气体管道。敞开楼梯间内不应设置可燃气体管道，当住宅建筑的敞开楼梯间内确需设置可燃气体管道和可燃气体计量表时，应采用金属管和设置切断气源的阀门。

② 封闭楼梯间除应符合前述第①条的规定外，尚应符合下列规定。

a. 不能自然通风或自然通风不能满足要求时，应设置机械加压送风系统或采用防烟楼梯间。

b. 除楼梯间的出入口和外窗外，楼梯间的墙上不应开设其他门、窗、洞口。

c. 高层建筑、人员密集的公共建筑、人员密集的多层丙类厂房、甲、乙类厂房，其封闭楼梯间的门应采用乙级防火门，并应向疏散方向开启；其他建筑，可采用双向弹簧门。

d. 楼梯间的首层可将走道和门厅等包括在楼梯间内形成扩大的封闭楼梯间，但应采用乙级防火门等与其他走道和房间分隔。

③ 防烟楼梯间除应符合前述第①条的规定外，尚应符合下列规定。

a. 应设置防烟设施。

b. 前室可与消防电梯间前室合用。

c. 前室的使用面积：公共建筑、高层厂房（仓库），不应小于 $6.0m^2$；住宅建筑，不应小于 $4.5m^2$。与消防电梯间前室合用时，合用前室的使用面积：公共建筑、高层厂房（仓库），不应小于 $10.0m^2$；住宅建筑，不应小于 $6.0m^2$。

d. 疏散走道通向前室以及前室通向楼梯间的门应采用乙级防火门。

e. 除住宅建筑的楼梯间前室外，防烟楼梯间和前室内的墙上不应开设除疏散门和送风口外的其他门、窗、洞口。

f. 楼梯间的首层可将走道和门厅等包括在楼梯间前室内形成扩大的前室，但应采用乙级防火门等与其他走道和房间分隔。

④ 除通向避难层错位的疏散楼梯外，建筑内的疏散楼梯间在各层的平面位置不应改变。除住宅建筑套内的自用楼梯外，地下或半地下建筑（室）的疏散楼梯间，应符合下列规定。

a. 室内地面与室外出入口地坪高差大于 10m 或 3 层及以上的地下、半地下建筑（室），其疏散楼梯应采用防烟楼梯间；其他地下或半地下建筑（室），其疏散楼梯应采用封闭楼梯间。

b. 应在首层采用耐火极限不低于 2.00h 的防火隔墙与其他部位分隔并应直通室外，确需在隔墙上开门时，应采用乙级防火门。

c. 建筑的地下或半地下部分与地上部分不应共用楼梯间，确需共用楼梯间时，应在首层采用耐火极限不低于 2.00h 的防火隔墙和乙级防火门将地下或半地下部分与地上部分的连通部位完全分隔，并应设置明显的标志。

⑤ 室外疏散楼梯应符合下列规定。

a. 栏杆扶手的高度不应小于 1.10m，楼梯的净宽度不应小于 0.90m。

b. 倾斜角度不应大于 45°。

c. 梯段和平台均应采用不燃材料制作。平台的耐火极限不应低于 1.00h，梯段的耐火极限不应低于 0.25h。

d. 通向室外楼梯的门应采用乙级防火门，并应向外开启。

e. 除疏散门外，楼梯周围 2m 内的墙面上不应设置门、窗、洞口。疏散门不应正对梯段。

⑥ 疏散用楼梯和疏散通道上的阶梯不宜采用螺旋楼梯和扇形踏步；确需采用时，踏步上、下两级所形成的平面角度不应大于 10°，且每级离扶手 250mm 处的踏步深度不应小于 220mm。

⑦ 建筑内的公共疏散楼梯，其两梯段及扶手间的水平净距不宜小于150mm。

⑧ 高度大于10m的三级耐火等级建筑应设置通至屋顶的室外消防梯。室外消防梯不应面对老虎窗，宽度不应小于0.6m，且宜从离地面3.0m高处设置。

11.5.3 建筑楼梯防火宽度大小要求

① 公共建筑内疏散楼梯的净宽度不应小于1.10m。高层医疗建筑内的首层疏散楼梯最小净宽度为1.3m，其他高层公共建筑内的首层疏散楼梯最小净宽度为1.2m。

② 除剧场、电影院、礼堂、体育馆外的其他公共建筑，其疏散楼梯的总净宽度，应根据疏散人数按每100人的最小疏散净宽度不小于表11.3的规定计算确定。当每层疏散人数不等时，疏散楼梯的总净宽度可分层计算，地上建筑内下层楼梯的总净宽度应按该层及以上疏散人数最多一层的人数计算；地下建筑内上层楼梯的总净宽度应按该层及以下疏散人数最多一层的人数计算。

③ 地下或半地下人员密集的厅、室和歌舞娱乐放映游艺场所，其疏散楼梯的各自总净宽度，应根据疏散人数按每100人不小于1.00m计算确定。

④ 建筑高度大于27m，但不大于54m的住宅建筑，每个单元设置一座疏散楼梯时，疏散楼梯应通至屋面，且单元之间的疏散楼梯应能通过屋面连通，户门应采用乙级防火门。当不能通至屋面或不能通过屋面连通时，应设置2个安全出口。

表11.3 每层的疏散楼梯的每100人最小疏散净宽度 单位：m/百人

建筑层数		建筑的耐火等级		
		一、二级	三级	四级
地上楼层	1～2层	0.65	0.75	1.00
	3层	0.75	1.00	—
	≥4层	1.00	1.25	—
地下楼层	与地面出入口地面的高差 $\Delta H \leqslant 10$m	0.75	—	—
	与地面出入口地面的高差 $\Delta H > 10$m	1.00	—	—

⑤ 住宅建筑的疏散楼梯设置应符合下列规定：

a. 建筑高度不大于21m的住宅建筑可采用敞开楼梯间；与电梯井相邻布置的疏散楼梯应采用封闭楼梯间，当户门采用乙级防火门时，仍可采用敞开楼梯间。

b. 建筑高度大于21m、不大于33m的住宅建筑应采用封闭楼梯间；当户门采用乙级防火门时，可采用敞开楼梯间。

c. 建筑高度大于33m的住宅建筑应采用防烟楼梯间。户门不宜直接开向前室，确有困难时，每层开向同一前室的户门不应大于3樘且应采用乙级防火门。

⑥ 住宅单元的疏散楼梯，当分散设置确有困难且任一户门至最近疏散楼梯间入口的距离不大于10m时，可采用剪刀楼梯间，但应符合下列规定。

a. 应采用防烟楼梯间。

b. 梯段之间应设置耐火极限不低于1.00h的防火隔墙。

c. 楼梯间的前室不宜共用；共用时，前室的使用面积不应小于6.0m^2。

d. 楼梯间的前室或共用前室不宜与消防电梯的前室合用；楼梯间的共用前室与消防电梯的前室合用时，合用前室的使用面积不应小于12.0m^2，且短边不应小于2.4m。

⑦ 住宅建筑的疏散楼梯的总净宽度应经计算确定，且疏散楼梯的净宽度不应小于1.10m。建筑高度不大于18m的住宅中一边设置栏杆的疏散楼梯，其净宽度不应小于1.0m。

⑧ 住宅建筑的楼梯间应在首层直通室外，或在首层采用扩大的封闭楼梯间或防烟楼梯

间前室。住宅建筑层数不超过 4 层时，可将直通室外的门设置在离楼梯间不大于 15m 处。

11.6 建筑楼梯、栏杆及扶手无障碍设置要求

根据国家规范 GB 50763《无障碍设计规范》规定，建筑楼梯栏杆及扶手无障碍设置要求如下，如图 11.22 所示。

图 11.22　无障碍楼梯示意

无障碍楼梯应符合下列规定。

① 宜采用直线形楼梯；

② 公共建筑楼梯的踏步宽度不应小于 280mm，踏步高度不应大于 160mm；

③ 不应采用无踢面和直角形突缘的踏步；

④ 宜在两侧均做扶手；

⑤ 如采用栏杆式楼梯，在栏杆下方宜设置安全阻挡措施；

⑥ 踏面应平整防滑或在踏面前缘设防滑条；

⑦ 距踏步起点和终点 250～300mm 宜设提示盲道；

⑧ 踏面和踢面的颜色宜有区分和对比；

⑨ 楼梯上行及下行的第一阶宜在颜色或材质上与平台有明显区别。

无障碍楼梯应符合下列规定：

① 无障碍单层扶手的高度应为 850～900mm，无障碍双层扶手的上层扶手高度应为 850～900mm，下层扶手高度应为 650～700mm。

② 无障碍扶手应保持连贯，靠墙面扶手的起点和终点处应水平延伸不小于 300mm 的长度。

③ 无障碍扶手末端应向内拐到墙面或向下延伸不小于 100mm，栏杆式扶手应向下成弧形或延伸到地面上固定。

④ 扶手内侧与墙面的距离不应小于 40mm。

⑤ 扶手应安装坚固，形状易于抓握。圆形扶手的直径应为 35～50mm，矩形扶手的截面尺寸应为 35～50mm。

⑥ 扶手的材质宜选用防滑、热惰性指标好的材料。

Chapter 12

第12章 建筑电梯和自动扶梯设计

12.1 建筑电梯类型和构造形式

12.1.1 建筑电梯类型

电梯是用于高层建筑物中的固定式升降运输设备，它有一个装载乘客的轿厢，沿着垂直或倾斜角度小于15°的导轨在各楼层间运行。如图12.1所示。

图12.1 电梯示意

(1) 按使用性质分

客梯：运送乘客的电梯。

货梯：运输货物的电梯。

客货两用梯：既可以运送乘客，又可以运输货物的电梯。

消防电梯：主要供消防人员使用的电梯。

观光电梯：把竖向交通工具和登高流动观景相结合的电梯。

其他类型电梯：如医用电梯、汽车电梯等。

（2）按电梯行驶速度分

高速电梯：速度约为 5～10m/s。

中速电梯：速度约为 2.5～5m/s。

低速电梯：速度在 2.5m/s 以内（如运送食物电梯常用低速电梯）。

（3）按机房类型分

顶机房：电梯机房位于井道顶部；

侧机房：电梯机房位于井道一侧；

无机房：无需设置专用机房，将驱动主机安装在井道或轿厢上，控制柜则设置于容易接近的位置。

（4）按运行控制方式分

按钮控制：电梯运行由轿厢内操作盘上的选层按钮来操纵电梯。

信号控制：把各层站呼梯信号集合起来，将与电梯运行方向一致的呼梯信号按先后顺序列好，电梯依次应答运送乘客。

集选控制：在信号控制的基础上把呼梯信号集合起来，进行有选择的应答。

并联控制：共用一套呼梯信息系统，把 2 台或 3 台规格相同的电梯并联起来控制。

梯群控制：在具有多台电梯客流量大的高层建筑中，把电梯分为若干组，每组 4～6 台电梯，将几台电梯控制联在一起，分区域进行有序或无序综合统一控制，对乘客需要电梯情况进行自动分析后，选派最适宜的电梯及时应答呼梯信号。

12.1.2　建筑电梯构造形式

建筑电梯主要由下列几部分组成，如图 12.2 所示：

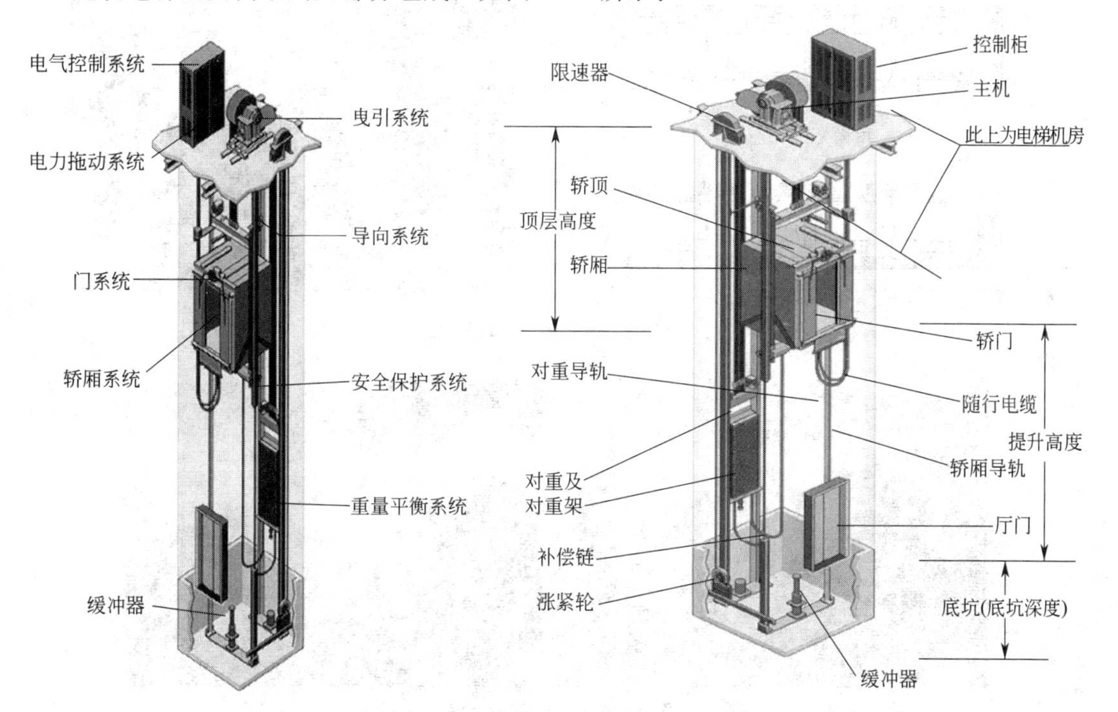

图 12.2　建筑电梯系统构造示意

① 电梯井道；

② 电梯机房；

③ 井道底坑：井道底坑在最底层平面标高下≥1.4m，作为轿厢下降时所需缓冲器的安装空间；

④ 组成电梯的有关部件：轿厢、井壁导轨和导轨支架、牵引轮及其钢支架、钢丝绳、平衡锤、轿厢开关门、检修起重吊钩等、有关电器部件。

12.2 建筑电梯设置基本要求

① 电梯不得计作安全出口。

② 以电梯为主要垂直交通的高层公共建筑和12层及12层以上高层住宅的电梯台数应经计算后确定并不应少于2台。如图12.3所示。

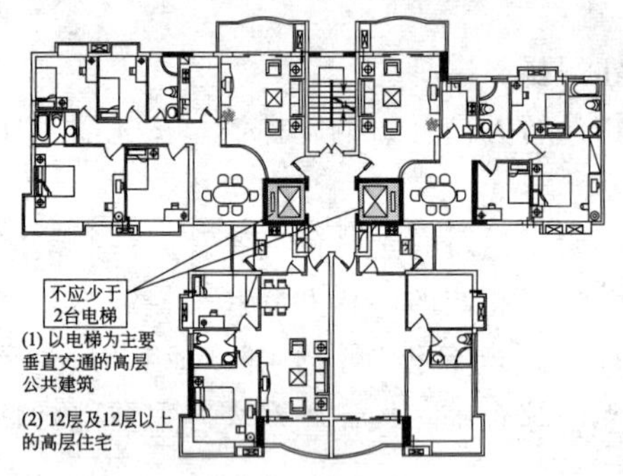

图12.3 电梯设置数量

③ 除配置目的地选层控制系统电梯的建筑外，建筑物每个服务区单侧排列的电梯不宜超过4台，双侧排列的电梯不宜超过2×4台，且电梯不应在转角处贴邻布置；当电梯分区设置或设有目的地选层控制系统时，电梯单侧排列可以超过4台或双侧排列可以超过2×4台。如图11.2所示。

④ 电梯候梯厅的深度应符合表12.1的规定，并不得小于1.50m。如图12.4所示。

⑤ 电梯井道和机房不宜与有安静要求的用房贴邻布置，否则应采取隔振、隔声措施。如图12.5所示。

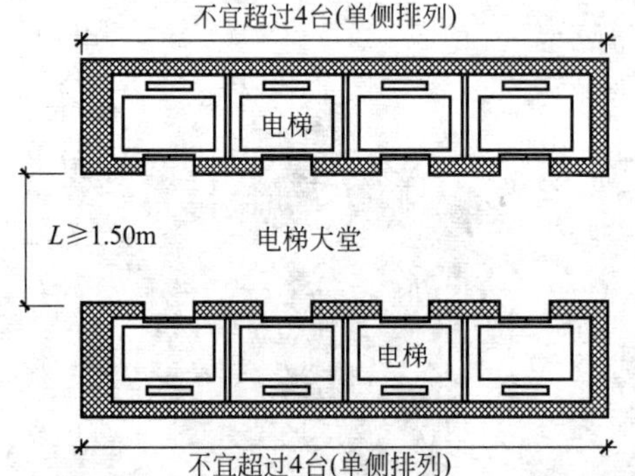

图12.4 电梯布置要求

图12.5 电梯机房示意

⑥ 电梯机房应有隔热、通风、防尘等措施，宜有自然采光，不得将机房顶板作水箱底板及在机房内直接穿越水管或蒸汽管。

表 12.1　电梯候梯厅的参考深度

电梯类别	布置方式	候梯厅深度
住宅电梯	单台	≥B,且≥1.50m
	多台单侧排列	≥B^*,且≥1.80m
	多台双侧排列	≥相对电梯B^*之和并<3.50m
公共建筑电梯	单台	≥1.5B,且≥1.80m
	多台单侧排列	≥1.5B^*,且≥2.00m 当电梯群为 4 台时应≥2.40m
	多台双侧排列	≥相对电梯B^*之和并<4.50m
病床电梯	单台	≥1.5B,且≥2.00m
	多台单侧排列	≥1.5B,且≥2.20m
	多台双侧排列	≥相对电梯B^*之和

注：B 为轿厢深度，B^* 为电梯群中最大轿厢深度。

12.3 民用建筑电梯防火设置要求

12.3.1 建筑电梯防火设置基本要求

① 建筑内的自动扶梯和电梯不应计作安全疏散设施。

② 公共建筑内的客、货电梯宜设置电梯候梯厅，不宜直接设置在营业厅、展览厅、多功能厅等场所内。

③ 建筑内的电梯井等竖井应符合下列规定。

a. 电梯井应独立设置，井内严禁敷设可燃气体和甲、乙、丙类液体管道，不应敷设与电梯无关的电缆、电线等。电梯井的井壁除设置电梯门、安全逃生门和通气孔洞外，不应设置其他开口。

b. 电梯层门的耐火极限不应低于 1.00h。

④ 直通建筑内附设汽车库的电梯，应在汽车库部分设置电梯候梯厅，并应采用耐火极限不低于 2.00h 的防火隔墙和乙级防火门与汽车库分隔。

12.3.2 建筑消防电梯设置要求

① 下列建筑应设置消防电梯：

a. 建筑高度大于 33m 的住宅建筑；

b. 一类高层公共建筑和建筑高度大于 32m 的二类高层公共建筑；

c. 设置消防电梯的建筑的地下或半地下室，埋深大于 10m 且总建筑面积大于 3000m^2 的其他地下或半地下建筑（室）。

② 消防电梯应分别设置在不同防火分区内，且每个防火分区不应少于 1 台。如图 12.6 所示。

③ 符合消防电梯要求的客梯或货梯可兼作消防电梯。

④ 消防电梯井、机房与相邻电梯井、机房之间应设置耐火极限不低于 2.00h 的防火隔墙，隔墙上的门应采用甲级防火门。

⑤ 消防电梯的井底应设置排水设施，排水井的容量不应小于 2m^3，排水泵的排水量不

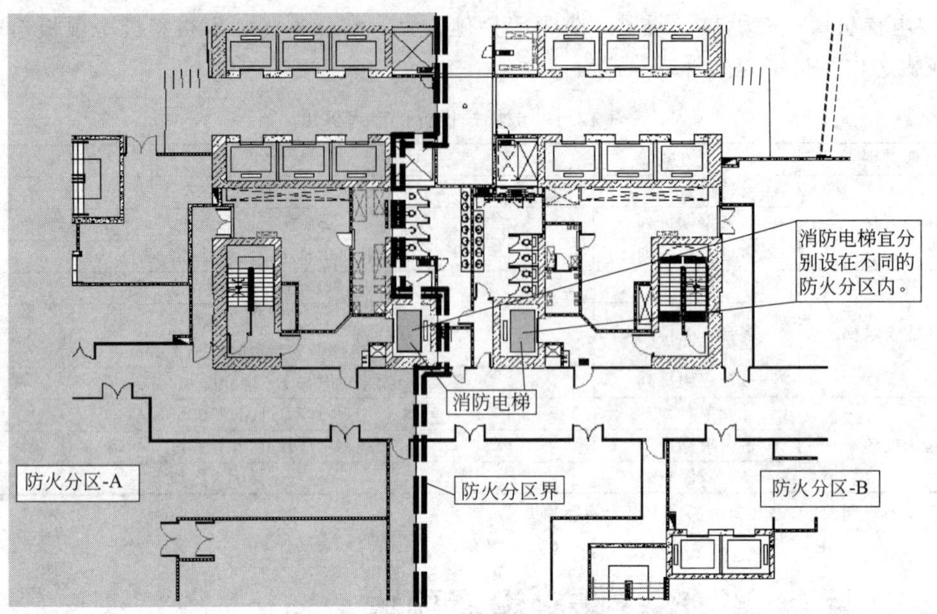

图 12.6 消防电梯设在不同防火分区

应小于 10L/s。消防电梯间前室的门口宜设置挡水设施。

⑥ 除设置在仓库连廊、冷库穿堂或谷物筒仓工作塔内的消防电梯外，消防电梯应设置前室，并应符合下列规定。

a. 前室宜靠外墙设置，并应在首层直通室外或经过长度不大于 30m 的通道通向室外；如图 12.7 所示。

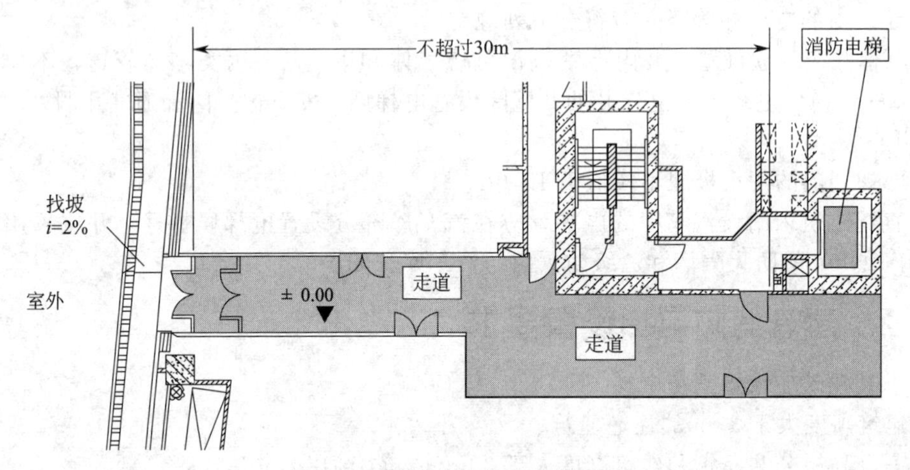

图 12.7 消防电梯首层疏散要求

b. 除前室的出入口、前室内设置的正压送风口和国家规范规定的户门外，前室内不应开设其他门、窗、洞口。

c. 前室或合用前室的门应采用乙级防火门，不应设置卷帘。

⑦ 消防电梯间前室的使用面积不应小于 6.0m^2；消防电梯间与防烟楼梯间前室合用时，合用前室的使用面积，如图 12.8 所示。

a. 公共建筑、高层厂房（仓库），不应小于 10.0m^2；

b. 住宅建筑，不应小于 6.0m^2。

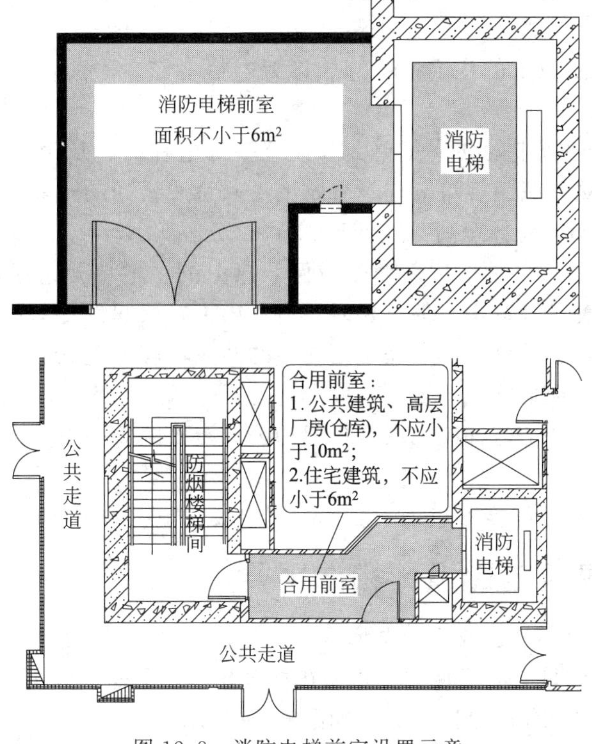

图 12.8　消防电梯前室设置示意

⑧ 消防电梯应符合下列规定：

a. 应能每层停靠；

b. 电梯的载重量不应小于 800kg；

c. 电梯从首层至顶层的运行时间不宜大于 60s；

d. 电梯的动力与控制电缆、电线、控制面板应采取防水措施；

e. 在首层的消防电梯入口处应设置供消防队员专用的操作按钮；

f. 电梯轿厢的内部装修应采用不燃材料；

g. 电梯轿厢内部应设置专用消防对讲电话。

12.4 常见民用建筑的电梯设置要求

12.4.1 住宅建筑电梯设计和选用要点

① 住宅建筑属下列情况之一时，必须设置电梯：

a. 七层及七层以上住宅或住户入口层楼面距室外设计地面的高度超过 16m 时；

b. 底层作为商店或其他用房的六层及六层以下住宅，其住户入口层楼面距该建筑物的室外设计地面高度超过 16m 时；

c. 底层做架空层或贮存空间的六层及六层以下住宅，其住户入口层楼面距该建筑物的室外设计地面高度超过 16m 时；

d. 顶层为两层一套的跃层住宅时，跃层部分不计层数，其顶层住户入口层楼面距该建筑物室外设计地面的高度超过 16m 时。

② 电梯不应紧邻卧室布置。当受条件限制，电梯不得不紧邻兼起居的卧室布置时，应采取隔声、减振的构造措施。

③ 十二层及十二层以上的住宅，每栋楼设置电梯不应少于两台，其中应设置一台可容纳担架的电梯。

④ 十二层及十二层以上的住宅每单元只设置一部电梯时，从第十二层起应设置与相邻住宅单元联通的联系廊。联系廊可隔层设置，上下联系廊之间的间隔不应超过五层。联系廊的净宽不应小于1.10m，局部净高不应低于2.00m。

⑤ 十二层及十二层以上的住宅由两个及两个以上的住宅单元组成，且其中有一个或一个以上住宅单元未设置可容纳担架的电梯时，应从第十二层起设置与可容纳担架的电梯联通的联系廊。联系廊可隔层设置，上下联系廊之间的间隔不应超过五层。联系廊的净宽不应小于1.10m，局部净高不应低于2.00m。

⑥ 七层及七层以上住宅电梯应在设有户门和公共走廊的每层设站。住宅电梯宜成组集中布置。

⑦ 住宅建筑的候梯厅深度不应小于多台电梯中最大轿箱的深度，且不应小于1.50m。

12.4.2 办公建筑电梯设计和选用要点

① 五层及五层以上办公建筑应设电梯。

② 办公建筑电梯数量应满足使用要求，按办公建筑面积每5000m² 至少设置1台。超高层办公建筑的乘客电梯应分层分区停靠。如图12.9所示。

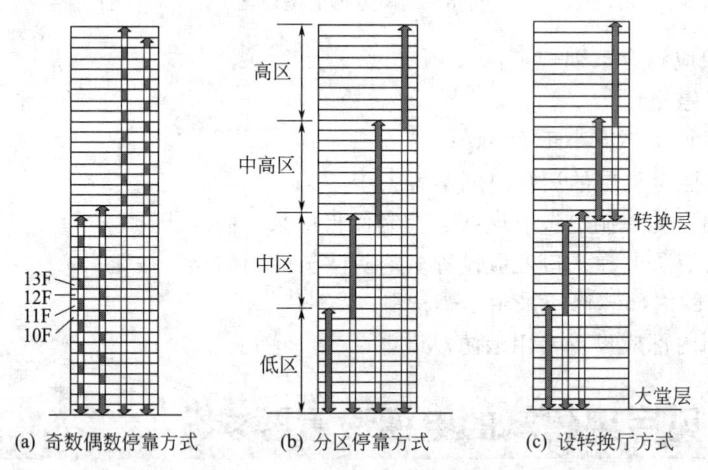

图12.9 办公建筑电梯分层分区使用示意

12.4.3 旅馆建筑电梯设计和选用要点

① 四级、五级旅馆建筑2层宜设乘客电梯，3层及3层以上应设乘客电梯。一级、二级、三级旅馆建筑3层宜设乘客电梯，4层及4层以上应设乘客电梯。

② 旅馆建筑客房部分宜至少设置两部乘客电梯，四级及以上旅馆建筑公共部分宜设置自动扶梯或专用乘客电梯。

③ 旅馆建筑服务电梯应根据旅馆建筑等级和实际需要设置，且四级、五级旅馆建筑应设服务电梯。

④ 旅馆建筑电梯厅深度应符合现行国家标准规定，且当客房与电梯厅正对面布置时，

电梯厅的深度不应包括客房与电梯厅之间的走道宽度。

12.4.4　医院建筑电梯设计和选用要点

① 医院建筑中二层医疗用房宜设电梯；三层及三层以上的医疗用房应设电梯，且不得少于 2 台。

② 医院建筑中供患者使用的电梯和污物梯，应采用病床梯。

③ 医院建筑中医院住院部宜增设供医护人员专用的客梯、送餐和污物专用货梯。

④ 医院建筑中电梯井道不应与有安静要求的用房贴邻。

12.4.5　商店建筑电梯设计和选用要点

① 大型和中型商店的营业区宜设乘客电梯、自动扶梯、自动人行道；多层商店宜设置货梯或提升机。

② 商店建筑内设置的自动扶梯、自动人行道除应符合现行国家标准的有关规定外，还应符合下列规定：

a. 自动扶梯倾斜角度不应大于 30°，自动人行道倾斜角度不应超过 12°；

b. 自动扶梯、自动人行道上下两端水平距离 3m 范围内应保持畅通，不得兼作他用；

c. 扶手带中心线与平行墙面或楼板开口边缘间的距离、相邻设置的自动扶梯或自动人行道的两梯（道）之间扶手带中心线的水平距离应大于 0.50m，否则应采取措施，以防对人员造成伤害。

12.4.6　其他类型建筑电梯设计和选用要点

① 宿舍建筑：七层及七层以上宿舍或居室最高入口层楼面距室外设计地面的高度大于 21m 时，应设置电梯。

② 饮食建筑：位于三层及三层以上的一级餐馆与饮食店和四层及四层以上的其他各级餐馆与饮食店均宜设置乘客电梯。

③ 老年人建筑：二层及以上老年人居住建筑应配置可容纳担架的电梯；十二层及十二层以上的老年人居住建筑，每单元设置电梯不应少于两台，其中应设置一台可容纳担架的电梯；候梯厅深度不应小于多台电梯中最大轿厢深度，且不应小于 1.8m，候梯厅应设置扶手。

④ 养老设施建筑：养老设施建筑的普通电梯门洞的净宽度不宜小于 900mm，选层按钮和呼叫按钮高度宜为 0.90～1.10m，电梯入口处宜设提示盲道；电梯轿厢门开启的净宽度不应小于 800mm，轿厢内壁周边应设有安全扶手和监控及对讲系统；电梯运行速度不宜大于 1.5m/s，电梯门应采用缓慢关闭程序设定或加装感应装置。

12.5　建筑自动扶梯和自动人行道设置

12.5.1　自动扶梯设置基本要求

自动扶梯是指带有循环运行的梯级，用于倾斜向上或向下连续输送乘客的运输设备。直观看起来就像移动的楼梯，同时伴随移动的扶手带。自动人行道是指循环运行的走道，就像放平了的自动扶梯，一般用于水平或倾斜角度不大于 12°的乘客和由乘客携带物品的运输。如图 12.10 所示。

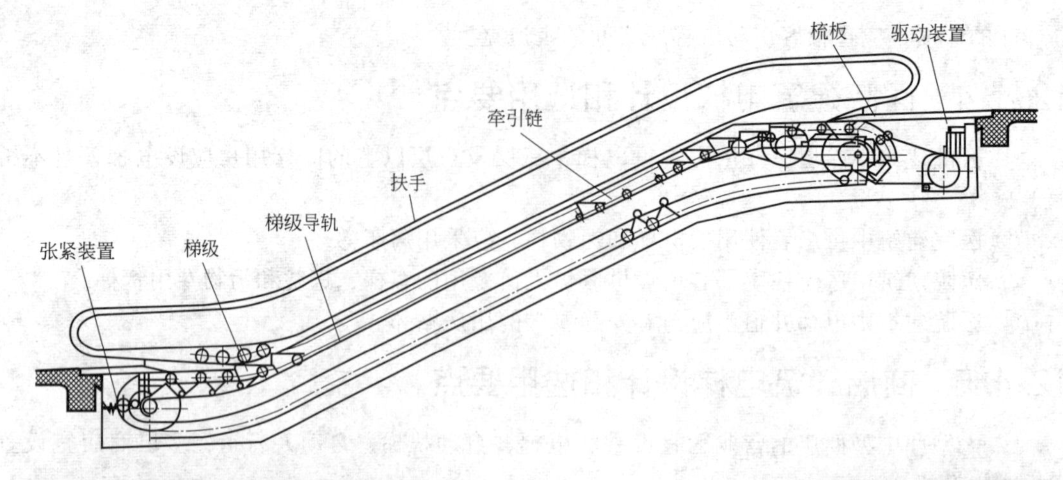

图 12.10　自动扶梯构造示意

自动扶梯和自动人行道适用于交通流量繁忙的场合，如火车站、汽车站、地铁站、展览中心、商场、机场、人行地道、人行天桥以及其他公共运输中心。自动人行道作为一种商用载人设备，如图 12.11 所示。

图 12.11　自动人行道示意

自动扶梯、自动人行道应符合下列规定，自动扶梯和自动人行道的布置方式如图 12.12、图 12.13 所示。

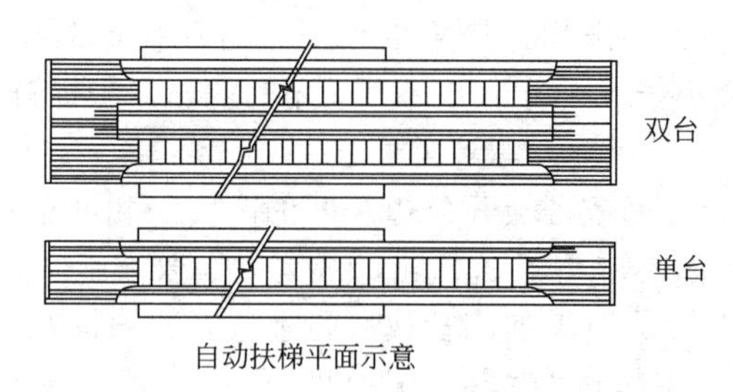

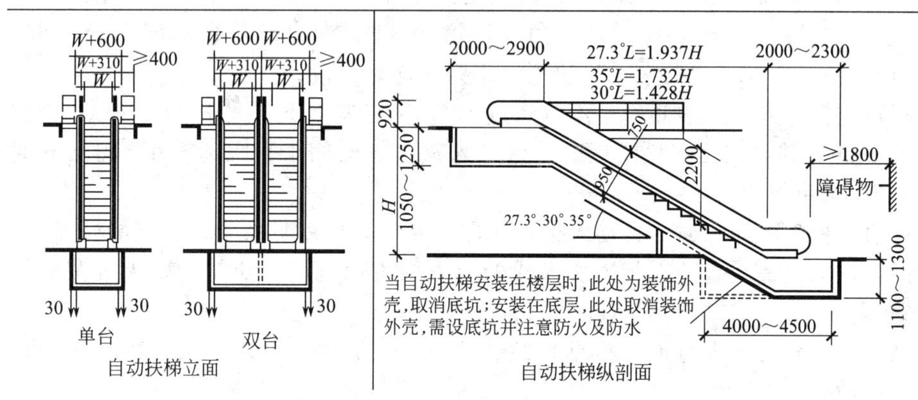

图 12.12　自动扶梯平、立、剖面示意图

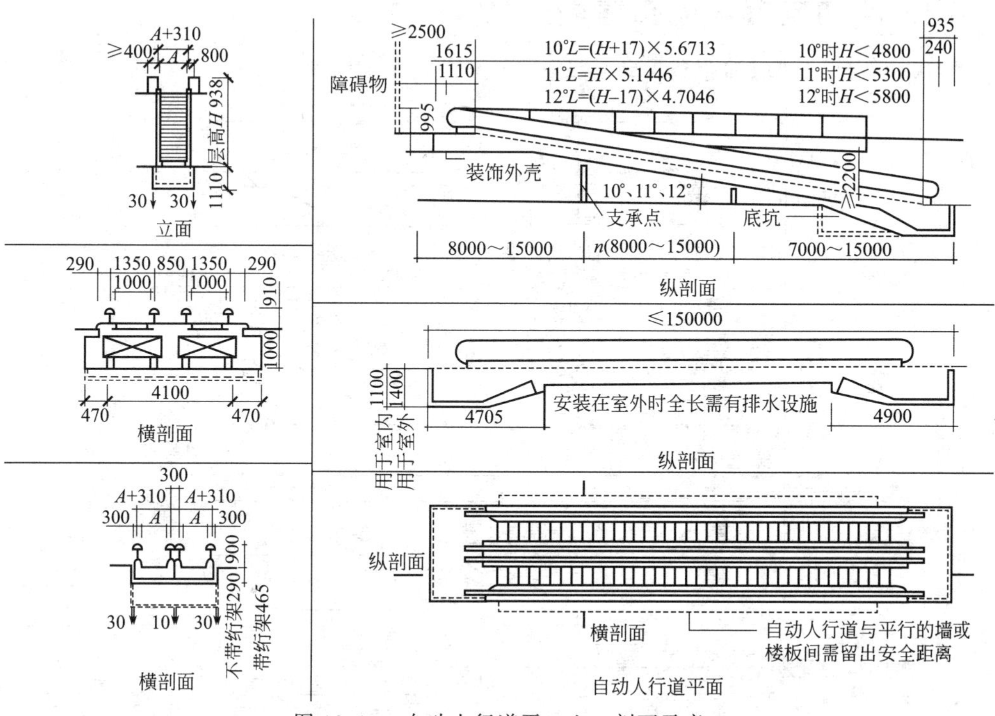

图 12.13　自动人行道平、立、剖面示意

① 自动扶梯和自动人行道不应计作安全出口；

② 出入口畅通区的宽度不应小于扶手带外缘宽度加上每边各 80mm，纵深尺寸为从扶手带端部算起不应小于 2.50m。畅通区有密集人流穿行时，其宽度应加大或增加梯级水平

移动距离，并适当增加畅通区的深度；

③ 扶梯与楼层地板开口部位之间应设防护栏杆或栏板；

④ 栏板应平整、光滑和无突出物；扶手带顶面距自动扶梯前缘、自动人行道踏板面或胶带面的垂直高度一般不应小于 0.90m，也不应大于 1.1m，当提升高度较大时，扶手高度不宜大于 1.2m；

⑤ 扶手带中心线与平行墙面或楼板开口边缘间的距离、相邻平行交叉设置时两梯（道）之间扶手带中心线的水平距离不应小于 0.50m，否则应采取措施防止障碍物引起人员伤害；

⑥ 自动扶梯的梯级、自动人行道的踏板或胶带上空，垂直净高不应小于 2.30m；

⑦ 自动扶梯的倾斜角不应超过 30°，额定速度不应大于 0.75m/s；当提升高度不超过 6m 额定速度不超过 0.5m/s 时，倾斜角允许增至 35°；当自动扶梯速度大于 0.65m/s 时，在其端部应有不小于 1.6m 的水平移动距离作为导向行程段；

⑧ 倾斜式自动人行道的倾斜角不应超过 12°，额定速度不应大于 0.75m/s；当踏板的宽度不大于 1.1m，并且在出入口踏板或胶带进入梳齿之前的水平距离不小于 1.6m 时，自动人行道的额定速度可以不大于 0.9m/s；

⑨ 自动扶梯和层间相通的自动人行道单向设置时，应就近布置相匹配的楼梯；

⑩ 设置自动扶梯或自动人行道所形成的上下层贯通空间，应符合防火规范所规定的有关防火分区等要求；

⑪ 自动扶梯和自动人行道宜根据负载状态（无人、少人、多数人、载满人）自动调节为低速和全速的运行方式。

12.5.2 自动扶梯常见布置型式

自动扶梯在连续楼层的布置型式如图 12.14 所示。

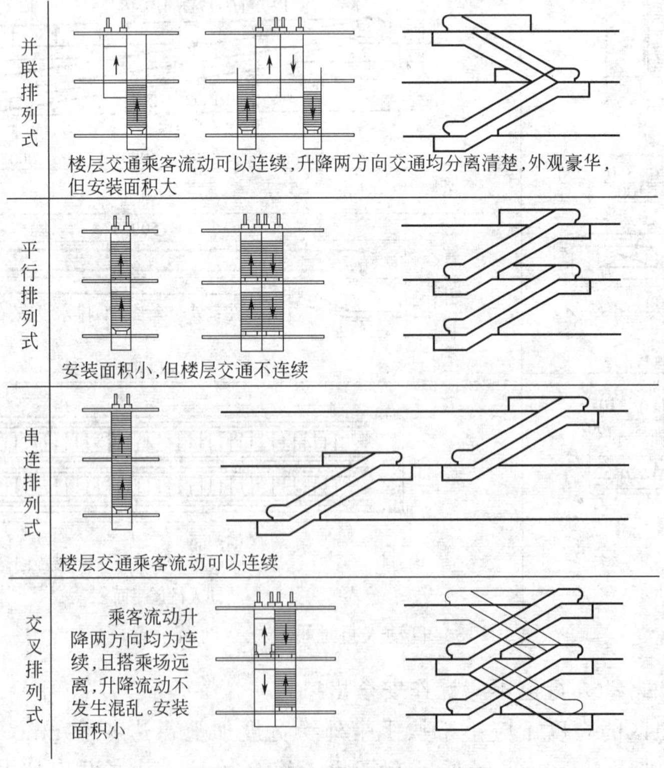

图 12.14 自动扶梯布置型式

Chapter 13

第13章 建筑台阶和坡道设计

13.1 台阶设置

13.1.1 台阶设置一般要求

① 除有特殊使用要求的场所外，公共建筑室内外台阶踏步宽度不宜小于 0.30m，踏步高度不宜大于 0.15m，不宜小于 0.10m。如图 13.1 所示。

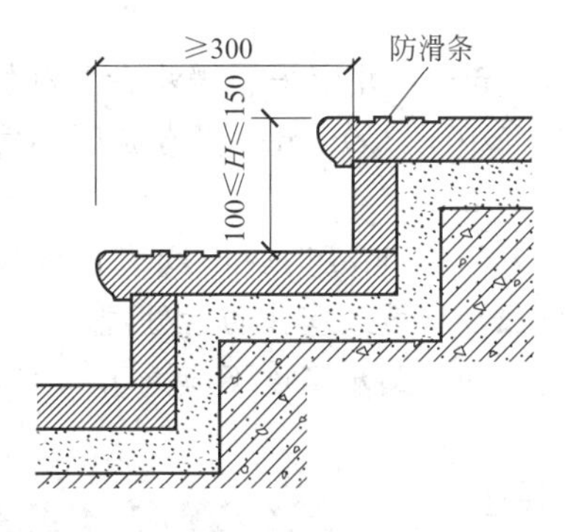

图 13.1 公共建筑室内外台阶设置要求

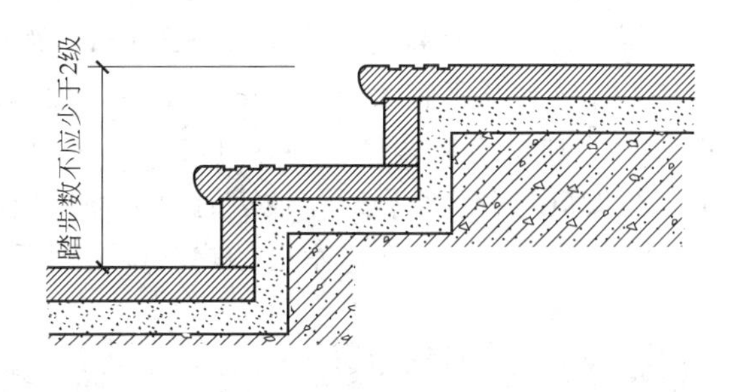

图 13.2 室内台阶设置要求

② 室内外台阶踏步数不宜少于 2 级，当高差不足 2 级时，宜按坡道设置。如图 13.2 示意。

③ 人员密集场所的台阶总高度超过 0.70m 时，应在临空面采取防护设施。

④ 踏步应采取防滑措施。

⑤ 室外的台阶、楼梯踏步、坡道、公交地铁站台及经常用水冲洗或由于潮湿、结露等容易受影响的地面，应采用防滑值（湿态）≥80 的面层材料。

⑥ 室内站台、踏步及防滑坡道，应采用防滑系数（干态）≥0.7 的面层材料。

⑦ 室外雨、雪天气，在建筑出口、坡道等区域应加设防滑标志，并铺设防滑门垫。

13.1.2 常见民用建筑台阶设置具体要求

(1) 老年人居住建筑　老年人居住建筑的室外台阶应符合下列规定。

① 应同时设置轮椅坡道；

② 台阶踏步不宜小于2步，踏步宽度不宜小于0.32m，踏步高度不宜大于0.13m；台阶的净宽不应小于0.90m；

③ 在台阶起止位置宜设置明显标识。

(2) 住宅建筑

① 公共出入口台阶踏步宽度不宜小于0.30m，踏步高度不宜大于0.15m，并不宜小于0.10m，踏步高度应均匀一致，并应采取防滑措施。

② 台阶踏步数不应少于2级，当高差不足2级时，应按坡道设置；台阶宽度大于1.80m时，两侧宜设置栏杆扶手，高度应为0.90m。

(3) 办公建筑　办公建筑的走道高差不足两级踏步时，不应设置台阶，应设坡道，其坡度不宜大于1∶8。

(4) 商店建筑　商店建筑室内外台阶的踏步高度不应大于0.15m且不宜小于0.10m，踏步宽度不应小于0.30m；当高差不足两级踏步时，应按坡道设置，其坡度不应大于1∶12。

(5) 养老设施建筑　养老设施建筑的出入口、入口门厅、平台、台阶、坡道等应符合下列规定：

① 主要入口门厅处宜设休息座椅和无障碍休息区；

② 出入口内外及平台应设安全照明；

③ 台阶和坡道的设置应与人流方向一致，避免迂绕；

④ 主要出入口上部应设雨篷，其深度宜超过台阶外缘1.00m以上；雨篷应做有组织排水；

⑤ 出入口处的平台与建筑室外地坪高差不宜大于500mm，并应采用缓步台阶和坡道过渡；缓步台阶踢面高度不宜大于120mm，踏面宽度不宜小于350mm；坡道坡度不宜大于1/12，连续坡长不宜大于6.00m，平台宽度不应小于2.00m；

⑥ 台阶的有效宽度不应小于1.50m；当台阶宽度大于3.00m时，中间宜加设安全扶手；当坡道与台阶结合时，坡道有效宽度不应小于1.20m，且坡道应作防滑处理。

(6) 宿舍建筑　小学宿舍楼梯踏步宽度不应小于0.26m，踏步高度不应大于0.15m。

13.2 坡道设置

13.2.1 坡道坡度一般要求

① 坡道按其使用功能及坡度每隔一定长度应设休息平台，平台宽度应根据使用功能或设备尺寸所需缓冲空间而定。如图13.3所示。

② 供轮椅使用的坡道不应大于1∶12，困难地段当高差小于0.35m，不应大于1∶8；并符合国家现行《无障碍设计规范》的其他规定。

③ 坡道面应采取防滑措施。

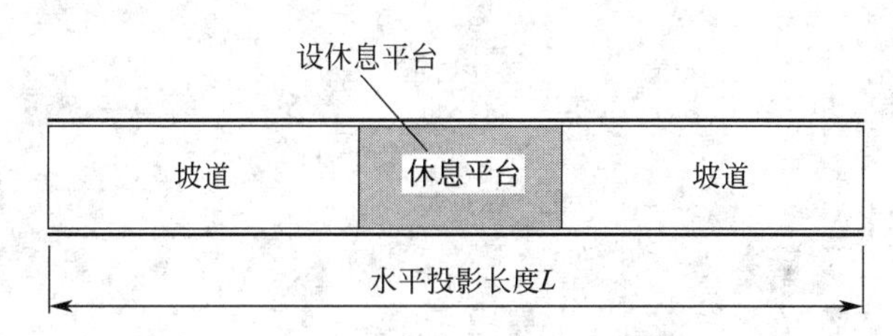

图 13.3　坡道休息平台设置

④ 机动车与非机动车使用的坡道应符合国家现行《车库建筑设计规范》的规定。

⑤ 建筑基地内道路设计坡度应符合下列规定：

a. 基地内机动车道的纵坡不应小于 0.3%，且不应大于 8%，采用 8%坡度时其坡长不应大于 200m。遇特殊困难纵坡小于 0.3%时，应设置锯齿形偏沟或采取其他排水措施；个别特殊路段，坡度不应大于 11%，其坡长应控制在 100m 之内；在多雪严寒地区不应大于 6%，其坡长应控制在 350m 之内；横坡宜为 1%～2%。

b. 基地内非机动车道的纵坡不宜小于 0.2%，且不应大于 3.5%，采用 3.5%坡度时其坡长不应大于 150m；横坡宜为 1%～2%。

c. 基地内步行道的纵坡不应小于 0.2%，亦不应大于 8%，多雪严寒地区不应大于 4%，横坡应为 1%～2%。

13.2.2　常见民用建筑坡道设置具体要求

（1）老年人居住建筑　老年人居住建筑的室外坡道应符合下列规定：

① 室外轮椅坡道的净宽不应小于 1.20m，坡道的起止点应有直径不小于 1.50m 的轮椅回转空间；

② 室外轮椅坡道的坡度不应大于 1∶12，每上升 0.75m 时应设平台。平台的深度不应小于 1.50m；

③ 室外轮椅坡道的临空侧应设置栏杆和扶手，并应设置安全阻挡措施。如图 13.6 所示。

（2）车库建筑

① 车库建筑的坡道式出入口坡道最大纵向坡度应符合表 13.1 的规定。

表 13.1　坡道的最大纵向坡度

车型	直线坡道		曲线坡道	
	百分比/%	比值(高∶长)	百分比/%	比值(高∶长)
微型车 小型车	15.0	1∶6.67	12	1∶8.3
轻型车	13.3	1∶7.50	10	1∶10.0
中型车	12.0	1∶8.3		
大型客车 大型货车	10.0	1∶10	8	1∶12.5

② 非机动车库出入口宜采用直线形坡道，当坡道长度超过 6.8m 或转换方向时，应设休息平台，平台长度不应小于 2.00m，并应能保持非机动车推行的连续性。

③ 踏步式出入口推车斜坡的坡度不宜大于 25%，单向净宽不应小于 0.35m，总净宽度不应小于 1.80m。坡道式出入口的斜坡坡度不宜大于 15%，坡道宽度不应小于 1.80m。

Chapter 14

第14章 建筑幕墙和门窗设计

14.1 建筑幕墙

建筑幕墙是指由面板与支承结构体系（支承装置与支承结构）组成的、可相对主体结构有一定位移能力或自身有一定变形能力、不承担主体结构所受作用的建筑外围护墙。

14.1.1 建筑幕墙分类

建筑幕墙按面板材料分类及标记代号如下，如图 14.1 所示。

① 玻璃幕墙，代号为 BL。

② 金属板幕墙，代号应符合表 14.1 的要求。

③ 石材幕墙，代号为 SC。

④ 人造板材幕墙，代号应符合表 14.2 的要求。

⑤ 组合面板幕墙，代号为 ZH。

表 14.1 金属板材料分类

材料名称	单层铝板	铝塑复合板	蜂窝铝板	彩色涂层钢板	搪瓷涂层钢板	锌合金板	不锈钢板	铜合金板	钛合金板
代号	DL	SL	FW	CG	TG	XB	BG	TN	TB

表 14.2 人造板材料分类

材料名称	瓷板	陶板	微晶玻璃
标记代号	CB	TB	WJ

14.1.2 建筑幕墙一般要求

① 有水密性要求的建筑幕墙在现场淋水试验中，不应发生渗漏现象。如图 14.2 所示。

② 建筑幕墙所采用的型材、板材、密封材料、金属配件、零配件等，均应符合现行的

(a) 玻璃幕墙　(b) 金属板幕墙　(c) 石材幕墙　(d) 组合面板幕墙

图 14.1　常见建筑幕墙示意

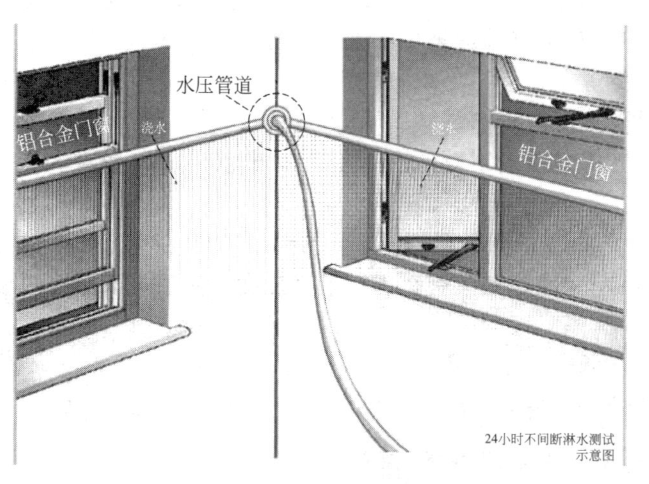

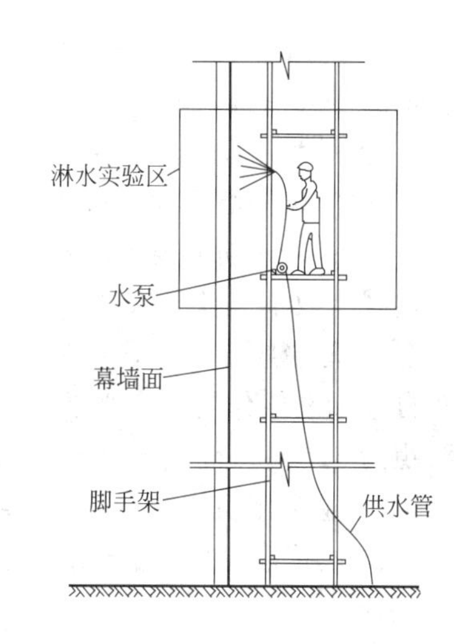

图 14.2　建筑幕墙淋水试验示意

有关标准的规定。

③ 建筑幕墙应与楼板、梁、内隔墙处连接牢固，并应满足防火分隔要求。如图 14.3 所示。

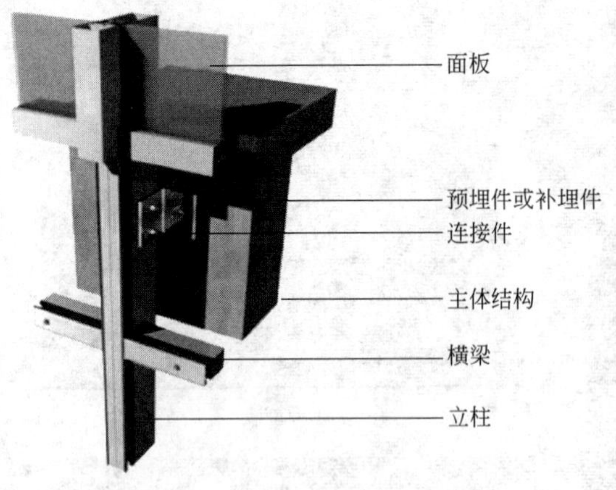

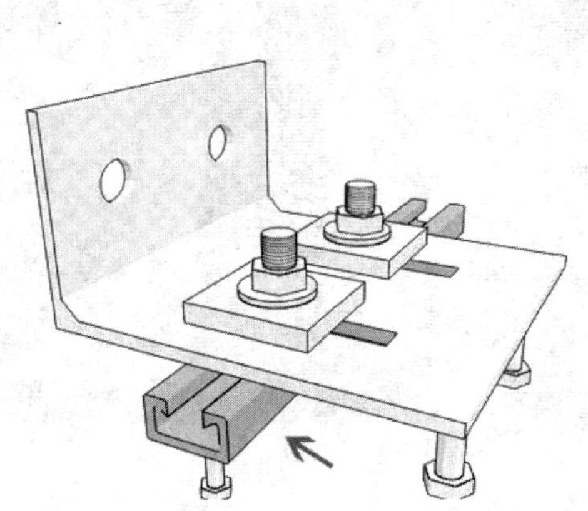

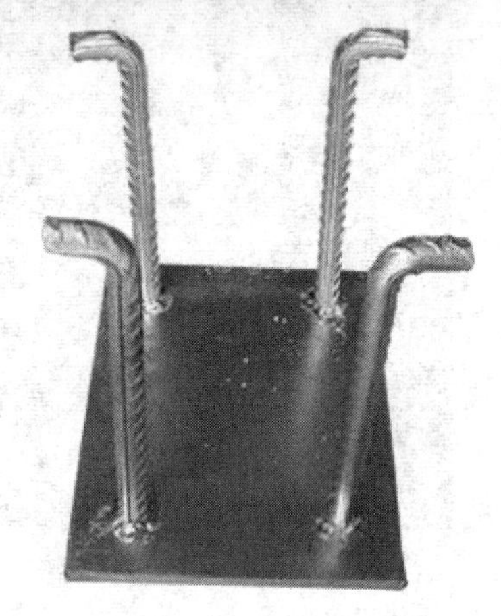

图 14.3　建筑埋件及与主体结构连接示意

④ 建筑幕墙应在每层楼板外沿处采取符合 GB 50016—2014《建筑防火设计规范》规范规定的防火措施，幕墙与每层楼板、隔墙处的缝隙应采用防火封堵材料封堵。

⑤ 幕墙在设计环境条件下应无结露现象。

⑥ 建筑幕墙应满足所在地抗震设防烈度的要求。

⑦ 有采光功能要求的幕墙，其透光折减系数不应低于 0.45。有辨色要求的幕墙，其颜色透视指数不宜低于 Ra80。

⑧ 幕墙应能承受自重和设计时规定的各种附件的重量，并能可靠地传递到主体结构。在自重标准值作用下，水平受力构件在单块面板两端跨距内的最大挠度不应超过该面板两端跨距的 1/500，且不应超过 3.0mm。

⑨ 建筑幕墙结构设计使用年限不宜低于 25 年。

⑩ 建筑幕墙的铝合金材料的型材精度为高精级，表面处理层的厚度应满足表 14.3 的要求。

表 14.3　铝合金型材表面处理要求

表面处理方法		膜层级别（涂层种类）	厚度 t/μm		检测方法
			平均膜厚	局部膜厚	
阳极氧化		AA15	$t \geqslant 15$	$t \geqslant 12$	测厚仪
电泳涂漆	阳极氧化膜	B	$t \geqslant 10$	$t \geqslant 8$	测厚仪
	漆膜	B	—	$t \geqslant 7$	测厚仪
	复合膜	B	—	$t \geqslant 16$	测厚仪

续表

表面处理方法		膜层级别（涂层种类）	厚度 $t/\mu m$		检测方法
			平均膜厚	局部膜厚	
粉末喷涂		—	—	$40 \leqslant t \leqslant 120$	测厚仪
氟碳喷涂	二涂	—	$t \geqslant 30$	$t \geqslant 25$	测厚仪
	三涂		$t \geqslant 40$	$t \geqslant 35$	测厚仪

⑪ 建筑幕墙的钢材表面应具有抗腐蚀能力，并采取措施避免双金属的接触腐蚀。

⑫ 业主应根据幕墙表面的积灰污染程度，确定其清洗次数，但不宜少于每年一次。

⑬ 建筑物需要以玻璃作为建筑材料的下列部位必须使用安全玻璃（安全玻璃，是指符合现行国家标准的钢化玻璃、夹层玻璃及由钢化玻璃或夹层玻璃组合加工而成的其他玻璃制品，如安全中空玻璃等）。

a. 7 层及 7 层以上建筑物外开窗；

b. 面积大于 1.50m^2 的窗玻璃或玻璃底边离最终装修面小于 0.50m 的落地窗；如图 14.4 所示；

c. 幕墙（全玻幕除外）；

d. 倾斜装配窗、各类天棚（含天窗、采光顶）、吊顶；

e. 观光电梯及其外围护；

f. 室内隔断、浴室围护和屏风；

g. 楼梯、阳台、平台走廊的栏板和中庭内栏板；

h. 用于承受行人行走的地面板；

i. 水族馆和游泳池的观察窗、观察孔；

j. 公共建筑物的出入口、门厅等部位；

k. 易遭受撞击、冲击而造成人体伤害的其他部位。

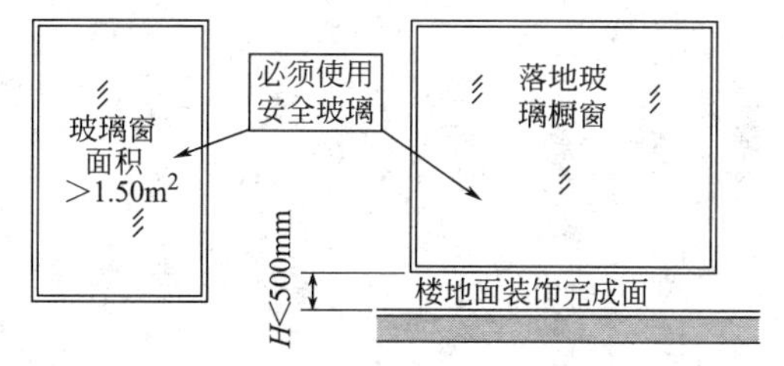

图 14.4　需使用安全玻璃范围示意

14.2　常见民用建筑幕墙专项技术要求

14.2.1　建筑玻璃幕墙专项技术要求

（1）玻璃幕墙类型　玻璃幕墙是指面板材料为玻璃的建筑幕墙，其类型划分如下：

① 框支承玻璃幕墙：面板边缘镶嵌于金属框架中或粘接于金属框架外表面，并以金属框架作为面板边缘支承的玻璃幕墙。

a. 明框玻璃幕墙。面板边缘镶嵌于金属框架中的框支承玻璃幕墙。如图 14.5 所示。

b. 隐框玻璃幕墙。面板边缘通过硅酮（聚硅氧烷，下同）结构密封胶粘接于金属框架外表面的框支承玻璃幕墙。如图 14.6 所示。

c. 半隐框玻璃幕墙。面板边缘部分镶嵌于金属框架中、部分通过硅酮结构密封胶粘接于金属框架外表面的框支承玻璃幕墙。

d. 单元式玻璃幕墙。面板和金属框架在工厂组装为幕墙单元，以幕墙单元形式在现场完成安装施工的框支承玻璃幕墙。如图 14.7 所示。

e. 构件式玻璃幕墙。在现场依次安装立柱、横梁和面板的框支承玻璃幕墙。如图 14.8 所示。

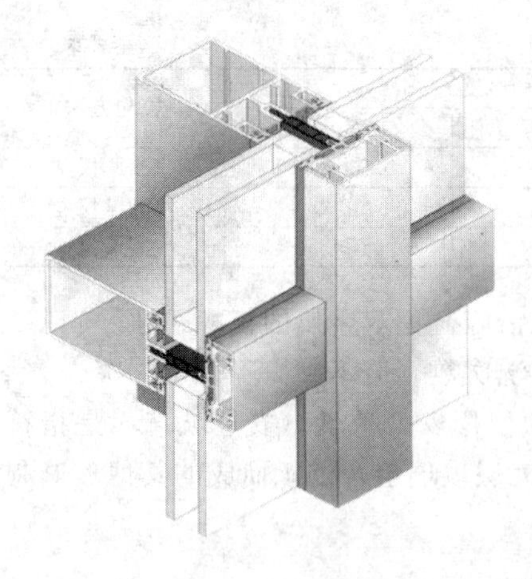

图 14.5　明框玻璃幕墙示意

图 14.6　隐框玻璃幕墙示意

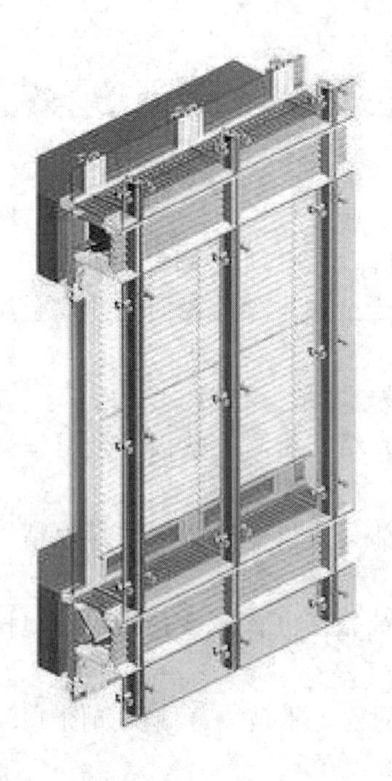

图 14.7　单元式玻璃幕墙示意

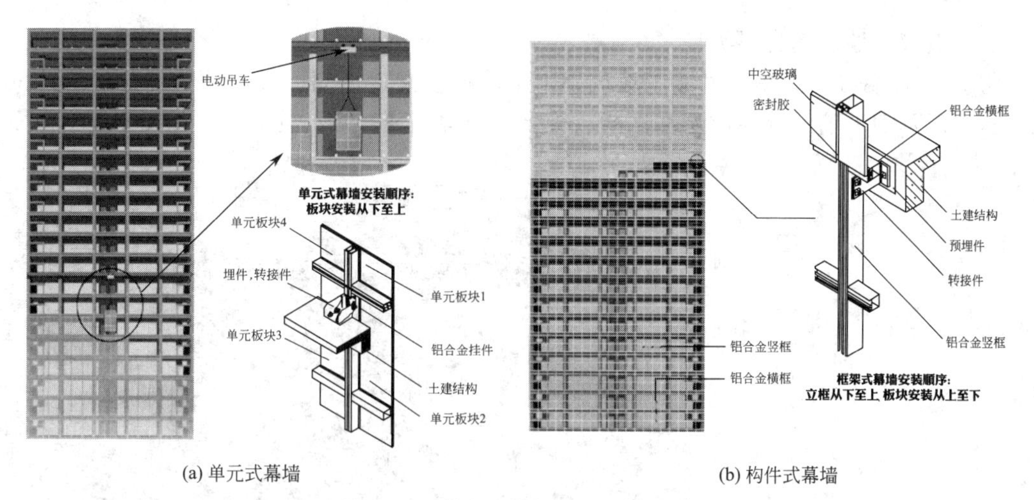

(a) 单元式幕墙　　(b) 构件式幕墙

图 14.8　单元式与构件式幕墙示意

② 全玻幕墙：面板和支承结构均为玻璃的建筑幕墙。

③ 点支承玻璃幕墙：面板通过点支承装置与支承结构连接的玻璃幕墙。如图 14.9 所示。

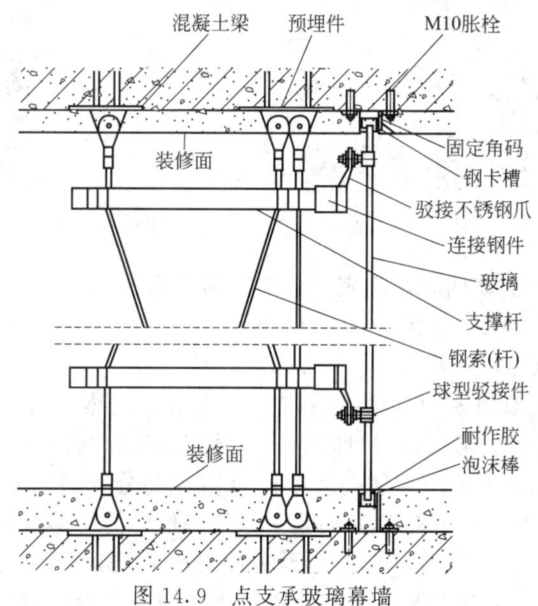

图 14.9　点支承玻璃幕墙

（2）玻璃幕墙玻璃材料类型

① 玻璃幕墙可采用热反射镀膜玻璃、中空玻璃、夹层玻璃、夹丝玻璃等各种形式的玻璃材料，但幕墙玻璃的外观质量和性能应符合有关国家现行标准的规定。如图 14.10 所示。

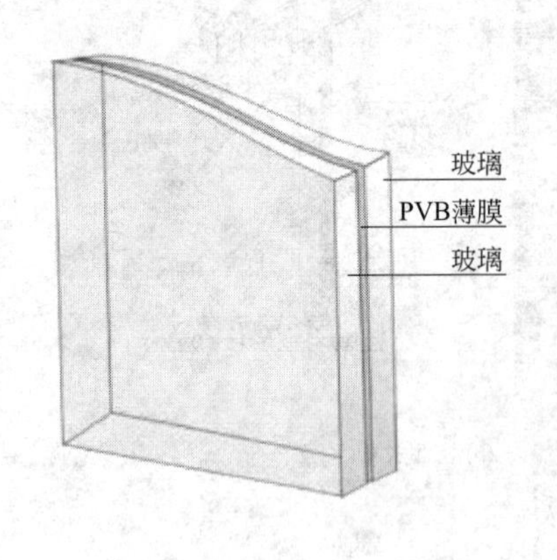

图 14.10　夹层玻璃示意

② 幕墙玻璃应进行机械磨边处理，磨轮的目数不应小于 180 目。有装饰要求的玻璃边，宜采用抛光磨边。点支承幕墙玻璃的孔、板边缘均应进行磨边和倒棱，磨边宜细磨，倒棱宽度不宜小于 1.0mm。

③ 玻璃幕墙采用镀膜玻璃时，离线法生产的镀膜玻璃应采用真空磁控溅射法生产工艺；在线法生产的镀膜玻璃应采用热喷涂法生产工艺。如图 14.11 所示。

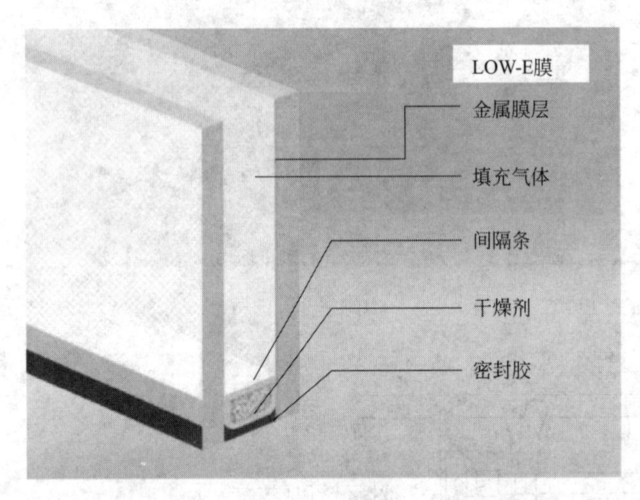

图 14.11　镀膜玻璃（LOW-E 玻璃）示意

④ 玻璃幕墙采用中空玻璃时，除应符合现行国家标准《中空玻璃》GB/T 11944 的有关规定外，尚应符合下列要求，如图 14.12 所示。

a. 中空玻璃气体层厚度不应小于 9mm。

b. 中空玻璃应采用双道密封。第一道密封应采用丁基热熔密封胶，点支式、隐框、半隐框玻璃幕墙用中空玻璃的第二道密封胶应采用硅酮结构密封胶。

c. 中空玻璃的间隔框可采用金属间隔框或金属与高分子材料复合间隔框，间隔框可连续折弯或插角成型，不得使用热熔型间隔胶条。间隔框中的干燥剂宜采用专用设备装填。

⑤ 玻璃幕墙采用夹层玻璃时，宜采用干法加工合成，其胶片宜采用聚乙烯醇缩丁醛胶片或离子性中间层胶片；外露的聚乙烯醇缩丁醛夹层玻璃边缘应进行封边处理。

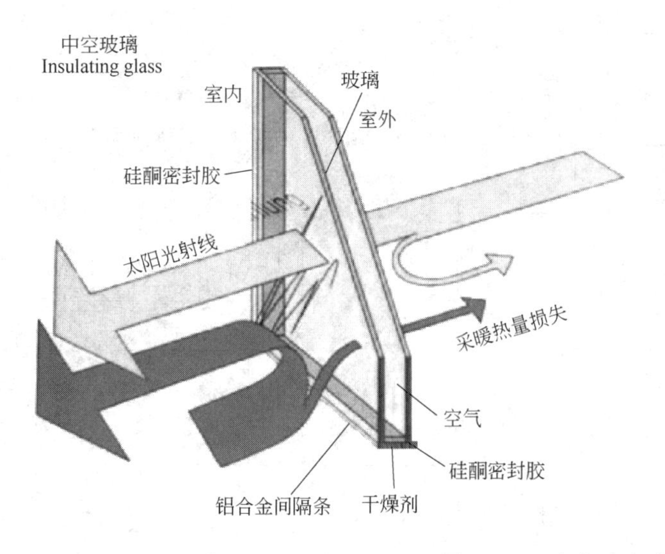

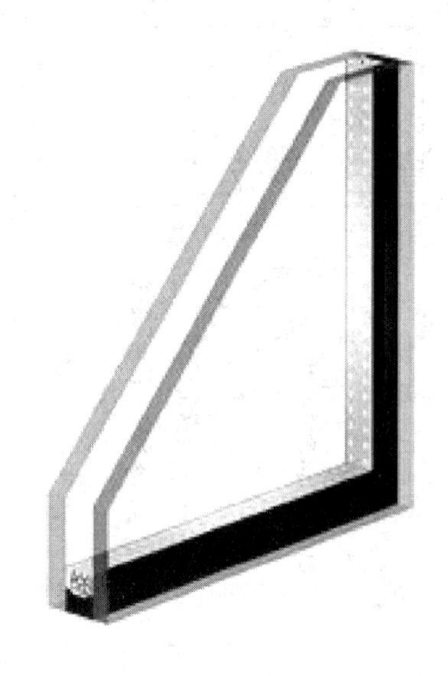

图 14.12　中空玻璃示意

⑥ 玻璃幕墙采用单片低辐射镀膜玻璃时，应使用在线热喷涂低辐射镀膜玻璃；离线镀膜的低辐射镀膜玻璃宜加工成中空玻璃或真空玻璃使用，且镀膜面应朝向中空气体层或真空层。

（3）玻璃幕墙建筑设计要求

① 幕墙上设置的开启扇或通风换气装置，应安全可靠、启闭方便，满足建筑立面、节能和使用功能要求。开启扇宜采用上悬方式，其单扇面积不宜大于 1.5m²，开启角度不宜大于 30°，最大开启距离不宜大于 300mm。当采用上悬挂钩式的开启扇时，应设置防止脱钩的有效措施。如图 14.13 所示。

② 幕墙玻璃周边与相邻的主体建筑装饰物之间的所有缝隙的宽度不宜小于 5mm，可采用柔性材料嵌缝后灌注密封胶密封。全玻幕墙的面板不应与其他刚性材料直接接触。板面与装修面或结构面之间的空隙应不小于 8.0mm，且应采用密封胶密封。

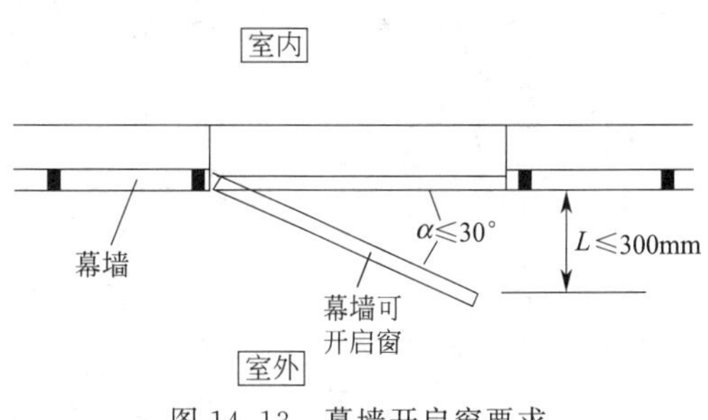

图 14.13　幕墙开启窗要求

③ 玻璃幕墙应便于清洁维护，高度超过 50m 的幕墙工程宜设置清洗装置。如图 14.14 所示。

④ 玻璃幕墙应选用可见光反射比不大于 0.30 的玻璃面板，在要求可见光反射比低的部位应采用可见光反射比不大于 0.16 的玻璃面板。

⑤ 玻璃幕墙的密封胶缝应采用硅酮（即聚硅氧烷，下同）建筑密封胶。开启扇的周边缝隙宜采用氯丁橡胶、三元乙丙橡胶或者硅橡胶密封条制品嵌填与密封。如图 14.15 所示。

⑥ 幕墙玻璃之间的拼接胶缝的宽度应满足玻璃面板和密封胶的变形要求，胶缝宽度不宜小于 10mm。硅酮建筑密封胶的施工厚度应不小于 5mm；较深的密封槽口底部应采用聚乙烯发泡材料填塞。

⑦ 幕墙的玻璃板块及其支承结构不宜跨越主体结构的变形缝。在与主体结构变形缝相对应部位设计的幕墙构造缝，应能适应主体结构变形的要求。如图 14.16 所示。

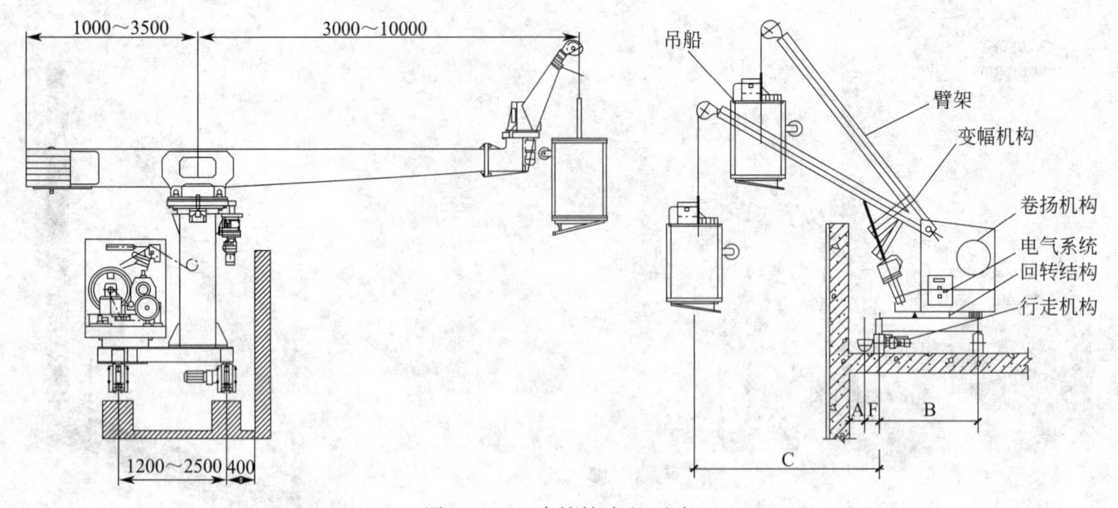

图 14.14 建筑擦窗机示意

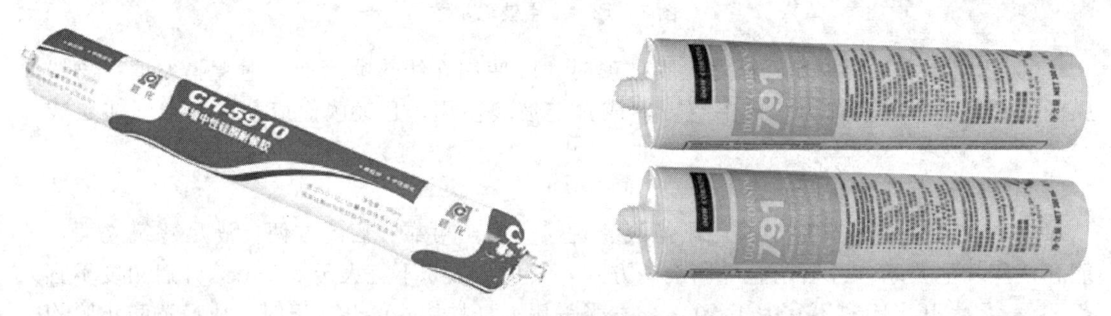

图 14.15 硅酮建筑密封胶示意

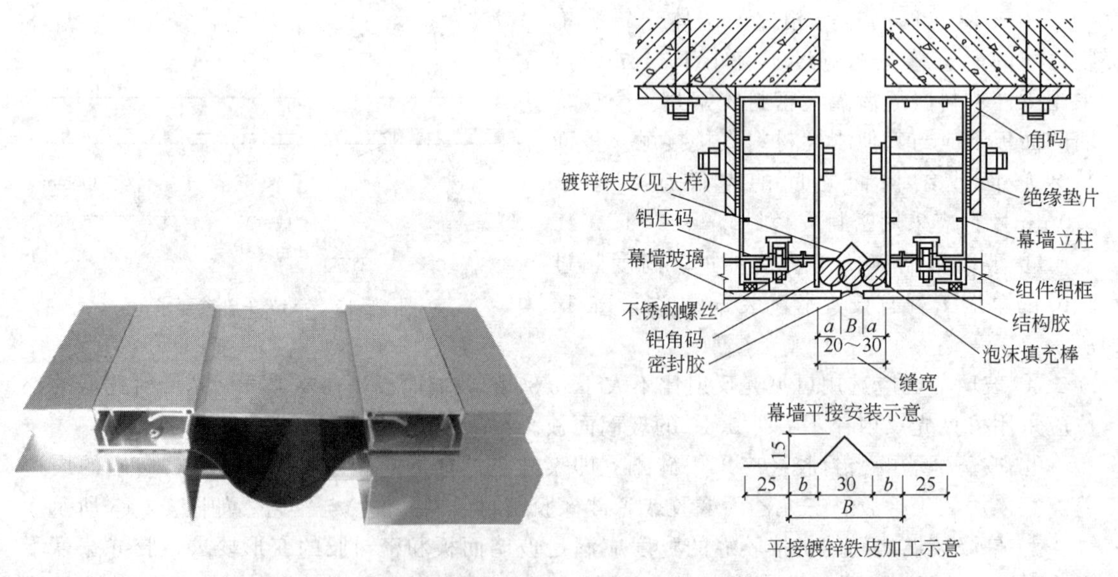

图 14.16 幕墙变形缝构件示意

⑧ 玻璃幕墙构件的内侧表面与主体结构的外缘之间应预留空隙，且不宜小于 35mm。

⑨ 玻璃幕墙的玻璃板块不宜跨越两个相邻的防火分区。

⑩ 建筑高度大于 100m 时，不宜采用隐框玻璃幕墙，否则应在面板和支承结构之间采取除

硅酮结构胶以外的防面板脱落的构造措施。外倾或倒挂的玻璃幕墙不应采用隐框玻璃幕墙。

（4）玻璃幕墙防火要求

① 在无主体结构实体墙的部位，幕墙与周边防火分隔构件间的缝隙、与楼板或隔墙外沿间的缝隙等，应进行防火封堵设计；在有主体结构实体墙的部位，与实体墙面洞口边缘间的缝隙以及与实体墙周边的缝隙等，应进行防火封堵设计。

② 当玻璃幕墙无窗槛墙设计时，应在每层楼板外沿设置耐火极限不低于 1.0h、高度不低于 0.8m 的不燃烧实体裙墙或者防火玻璃裙墙。位于楼板边缘的混凝土梁板或钢梁板的高度可以计入此高度。如图 14.17 所示。

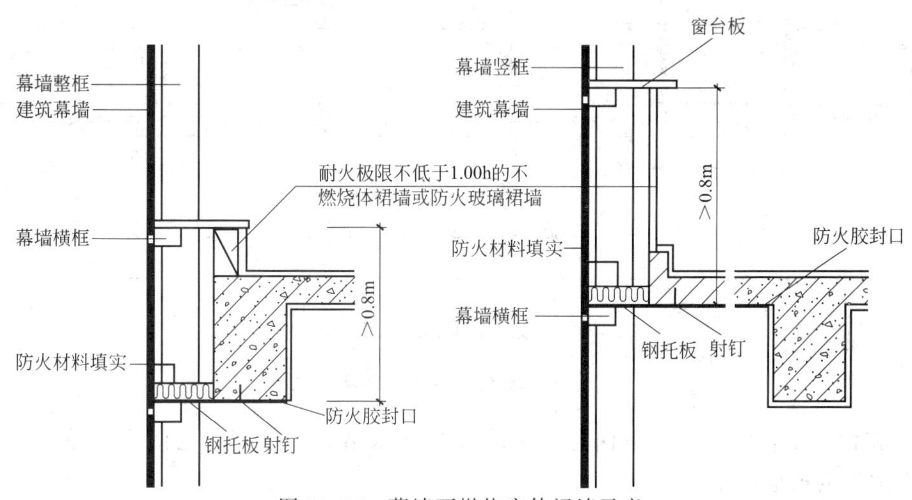

图 14.17　幕墙不燃烧实体裙墙示意

③ 玻璃幕墙与各层楼板、隔墙外沿的间隙应采取防火封堵措施，并应符合下列要求，如图 14.18 所示。

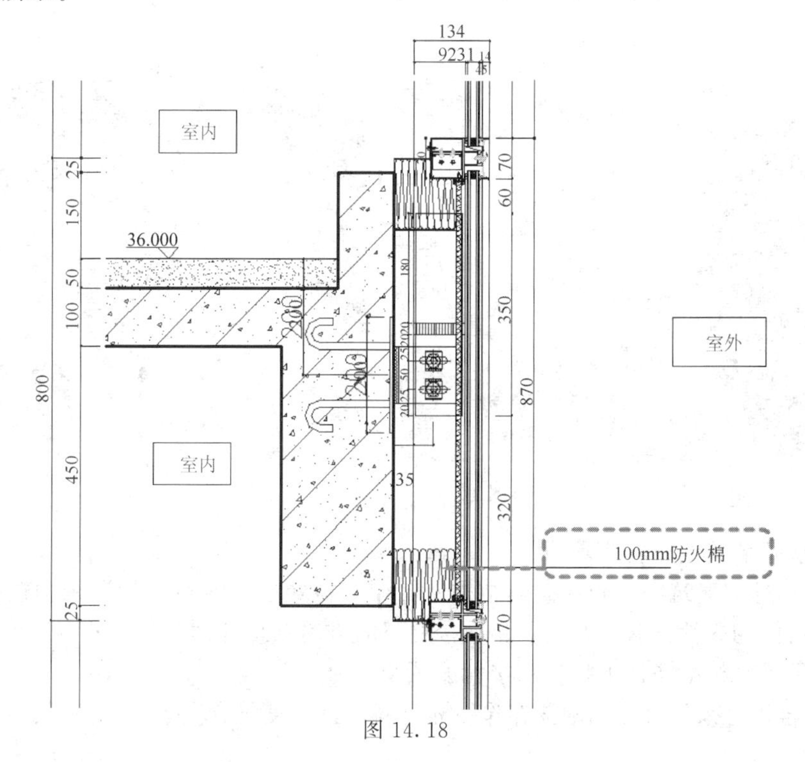

图 14.18

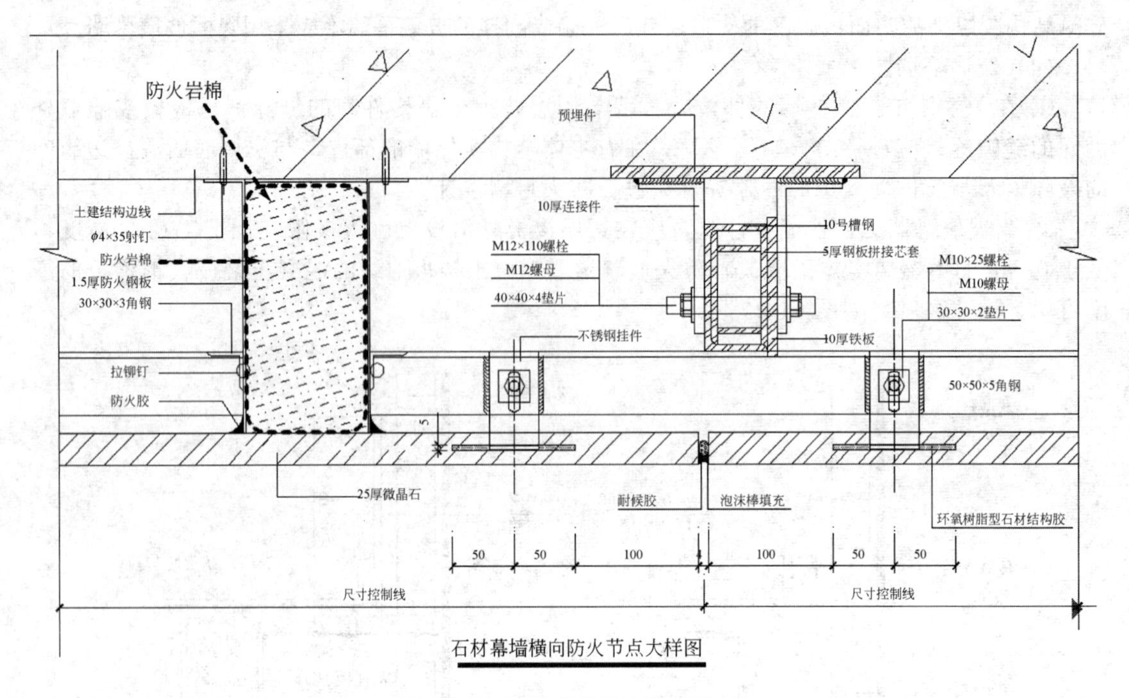

图 14.18 玻璃幕墙防火封堵示意

a. 在窗槛墙部位宜采用上下两层水平防火封堵构造。当采用一层防火封堵时，防火封堵构造应位于窗槛墙的下部。

b. 水平防火封堵构造应采用不小于 1.5mm 镀锌钢板与主体结构、幕墙框架可靠连接；钢板支撑构造与主体结构、幕墙构部件以及钢承托板之间的接缝处应采用防火密封胶密封。

c. 当采用岩棉或矿棉封堵时，应填充密实，填充厚度应不小于 100mm。如图 14.19 所示。

图 14.19 岩棉示意

(5) 玻璃幕墙其他材料要求

① 幕墙用硅酮建筑密封胶和硅酮结构密封胶，应经国家认可的检测机构进行与其相接触的有机材料的相容性试验以及与其相粘接材料的剥离粘接性试验；对硅酮结构密封胶，尚应进行邵氏硬度、标准条件下拉伸粘接性能试验。

② 玻璃幕墙宜采用聚乙烯泡沫棒作填充材料，其密度不宜大于 $37kg/m^3$。

③ 玻璃幕墙的保温材料，宜采用岩棉、矿棉、玻璃棉等不燃或难燃材料。

④ 玻璃幕墙应按围护结构设计。玻璃幕墙的结构设计使用年限不应少于 25 年，幕墙主要支承结构的设计使用年限宜与主体建筑相同。

14.2.2 建筑石材幕墙专项技术要求

(1) 石材幕墙基本要求

① 当建筑石材幕墙高度超过 100m 时应采用花岗石。

② 幕墙石材面板宜进行表面防护处理。石材面板的吸水率大于 1%时，应进行表面防护处理，处理后的含水率不应大于 1%。

③ 用于严寒地区和寒冷地区的石材，其冻融系数不宜小于 0.8。

④ 硅酮结构密封胶和建筑密封胶必须在有效期内使用；严禁建筑密封胶作为硅酮结构密封胶使用。结构密封胶不宜作为建筑密封胶使用。

⑤ 幕墙石材面板的厚度、吸水率和单块面积应符合表 14.4 的规定。烧毛板和天然粗糙表面的石板，其最小厚度应按表 14.4 中数值增加 3mm 采用。

表 14.4　石材面板的厚度、吸水率、单块面积要求

石材种类	花岗石	其他类型石材	
$f_{rk}/(N/mm^2)$	≥8.0	≥8.0	$8.0>f_{rk}\geq 4.0$
厚度 t/mm	≥25	≥35	≥40
吸水率/%	≤0.6	≤5	≤5
单块面积/m^2	不宜大于 1.5	不宜大于 1.5	不宜大于 1.5

⑥ 幕墙高度超过 100m 时，花岗石面板的弯曲强度试验平均值 f_{rm} 不应小于 $12.0N/mm^2$，标准值 f_{rk} 不应小于 $10.0N/mm^2$，厚度不应小于 30mm。

⑦ 石材幕墙单块花岗石石材面板的面积不宜大于 $1.5m^2$；其他石材面板的面积不宜大于 $1.0m^2$。

(2) 石材安装方法

① 湿挂法（灌浆法）：使用铜丝绑扎石材，背后填充水泥砂浆。这种安装方法容易使石材表面出现返碱、锈斑等变色现象，在外墙做法中不宜使用。如图 14.20 所示。

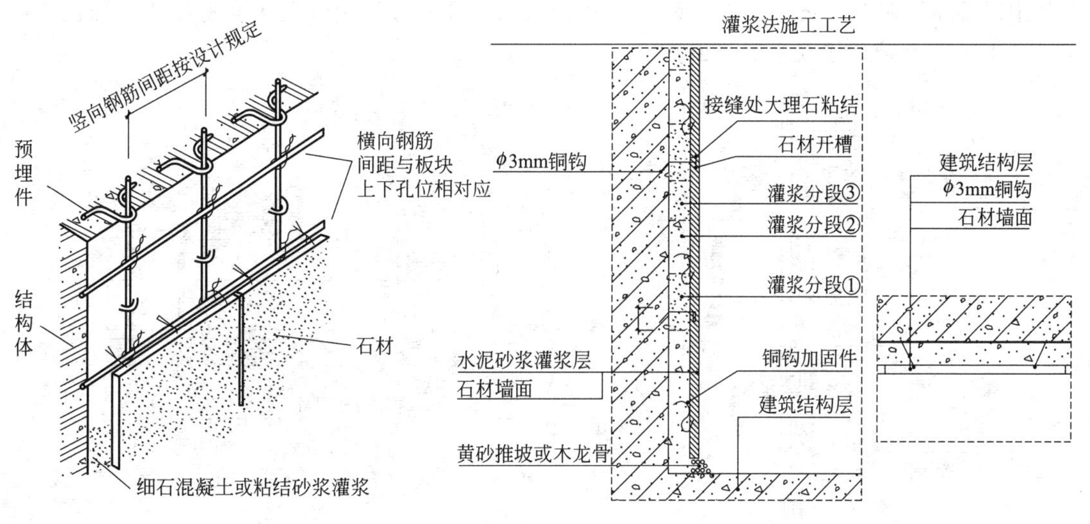

图 14.20

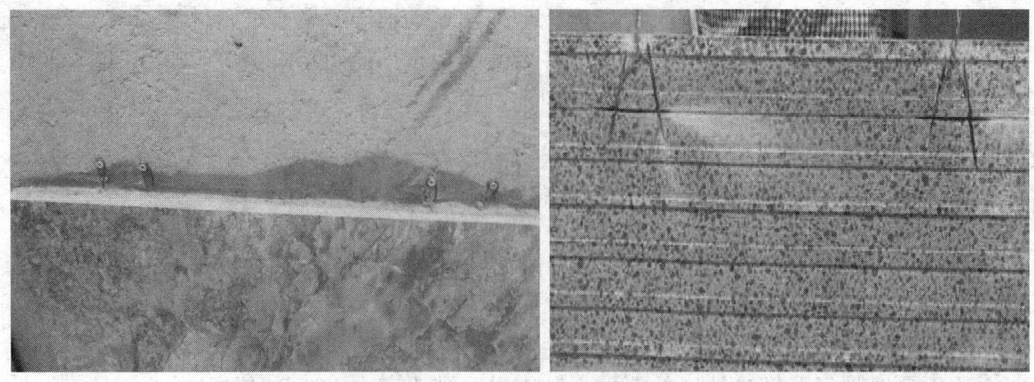

图 14.20　石材湿挂法（灌浆法）

② 干挂法：使用不锈钢挂件连接石材，背后留空气层。干挂法要求墙体预埋件，比较适合钢筋混凝土墙体。如图 14.21 所示。

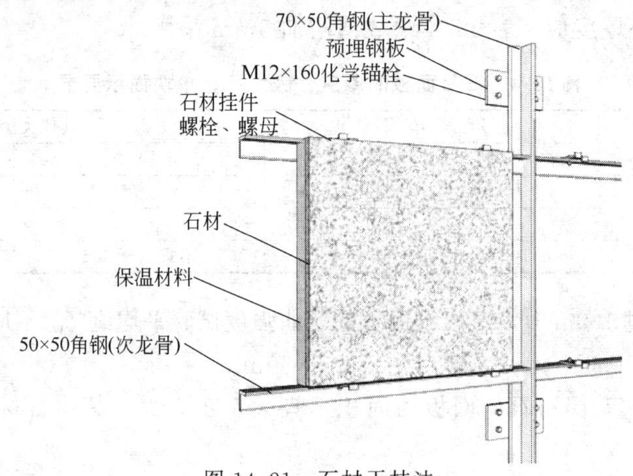

图 14.21　石材干挂法

③ 石材幕墙干挂法连接方式

a. 插销式干挂（钢销式连接）。此种连接是在每块石材上下两边开 2 个小圆孔，钢销插入其中以固定石材。如图 14.22 所示。此种方式由于在瓷板棱边开孔，容易崩边，瓷板损耗大，施工工艺复杂，建议一般不采用。

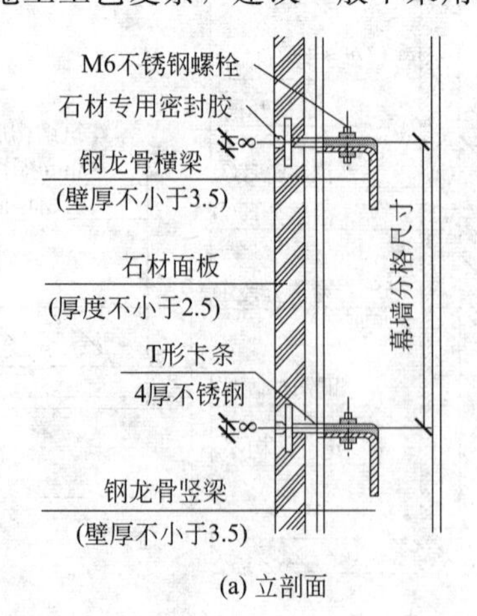

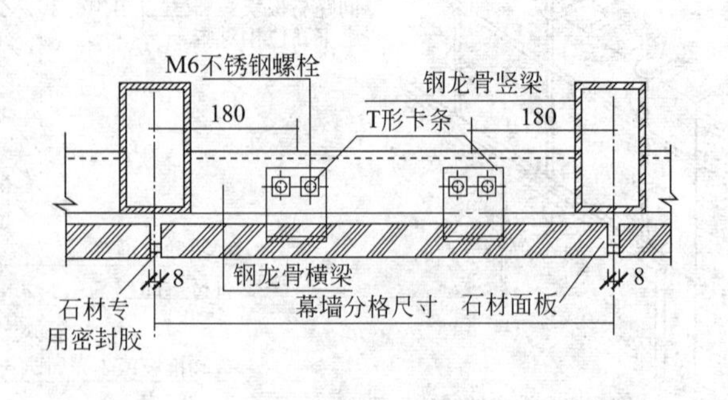

图 14.22

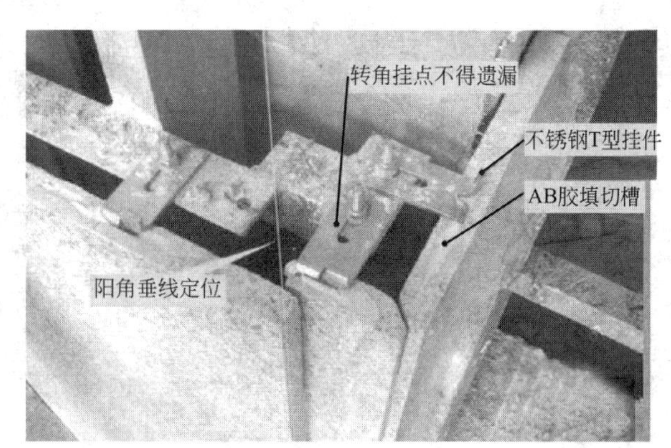

图 14.22　石材幕墙钢销式连接示意

b. 开槽式干挂。通过专业的开槽设备，在瓷板棱边精确加工成一条凹槽，将挂件扣入槽中，通过连接件将瓷板固定在龙骨上。如图 14.23 所示。

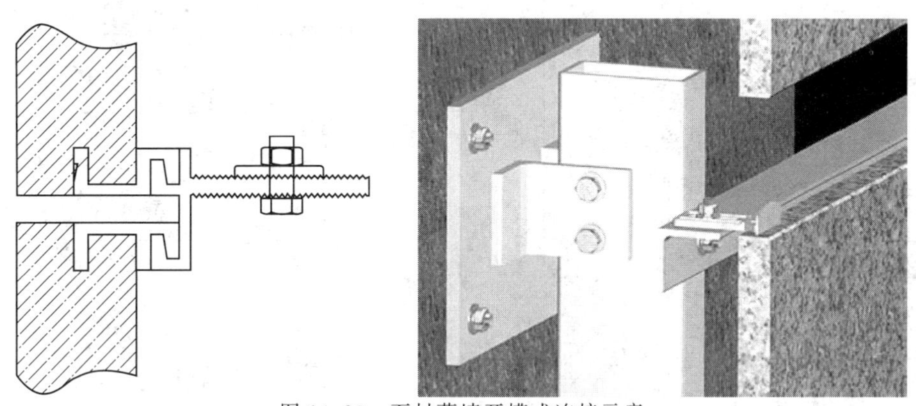

图 14.23　石材幕墙开槽式连接示意

c. 背栓式干挂。在石材背面增设后切式螺栓，并使螺栓与幕墙龙骨组合成可拆卸式连接。如图 14.24 所示。

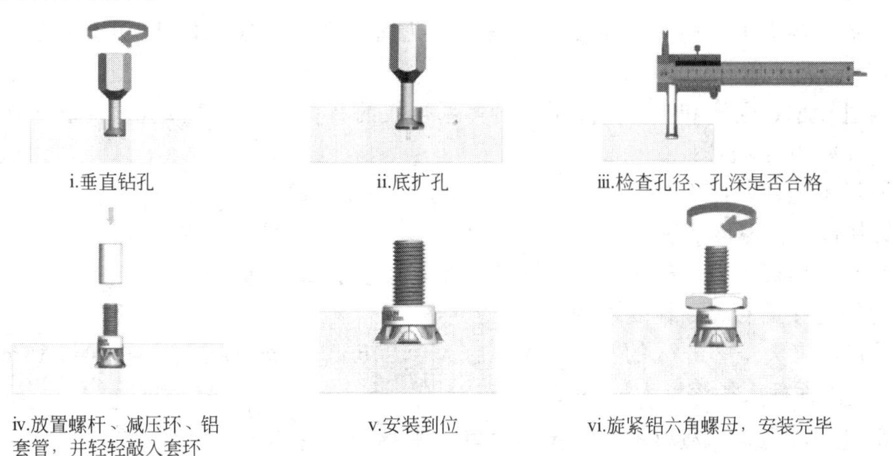

(a) 石材背栓式成孔示意
图 14.24

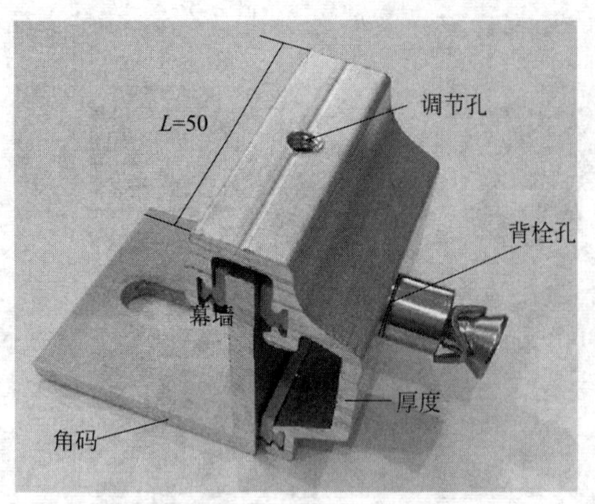

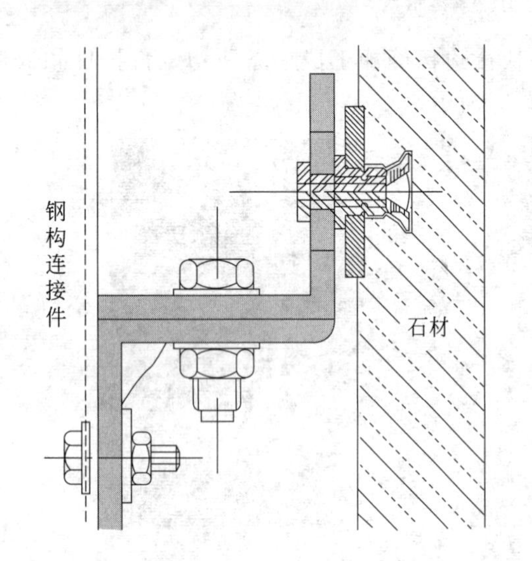

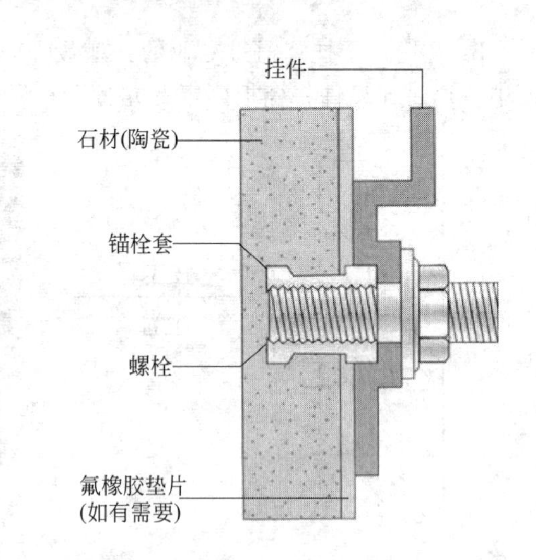

(b) 背栓式构件及安装示意

图 14.24　石材幕墙背栓式连接示意

④ 面板应与支承结构可靠连接；对采用非花岗石石材面板和幕墙高度超过 100m 的花岗石石材面板宜采用背栓连接。

⑤ 通过短槽、通槽和挂件与支承结构体系连接的石材面板，挂件应符合下列要求：

a. 不应采用 T 型挂件；

b. 不锈钢挂件的截面厚度不宜小于 3mm；

c. 铝挂件截面厚度不宜小于 4mm；

d. 在石材面板重力荷载作用下，挂件挠度不宜大于 1.0mm。

⑥ 短槽连接的石材面板要求：

a. 槽口深度大于 20mm 的有效长度不宜大于 80mm，也不宜比挂件长度长 10mm 以上，槽口深度宜比挂件入槽深度大 5mm；

b. 槽口端部与石板对应端部的距离不宜小于板厚的 3 倍，也不宜大于 180mm。槽口宽度不宜大于 8mm，也不宜小于 5mm。

⑦ 通槽连接的石材面板要求：

a. 其槽口深度可为 20～25mm，槽口宽度可为 6～12mm；

b. 挂件入槽深度不宜小于 15mm，长度宜小于槽长 5mm；

c. 承托石板处宜设置弹性垫块，垫块厚度不宜小于 3mm。

⑧ 石材面板背栓连接要求：

a. 在石材面板背栓连接时，背栓材质不宜低于组别为 A4 的奥氏体型不锈钢。背栓直径不宜小于 6mm，不应小于 4mm；

b. 背栓的连接件厚度不宜小于 3mm，可采用符合国家规范的不锈钢材或的铝合金型材；

c. 背栓的中心线与石材面板边缘的距离不宜大于 300mm，也不宜小于 50mm；背栓与背栓孔间宜采用尼龙等间隔材料，防止硬性接触；背栓之间的距离不宜大于 1200mm。

14.2.3　建筑金属幕墙专项技术要求

① 单层铝板宜采用铝锰合金板、铝镁合金板。单层铝板的板基厚度宜符合表 14.5 的规定。铝单板见图 14.25。

图 14.25　铝单板示意

表 14.5　单层铝板的板基厚度

铝板屈服强度 $\sigma_{0.2}$/(N/mm²)	<100	$100\leqslant\sigma_{0.2}<150$	≥150
铝板的厚度 t/mm	≥3.0	≥2.5	≥2.0

② 铝板表面采用氟碳涂层时，氟碳树脂含量不应低于树脂总量的 70%；涂层厚度宜符合表 14.6 的要求。

表 14.6　氟碳涂层厚度　　单位：μm

涂装工艺类型 / 涂层	喷涂		辊涂	
	平均膜厚	最小局部膜厚	平均膜厚	最小局部膜厚
二涂	≥30	≥25	≥25	≥22
三涂	≥40	≥35	≥35	≥30
四涂	≥65	≥55		

③ 铝蜂窝板截面厚度不宜小于 10mm，面板厚度不宜小于 1.0mm。铝蜂窝板的厚度为 10mm 时，其背板厚度不宜小于 0.5mm；铝蜂窝板的厚度不小于 12mm 时，其背板厚度不宜小于 1.0mm。

④ 不锈钢板作面板时，其截面厚度，当为平板时不宜小于2.5mm，当为波纹板时，不宜小于1.0mm。海边或严重腐蚀地区，可采用单面涂层或双面涂层的不锈钢板，涂层厚度不宜小于35μm。

⑤ 彩色涂层钢板的基材钢板宜镀锌，板厚不宜小于1.5mm，并应具有适合室外使用的氟碳涂层、聚酯涂层或丙烯酸涂层。

⑥ 铝塑复合板不折边的铝塑复合板和蜂窝铝板应采取封边措施。

⑦ 金属板材沿周边可采用压块或挂钩固定于横梁或立柱上。压块和非通长挂钩的中心间距不应大于300mm。固定压块的螺钉或螺栓的直径不宜小于4mm，数量应根据板材所承受的风荷载、地震作用由计算确定。固定面板的铆钉、螺钉或螺栓孔，孔中心至板边缘的距离不应小于2倍的孔径；相邻孔中心距不应小于3倍的孔径，相邻孔中心距边不应大于300mm。

14.3 建筑门窗及通道的设置要求

建筑外门窗的设计除应满足使用要求外，还应综合考虑采光、节能、通风、防火等要求，宜符合建筑模数，且满足抗风压、水密性、气密性的要求；门窗与墙体应连接牢固，对不同材料的门窗应采用相应的密封材料及构造。如图14.26所示。

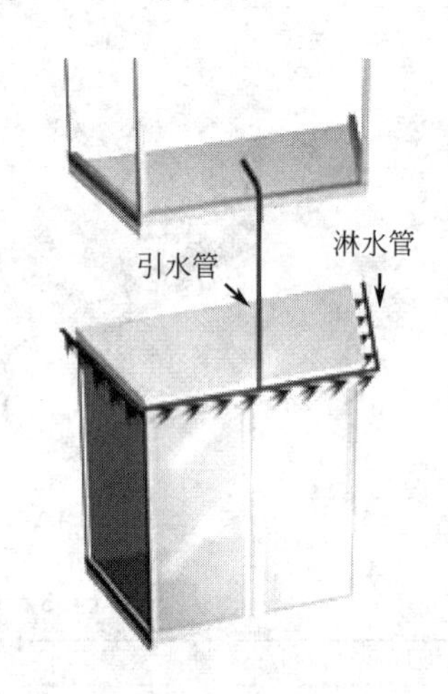

图14.26 外窗淋水示意

14.3.1 关于建筑门及通道基本要求

① 门的设置应符合下列规定：

a. 外门构造应开启方便、坚固耐用；

b. 手动开启的大门扇应有制动装置，推拉门应有防脱轨的措施；

c. 双面弹簧门应在可视高度部分装透明玻璃；

d. 旋转门、电动门、卷帘门和大型门的临近应另设平开疏散门，或在门上设疏散门；

e. 开向疏散走道及楼梯间的门扇开启时，不应影响走道及楼梯平台的疏散宽度。如图14.27所示；

f. 全玻门应选用安全玻璃或采取防护措施，并应设防撞提示标志；

g. 门的开启不应跨越变形缝。

② 全玻璃门应选用安全玻璃或采取防护措施，并应设防撞提示标志。

③ 门的开启不应跨越变形缝。如图 14.28 所示。

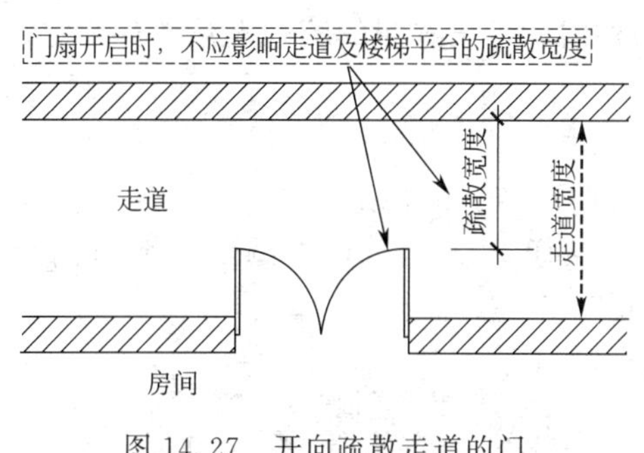

图 14.27　开向疏散走道的门

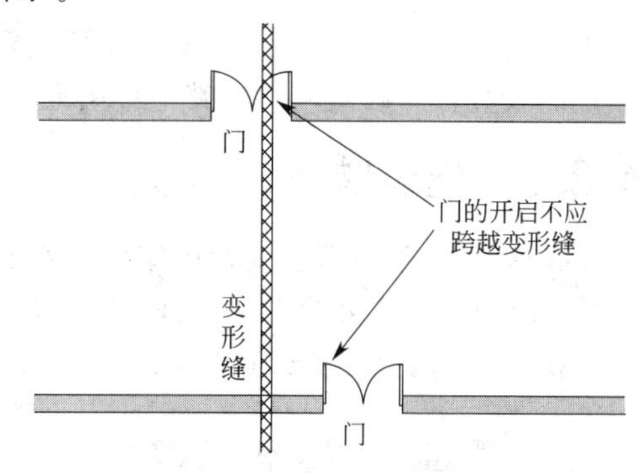

图 14.28　门不应跨越变形缝

14.3.2　建筑门及通道的防火要求

① 建筑的楼梯间宜通至屋面，通向屋面的门或窗应向外开启。

② 除国家规范另有规定外，建筑面积不大于 200m² 的地下或半地下设备间、建筑面积不大于 50m² 且经常停留人数不超过 15 人的其他地下或半地下房间，可设置 1 个疏散门。

③ 直通建筑内附设汽车库的电梯，应在汽车库部分设置电梯候梯厅，并应采用耐火极限不低于 2.00h 的防火隔墙和乙级防火门与汽车库分隔。

④ 除国家规范另有规定外，公共建筑内疏散门和安全出口的净宽度不应小于 0.90m，疏散走道和疏散楼梯的净宽度不应小于 1.10m。高层公共建筑内楼梯间的首层疏散门、首层疏散外门、疏散走道的最小净宽度应符合表 14.7 的规定。

表 14.7　高层公共建筑内楼梯间的首层疏散门、首层疏散外门、疏散走道的最小净宽度　单位：m

建筑类别	楼梯间的首层疏散门、首层疏散外门	走道	
		单面布房	双面布房
高层医疗建筑	1.30	1.40	1.50
其他高层公共建筑	1.20	1.30	1.40

⑤ 人员密集的公共场所、观众厅的疏散门不应设置门槛，其净宽度不应小于 1.40m，且紧靠门口内外各 1.40m 范围内不应设置踏步。

⑥ 人员密集的公共场所的室外疏散通道的净宽度不应小于 3.00m，并应直接通向宽敞地带。

⑦ 除剧场、电影院、礼堂、体育馆外的其他公共建筑，其房间疏散门、安全出口、疏散走道的各自总净宽度，每层的房间疏散门、安全出口、疏散走道的各自总净宽度，应根据疏散人数按每 100 人的最小疏散净宽度不小于表 14.8 计算确定。

表 14.8　每层的房间疏散门、安全出口、疏散走道的每 100 人最小疏散净宽度　单位：m/百人

建筑层数		建筑的耐火等级		
		一、二级	三级	四级
地上楼层	1～2 层	0.65	0.75	1.00
	3 层	0.75	1.00	—
	≥4 层	1.00	1.25	—
地下楼层	与地面出入口地面的高差 $\Delta H \leqslant 10$m	0.75	—	—
	与地面出入口地面的高差 $\Delta H > 10$m	1.00	—	—

⑧ 除剧场、电影院、礼堂、体育馆外的其他公共建筑，地下或半地下人员密集的厅、室和歌舞娱乐放映游艺场所，其房间疏散门、安全出口、疏散走道的各自总净宽度，应根据疏散人数按每 100 人不小于 1.00m 计算确定。首层外门的总净宽度应按该建筑疏散人数最多一层的人数计算确定，不供其他楼层人员疏散的外门，可按本层的疏散人数计算确定。

14.3.3 建筑防火门分类

① 防火门分类应符合现行国家标准 GB 12955《防火门》的规定。

② 按材质分类可分为木质防火门（MFM）、钢质防火门（GFM）、钢木质防火门（GMFM）、其他材质防火门（** FM）。如图 14.29 所示。

(a) 木质防火门

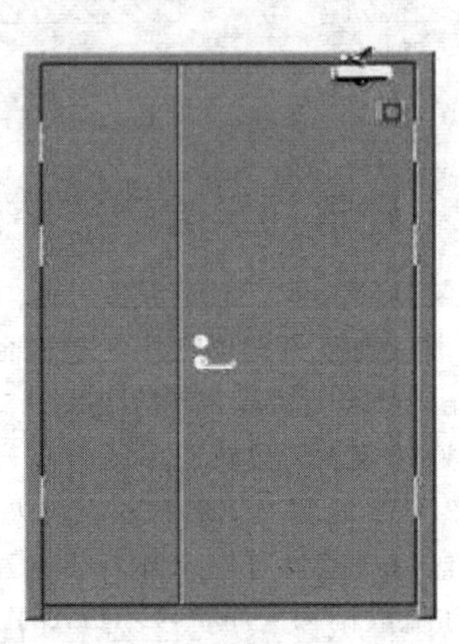

(b) 钢质防火门

图 14.29 防火门示意

③ 按耐火性能分类详见表 14.9。

表 14.9 防火门按耐火性能分类

<table>
<tr><th>名 称</th><th colspan="2">耐 火 性 能</th><th>代 号</th></tr>
<tr><td rowspan="5">隔热防火门
（A 类）</td><td colspan="2">耐火隔热性≥0.50h 耐火完整性≥0.50h</td><td>A0.50（丙级）</td></tr>
<tr><td colspan="2">耐火隔热性≥1.00h 耐火完整性≥1.00h</td><td>A1.00（乙级）</td></tr>
<tr><td colspan="2">耐火隔热性≥1.50h 耐火完整性≥1.50h</td><td>A1.50（甲级）</td></tr>
<tr><td colspan="2">耐火隔热性≥2.00h 耐火完整性≥2.00h</td><td>A2.00</td></tr>
<tr><td colspan="2">耐火隔热性≥3.00h 耐火完整性≥3.00h</td><td>A3.00</td></tr>
<tr><td rowspan="4">部分隔热防火门
（B 类）</td><td rowspan="4">耐火隔热性≥0.50h</td><td>耐火完整性≥1.00h</td><td>B1.00</td></tr>
<tr><td>耐火完整性≥1.50h</td><td>B1.50</td></tr>
<tr><td>耐火完整性≥2.00h</td><td>B2.00</td></tr>
<tr><td>耐火完整性≥3.00h</td><td>B3.00</td></tr>
<tr><td rowspan="4">非隔热防火门
（C 类）</td><td colspan="2">耐火完整性≥1.00h</td><td>C1.00</td></tr>
<tr><td colspan="2">耐火完整性≥1.50h</td><td>C1.50</td></tr>
<tr><td colspan="2">耐火完整性≥2.00h</td><td>C2.00</td></tr>
<tr><td colspan="2">耐火完整性≥3.00h</td><td>C3.00</td></tr>
</table>

④ 通风、空气调节机房和变配电室开向建筑内的门应采用甲级防火门，消防控制室和其他设备房开向建筑内的门应采用乙级防火门。

⑤ 电缆井、管道井、排烟道、排气道、垃圾道等竖向井道，应分别独立设置。井壁的耐火极限不应低于 1.00h，井壁上的检查门应采用丙级防火门。

⑥ 电梯层门的耐火极限不应低于 1.00h。

14.3.4　民用建筑门及通道专项设计要求

(1) 住宅建筑

① 建筑高度大于 27m，但不大于 54m 的住宅建筑，每个单元设置一座疏散楼梯时，疏散楼梯应通至屋面，且单元之间的疏散楼梯应能通过屋面连通，户门应采用乙级防火门。当不能通至屋面或不能通过屋面连通时，应设置 2 个安全出口。

② 住宅建筑的户门、安全出口、疏散走道的各自总净宽度应经计算确定，且户门和安全出口的净宽度不应小于 0.90m；首层疏散外门的净宽度不应小于 1.10m。

③ 建筑高度大于 54m 的住宅建筑，每户应有一间房间应靠外墙设置，并应设置可开启外窗；内、外墙体的耐火极限不应低于 1.00h，该房间的门宜采用乙级防火门，外窗的耐火完整性不宜低于 1.00h。

④ 住宅建筑的套内入口过道净宽不宜小于 1.20m；通往卧室、起居室（厅）的过道净宽不应小于 1.00m；通往厨房、卫生间、贮藏室的过道净宽不应小于 0.90m。

⑤ 住宅建筑的底层阳台门、下沿低于 2.00m 且紧邻走廊或共用上人屋面上的门，应采取防卫措施。

⑥ 住宅建筑的户门应采用具备防盗、隔声功能的防护门。向外开启的户门不应妨碍公共交通及相邻户门开启。

⑦ 厨房和卫生间的门应在下部设置有效截面积不小于 0.02m^2 的固定百叶，也可距地面留出不小于 30mm 的缝隙。

⑧ 住宅建筑各部位门洞的最小尺寸应符合表 14.10 的规定。

表 14.10　住宅建筑各部位门洞最小尺寸

类别	洞口宽度/m	洞口高度/m	类别	洞口宽度/m	洞口高度/m
共用外门	1.20	2.00	厨房门	0.80	2.00
户(套)门	1.00	2.00	卫生间门	0.70	2.00
起居室(厅)门	0.90	2.00	阳台门(单扇)	0.70	2.00
卧室门	0.90	2.00			

(2) 医院建筑

① 医院和疗养院的病房楼内相邻护理单元之间应采用耐火极限不低于 2.00h 的防火隔墙分隔，隔墙上的门应采用乙级防火门，设置在走道上的防火门应采用常开防火门。

② 医院建筑的通行推床的通道，净宽不应小于 2.40m。有高差者应用坡道相接，坡道坡度应按无障碍坡道设计。

(3) 剧场、电影院、礼堂：剧场、电影院、礼堂宜设置在独立的建筑内，确需设置在其他民用建筑内时，至少应设置 1 个独立的安全出口和疏散楼梯，并应采用耐火极限不低于 2.00h 的防火隔墙和甲级防火门与其他区域分隔。

(4) 中小学校建筑

① 教学用房的疏散通道上的门不得使用弹簧门、旋转门、推拉门、大玻璃门等不利于疏散通畅、安全的门；各教学用房的门均应向疏散方向开启，开启的门扇不得挤占走道的疏散通道。

② 各教学用房的门均应向疏散方向开启，开启的门扇不得挤占走道的疏散通道。

(5) 托儿所、幼儿园建筑

① 托儿所、幼儿园建筑的活动室、寝室、多功能活动室等幼儿使用的房间应设双扇平开门，门净宽不应小于 1.20m。

② 严寒和寒冷地区托儿所、幼儿园建筑的外门应设门斗。

③ 托儿所、幼儿园建筑中幼儿出入的门应符合下列规定：

a. 距离地面 1.20m 以下部分，当使用玻璃材料时，应采用安全玻璃；

b. 距离地面 0.60m 处宜加设幼儿专用拉手；

c. 门的双面均应平滑、无棱角；

d. 门下不应设门槛；

e. 不应设置旋转门、弹簧门、推拉门，不宜设金属门；

f. 活动室、寝室、多功能活动室的门均应向人员疏散方向开启，开启的门扇不应妨碍走道疏散通行；

g. 门上应设观察窗，观察窗应安装安全玻璃。

(6) 老年人居住建筑

① 老年人居住建筑的出入口的门洞口宽度不应小于 1.20m。门扇开启端的墙垛宽度不应小于 0.40m。出入口内外应有直径不小于 1.50m 的轮椅回转空间。

② 老年人居住建筑的出入口不应采用旋转门，宜设置推拉门或平开门，设置平开门时应设闭门器。出入口宜设置感应开门或电动开门辅助装置。当门扇有较大面积玻璃时，应设置明显的提示标识。

③ 老年人居住建筑套内空间的过道的净宽不应小于 1.0m。

④ 老年人居住建筑套内空间的各部位门洞的最小尺寸应符合表 14.11 的规定。

表 14.11　老年人居住建筑套内门洞最小尺寸

类别	洞口宽度/m	洞口高度/m	类别	洞口宽度/m	洞口高度/m
户门	1.00	2.00	厨房门	0.90	2.00
起居室(厅)门	0.90	2.00	卫生间门	0.90	2.00
卧室门	0.90	2.00	阳台门(单扇)	0.90	2.00

⑤ 老年人居住建筑套内户门应采用平开门，门扇宜向外开启，并采用横执杆式把手。户门不应设置门槛，户内外地面高差不应大于 15mm。

⑥ 老年人居住建筑套内卧室门应采用横执杆式把手，宜选用内外均可开启的锁具。

⑦ 老年人居住建筑套内厨房和卫生间的门扇应设置透光窗。卫生间门应能从外部开启，应采用可外开的门或推拉门。

(7) 办公建筑

① 办公建筑的门洞口宽度不应小于 1.00m，高度不应小于 2.10m；如图 14.30 所示。

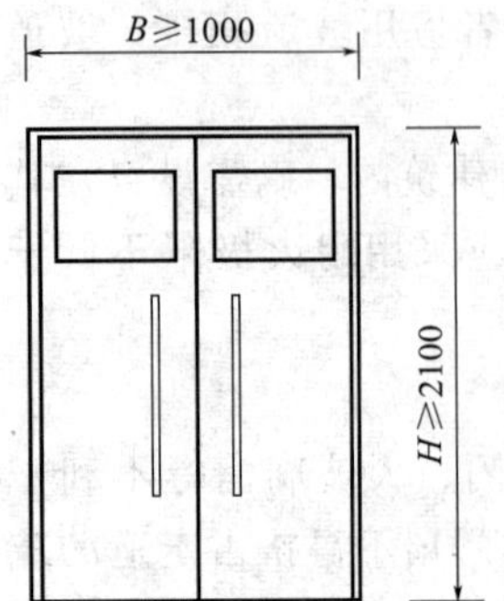

图 14.30　门洞口大小要求

② 办公建筑的机要办公室、财务办公室、重要档案库、贵重仪表间和计算机中心的门应采取防盗措施，室内宜设防盗报警装置。

③ 办公建筑的走道宽度应满足防火疏散要求，最小净宽应符合表 14.12 的规定；高差不足两级踏步时，不应设置台阶，应设坡道，其坡度不宜大于 1∶8。

表 14.12　办公建筑的走道最小净宽

走道长度/m	走道净宽/m	
	单面布房	双面布房
≤40	1.30	1.50
>40	1.50	1.80

（8）商店建筑　商店建筑的外门窗应符合下列规定：

① 有防盗要求的门窗应采取安全防范措施；

② 外门窗应根据需要，采取通风、防雨、遮阳、保温等措施；

③ 严寒和寒冷地区的门应设门斗或采取其他防寒措施；

④ 大型和中型商店建筑内连续排列的商铺之间的公共通道最小净宽度应符合表 14.13 的规定。

表 14.13　连续排列的商铺之间的公共通道最小净宽度

通道名称	最小净宽度/m	
	通道两侧设置商铺	通道一侧设置商铺
主要通道	4.00，且不小于通道长度的 1/10	3.00，且不小于通道长度的 1/15
次要通道	3.00	2.00
内部作业通道	1.80	—

14.3.7　建筑窗户基本要求

① 有卫生要求或经常有人员居住、活动房间的外门窗宜设置纱门、纱窗。

② 建筑窗扇的开启形式应方便使用、安全和易于维修、清洗。

③ 建筑中开向公共走道的窗扇，其底面距走道地面高度不应低于 2.0m。如图 14.31 所示；

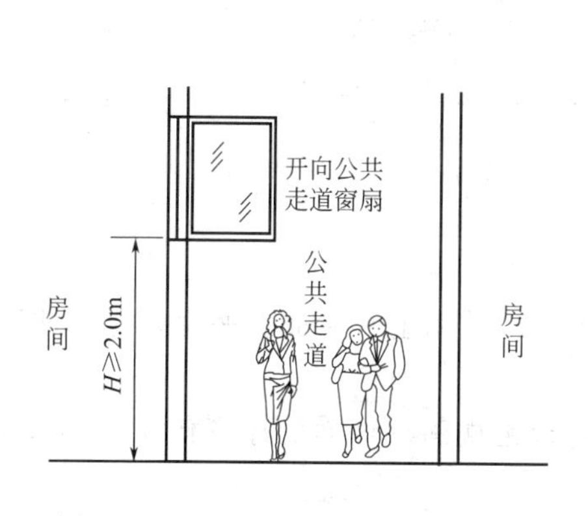

图 14.31　开向公共走道的窗扇要求

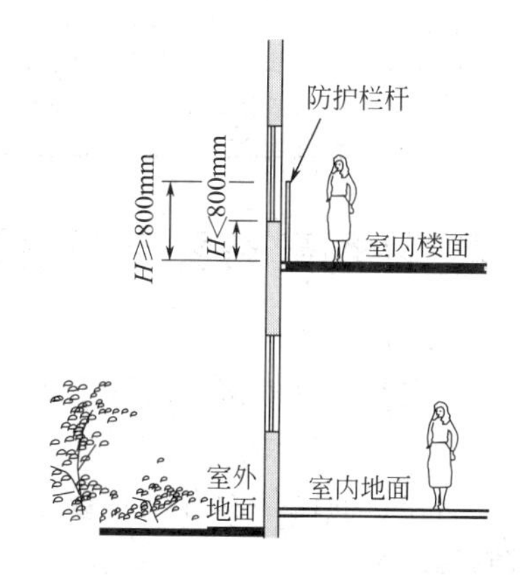

图 14.32　建筑临空窗户防护要求

④ 公共建筑临空的外窗、窗台距楼面、地面的净高低于 0.80m 时，应设置防护设施，防护高度由楼地面起计算不应低于 0.80m，落地玻璃应采用夹胶安全玻璃。如图 14.32 所示。

⑤ 居住建筑临空的外窗、窗台距楼面、地面的净高低于 0.90m 时，应设置防护设施，防护高度由楼地面起计算不应低于 0.90m，落地玻璃应采用夹胶安全玻璃。

⑥ 当建筑设置低、凸窗时，其防护设施应符合下列规定。

a. 当低、凸窗窗台高度低于或等于 0.45m 时，其防护高度从窗台面起算不应低于

0.80m（居住建筑为0.90m）。

b. 当低、凸窗窗台高度高于0.45m时，其防护高度从窗台面起算不应低于0.60m。

c. 如低、凸窗上有可开启的窗扇，其可开启窗扇窗洞口底距窗台面的净高低于0.80m（居住建筑为0.90m）时，窗洞口处应有防护措施；其防护高度从台面起算不应低于0.80m（居住建筑为0.90m）。

⑦ 建筑防火墙上必须开设窗洞口时，应满足防火规范要求。

⑧ 建筑的天窗应采用防破碎伤人的透光材料，当采用玻璃时，应采用夹胶安全玻璃。

⑨ 建筑的天窗应有防冷凝水产生或引导泄冷凝水的措施。

⑩ 建筑的天窗应便于开启、关闭、固定、防渗水，并方便清洗。

14.3.6 建筑防火窗分类

① 防火窗分类应符合现行国家标准GB 16809《防火窗》的规定（表14.14）；

② 按材质分类可分为木质防火窗（MFC）、钢质防火窗（GFC）、钢木复合防火窗（GMFC）、其他材质防火窗（** FC）；

③ 按耐火性能分类详见表14.14。

表14.14 防火窗按耐火性能分类

耐火性能分类	耐火等级代号	耐火性能
隔热防火窗（A类）	A0.5(丙级)	耐火隔热性≥0.50h,且耐火完整性≥0.50h
	A1.0(乙级)	耐火隔热性≥1.00h,且耐火完整性≥1.00h
	A1.5(甲级)	耐火隔热性≥1.50h,且耐火完整性≥1.50h
	A2.00	耐火隔热性≥2.00h,且耐火完整性≥2.00h
	A3.00	耐火隔热性≥3.00h,且耐火完整性≥3.00h
非隔热防火窗（C类）	C0.50	耐火完整性≥0.50h
	C1.00	耐火完整性≥1.00h
	C1.50	耐火完整性≥1.50h
	C2.00	耐火完整性≥2.00h
	C3.00	耐火完整性≥3.00h

14.3.7 民用建筑窗专项设计要求

（1）住宅建筑

① 住宅建筑底层外窗下沿低于2.00m且紧邻走廊或共用上人屋面上的窗，应采取防卫措施。

② 住宅建筑的窗外没有阳台或平台的外窗，窗台距楼面、地面的净高低于0.90m时，应设置防护设施。

③ 住宅建筑当设置凸窗时应符合下列规定：

a. 窗台高度低于或等于0.45m时，防护高度从窗台面起算不应低于0.90m；

b. 可开启窗扇窗洞口底距窗台面的净高低于0.90m时，窗洞口处应有防护措施。其防护高度从窗台面起算不应低于0.90m；

c. 严寒和寒冷地区不宜设置凸窗。

④ 住宅建筑面临走廊、共用上人屋面或凹口的窗，应避免视线干扰，向走廊开启的窗扇不应妨碍交通。

（2）中小学校建筑

① 中小学校建筑中临空窗台的高度不应低于 0.90m。

② 中小学校建筑中教学用房的靠外廊及单内廊一侧教室内隔墙的窗开启后，不得挤占走道的疏散通道，不得影响安全疏散；二层及二层以上的临空外窗的开启扇不得外开。

(3) 托儿所、幼儿园建筑

① 托儿所、幼儿园建筑中活动室、多功能活动室的窗台面距地面高度不宜大于 0.60m；

② 托儿所、幼儿园建筑当窗台面距楼地面高度低于 0.90m 时，应采取防护措施，防护高度应由楼地面起计算，不应低于 0.90m；

③ 托儿所、幼儿园建筑中的窗距离楼地面的高度小于或等于 1.80m 的部分，不应设内悬窗和内平开窗扇；

④ 托儿所、幼儿园建筑中的外窗开启扇均应设纱窗。

(4) 老年人居住建筑

① 老年人居住建筑不宜设置凸窗和落地窗。

② 老年人居住建筑门窗五金件不应有尖角，应易于单手持握或操作，外开窗宜设关窗辅助装置。

(5) 办公建筑

① 办公建筑的底层及半地下室外窗宜采取安全防范措施；

② 高层及超高层办公建筑采用玻璃幕墙时应设有清洁设施，并必须有可开启部分，或设有通风换气装置；

③ 办公建筑的外窗不宜过大，可开启面积不应小于窗面积的 30%，并应有良好的气密性、水密性和保温隔热性能，满足节能要求。全空调的办公建筑外窗开启面积应满足火灾排烟和自然通风要求。

(6) 商店建筑

商店建筑设置外向橱窗时应符合下列规定：

① 橱窗的平台高度宜至少比室内和室外地面高 0.20m；

② 橱窗应满足防晒、防眩光、防盗等要求；

③ 采暖地区的封闭橱窗可不采暖，其内壁应采取保温构造，外表面应采取防雾构造。

Chapter 15

第15章 建筑厨房和卫生间设计

15.1 民用建筑厨房设计基本要求

15.1.1 住宅建筑厨房设计基本要求

① 住宅建筑厨房的使用面积应符合下列规定，如图 15.1 所示。

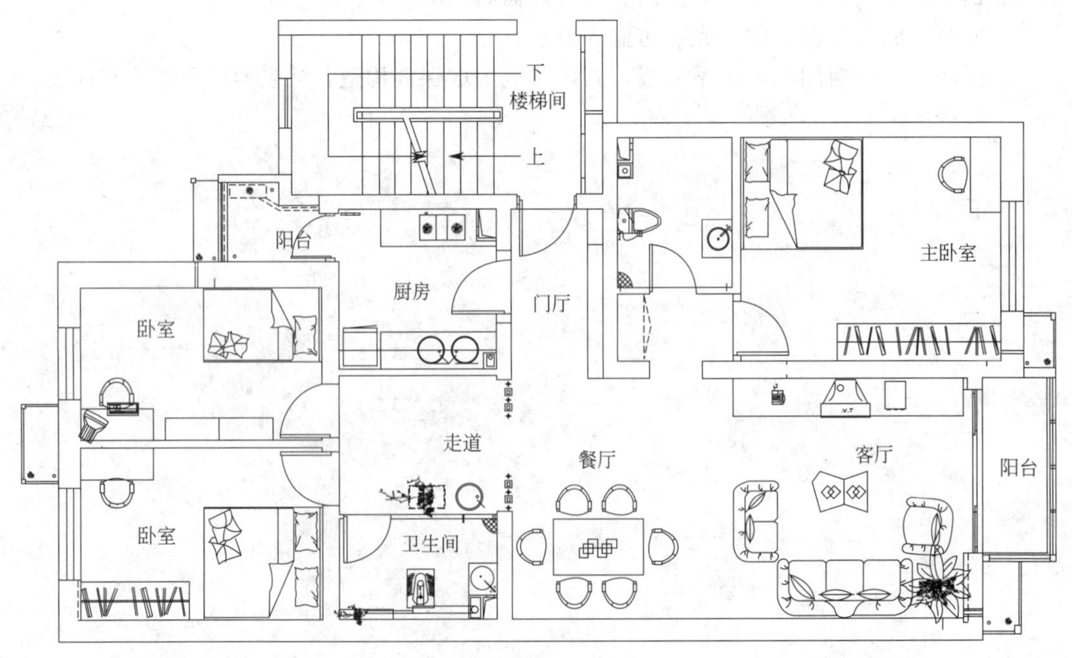

图 15.1 住宅空间组成示意

a. 由卧室、起居室（厅）、厨房和卫生间等组成的住宅套型的厨房使用面积，不应小于 4.0m²；

b. 由兼起居的卧室、厨房和卫生间等组成的住宅最小套型的厨房使用面积，不应小于 3.5m²。

② 住宅建筑的厨房宜布置在套内近入口处，如图 15.2 所示。

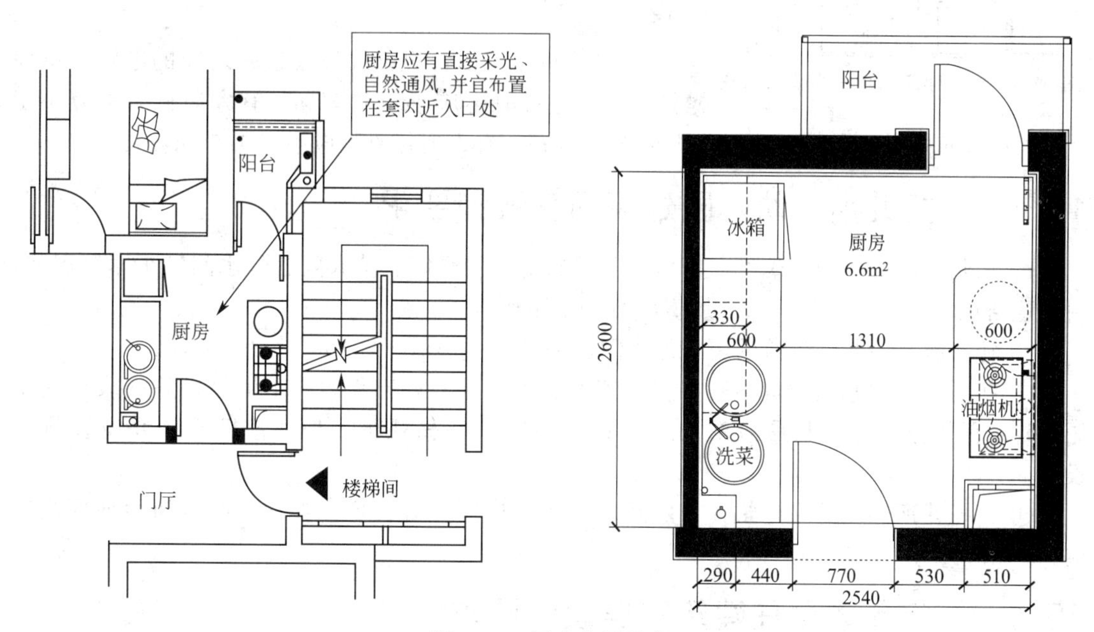

图 15.2　厨房位置示意

③ 住宅建筑的厨房应设置洗涤池、案台、炉灶及排油烟机、热水器等设施或为其预留位置。

④ 住宅建筑的厨房应按炊事操作流程布置。排油烟机的位置应与炉灶位置对应，并应与排气道直接连通。

⑤ 住宅建筑单排布置设备的厨房净宽不应小于 1.50m；双排布置设备的厨房其两排设备之间的净距不应小于 0.90m。如图 15.3 所示。

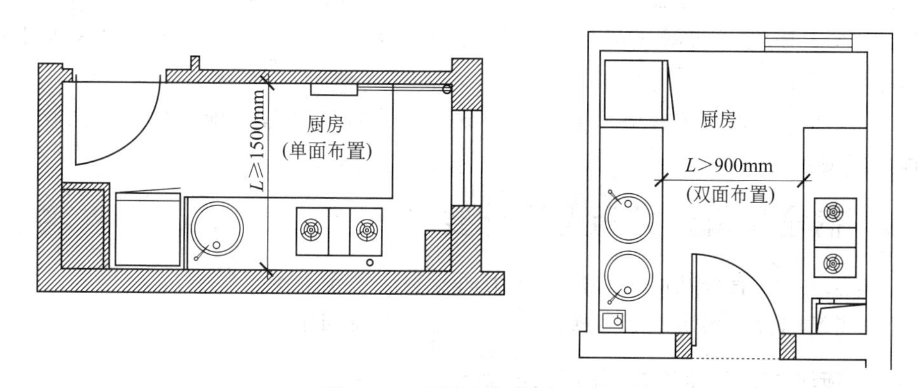

图 15.3　厨房布置要求示意

15.1.2　饮食建筑厨房设计要求

① 厨房与饮食制作间应按原料处理、主食加工、副食加工、备餐、食具洗存等工艺流

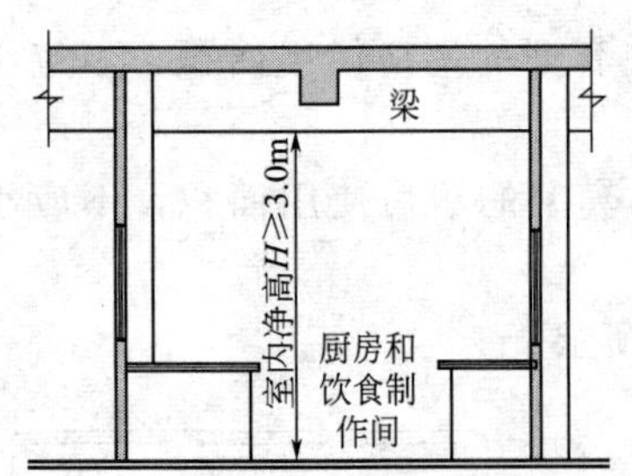

图 15.4　饮食建筑厨房净高要求示意

程合理布置，严格做到原料与成品分开，生食与熟食分隔加工和存放。

② 厨房垂直运输的食梯应生、熟分设。食具洗涤消毒间应单独设置。

③ 厨房和饮食制作间的室内净高不应低于 3.0m。如图 15.4 所示。

④ 加工间的工作台边（或设备边）之间的净距：单面操作，无人通行时不应小于 0.70m，有人通行时不应小于 1.20m；双面操作，无人通行时不应小于 1.20m，有人通行时不应小于 1.50m。

15.1.3　托儿所、幼儿园建筑厨房设计要求

① 托儿所、幼儿园建筑供应用房应包括厨房、消毒室、洗衣间、开水间、车库等房间，厨房应自成一区，并与幼儿活动用房应有一定距离。

② 托儿所、幼儿园建筑的厨房加工间室内净高不应低于 3.0m。

③ 托儿所、幼儿园建筑的厨房室内墙面、隔断及各种工作台、水池等设施的表面应采用无毒、无污染、光滑和易清洁的材料；墙面阴角宜做弧形；地面应防滑，并应设排水设施。

④ 当托儿所、幼儿园建筑为二层及以上时，应设提升食梯。食梯呼叫按钮距地面高度应大于 1.70m。

15.1.4　老年人居住建筑厨房设计要求

① 由卧室、起居室（厅）、厨房和卫生间等组成的老年人住宅套型的厨房使用面积不应小于 $4.5m^2$。

② 由兼起居的卧室、厨房和卫生间等组成的老年人住宅套型的厨房使用面积不应小于 $4.0m^2$。

③ 老年人居住建筑适合坐姿操作的厨房操作台面高度不宜大于 0.75m，台下空间净高不宜小于 0.65m，且净深不宜小于 0.30m。

④ 老年人居住建筑配置燃气灶具时，应采用带有自动熄火保护装置的燃气灶。

⑤ 老年人居住建筑的厨房操作案台长度不应小于 2.1m，电炊操作台长度不应小于 1.2m，操作台前通行净宽不应小于 0.90m。

⑥ 老年人居住建筑厨房的电炊操作台应设置洗涤池、案台、排油烟机、储物柜等设施或为其预留位置。

15.1.5　宿舍建筑公共厨房设计要求

① 宿舍建筑内设有公共厨房时，其使用面积不应小于 $6m^2$。

② 宿舍建筑的公共厨房应有直接采光、通风的外窗和排油烟设施。

15.1.6　医院建筑厨房设计要求

① 医院建筑的营养厨房位置与平面布置应符合下列要求：

a. 应自成一区，宜邻近病房，并与之有便捷联系通道；

b. 配餐室和餐车停放室（处）应有冲洗和消毒餐车的设施；

c. 应避免营养厨房的蒸汽、噪声和气味对病区的窜扰；

d. 平面布置应遵守食品加工流程。

② 营养厨房应设置主食制作、副食制作、主食蒸煮、副食洗切、冷荤熟食、回民灶、库房、配餐、餐车存放、办公和更衣等用房。

15. 1. 7　中小学校建筑厨房设计要求

① 中小学校建筑食堂与室外公厕、垃圾站等污染源间的距离应大于 25.00m。

② 中小学校建筑食堂不应与教学用房合并设置，宜设在校园的下风向。厨房的噪声及排放的油烟、气味不得影响教学环境。

③ 中小学校建筑寄宿制学校的食堂应包括学生餐厅、教工餐厅、配餐室及厨房。走读制学校应设置配餐室、发餐室和教工餐厅。

④ 中小学校建筑的配餐室内应设洗手盆和洗涤池，宜设食物加热设施。

⑤ 中小学校建筑食堂的厨房应附设蔬菜粗加工和杂物、燃料、灰渣等存放空间。各空间应避免污染食物，并宜靠近校园的次要出入口。

⑥ 中小学校建筑的厨房和配餐室的墙面应设墙裙，墙裙高度不应低于 2.10m。

15. 1. 8　旅馆建筑厨房设计要求

① 厨房应符合现行行业标准《饮食建筑设计规范》中有关规定。

② 厨房的面积和平面布置应根据旅馆建筑等级、餐厅类型、使用服务要求设置，并应与餐厅的面积相匹配；三级至五级旅馆建筑的厨房应按其工艺流程划分加工、制作、备餐、洗碗、冷荤及二次更衣区域、厨工服务用房、主副食库等，并宜设食品化验室；一级和二级旅馆建筑的厨房可简化或仅设备餐间。

③ 厨房的位置应与餐厅联系方便，并应避免厨房的噪声、油烟、气味及食品储运对餐厅及其他公共部分和客房部分造成干扰；设有多个餐厅时，宜集中设置主厨房，并宜与相应的服务电梯、食梯或通道联系。

④ 厨房的平面布置应符合加工流程，避免往返交错，并应符合卫生防疫要求，防止生食与熟食混杂等情况发生；厨房进、出餐厅的门宜分开设置，并宜采用带有玻璃的单向开启门，开启方向应同流线方向一致。

⑤ 厨房的库房宜分为主食库、副食库、冷藏库、保鲜库和酒库等。

15. 1. 9　养老设施建筑厨房设计要求

① 老年人公用厨房应具备天然采光和自然通风条件。

② 老年人公共餐厅使用面积应符合表 15.1 的规定；公共餐厅应使用可移动的、牢固稳定的单人座椅。公共餐厅布置应能满足供餐车进出、送餐到位的服务，并应为护理员留有分餐、助餐空间；当采用柜台式售饭方式时，应设有无障碍服务柜台。

③ 老年养护院、养老院的公共餐厅宜结合养护单元分散设置。

表 15.1　养老设施建筑的公共餐厅使用面积　　单位：m^2/座

老年养护院	1.5～2.0
养老院	1.5
老年日间照料中心	2.0

15.2 建筑烟道设计基本要求

① 建筑烟道和排风道的断面、形状、尺寸和内壁应有利于排烟（气）、排风通畅，防止产生阻滞、涡流、窜烟、漏气和倒灌等现象。如图 15.5 所示。

图 15.5　住宅建筑烟道示意

② 建筑烟道和排风道宜伸出屋面，同时应避开门窗和进风口。伸出高度应有利于烟气扩散，并应根据屋面形式、排出口周围遮挡物的高度、距离和积雪深度确定。如图 15.6 所示。

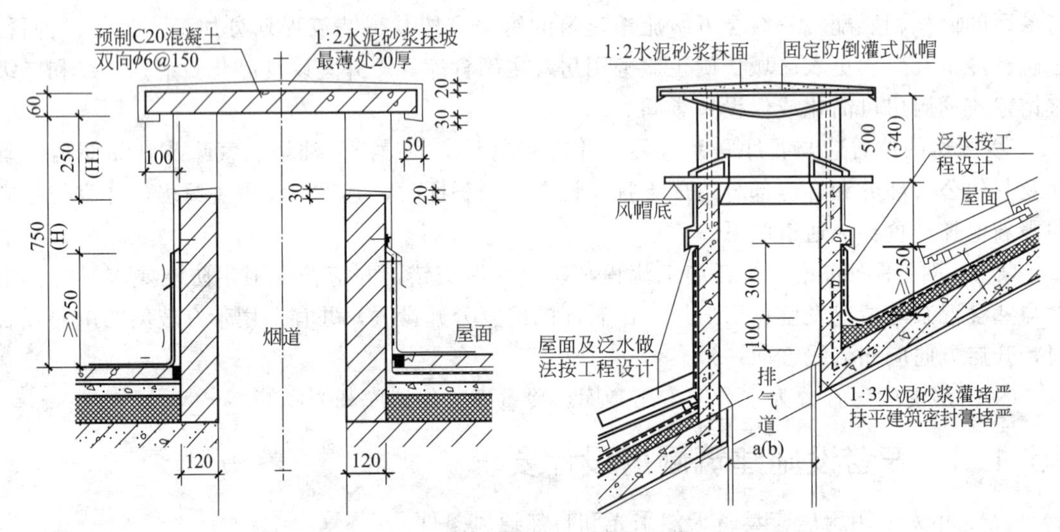

图 15.6　烟道排气道出屋面示意（单位：mm）

a. 平屋面伸出高度不得小于 0.60m，且不宜低于女儿墙的高度。当屋面为上人屋面时，烟道和排风道不应影响人员正常活动。

b. 坡屋面伸出高度应符合下列规定：

- 烟道和排风道中心线距屋脊小于 1.50m 时，应高出屋脊 0.60m；
- 烟道和排风道中心线距屋脊 1.50～3.00m 时，应高于屋脊，且伸出屋面高度不得小于 0.60m；
- 烟道和排风道中心线距屋脊大于 3m 时，其顶部同屋脊的连线同水平线之间的夹角不应大于 10°，且伸出屋面高度不得小于 0.60m。

③ 建筑烟道和通风道应采取必要的防倒灌、防风、防雨水措施。

15.3　民用建筑卫生间（厕所）、盥洗室和浴室设计要求

15.3.1　建筑卫生间（厕所）设置基本要求

① 建筑物的厕所、卫生间、盥洗室、浴室不应布置在食品加工及贮存、医药、生活供水、电气、档案、文物等有严格卫生、安全要求房间的直接上层。

② 建筑物的厕所、卫生间、盥洗室、浴室应避免布置在餐厅、多功能厅、医疗等有较高卫生要求用房的直接上层。否则应采取同层排水等措施。

③ 除本套住宅外，住宅卫生间不应直接布置在下层的卧室、起居室、厨房和餐厅的上层。如图 15.7 所示。

④ 男女厕位的比例应根据使用特点、使用人数确定，在男女使用人数基本均衡时，男厕与女厕厕位数量的比例宜为(1∶1)～(1∶1.5)，在商场、体育场馆、学校、观演建筑、公园等场所宜为(1∶1.5)～(1∶2)。

⑤ 厕所、卫生间、盥洗室和浴室的平面设计应合理布置卫生洁具及其使用空间，管道布置应相对集中、隐蔽。有无障碍要求的卫生间应满足无障碍设计规范的要求。如图 15.8 所示。

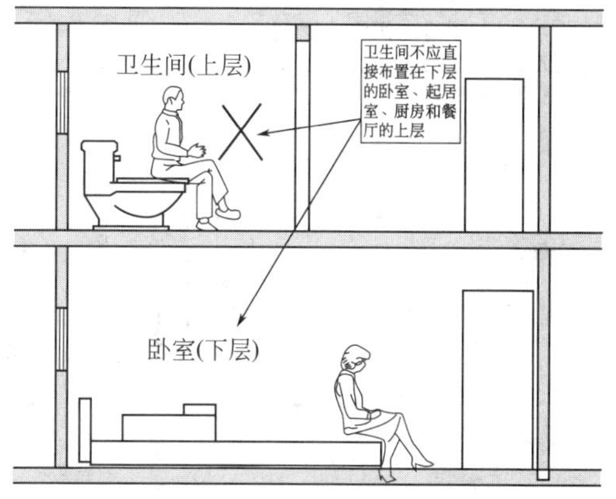

图 15.7　住宅卫生间布置要求示意

图 15.8　无障碍卫生间示意

⑥ 公共厕所宜按性别分设前室，防止视线干扰。公共厕所宜设置独立的清洁间。

⑦ 公共活动场所宜设置独立的无性别厕所。无性别厕所可兼做无障碍厕所。

⑧ 厕所和浴室隔间的平面尺寸应根据使用特点合理确定，并不应小于表 15.3 的规定。如图 15.9、图 15.10 所示。

表 15.3 厕所和浴室隔间的平面尺寸

类别	平面尺寸(宽度×深度)/m
外开门的厕所隔间	0.90×1.20(蹲便器)
	0.90×1.30(坐便器)
内开门的厕所隔间	0.90×1.40(蹲便器)
	0.90×1.50(坐便器)
医院患者专用厕所隔间(外开门)	1.10×1.50(门闩应能里外开启)
无障碍厕所隔间(外开门)	1.50×2.00(不应小于 1.00×1.80)
外开门淋浴隔间	1.00×1.20(或 1.10×1.10)
内设更衣凳的淋浴隔间	1.00×(1.00+0.60)
无障碍专用浴室隔间	盆浴(门扇向外开启)2.00×2.25
	淋浴(门扇向外开启)1.50×2.35

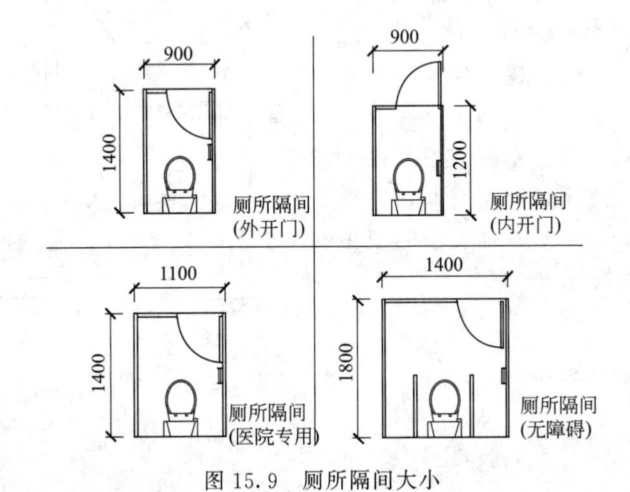

图 15.9 厕所隔间大小

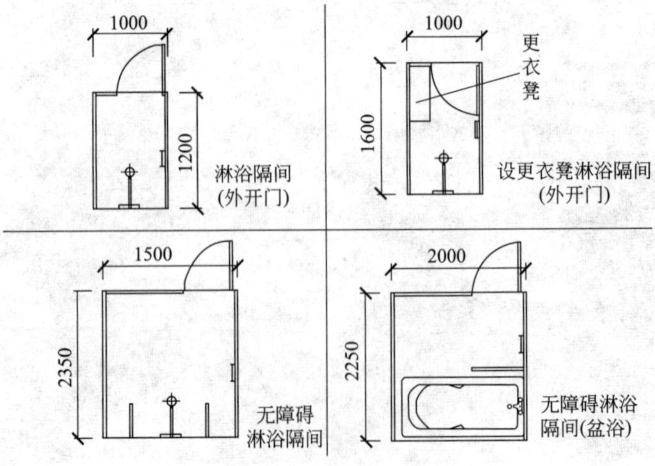

图 15.10 淋浴隔间大小

⑨ 卫生设备间距应符合下列规定。

a. 洗手盆或盥洗槽水嘴中心与侧墙面净距不应小于 0.55m；居住建筑洗手盆水嘴中心与侧墙面净距不应小于 0.35m；如图 15.11 所示。

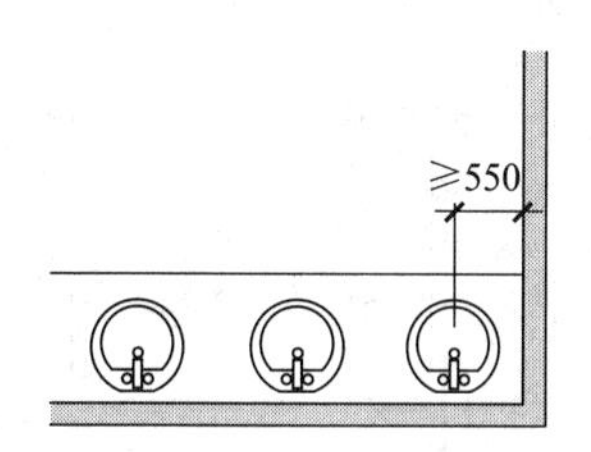

图 15.11　洗脸盆与侧墙面净距示意

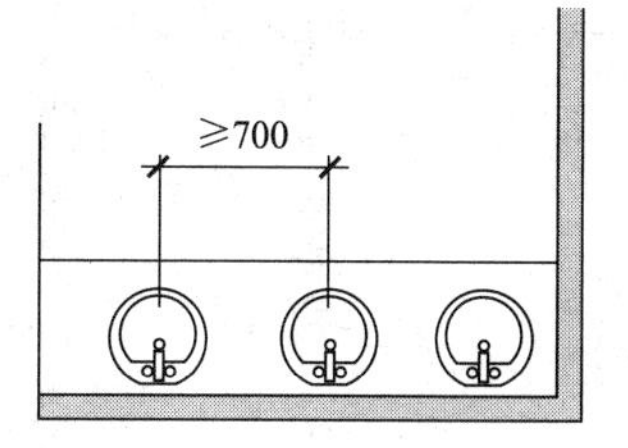

图 15.12　洗脸盆间距示意

b. 并列洗手盆或盥洗槽水嘴中心间距不应小于 0.70m；如图 15.12 所示。

c. 单侧并列洗手盆或盥洗槽外沿至对面墙的净距不应小于 1.25m；居住建筑洗手盆外沿至对面墙的净距不应小于 0.6m；如图 15.13 所示。

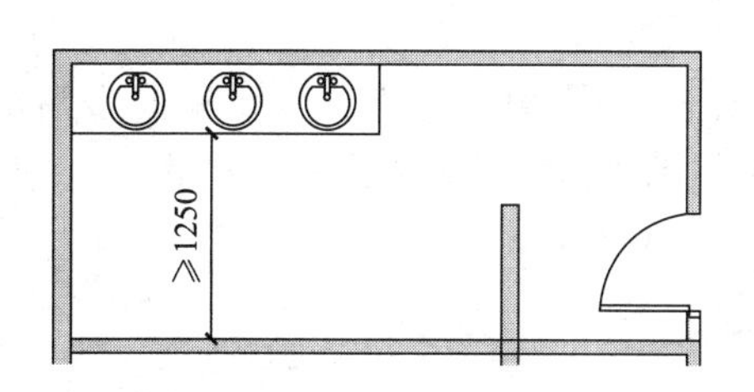

图 15.13　洗脸盆至对面墙净距示意

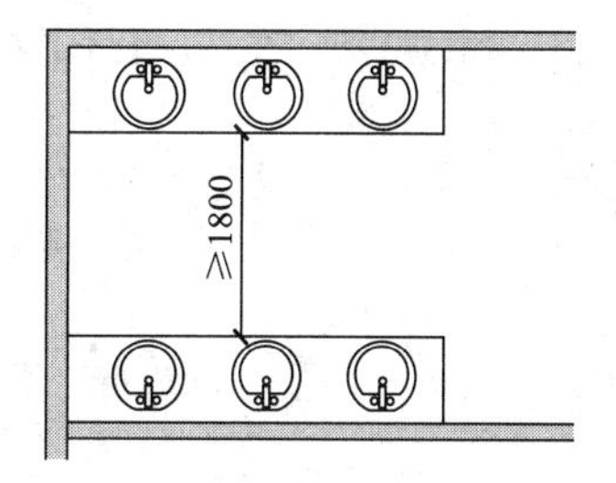

图 15.14　洗脸盆之间净距示意

d. 双侧并列洗手盆或盥洗槽外沿之间的净距不应小于 1.80m；如图 15.14 所示。

e. 浴盆长边至对面墙面的净距不应小于 0.65m；无障碍盆浴间短边净宽度不应小于 2m，并应在浴盆一端设置方便进入和使用的坐台，其深度不应小于 0.40m；如图 15.15 所示。

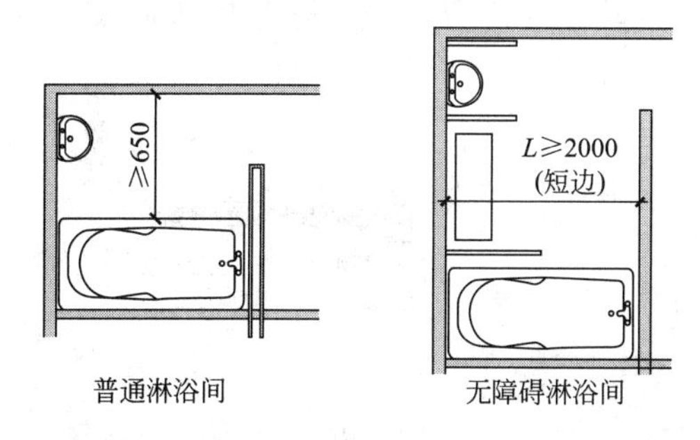

图 15.15　浴盆至对面墙面净距示意

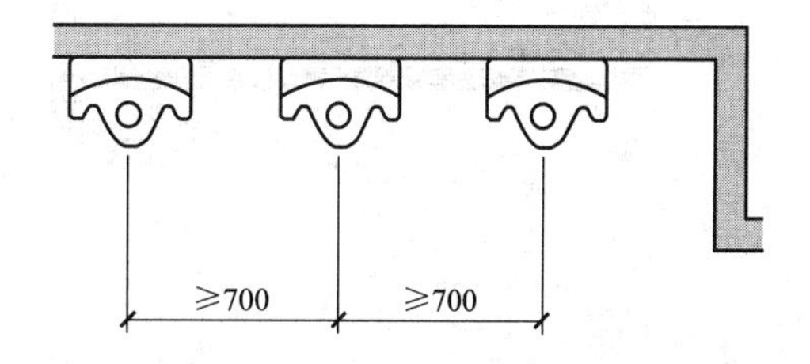

图 15.16　小便器的中心距离示意

f. 并列小便器的中心距离不应小于 0.7m，小便器之间宜加隔板，小便器中心距墙或隔板的距离不应小于 0.35m；如图 15.16 所示。

g. 单侧厕所隔间至对面墙面的净距：当采用内开门时，不应小于 1.10m，当采用外开门时不应小于 1.30m；双侧厕所隔间之间的净距：当采用内开门时不应小于 1.10m；当采用外开门时不应小于 1.30m；如图 15.17 所示。

h. 单侧厕所隔间至对面小便器或小便槽的外沿之净距：当采用内开门时不应小于

1.10m，当采用外开门时不应小于 1.30m。小便器或小便槽双侧布置时，外沿之间的净距，不应小于 1.30m；如图 15.18 所示。

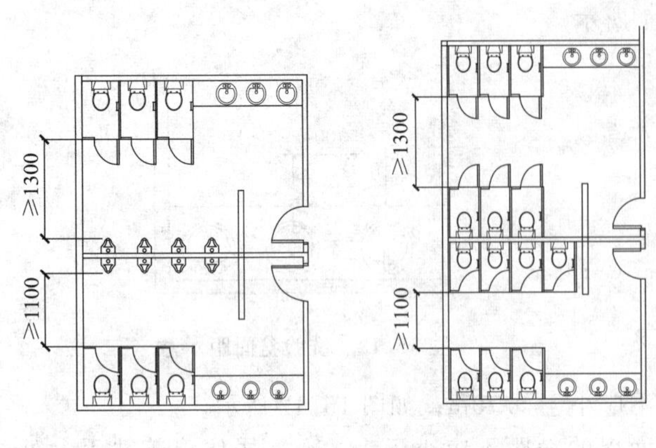

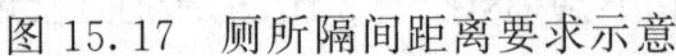
图 15.17 厕所隔间距离要求示意

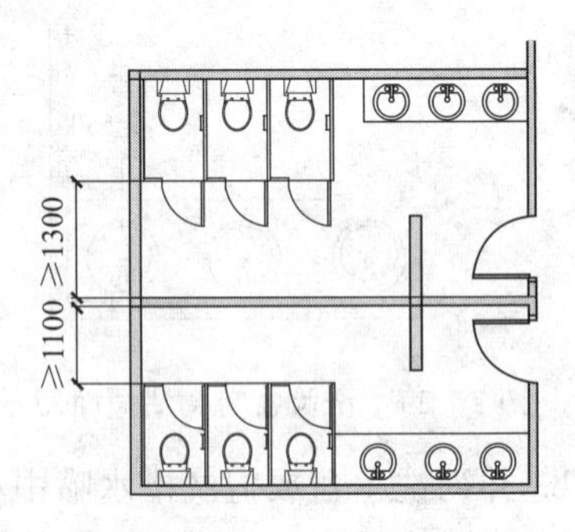

图 15.18 单面隔间距离要求示意

15.3.2 住宅建筑卫生间(厕所)设计要求

① 每套住宅应设卫生间，应至少配置便器、洗浴器、洗面器三件卫生设备或为其预留设置位置及条件。三件卫生设备集中配置的卫生间的使用面积不应小于 2.50m²。如图 15.19 所示。

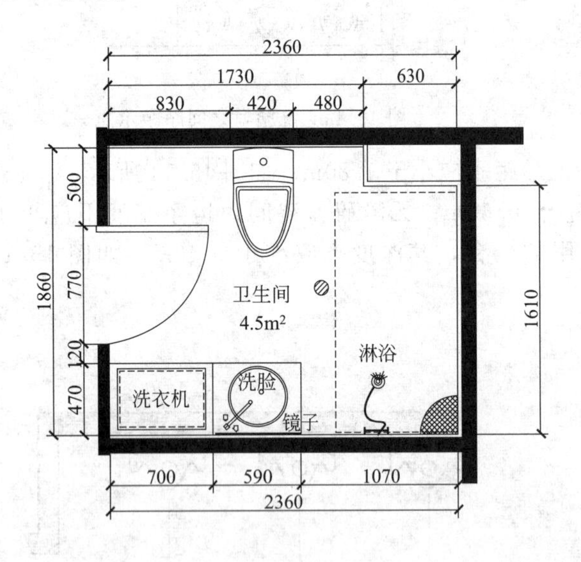

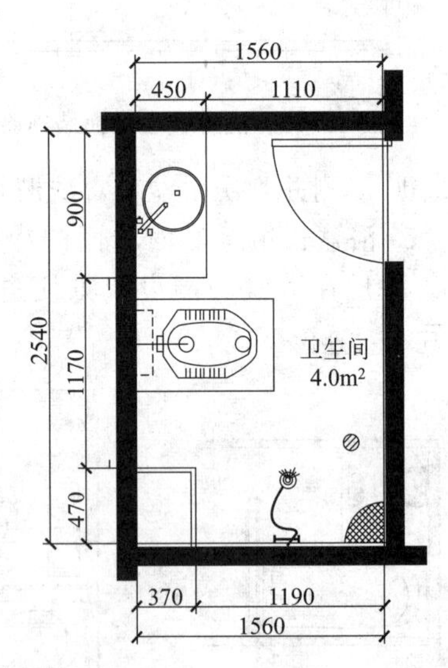

图 15.19 住宅建筑卫生间示意

② 可根据使用功能要求组合不同的设备。不同组合的空间使用面积应符合下列规定：

a. 设便器、洗面器时不应小于 1.80m²；

b. 设便器、洗浴器时不应小于 2.00m²；

c. 设洗面器、洗浴器时不应小于 2.00m²；

d. 设洗面器、洗衣机时不应小于 1.80m²；

e. 单设便器时不应小于 1.10m²。

③ 无前室的卫生间的门不应直接开向起居室（厅）或厨房。

④ 卫生间不应直接布置在下层住户的卧室、起居室（厅）、厨房和餐厅的上层。

⑤ 当卫生间布置在本套内的卧室、起居室（厅）、厨房和餐厅的上层时，均应有防水和便于检修的措施。

⑥ 每套住宅应设置洗衣机的位置及条件。

15.3.3　电影院建筑卫生间（厕所）设计要求

电影院内应设厕所，厕所的设置应符合现行行业标准 CJJ 14《城市公共厕所设计标准》中的有关规定。

15.3.4　办公建筑卫生间（厕所）设计要求

① 办公建筑对外的公用厕所应设供残疾人使用的专用设施；

② 办公建筑的公用厕所距离最远工作点不应大于 50m；

③ 办公建筑的公用厕所应设前室；公用厕所的门不宜直接开向办公用房、门厅、电梯厅等主要公共空间；

④ 办公建筑的公用厕所宜有天然采光、通风；条件不允许时，应有机械通风措施；

⑤ 办公建筑的公用厕所卫生洁具数量应符合现行行业标准《城市公共厕所设计标准》CJJ 14 的规定。

15.3.5　医院建筑卫生间（厕所）设计要求

① 医院建筑中患者使用的卫生间隔间的平面尺寸，不应小于 1.10m×1.40m，门应朝外开，门闩应能里外开启。卫生间隔间内应设输液吊钩。

② 医院建筑中患者使用的坐式大便器坐圈宜采用不易被污染、易消毒的类型，进入蹲式大便器隔间不应有高差。大便器旁应装置安全抓杆。

③ 医院建筑中卫生间应设前室，并应设非手动开关的洗手设施。

④ 医院建筑中采用室外卫生间时，宜用连廊与门诊、病房楼相接。

⑤ 医院建筑中宜设置无性别、无障碍患者专用卫生间。

⑥ 医院建筑中无障碍专用卫生间和公共卫生间的无障碍设施与设计，应符合现行标准 GB 50763《无障碍设计规范》的有关规定。

15.3.6　剧场建筑卫生间（厕所）设计要求

① 剧场应设置供观众使用的厕所，且厕所应设前室。

② 厕所门不得开向观众厅。观众男女比例宜按 1∶1 计算，女厕位与男厕位（含小便站位）的比例不应小于 2∶1，卫生器具应符合下列规定。

a. 男厕所应按每 150 座设一个大便器，每 60 座设一个小便器或 0.60m 长小便槽，每 150 座设一个洗手盆。

b. 女厕所应按每 20 座设一个大便器，每 100 座设一个洗手盆。

c. 男女厕所均应设无障碍厕位或设置无障碍厕所。

d. 当剧场设有分层观众厅时，各层的厕所卫生器具数量宜根据各层观众坐席的数量进行确定。

15.3.7　中小学校建筑卫生间（厕所）设计要求

① 教学用建筑每层均应分设男、女学生卫生间及男、女教师卫生间。学校食堂宜设工

作人员专用卫生间。当教学用建筑中每层学生少于3个班时，男、女生卫生间可隔层设置。

② 卫生间位置应方便使用且不影响其周边教学环境卫生。

③ 在中小学校内，当体育场地中心与最近的卫生间的距离超过90.00m时，可设室外厕所。所建室外厕所的服务人数可依学生总人数的15%计算。室外厕所宜预留扩建的条件。

④ 学生卫生间卫生洁具的数量应按下列规定计算：

a. 男生应至少为每40人设1个大便器或1.20m长大便槽；每20人设1个小便斗或0.60m长小便槽；

b. 女生应至少为每13人设1个大便器或1.20m长大便槽；

c. 每40～45人设1个洗手盆或0.60m长盥洗槽；

d. 卫生间内或卫生间附近应设污水池。

⑤ 中小学校的卫生间内，厕位蹲位距后墙不应小于0.30m。

⑥ 各类小学大便槽的蹲位宽度不应大于0.18m。

⑦ 厕位间宜设隔板，隔板高度不应低于1.20m。

⑧ 中小学校的卫生间应设前室。男、女生卫生间不得共用一个前室。

⑨ 学生卫生间应具有天然采光、自然通风的条件，并应安置排气管道。

⑩ 中小学校的卫生间外窗距室内楼地面1.70m以下部分应设视线遮挡措施。

⑪ 中小学校应采用水冲式卫生间。当设置旱厕时，应按学校专用无害化卫生厕所设计。

⑫ 宜在舞蹈教室、风雨操场、游泳池（馆）附设淋浴室。教师浴室与学生浴室应分设。

⑬ 淋浴室墙面应设墙裙，墙裙高度不应低于2.10m。

15.3.8 宿舍建筑卫生间(厕所)设计要求

① 宿舍内应设置盥洗室和厕所。

② 贴临卫生间等潮湿房间的居室、储藏室的墙面应做防潮处理。

③ 公共厕所应设前室或经盥洗室进入，前室和盥洗室的门不宜与居室门相对。公共厕所及公共盥洗室与最远居室的距离不应大于25m（附带卫生间的居室除外）。

④ 公共厕所、公共盥洗室卫生设备的数量应根据每层居住人数确定，设备数量不应少于表15.4的规定。

表15.4 公共厕所、公共盥洗室卫生设备的数量

男厕所	大便器	8人以下设一个；超过8人时，每增加15人或不足15人增设一个
	小便器或槽位	每15人或不足15人设一个
	洗手盆	与盥洗室分设的厕所至少设一个
	污水池	公用卫生间或盥洗室设一个
女厕所	大便器	6人以下设一个；超过6人时，每增加12人或不足12人增设一个
	洗手盆	与盥洗室分设的厕所至少设一个
	污水池	公用卫生间或盥洗室设一个
盥洗室(男、女)	洗手盆或盥洗槽龙头	5人以下设一个；超过5人时，每10人或不足10人增设一个

⑤ 宿舍建筑居室内的附设卫生间，其使用面积不应小于$2m^2$，设有淋浴设备或2个坐（蹲）便器的附设卫生间，其使用面积不宜小于$3.50m^2$。附设卫生间内的厕位和淋浴宜设隔断。

⑥ 宿舍建筑居室附设卫生间的宿舍建筑宜在每层另设小型公共厕所，其中大便器、小便器及盥洗龙头等卫生设备均不宜少于2个。

⑦ 宿舍建筑宜在底层设置集中垃圾收集间。

⑧ 设有公共厕所、盥洗室的宿舍建筑内宜在每层设置卫生清洁间。

⑨ 学生宿舍宜分层设置公共盥洗室、卫生间和浴室。盥洗室门、卫生间门与居室门间的距离不得大于 20.00m。当每层寄宿学生较多时可分组设置。

15.3.9　托儿所、幼儿园建筑卫生间（厕所）设计要求

① 托儿所、幼儿园建筑的卫生间应由厕所、盥洗室组成，并宜分间或分隔设置。无外窗的卫生间，应设置防止回流的机械通风设施。

② 幼儿园生活单元房间的最小使用面积不应小于表 15.5 的规定。

表 15.5　幼儿生活单元房间的最小使用面积　　单位：m^2

卫生间	厕所	12
	盥洗室	8

③ 托儿所、幼儿园建筑中每班卫生间的卫生设备数量不应少于表 15.6 的规定，且女厕大便器不应少于 4 个，男厕大便器不应少于 2 个。

表 15.6　每班卫生间卫生设备的最少数量

污水池/个	大便器/个	小便器(沟槽)/(个或位)	盥洗台(水龙头)/个
1	6	4	6

④ 托儿所、幼儿园建筑的卫生间应临近活动室或寝室，且开门不宜直对寝室或活动室。盥洗室与厕所之间应有良好的视线贯通。

⑤ 托儿所、幼儿园建筑的卫生间所有设施的配置、形式、尺寸均应符合幼儿人体尺度和卫生防疫的要求。

⑥ 卫生洁具布置应符合下列规定：

a. 盥洗池距地面的高度宜为 0.50～0.55m，宽度宜为 0.40～0.45m，水龙头的间距宜为 0.55～0.60m。

b. 水龙头的间距宜为 0.55～0.60m。

⑦ 托儿所、幼儿园建筑的卫生间大便器宜采用蹲式便器，大便器或小便槽均应设隔板，隔板处应加设幼儿扶手。厕位的平面尺寸不应小于 0.70m×0.80m（宽×深），沟槽式的宽度宜为 0.16～0.18m，坐式便器的高度宜为 0.25～0.30m。

⑧ 托儿所、幼儿园建筑的厕所、盥洗室、淋浴室地面不应设台阶，地面应防滑和易于清洗。

⑨ 夏热冬冷和夏热冬暖地区，托儿所、幼儿园建筑的幼儿生活单元内宜设淋浴室；寄宿制幼儿生活单元内应设置淋浴室，并应独立设置。

⑩ 托儿所、幼儿园建筑教职工的卫生间、淋浴室应单独设置，不应与幼儿合用。

15.3.10　图书馆建筑卫生间（厕所）设计要求

供读者使用的厕所卫生洁具数量应符合现行行业标准 CJJ 14《城市公共厕所设计标准》的规定。

15.3.11　商店建筑卫生间（厕所）设计要求

① 商店建筑卫生间（厕所）应设置前室，且厕所的门不宜直接开向营业厅、电梯厅、顾客休息室或休息区等主要公共空间；

② 商店建筑卫生间（厕所）宜有天然采光和自然通风，条件不允许时，应采取机械通风措施；

③ 中型以上的商店建筑应设置无障碍专用厕所，小型商店建筑应设置无障碍厕位；

④ 商店建筑卫生间（厕所）卫生设施的数量应符合现行行业标准 CJJ 14《城市公共厕所设计标准》的规定，且卫生间内宜配置污水池；

⑤ 商店建筑卫生间（厕所）当每个厕所大便器数量为 3 具及以上时，应至少设置 1 具坐式大便器；

⑥ 大型商店宜独立设置无性别公共卫生间，并应符合现行国家标准 GB 50763《无障碍设计规范》的规定；

⑦ 商店建筑卫生间（厕所）宜设置独立的清洁间。

15.3.12 旅馆建筑卫生间(厕所)设计要求

① 旅馆建筑门厅（大堂）内或附近应设总服务台、旅客休息区、公共卫生间、行李寄存空间或区域。

② 旅馆建筑公共部分卫生间应设前室，三级及以上旅馆建筑男女卫生间应分设前室。

③ 四级和五级旅馆建筑卫生间的厕位隔间门宜向内开启，厕位隔间宽度不宜小于 0.90m，深度不宜小于 1.55m。

④ 旅馆建筑公共部分卫生间洁具数量应符合表 15.7 的规定。

表 15.7 旅馆建筑公共部分卫生间洁具数量

房间名称	男		女
	大便器	小便器	大便器
门厅(大堂)	每 150 人配 1 个，超过 300 人，每增加 300 人增设 1 个	每 100 人配 1 个	每 75 人配 1 个，超过 300 人，每增加 150 人增设 1 个
各种餐厅（含咖啡厅、酒吧等）	每 100 人配 1 个；超过 400 人，每增加 250 人增设 1 个	每 50 人配 1 个	每 50 人配 1 个；超过 400 人，每增加 250 人增设 1 个
宴会厅、多功能厅、会议室	每 100 人配 1 个，超过 400 人，每增加 200 人增设 1 个	每 40 人配 1 个	每 40 人配 1 个，超过 400 人，每增加 100 人增设 1 个

15.3.13 展览建筑卫生间(厕所)设计要求

① 前厅外区应设置公共厕所；

② 展览建筑的会议、办公、餐饮等空间宜设置厕所；

③ 展厅建筑或中甲等、乙等展厅宜设置 2 处以上公共厕所，位置应方便使用；

④ 对于男厕所，每 1000m² 展览面积应至少设置 2 个大便器、2 个小便器、2 个洗手盆；

⑤ 对于女厕所，每 1000m² 展览面积应至少设置 4 个大便器、2 个洗手盆；

⑥ 展览建筑的展厅中宜设置一处以上无性别厕所；当未设无性别厕所时，每个厕所宜设置一个儿童厕位；

⑦ 展览建筑的展厅和前厅的公共厕所应设置无障碍厕位；特大型、大型展览建筑宜设无障碍专用厕所；无障碍厕位和专用厕所的设计应符合现行行业标准 JGJ 50《城市道路和建筑物无障碍设计规范》的有关规定。

15.3.14 疗养院建筑卫生间(厕所)设计要求

① 疗养院建筑公用盥洗室应按 6～8 人设一个洗脸盆（或 0.70m 长盥洗槽）。

② 公用厕所应按男每 15 人设一个大便器和一个小便器（或 0.60m 长的小便槽），女每 12 人设一个大便器。大便器旁宜装助立拉手。

③ 公用淋浴室应男女分别设置。炎热地区按 8～10 人设一个淋浴器，寒冷地区按 15～20 人设一个淋浴器。

④ 凡疗养院使用的厕所和淋浴隔间的门扇宜向外开启。

15.3.15　老年人居住建筑卫生间(厕所)设计要求

① 老年人居住建筑中供老年人使用的卫生间与老年人卧室应邻近布置。

② 老年人居住建筑中供老年人使用的卫生间应至少配置坐便器、洗浴器、洗面器三件卫生洁具。三件卫生洁具集中配置的卫生间使用面积不应小于 3.0m^2，并应满足轮椅使用。

③ 老年人居住建筑中卫生间坐便器高度不应低于 0.40m。浴盆外缘高度不宜高于 0.45m，其一端宜设可坐平台。

④ 老年人居住建筑中的浴盆和坐便器旁应安装扶手，淋浴位置应至少在一侧墙面安装扶手，并设置坐姿淋浴的装置。

⑤ 老年人居住建筑中宜设置适合坐姿使用的洗面台，台下空间净高不宜小于 0.65m，且净深不宜小于 0.30m。

15.3.16　养老设施建筑卫生间(厕所)设计要求

① 养老设施建筑中老年人自用卫生间的设置应与居住用房相邻。

② 养老院的老年人自用卫生间应满足老年人盥洗、便溺、洗浴的需要；老年养护院、老年日间照料中心的老年人自用卫生间应满足老年人盥洗、便溺的需要；卫生洁具宜采用浅色。

③ 养老设施建筑中自用卫生间的平面布置应留有助厕、助浴等操作空间。

④ 养老设施建筑中老年人自用卫生间宜有良好的通风换气措施。

⑤ 养老设施建筑中老年人自用卫生间与相邻房间室内地坪不应有高差，地面应选用防滑耐磨材料。

⑥ 养老设施建筑中老年人公用卫生间应与老年人经常使用的公共活动用房同层、邻近设置，并宜有天然采光和自然通风条件。老年养护院、养老院的每个养护单元内均应设置公用卫生间。公用卫生间洁具的数量应按表 15.8 确定。

表 15.8　公用卫生间洁具配置指标　　单位：人/每件

洁具	男	女	洁具	男	女
洗手盆	≤15	≤12	坐便器	≤15	≤12
小便器	≤12	—			

15.3.17　体育建筑卫生间(厕所)设计要求

① 体育建筑应设观众使用的厕所。

② 体育建筑的厕所应设前室，厕所门不得开向比赛大厅，卫生器具应符合表 15.9 和表 15.10 的规定。

③ 体育建筑的男女厕内均应设残疾人专用便器或单独设置专用厕所。

表 15.9 贵宾厕所位指标

贵宾席规模	100 人以内	100～200 人	200～500 人	500 人以上
每一厕位使用人数	20	25	30	35

注：男女比例 1∶1，男厕大小便厕位比例 1∶2。

表 15.10 观众厕所位指标

项目 指标	男厕			女厕
	大便器/(个/1000 人)	小便器/(个/1000 人)	小便槽/(m/1000 人)	大便器/(个/1000 人)
指标	8	20	12	30
备注		二者取一		

注：男女比例 1∶1。

15.4 城市公共厕所设计要求

① 公共厕所应分为固定式和活动式两种类别，固定式公共厕所应包括独立式和附属式；公共厕所的设计和建设应根据公共厕所的位置和服务对象按相应类别的设计要求进行。

② 独立式公共厕所平均每厕位建筑面积指标应为：一类，5～7m²；二类，3～4.9m²；三类，2～2.9m²。

③ 在人流集中的场所，女厕位与男厕位（含小便站位）的比例不应小于 2∶1。

④ 公共厕所男女厕位（坐位、蹲位和站位）与其数量宜符合表 15.11 的规定。

表 15.11 公共厕所男女厕位

男厕位及数量/个				女厕位及数量/个		
男厕位总数	坐位	蹲位	站位	女厕位总数	坐位	蹲位
1	0	1	0	1	0	1
2	0	1	1	2	1	1
3	1	1	1	3～6	1	2～5
4	1	1	2	7～10	2	5～8
5～10	1	2～4	2～5	11～20	3	8～17
11～20	2	4～9	5～9	21～30	4	17～26
21～30	3	9～13	9～14			

注：表中厕位不包含无障碍厕位。

⑤ 公共厕所应至少设置一个清洁池。

⑥ 公共厕所当男、女厕所厕位分别超过 20 个时，应设双出入口。

⑦ 公共厕所的厕所间平面净尺寸宜符合表 15.12 的规定。

表 15.12 厕所间平面净尺寸　　单位：mm

洁具数量	宽度	进深	备用尺寸
三件洁具	1200,1500,1800,2100	1500,1800,2100,2400,2700	$n\times100$ ($n\geqslant9$)
二件洁具	1200,1500,1800	1500,1800,2100,2400	
一件洁具	900,1200	1200,1500,1800	

⑧ 公共厕所的厕内单排厕位外开门走道宽度宜为 1.30m，不应小于 1.00m；双排厕位外开门走道宽度宜为 1.50～2.10m。

⑨ 商场、超市和商业街公共厕所厕位数应符合表 15.13 的规定。

表 15.13　商场、超市和商业街公共厕所厕位数

购物面积/m²	男厕位/个	女厕位/个
500 以下	1	2
501～1000	2	4
1001～2000	3	6
2001～4000	5	10
≥4000	每增加 2000m² 男厕位增加 2 个,女厕位增加 4 个	

注：按男女如厕人数相当时考虑；商业街应按各商店的面积合并计算后，按上表比例配置。

⑩ 饭馆、咖啡店、小吃店和快餐店等餐饮场所公共厕所厕位数应符合表 15.14 的规定。

表 15.14　饭馆、咖啡店等餐饮场所公共厕所厕位数

设施	男	女
厕位	50 座位以下至少设 1 个;100 座位以下设 2 个;超过 100 座位每增加 100 座位增设 1 个	50 座位以下设 2 个;100 座位以下设 3 个;超过 100 座位每增加 65 座位增设 1 个

注：按男女如厕人数相当时考虑。

⑪ 体育场馆、展览馆、影剧院、音乐厅等公共文体娱乐场所公共厕所厕位数应符合表 15.15 的规定。

表 15.15　体育场馆、展览馆等公共文体娱乐场所公共厕所厕位数

设施	男	女
坐位、蹲位	250 座以下设 1 个,每增加 1～500 座增设 1 个	不超过 40 座的设 1 个;41～70 座设 3 个;71～100 座设 4 个;每增 1～40 座增设 1 个
站位	100 座以下设 2 个,每增加 1～80 座增设 1 个	无

⑫ 机场、火车站、公共汽（电）车和长途汽车始末站、地下铁道的车站、城市轻轨车站、交通枢纽站、高速路休息区、综合性服务楼和服务性单位公共厕所厕位数应符合表 15.16 的规定。

表 15.16　机场、火车站、综合性服务楼和服务性单位公共厕所厕位数

设施	男/(人数/每小时)	女/(人数/每小时)
厕位	100 人以下设 2 个;每增加 60 人增设 1 个	100 人以下设 4 个;每增加 30 人增设 1 个

⑬ 洗手盆应按厕位数设置，洗手盆数量设置要求应符合表 15.17 的规定。

表 15.17　洗手盆数量设置要求

厕位数/个	洗手盆数/个	备注
4 以下	1	(1)男女厕所宜分别计算,分别设置 (2)当女厕所洗手盆数 $n \geqslant 5$ 时,实际设置数 N 应按下式计算:$N=0.8n$
5～8	2	
9～21	每增 4 厕位增设 1 个	
22 以上	每增 5 个厕位增设 1 个	

注：洗手盆为 1 个时可不设儿童洗手盆。

Chapter 16

第16章 建筑室内外装修工程设计

16.1 建筑室内装修工程设计要求

室内工程设计项目内容包括楼地面、内墙面、吊顶、墙裙、踢脚等装修工程（其中楼地面相关内容参见本书前面有关章节的论述，在此从略）。

16.1.1 室内装修设计基本规定

① 室内外装修不应影响建筑物结构的安全性。对既有建筑改造时，宜对原有结构进行检测及安全评估，必要时应进行加固或加强，并达到现行相关规范的要求。

② 装修工程应根据使用功能等要求，采用节能、环保型装修材料，且应满足防火要求。

③ 保护建筑的内外装修应符合有关法规及相关保护规划的规定。

④ 室内装修不得遮挡消防设施标志、疏散指示标志及安全出口，并严禁影响消防设施和疏散通道的正常使用。

⑤ 室内如需要重新装修时，宜充分利用原有的设备系统及设施。

⑥ 建筑工程内部装修不得影响消防设施的使用功能。装修施工过程中，当确需变更防火设计时，应经原设计单位或具有相应资质的设计单位按有关规定进行。

⑦ 建筑装饰装修工程必须进行设计，并出具完整的施工图设计文件，还应符合城市规划、消防、环保、节能等有关规定。如图 16.1 所示。

⑧ 承担建筑装饰装修工程设计的单位应具备相应的资质，并应建立质量管理体系。由于设计原因造成的质量问题应由设计单位负责。

⑨ 建筑装饰装修工程设计必须保证建筑物的结构安全和主要使用功能。当涉及主体和承重结构改动或增加荷载时，必须由原结构设计单位或具备相应资质的设计单位核查有关原始资料，对既有建筑结构的安全性进行核验、确认。

⑩ 当墙体或吊顶内的管线可能产生冰冻或结露时，应进行防冻或防结露设计。

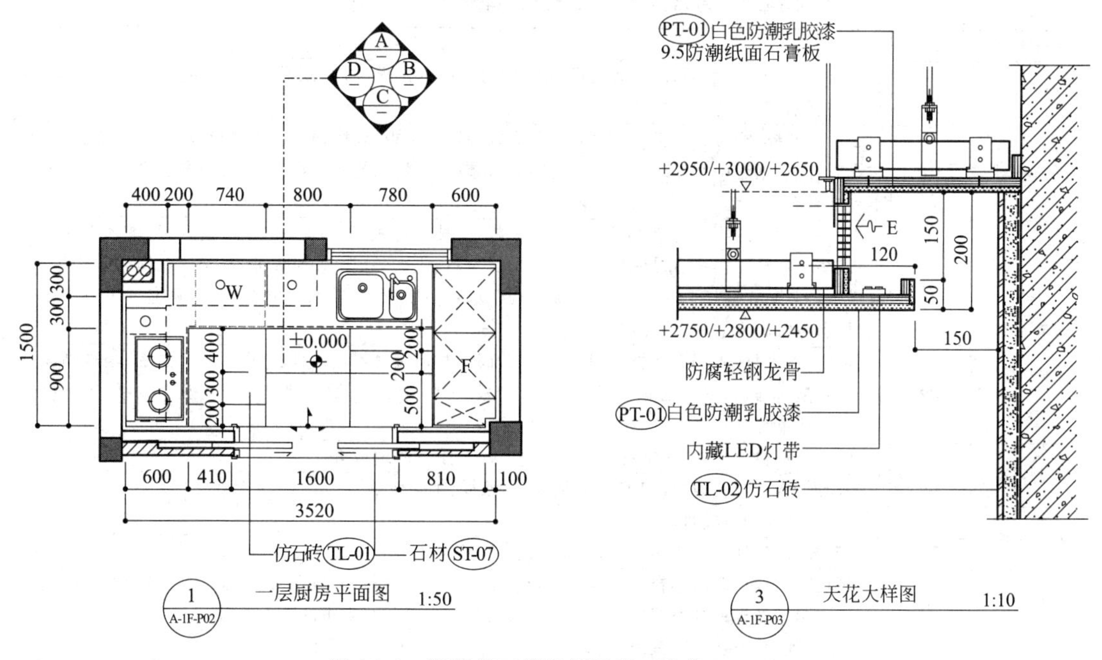

图 16.1　装修施工图案例示意（单位：mm）

16.1.2　室内装修材料设计基本规定

① 建筑装饰装修工程所用材料的品种、规格和质量应符合设计要求和国家现行标准的规定。当设计无要求时应符合国家现行标准的规定。严禁使用国家明令淘汰的材料。

② 所有材料进场时应对品种、规格、外观和尺寸进行验收。材料包装应完好，应有产品合格证书、中文说明书及相关性能的检测报告；进口产品应按规定进行商品检验。

③ 建筑装饰装修工程所用材料应符合国家有关建筑装饰装修材料有害物质限量标准的规定。

④ 建筑装饰装修工程所使用的材料应按设计要求进行防火、防腐和防虫处理。

⑤ 承担建筑装饰装修材料检测的单位应具备相应的资质，并应建立质量管理体系。

⑥ 现场配制的材料，如砂浆、胶粘剂等，应按设计要求或产品说明书配制。

16.2　室内装修材料防火设计要求

16.2.1　室内装修材料防火性能等级要求

① 装修材料按其燃烧性能应划分为四级，并应符合表 16.1 的规定。

表 16.1　装修材料燃烧性能等级

等级	装修材料燃烧性能	等级	装修材料燃烧性能
A	不燃性	B2	可燃性
B1	难燃性	B3	易燃性

② 常用建筑内部装修材料燃烧性能等级划分（表 16.2）

表 16.2　常用建筑内部装修材料燃烧性能等级划分

材料类别	级别	材料举例
各部位材料	A	花岗石、大理石、水磨石、水泥制品、混凝土制品、石膏板、石灰制品、黏土制品、玻璃、瓷砖、马赛克、钢铁、铝、铜合金等
顶棚材料	B1	纸面石膏板、纤维石膏板、水泥刨花板、矿棉装饰吸声板、玻璃棉装饰吸声板、珍珠岩装饰吸声板、难燃胶合板、难燃中密度纤维板、岩棉装饰板、难燃木材、铝箔复合材料、难燃酚醛胶合板、铝箔玻璃钢复合材料等
墙面材料	B1	纸面石膏板、纤维石膏板、水泥刨花板、矿棉板、玻璃棉板、珍珠岩板、难燃胶合板、难燃中密度纤维板、防火塑料装饰板、难燃双面刨花板、多彩涂料、难燃墙纸、难燃墙布、难燃仿花岗岩装饰板、氯氧镁水泥装配式墙板、难燃玻璃钢平板、PVC 塑料护墙板、轻质高强复合墙板、阻燃模压木质复合板材、彩色阻燃人造板、难燃玻璃钢等
	B2	各类天然木材、木制人造板、竹材、纸制装饰板、装饰微薄木贴面板、印刷木纹人造板、塑料贴面装饰板、聚酯装饰板、复塑装饰板、塑纤板、胶合板、塑料壁纸、无纺贴墙布、墙布、复合壁纸、天然材料壁纸、人造革等
地面材料	B1	硬 PVC 塑料地板，水泥刨花板、水泥木丝板、氯丁橡胶地板等
	B2	半硬质 PVC 塑料地板、PVC 卷材地板、木地板、氯纶地毯等
装饰织物	B1	经阻燃处理的各类难燃织物等
	B2	纯毛装饰布、纯麻装饰布、经阻燃处理的其他织物等
其他装饰材料	B1	聚氯乙烯塑料、酚醛塑料、聚碳酸酯塑料、聚四氟乙烯塑料、三聚氰胺、脲醛塑料、硅树脂塑料装饰型材、经阻燃处理的各类织物等。另见顶棚材料和墙面材料内中的有关材料
	B2	经阻燃处理的聚乙烯、聚丙烯、聚氨酯、聚苯乙烯、玻璃钢、化纤织物、木制品等

注：安装在钢龙骨上燃烧性能达到 B1 级的纸面石膏板，矿棉吸声板，可作为 A 级装修材料使用。

16.2.2　各种建筑类型室内装修材料防火性能要求

① 单层、多层民用建筑内部各部位装修材料的燃烧性能等级（表 16.3）。

表 16.3　单层、多层民用建筑内部各部位装修材料的燃烧性能等级

建筑物及场所	建筑规模、性质	装修材料燃烧性能等级							
		顶棚	墙面	地面	隔断	固定家具	装饰织物		其他装饰材料
							窗帘	帷幕	
候机楼的候机大厅、商店、餐厅、贵宾候机室、售票厅等	建筑面积＞10000m² 的候机楼	A	A	B1	B1	B1	B1		B1
	建筑面积≤10000m² 的候机楼	A	B1	B1	B1	B2	B2		B2
汽车站、火车站、轮船客运站的候车(船)室、餐厅、商场等	建筑面积＞10000m² 的车站、码头	A	A	B1	B1	B2	B2		B2
	建筑面积≤10000m² 的车站、码头	B1	B1	B1	B2	B2	B2		B2
影院、会堂、礼堂、剧院、音乐室	＞800 座位	A	A	B1	B1	B1	B1	B1	B1
	≤800 座位	A	B1	B1	B1	B2	B1	B1	B2
体育馆	＞3000 座位	A	A	B1	B1	B1	B1	B1	B2
	≤3000 座位	A	B1	B1	B1	B2	B2	B1	B2
商场营业厅	每层建筑面积＞3000m² 或总建筑面积 9000m² 的营业厅	A	B1	A	A	B1	B1		B2
	每层建筑面积 1000～3000m² 或总建筑面积为 3000～9000m² 的营业厅	A	B1	B1	B1	B2	B1		
	每层建筑面积＜1000m² 或总建筑面积＜3000m² 营业厅	B1	B1	B1	B2	B2	B2		
饭店、旅馆的客房及公共活动用房等	设有中央空调系统的饭店、旅馆	A	B1	B1	B1	B2	B2		B2
	其他饭店、旅馆	B1	B1	B2	B2	B2	B2		
歌舞厅、餐馆等娱乐、餐饮建筑	营业面积＞100m²	A	B1	B1	B1	B2	B1		B2
	营业面积≤100m²	B1	B1	B1	B2	B2	B2		B2

续表

建筑物及场所	建筑规模、性质	装修材料燃烧性能等级							
		顶棚	墙面	地面	隔断	固定家具	装饰织物		其他装饰材料
							窗帘	帷幕	
幼儿园、托儿所、中、小学、医院病房楼、疗养院、养老院		A	B1	B2	B1	B2	B1		B2
纪念馆、展览馆、博物馆、图书馆、档案馆、资料馆等	国家级、省级	A	B1	B1	B1	B2	B1		B2
	省级以下	B1	B1	B2	B2	B2	B2		B2
办公楼、综合楼	设有中央空调系统的办公楼、综合楼	A	B1	B1	B1	B2	B2		B2
	其他办公楼、综合楼	B1	B1	B2	B2	B2			
住宅	高级住宅	B1	B1	B1	B1	B2	B2		B2
	普通住宅	B1	B2	B2	B2	B2			

注：1. 单层、多层民用建筑内面积小于 100m² 的房间，当采用防火墙和甲级防火门窗与其他部位分隔时，其装修材料的燃烧性能等级可在表 16.3 的基础上降低一级。

2. 除特别规定外，当单层、多层民用建筑需做内部装修的空间内装有自动灭火系统时，除顶棚外，其内部装修材料的燃烧性能等级可在表 16.3 规定的基础上降低一级；当同时装有火灾自动报警装置和自动灭火系统时，其顶棚装修材料的燃烧性能等级可在表 16.3 规定的基础上降低一级，其他装修材料的燃烧性能等级可不限制。

② 高层民用建筑内部各部位装修材料的燃烧性能等级，不应低于表 16.4 的规定。

表 16.4　高层民用建筑内部各部位装修材料的燃烧性能等级

建筑物	建筑规模、性质	装修材料燃烧性能等级									
		顶棚	墙面	地面	隔断	固定家具	装饰织物				其他装饰材料
							窗帘	帷幕	床罩	家具包布	
高级旅馆	>800 座位的观众厅、会议厅、顶层餐厅	A	B1	B1	B1	B1	B1	B1		B1	B1
	≤800 座位的观众厅、会议厅	A	B1	B1	B1	B2	B1	B1		B2	B1
	其他部位	A	B1	B1	B2	B2	B1	B2	B1	B2	B1
商业楼、展览楼、综合楼、商住楼、医院病房楼	一类建筑	A	B1	B1	B1	B2	B1	B1		B2	B1
	二类建筑	B1	B1	B2	B2	B2	B2	B2		B2	B2
电信楼、财贸金融楼、邮政楼、广播电视楼、电力调度楼、防灾指挥调度楼	一类建筑	A	A	B1	B1	B1	B1	B1		B2	B1
	二类建筑	B1	B1	B2	B2	B2	B1	B2		B2	B2
教学楼、办公楼、科研楼、档案楼、图书馆	一类建筑	A	B1	B1	B1	B2	B1	B1		B1	B1
	二类建筑	B1	B1	B2	B1	B2	B1	B2		B2	B2
住宅、普通旅馆	一类普通旅馆 高级住宅	A	B1	B2	B1	B2	B1		B1	B2	B1
	二类普通旅馆 普通住宅	B1	B1	B2	B2	B2	B2		B2	B2	B2

③ 地下民用建筑内部各部位装修材料的燃烧性能等级，不应低于表 16.5 的规定。

表 16.5　地下民用建筑内部各部位装修材料的燃烧性能等级

建筑物及场所	装修材料燃烧性能等级						
	顶棚	墙面	地面	隔断	固定家具	装饰织物	其他装饰材料
休息室和办公室等、旅馆的客房及公共活动用房等	A	B1	B1	B1	B1	B1	B2

续表

建筑物及场所	装修材料燃烧性能等级						
	顶棚	墙面	地面	隔断	固定家具	装饰织物	其他装饰材料
娱乐场所、旱冰场等、舞厅、展览厅等、医院的病房、医疗用房等	A	A	B1	B1	B1	B1	B2
电影院的观众厅、商场的营业厅	A	A	A	B1	B1	B1	B2
停车库、人行通道、图书资料库、档案库	A	A	A	A	A		

注：1. 地下民用建筑系指单层、多层、高层民用建筑的地下部分，单独建造在地下的民用建筑以及平战结合的地下人防工程。

2. 地下民用建筑的疏散走道和安全出口的门厅，其顶棚、墙面和地面的装修材料应采用A级装修材料。

3. 单独建造的地下民用建筑的地上部分，其门厅、休息室、办公室等内部装修材料的燃烧性能等级可在表16.5的基础上降低一级要求。

4. 地下商场、地下展览厅的售货柜台、固定货架、展览台等，应采用A级装修材料。

④ 厂房内部（包括厂房附设的办公室、休息室等）各部位装修材料的燃烧性能等级，不应低于表16.6的规定。

表16.6 工业厂房内部各部位装修材料的燃烧性能等级

工业厂房分类	建筑规模	装修材料燃烧性能等级			
		顶棚	墙面	地面	隔断
甲、乙类厂房，有明火的丁类厂房	—	A	A	A	A
丙类厂房	地下厂房	A	A	A	B1
	高层厂房	A	B1	B1	B2
	高度＞24m的单层厂房 高度≤24m的单层、多层厂房	B1	B1	B2	B2
无明火的丁类厂房、戊类厂房	地下厂房	A	A	B1	B1
	高层厂房	B1	B1	B2	B2
	高度＞24m的单层厂房 高度≤24m的单层、多层厂房	B1	B2	B2	B2

16.3 室内吊顶踢脚等装修设计要求

16.3.1 吊顶装修基本要求

① 室内吊顶应根据使用空间功能特点、高度、环境等条件合理选择吊顶的材料及形式。吊顶构造应满足安全、防火、抗震、防水、防腐蚀等相关规范的要求。

② 吊顶与主体结构的吊挂应有安全构造措施，重量大于等于5kg或有振颤等的设施应直接吊挂在建筑承重结构上，并应进行结构计算，满足现行规范的要求。当吊杆长度大于1500mm时，宜设钢结构支撑架或设反支撑。

③ 管线较多的吊顶应符合下列规定。

a. 合理安排各种设备管线或设施，并应符合防火及安全要求。

b. 上人吊顶内应留有检修空间，并根据需要设置检修道（马道）和便于进入吊顶的人孔。

c. 不上人吊顶应设置检修孔。

④ 吊顶内敷设有水管线时，应采取防止产生冷凝水的措施。

⑤ 潮湿房间或环境的吊顶，应采用防水或防潮材料和防结露、滴水、排放冷凝水的措施。

16.3.2 踢脚装修基本要求

① 常用的踢脚有：水泥踢脚、预制磨石踢脚、木踢脚、金属踢脚、石材踢脚、地砖踢脚、塑料踢脚等各种类型材料。

② 踢脚有两个作用：一是装饰作用，二是保护作用。

③ 为保证墙身清洁、抗冲击及其外观要求，墙体与地面交接处宜设置踢脚。

④ 踢脚高度一般为 80～150mm。如图 16.2 所示。

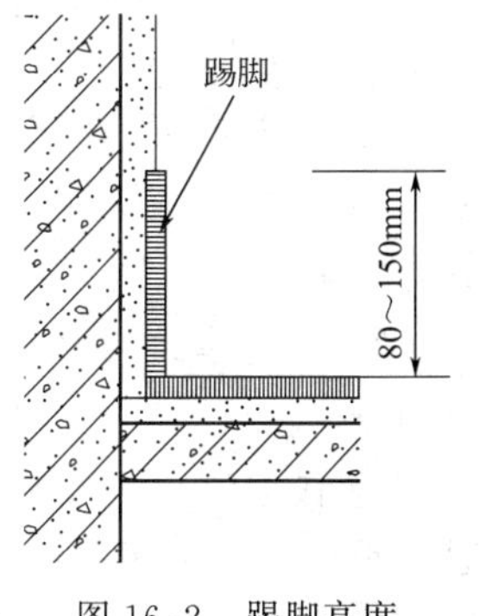

图 16.2 踢脚高度

16.4 住宅室内装修设计专项要求

16.4.1 住宅装修设计基本要求

① 住宅室内装饰装修设计不得减少共用部分安全出口的数量和增加疏散距离，不得占用或拆改共用部分的门厅、走廊和楼梯间。

② 住宅共用部分的装饰装修设计不得影响消防设施和安全疏散设施的正常使用，不得降低安全疏散能力。

③ 住宅室内装饰装修设计不得擅自改变共用部分配电箱、弱电设备箱、给水排水、暖通、燃气管道等设施的位置和规格。

④ 住宅室内装饰装修设计宜与建筑、结构、设备等专业配合。

⑤ 住宅室内装饰装修设计不得拆除室内原有的安全防护设施，且更换的防护设施不得降低安全防护的要求。

⑥ 住宅室内装饰装修设计不得采用国家禁止使用的材料，宜采用绿色环保的材料。

⑦ 住宅室内装饰装修设计不得封堵、扩大、缩小外墙窗户或增加外墙窗户、洞口。

⑧ 住宅室内装饰装修设计不应降低建筑设计对住宅光环境、声环境、热环境和空气环境的质量要求。

⑨ 住宅室内装饰装修设计应满足使用者对空间、尺寸的要求，且不应影响安全。

16.4.2 住宅各个功能空间装修设计基本要求

① 住宅建筑套内装饰装修设计不得改变原住宅建筑中厨房和卫生间的位置，不宜改变阳台的基本功能。

② 住宅建筑厨房顶棚材料应具有防火、防潮、防霉等性能。

③ 住宅建筑厨房、卫生间的墙面材料还应具有防水、防潮、防霉、耐腐蚀、不吸污等性能。

④ 住宅建筑厨房、卫生间的楼地面材料还应具有防水、防滑等性能。

⑤ 住宅建筑套内前厅、起居室（厅）、卧室顶棚上灯具底面距楼面或地面面层的净高不应低于 2.10m。

⑥ 住宅建筑顶棚不宜采用玻璃饰面，当局部采用时，应选用安全玻璃，并应采取安装牢固的构造措施。

⑦ 住宅建筑顶棚上悬挂自重 3kg 以上或有振动荷载的设施应采取与建筑主体连接牢固的构造措施。

⑧ 住宅建筑用水房间门口的地面防水层应向外延展宽度不小于 500mm，向两侧延展宽度不小于 200mm，并宜设置门槛。门槛应采用坚硬的材料，并应高出用水房间地面 5～15mm。

⑨ 住宅建筑用水房间地面不宜采用大于 300mm×300mm 的块状材料，且铺贴后不应影响排水坡度。

⑩ 住宅建筑装饰装修后，套内通往卧室、起居室（厅）的过道净宽不应小于 1.00m；通往厨房、卫生间、储藏室的过道净宽不应小于 0.90m。

⑪ 住宅室内装饰装修中排水应符合下列规定：

a. 除独立式低层住宅外，不得改变原有干管的排水系统；

b. 不得将厨房排水与卫生间排污合并排放；

c. 应缩短卫生洁具至排水主管的距离，减少管道转弯次数，且转弯次数不宜多于 3 次；宜将排水量最大的排水点靠近排水立管；

d. 排水管道不应穿过卧室、排气道、风道和壁柜，不应在厨房操作台上部敷设；

e. 不应封闭暗装排污管、废水管的检修孔和顶棚位置的冷热水阀门的检修孔；

f. 同层排水系统应采取防止填充层内渗漏的防水构造措施；

g. 塑料排水管明设在容易受撞击处，装饰装修应有防撞击构造措施；

h. 塑料排水管应避免布置在热源附近；当不能避免，并导致管道表面受热温度大于 60℃时，应采取隔热措施；塑料排水立管与家用灶具边净距不得小于 400mm。

16.5 建筑室外装修设计要求

① 室外装修设计应符合下列规定。

a. 外墙装修材料与主体结构的连接必须安全牢固。

b. 应有防开裂、防水、防火、防潮、防冻融、防腐蚀、防风化、防风和防脱落等措施。

c. 外墙装修应避免对周边环境造成光污染。

② 建筑的外保温系统，宜采用燃烧性能为 A 级的保温材料，不宜采用 B2 级保温材料，严禁采用 B3 级保温材料。

③ 设置人员密集场所的建筑，其外墙外保温材料的燃烧性能应为 A 级。

④ 与基层墙体、装饰层之间无空腔的建筑外墙外保温系统，其保温材料应符合下列规定。

a. 住宅建筑：

ⅰ. 建筑高度大于 100m 时，保温材料的燃烧性能应为 A 级；

ⅱ. 建筑高度大于 27m，但不大于 100m 时，保温材料的燃烧性能不应低于 B1 级；

ⅲ. 建筑高度不大于 27m 时，保温材料的燃烧性能不应低于 B2 级。

b. 除住宅建筑和设置人员密集场所的建筑外，其他建筑：

ⅰ. 建筑高度大于 50m 时，保温材料的燃烧性能应为 A 级；

ⅱ. 建筑高度大于 24m，但不大于 50m 时，保温材料的燃烧性能不应低于 B1 级；

ⅲ. 建筑高度不大于 24m 时，保温材料的燃烧性能不应低于 B2 级。

⑤ 除设置人员密集场所的建筑外，与基层墙体、装饰层之间有空腔的建筑外墙外保温

系统，其保温材料应符合下列规定：

a. 建筑高度大于 24m 时，保温材料的燃烧性能应为 A 级；

b. 建筑高度不大于 24m 时，保温材料的燃烧性能不应低于 B1 级。

⑥ 建筑外墙采用内保温系统时，保温系统应符合下列规定：

a. 对于人员密集场所，用火、燃油、燃气等具有火灾危险性的场所以及各类建筑内的疏散楼梯间、避难走道、避难间、避难层等场所或部位，应采用燃烧性能为 A 级的保温材料。

b. 对于其他场所，应采用低烟、低毒且燃烧性能不低于 B1 级的保温材料。

c. 保温系统应采用不燃材料做防护层。采用燃烧性能为 B1 级的保温材料时，防护层的厚度不应小于 10mm。

⑦ 建筑外墙的装饰层应采用燃烧性能为 A 级的材料，但建筑高度不大于 50m 时，可采用 B1 级材料。

⑧ 建筑外墙外保温系统与基层墙体、装饰层之间的空腔，应在每层楼板处采用防火封堵材料封堵。

⑨ 建筑的外墙外保温系统应采用不燃材料在其表面设置防护层，防护层应将保温材料完全包覆。除规范规定的情况外，当按规定采用 B1、B2 级保温材料时，防护层厚度首层不应小于 15mm，其他层不应小于 5mm。

16.6 室内装修空气质量和环境污染相关规定

16.6.1 室内空气质量相关知识

（1）室内环境污染　指室内空气中混入有害人体健康的氡、甲醛、苯、氨、总挥发性有机物（TVOC）等气体的现象

（2）室内空气环境指标　指室内空气中有害污染物含量的限值。

（3）民用建筑工程根据控制室内环境污染的不同要求，划分为以下两类（表 16.7）。

表 16.7　民用建筑工程按不同的室内环境要求分类

类别	建筑类型
Ⅰ类民用建筑工程	住宅、医院、老年建筑、幼儿园、学校教室等民用建筑工程。如图 16.3 所示
Ⅱ类民用建筑工程	办公楼、旅馆、文化娱乐场所、书店、图书馆、展览馆、体育馆、商场(店)、公共交通等候室、餐厅、饭馆、理发店等民用建筑工程

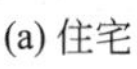

(a) 住宅

(b) 幼儿园

(c) 医院

图 16.3　Ⅰ类民用建筑工程（部分）

(4) 人造木板　以植物纤维为原料，经机械加工分离成各种形状的单元材料，再经组合并加入胶黏剂压制而成的板材，包括胶合板、纤维板或刨花板等板材。

(5) 饰面人造木板　以人造木板为基材，经涂饰或复合各种装饰材料面层的板材。

(6) 游离甲醛释放量　在环境测试舱法或干燥器法的测试条件下，材料释放游离甲醛的量。

(7) 游离甲醛含量　在穿孔法的测试条件下，材料单位质量中含有游离甲醛的量。

(8) 总挥发性有机物　简称 TVOC（Total Volatile Organic Compounds），在规范规定的检测条件下，所测得材料中挥发性有机化合物的总量。

16.6.2 常见的室内空气污染物

(1) 室内环境空气污染物类型　室内环境，可能存有多类空气污染物，最受关注的几类空气污染物包括（图 16.4）。

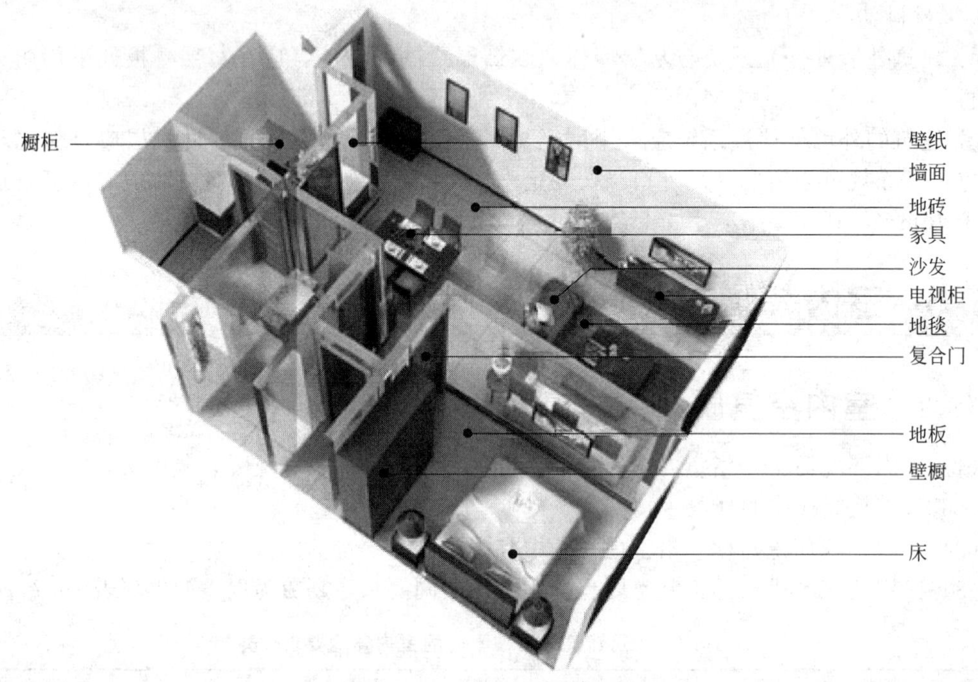

图 16.4　室内装修主要污染来源示意

a. 从建筑装修材料中释放出的甲醛、总挥发性有机化合物（TVOC）、苯、甲苯、氨和氡气；

b. 从日用品（如化妆品、杀虫剂、清洁剂等）所含的挥发性有机化合物；

c. 办公职场新风量、菌落总数和可吸入颗粒物等职业卫生安全关键指标；

d. 二氧化碳及从人类、宠物和植物排出的生物污染物。

(2) 室内环境空气污染物特点及其危害性

a. 氡气。氡气是一种无色无味的放射性气体，是由含花岗石的混凝土建筑物料释放出来的。如居所的通风系统不佳，氡气可以积聚至一个很高的浓度；接触高浓度的氡气及其衰变产品，可能会增加患肺癌的机会。

b. 挥发性有机化合物（VOC）　有些日用品含有如苯、甲苯和二甲苯一类的挥发性有机化合物。使用这类物品来为墙壁扫漆或脱漆，挥发性有机化合物可以积聚至一个很高的浓度，这样会使人感到不适，更严重的可能会引致癌病。

c. 甲醛　室内所排放的甲醛，主要来自一些用甲醛树脂作黏合或外层物料的木制家俬；

其他来源则包括用气体燃料煮食、烧香、铺地毡等活动。高浓度的甲醛会引致眼睛、鼻子和喉咙不适。

d. 二氧化碳　所有生物均会呼出二氧化碳；如室内含有高浓度的二氧化碳，即表示没有足够的新鲜空气。这情况通常由楼宇间隔不适当及过度挤迫、窗户不常打开、通风系统并无妥善维修或使用不当因素引致。上述情况会使人感到困倦，并作为一个警号，提醒室内可能已聚积其他空气污染物。

e. 生物污染物　生物污染物包括细菌、真菌和体积极微小但可引致过敏反应的物质如尘埃等；这类污染物可能会因通风不足、湿度高、冷气或通风系统的隔尘网和管道系统积尘因素而加快增长。它们可能引致打喷嚏、眼睛不适、咳嗽、气喘、眩晕和精神不振；有些更可能会触发过敏反应或哮喘。

f. 香烟　包括从燃点着的香烟、烟斗或雪茄飘散出来的烟雾及吸烟者抽烟时呼出之气体。它是一种含有超过 4000 种化学物的复杂混合物。香烟是一种令人产生强烈反应及公认的致癌物质。它可引致眼睛、鼻子或喉咙不适，亦可能大幅增加患癌和其它呼吸疾病的机会。

16.6.3　民用建筑工程室内环境污染控制相关国家规定

（1）民用建筑工程室内材料污染控制指标限量国家标准（国家标准：GB 50325）

① 民用建筑工程所使用的砂、石、砖、水泥、混凝土、混凝土预制构件等无机非金属建筑材料的放射性指标限量，应符合符合表 16.8 的规定。

表 16.8　无机非金属建筑主体材料放射性指标限量

测定项目	限量
内照射指数 I_{Ra}	≤1.0
外照射指数 I_{γ}	≤1.0

② 民用建筑工程所使用的无机非金属装修材料，包括石材、建筑卫生陶瓷、石膏板、吊顶材料、无机瓷质砖黏结材料等，进行分类时，其放射性指标限量应符合 16.9 的规定。

表 16.9　无机非金属装修材料放射性指标限量

测定项目	限量	
	A	B
内照射指数 I_{Ra}	≤1.0	≤1.3
外照射指数 I_{γ}	≤1.3	≤1.9

③ 民用建筑工程室内用人造木板及饰面人造木板，必须测定游离甲醛含量或游离甲醛释放量，应符合 16.10 的规定。

表 16.10　环境测试舱法测定游离甲醛释放量限量

级别	限量/(mg/m^3)
E_1	≤0.12

④ 民用建筑工程室内用水性涂料和水性腻子，应测定游离甲醛含量，其限量应符合 16.11 的规定。

表 16.11　室内用水性涂料和水性腻子中游离甲醛限量

测定项目	限　量	
	水性涂料	水性腻子
游离甲醛/(mg/kg)	≤100	

⑤ 民用建筑工程室内用溶剂型涂料和木器用溶剂型腻子，应按其规定的最大稀释比例混合后，测定挥发性有机化合物（VOC）和苯、甲苯＋二甲苯＋乙苯的含量，其限量应符合表 16.12 的规定。

表 16.12　室内用溶剂型涂料和木器用溶剂型腻子中挥发性有机化合物（VOC）和苯＋二甲苯＋乙苯限量

涂料名称	VOC/(g/L)	苯/%	甲苯＋二甲苯＋乙苯/%
醇酸类涂料	≤500	≤0.3	≤5
硝基类涂料	≤720	≤0.3	≤30
聚氨酯类涂料	≤670	≤0.3	≤30
酚醛防锈漆	≤270	≤0.3	—
其他溶剂型涂料	≤600	≤0.3	≤30
木器用溶剂型腻子	≤550	≤0.3	≤30

⑥ 民用建筑工程中所使用的能释放氨的阻燃剂、混凝土外加剂，氨的释放量不应大于 0.10%。

⑦ 新建、扩建的民用建筑工程设计前，应进行建筑工程所在城市区域土壤中氡浓度或土壤表面氡析出率调查，并提交相应的调查报告。未进行过区域土壤中氡浓度或土壤表面氡析出率测定的，应进行建筑场地土壤中氡浓度或土壤氡析出率测定，并提供相应的检测报告。如图 16.5 所示。

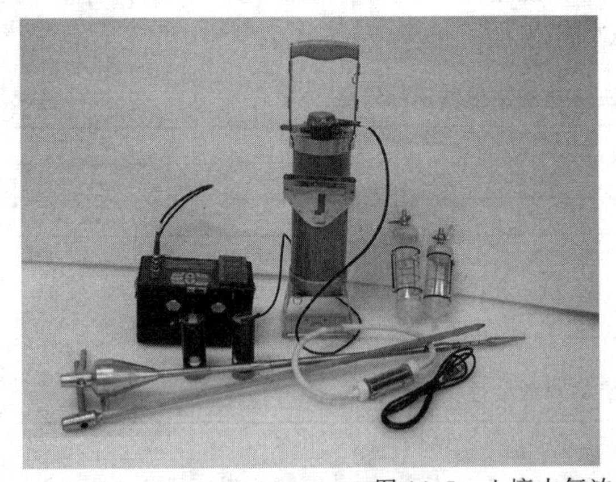

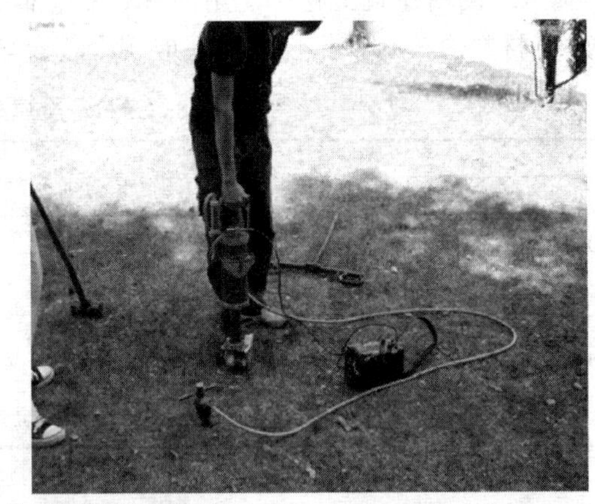

图 16.5　土壤中氡浓度部分检测设备及检测

（2）民用建筑装修材料选用要求

① 民用建筑工程室内不得使用国家禁止使用、限制使用的建筑材料。

② 民用建筑装修材料基本要求：

a. Ⅰ类民用建筑工程室内装修采用的无机非金属装修材料必须为 A 类。

b. Ⅱ类民用建筑工程宜采用 A 类无机非金属建筑材料和装修材料，当 A 类和 B 类无机非金属装修材料混合使用时，应根据国家规范规定按计算确定每种材料的使用量。

c. Ⅰ类民用建筑工程的室内装修，采用的人造木板及饰面人造木板必须达到 E1 级要求。

d. Ⅱ类民用建筑工程的室内装修，采用的人造木板及饰面人造木板宜达到 E1 级要求；当采用 E2 级人造木板时，直接暴露于空气的部位应进行表面涂覆密封处理。

③ 民用建筑工程的室内装修，所采用的涂料、胶黏剂、水性处理剂，其苯、甲苯、二甲苯、游离甲醛、游离甲醛二异氰酸酯（TDI）、挥发性有机化合物（VOC）的含量，应符合国家规范要求。

④ 民用建筑工程室内装修时，不应采用聚乙烯醇水玻璃内墙涂料、聚乙烯醇缩甲醛内墙涂料和树脂以硝化纤维素为主、溶剂以二甲苯为主的水包油型（O/W）多彩内墙涂料；不应采用聚乙烯醇缩甲醛类胶黏剂。

⑤ 民用建筑工程中，不应在室内采用脲醛树脂泡沫塑料作为保温、隔热和吸声材料。

⑥ Ⅰ类民用建筑工程室内装修粘贴塑料地板时，不应采用溶剂型胶黏剂。Ⅱ类民用建筑工程中地下室及不与室外直接自然通风的房间粘贴塑料地板时，不宜采用溶剂型胶黏剂。

（3）民用建筑装修施工要求

① 当建筑材料和装修材料进场检验，发现不符合设计要求及国家规范的有关规定时，严禁使用。

② 民用建筑工程室内装修，当多次重复使用同一设计时，宜先做样板间，并对其室内环境污染物浓度进行检测。

③ 民用建筑工程中，建筑主体采用的无机非金属材料和建筑装修采用的花岗岩、瓷质砖、磷石膏制品必须有放射性指标检测报告，并符合国家规范规定。如图 16.6 所示。

④ 民用建筑工程室内装修中所采用的人造木板及饰面人造木板，必须有游离甲醛含量或游离甲醛释放量检测报告，并符合国家规范规定。如图 16.7 所示。

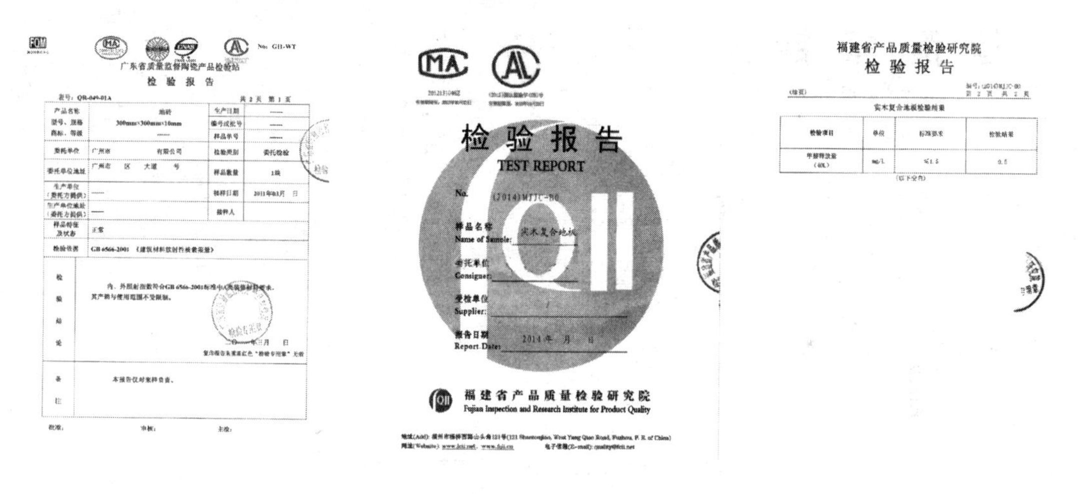

No: GH-WT

广东省质量监督陶瓷产品检验站

检验报告

表号：QR-049-01A　　共 2 页　第 1 页

产品名称 型号、规格 商标、等级	地砖 300mm×300mm×10mm ——	生产日期 编号或批号 样品单号	—— —— ——
委托单位	广州市　　有限公司	检验类别	委托检验
委托单位地址	广州市　区　大道　号	样品数量	1块
生产单位（委托方提供）	——	抽样日期	2011年03月　日
生产单位地址（委托方提供）	——	接样人	
样品特征及状态	正常		
检验依据	GB 6566-2001 《建筑材料放射性核素限量》		
检验结论	内、外照射指数符合GB 6566-2001标准中A类装修材料要求。其产销与使用范围不受限制。 二〇一一年三月　日 复印报告未重新加盖红色"检验专用章"无效		
备注	本报告仅对来样负责。		

批准：　　审核：　　主检：

检验报告

TEST REPORT

No. (2014)MJJC-80

样品名称 Name of Sample: 实木复合地板

委托单位 Consigner:

受检单位 Supplier:

报告日期 Report Date: 2014 年　月　日

福建省产品质量检验研究院

Fujian Inspection and Research Institute for Product Quality

福建省产品质量检验研究院

检验报告

第 2 页　共 2 页

实木复合地板检验结果

检验项目	单位	标准要求	检验结果
甲醛释放量（40L）	mg/L	≤1.5	0.5

（以下空白）

图 16.6　建材放射性检测报告（部分）　　图 16.7　人造板甲醛检测报告（部分）

⑤ 民用建筑工程室内饰面采用的天然花岗石石材或瓷质砖使用面积大于 200m^2 时，应对不同产品、不同批次分别进行放射性指标的抽查复验。

⑥ 民用建筑工程室内装修时，严禁使用苯、工业苯、石油苯、重质苯及混苯作为稀释剂和溶剂。

⑦ 民用建筑工程室内装修施工时，不应采用苯、甲苯、二甲苯和汽油进行除油和清除旧油漆作业。

⑧ 涂料、胶黏剂、水性处理剂、稀释剂和溶剂等使用后，应及时封闭存放，废料应及时清出。

⑨ 民用建筑工程室内严禁使用有机溶剂清洗施工用具。

⑩ 采暖地区的民用建筑工程，室内装修施工不宜在采暖期内进行。

⑪ 民用建筑工程室内装修中进行饰面人造木板拼接施工时，对达不到 E1 级的芯板，应对其断面及无饰面部位进行密封处理。

⑫ 民用建筑工程室内装修中所采用的水性涂料、水性胶黏剂、水性处理剂必须有同批

次产品的挥发性有机化合物（VOC）和游离甲醛含量检测报告；溶剂型涂料、溶剂型胶黏剂必须有同批次产品的挥发性有机化合物（VOC）、苯、甲苯、二甲苯、游离甲醛、游离甲醛二异氰酸酯（TDI）含量检测报告，并应符合设计要求和国家规范有关规定。

⑬ 建筑材料和装修材料的检测项目不全或对检测结果有疑问时，必须将材料送有资格的检测机构进行检验，检验合格后方可使用。

⑭ 民用建筑工程室内装修中采用的人造木板及饰面人造木板面积大于 500m^2 时，应对不同产品、不同批次材料的游离甲醛含量或游离甲醛释放量分别进行抽查复验。

（4）民用建筑装修验收要求

① 民用建筑工程室内装修工程的室内环境质量验收，应在工程完工至少 7 天以后、工程交付使用前进行。

② 民用建筑工程验收时，必须进行室内环境污染物浓度的检测，其限量应符合有关国家规范要求。如图 16.8 所示。

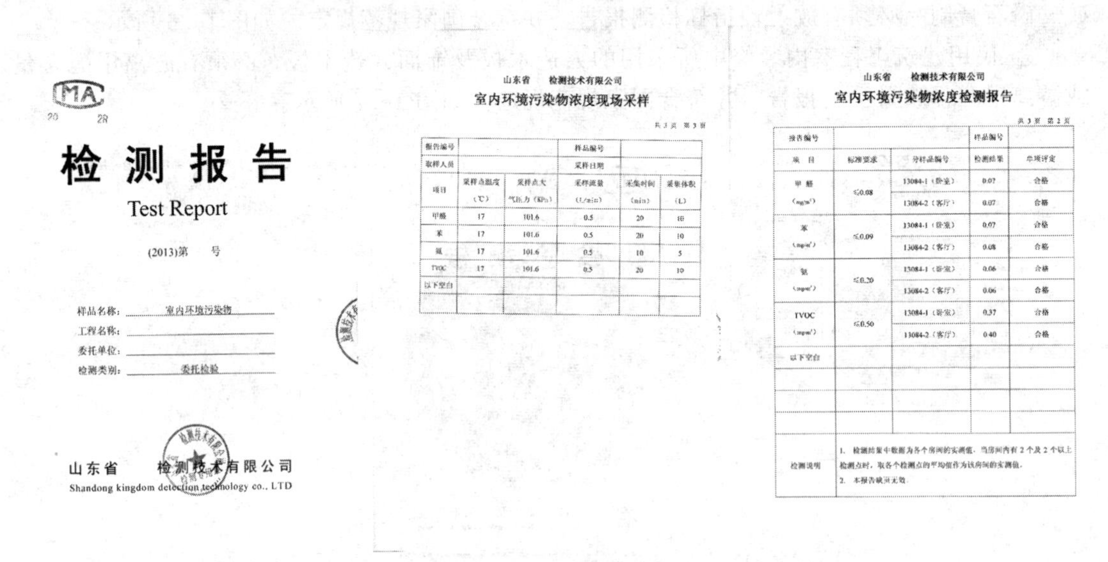

CMA

检 测 报 告

Test Report

(2013)第　　号

样品名称：室内环境污染物

工程名称：

委托单位：

检测类别：委托检验

山东省　　检测技术有限公司

Shandong kingdom detection technology co., LTD

山东省　　检测技术有限公司

室内环境污染物浓度现场采样

共 3 页　第 3 页

报告编号			样品编号		
取样人员			采样日期		
项目	采样点温度（℃）	采样点大气压力（KPa）	采样流量（L/min）	采集时间（min）	采集体积（L）
甲醛	17	101.6	0.5	20	10
苯	17	101.6	0.5	20	10
氨	17	101.6	0.5	10	5
TVOC	17	101.6	0.5	20	10
以下空白					

山东省　　检测技术有限公司

室内环境污染物浓度检测报告

共 3 页　第 2 页

报告编号			样品编号	
项目	标准要求	分样品编号	检测结果	单项评定
甲醛（mg/m^3）	≤0.08	13084-1（卧室）	0.07	合格
		13084-2（客厅）	0.07	合格
苯（mg/m^3）	≤0.09	13084-1（卧室）	0.07	合格
		13084-2（客厅）	0.08	合格
氨（mg/m^3）	≤0.20	13084-1（卧室）	0.06	合格
		13084-2（客厅）	0.06	合格
TVOC（mg/m^3）	≤0.50	13084-1（卧室）	0.37	合格
		13084-2（客厅）	0.40	合格
以下空白				
检测说明	1. 检测结果中数据为各个房间的实测值，当房间内有 2 个及 2 个以上检测点时，取各个检测点的平均值作为该房间的实测值。2. 本报告缺页无效。			

图 16.8　室内环境污染物检测报告示意

③ 民用建筑工程验收时，采用集中中央空调的工程，应进行室内新风量的检测，检测结果应符合设计要求和有关国家规范要求。

④ 民用建筑工程验收时，应抽查每个建筑单体有代表性的房间室内环境污染物浓度，氡、甲醛、氨、苯、TVOC 的抽检量不得少于房间总数的 5%，每个建筑单体不得少于 3 间，当房间总数少于 3 间时，应全数检测。

⑤ 民用建筑工程验收时，凡进行了样板间室内环境污染物浓度检测且检测结果合格的，抽检量减半，并不得少于 3 间。

（5）民用建筑工程室内环境污染物浓度限量国家标准（GB 50325）

① 民用建筑工程验收时，必须进行室内环境污染物浓度检测，如图 16.9 所示。其限量应符合表 16.13 规定。

表 16.13　民用建筑工程室内环境污染物浓度限量

污染物	Ⅰ类民用建筑工程	Ⅱ类民用建筑工程
氡/(Bq/m^3)	≤200	≤400
甲醛/(mg/m^3)	≤0.08	≤0.1

续表

污染物	Ⅰ类民用建筑工程	Ⅱ类民用建筑工程
苯/(mg/m³)	≤0.09	≤0.09
氡/(mg/m³)	≤0.2	≤0.2
TVOC/(mg/m³)	≤0.5	≤0.6

注：1. 表中污染物浓度测量值，除氡外均指室内测量值扣除同步测定的室外上风向空气测量值（本底值）后的测量值。

2. 表中污染物浓度测量值的极限值判定，采用全数值比较法。

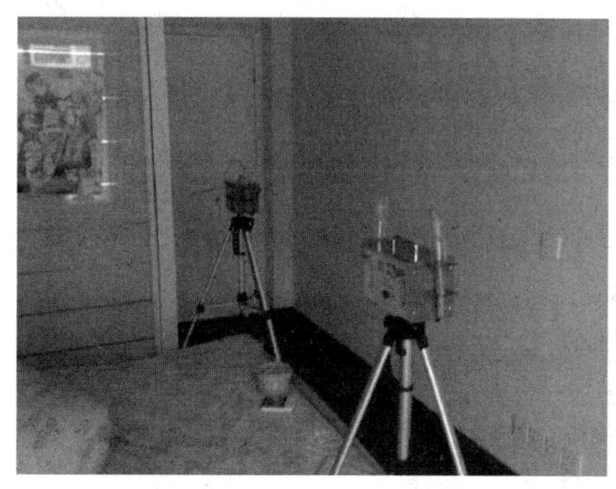

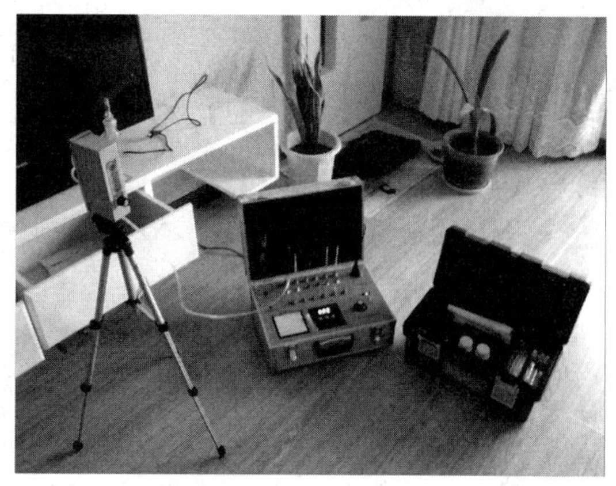

图 16.9　室内环境污染物浓度检测示意

② 民用建筑工程验收时，室内环境污染物浓度检测点数应按表 16.14 所列进行。

表 16.14　室内环境污染物浓度检测点数设置

房间使用面积 A/m²	检测点数/个	房间使用面积 A/m²	检测点数/个
$A<50$	1	$500\leqslant A<1000$	不少于 5
$50\leqslant A<100$	2	$1000\leqslant A<3000$	不少于 6
$100\leqslant A<500$	不少于 3	$A\geqslant3000$	每 1000m² 不少于 3

③ 民用建筑工程验收时，环境污染物浓度现场检测点应距内墙面不小于 0.5m、距楼地面高度 0.8～1.5m。检测点应均匀分布，避开通风道和通风口。

④ 民用建筑工程室内环境中甲醛、苯、氨、总挥发性有机化合物（TVOC）浓度检测时，对采用集中空调的民用建筑工程，应在空调正常运转的条件下进行；对采用自然通风的民用建筑工程，检测应在对外门窗关闭 1h 后进行。在对甲醛、氨、苯、TVOC 取样检测时，装饰装修工程中完成的固定式家具，应保持正常使用状态。

⑤ 民用建筑工程室内环境中氡浓度检测时，对采用集中空调的民用建筑工程，应在空调正常运转的条件下进行；对采用自然通风的民用建筑工程，应在房间的对外门窗关闭 24h 以后进行。

⑥ 当室内环境污染物浓度的全部检测结果符合国家规范的规定时，应判定该工程室内环境质量合格。室内环境质量验收不合格的民用建筑工程，严禁投入使用。

16.6.4　建筑施工场界环境噪声排放国家标准（GB 12523）

建筑施工是指工程建设实施阶段的生产活动，是各类建筑物的建造过程，包括基础工程施工、主体结构施工、屋面工程施工、装饰工程施工（已竣工交付使用的住宅楼进行室内装修活动除外）等。建筑施工场界（boundary of constructionsite）是指由有关主管部门批准的建筑施工场地边界或建筑施工过程中实际使用的施工场地边界。建筑施工过程中场界环境噪声不得超过表 16.15 规定的排放限值。如图 16.10 所示。

表 16.15 建筑施工场界环境噪声排放限值

昼间	夜间
70dB(A)	55dB(A)

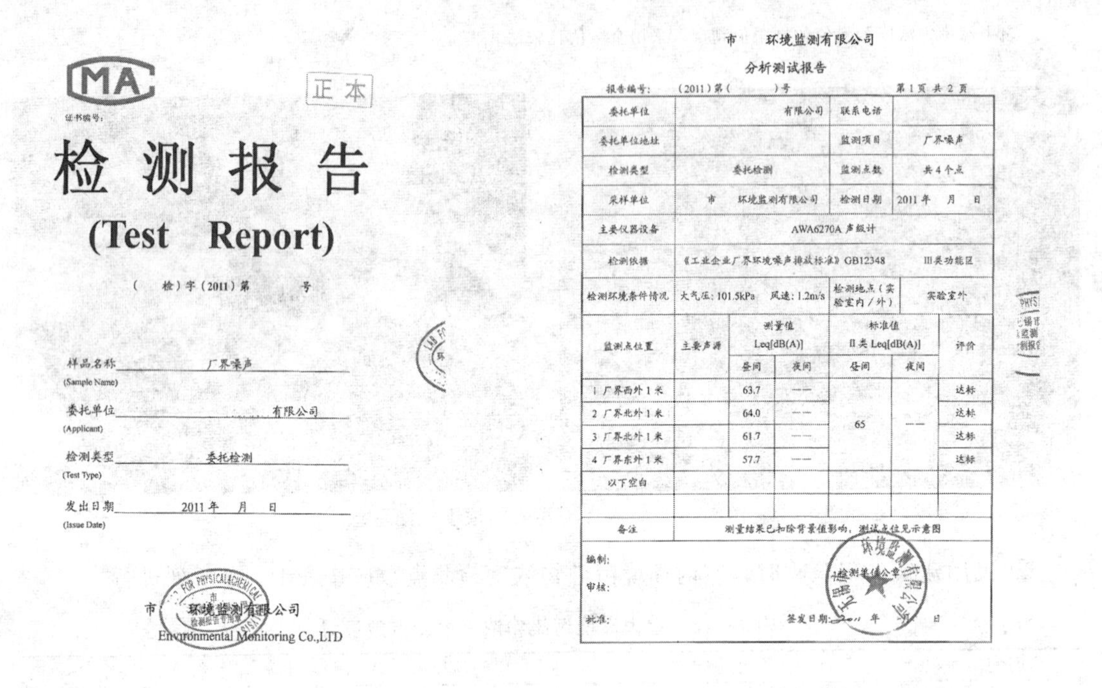

CMA　正本

证书编号：

检 测 报 告

(Test Report)

（ 检）字（2011）第 号

样品名称 厂界噪声
(Sample Name)

委托单位 有限公司
(Applicant)

检测类型 委托检测
(Test Type)

发出日期 2011 年 月 日
(Issue Date)

市 环境监测有限公司
Environmental Monitoring Co.,LTD

市 环境监测有限公司

分析测试报告

报告编号： （2011）第（ ）号　第 1 页 共 2 页

委托单位	有限公司	联系电话	
委托单位地址		监测项目	厂界噪声
检测类型	委托检测	监测点数	共 4 个点
采样单位	市 环境监测有限公司	检测日期	2011 年 月 日
主要仪器设备	AWA6270A 声级计		
检测依据	《工业企业厂界环境噪声排放标准》GB12348		Ⅲ类功能区
检测环境条件情况	大气压：101.5kPa 风速：1.2m/s	检测地点（实验室内/外）	实验室外

监测点位置	主要声源	测量值 Leq[dB(A)]		标准值 Ⅱ类 Leq[dB(A)]		评价
		昼间	夜间	昼间	夜间	
1 厂界西外 1 米		63.7	——	65	——	达标
2 厂界北外 1 米		64.0	——			达标
3 厂界北外 1 米		61.7	——			达标
4 厂界东外 1 米		57.7	——			达标
以下空白						
备注	测量结果已扣除背景值影响，测试点位见示意图					

编制：

审核：

批准：　签发日期：2011 年 月 日

检测单位公章

图 16.10 环境噪声检测报告（部分）

16.6.5 室内装饰装修材料有害物质释放限量国家标准

（1）室内装饰装修材料和人造板及其制品中甲醛释放限量（GB 18580）：室内装饰装修材料、人造板及其制品中甲醛释放限量，详见表 16.16 所列。

表 16.16 室内装饰装修材料、人造板及其制品中甲醛释放限量

产品名称	试验方法	限量值	使用范围	限量标志②
中密度纤维板、高密度纤维板、刨花板、定向刨花板等	穿孔萃取法	≤9mg/100g	可直接用于室内	E1
		≤30mg/100g	必须饰面处理后可允许用于室内	E2
胶合板、装饰单板贴面胶合板、细木工板等	干燥器法	≤1.5mg/L	可直接用于室内	E1
		≤5.0mg/L	必须饰面处理后可允许用于室内	E2
饰面人造板(包括浸渍层压木质地板、实木复合地板、竹地板、浸渍胶膜纸饰面人造板等)	气候箱法①	≤0.12mg/m³		
	干燥器法	≤1.5mg/L	可直接用于室内	E1

① 仲裁时采用气候箱法。

② E1 为可直接用于室内的人造板，E2 为必须饰面处理后才允许用于室内的人造板。

（2）室内装饰装修材料木家具中有害物质限量

木家具产品应符合表 16.17 规定的有害物质限量要求（GB 18584）。

表 16.17　木家具中有害物质限量

项目	限量值	项目	限量值
甲醛释放量/(mg/L)	≤1.5	可溶性镉/(mg/kg)	≤75
可溶性汞/(mg/kg)	≤60	可溶性铬/(mg/kg)	≤60
可溶性铅/(mg/kg)	≤90		

(3) 室内装饰装修材料溶剂型木器涂料中有害物质限量

室内装饰装修用硝基漆类、聚氨酯漆类和醇酸漆类木器涂料中对人体有害物质容许限值符合表 16.18 要求 (GB 18581)。

表 16.18　溶剂型木器涂料中有害物质限量

项　目		限　量　值				
		聚氨酯类涂料		硝基类涂料	醇酸类涂料	腻子
		面漆	底漆			
挥发性有机化合物(VOC)含量①/(g/L) ≤		光泽(60°)≥80,580 光泽(60°)<80,670	670	720	500	550
苯含量①/% ≤		0.3				
甲苯、二甲苯、乙苯含量总和①/% ≤		30		30	5	30
游离二异氰酸酯(TDI、HDI)含量总和②/% ≤		0.4		—	—	0.4 (限聚氨酯类腻子)
甲醇含量①/% ≤		—		0.3	—	0.3 (限硝基类腻子)
卤代烃含量①,③/% ≤		0.1				
可溶性重金属含量(限色漆、腻子和醇酸清漆)/(mg/kg) ≤	铅 Pb	90				
	镉 Cd	75				
	铬 Cr	60				
	汞 Hg	60				

① 按产品明示的施工配比混合后测定。如稀释剂的使用量为某一范围时，应按照产品施工配比规定的最大稀释比例混合后进行测定。

② 如聚氨酯类涂料和腻子规定了稀释比例或由双组分或多组分组成时，应先测定固化剂 (含游离二异氰酸酯预聚物) 中的含量，再按产品明示的施工配比计算混合后涂料中的含量。如稀释剂的使用量为某一范围时，应按照产品施工配比规定的最小稀释比例进行计算。

③ 包括二氯甲烷、1,1-二氯乙烷、1,2-二氯乙烷、三氯甲烷、1,1,1-三氯乙烷、1,1,2-三氯乙烷、四氯化碳。

(4) 室内装饰装修材料内墙涂料中有害物质限量

室内装饰装修用墙面涂料中对人体有害物质容许限值符合表 16.19 要求 (GB 18582)。

表 16.19　室内装饰装修材料内墙涂料中有害物质限量

项　目		限量值	
		水性墙面涂料①	水性墙面腻子②
挥发性有机化合物含量(VOC) ≤		120g/L	15g/kg
苯、甲苯、乙苯、二甲苯总和/(mg/kg) ≤		300	
游离甲醛/(mg/kg) ≤		100	
可溶性重金属/(mg/kg) ≤	铅 Pb	90	
	镉 Cd	75	
	铬 Cr	60	
	汞 Hg	60	

① 涂料产品所有项目均不考虑稀释配比。

② 膏状腻子所有项目均不考虑稀释配比；粉状腻子除可溶性重金属项目直接测试粉体外，其余 3 项按产品规定的配比将粉体与水或胶黏剂等其他液体混合后测试。如配比为某一范围时，应按照水用量最小，胶黏剂等其他液体用量最大的配比混合后测试。

(5) 室内装饰装修材料壁纸中有害物质限量

室内装饰装修材料壁纸中的重金属（或其他）元素、氧乙烯单体及甲醛三种有害物质的限量符合表16.20要求（GB 18585）。

表 16.20 室内装饰装修材料壁纸中有害物质限量

有害物质名称		限量值/(mg/kg)
重金属(或其他)元素	钡	≤1000
	镉	≤25
	铬	≤60
	铅	≤90
	砷	≤8
	汞	≤20
	硒	≤165
	锑	≤20
氯乙烯单体		≤1.0
甲醛		≤120

(6) 室内装饰装修材料胶黏剂中有害物质限量

室内装饰装修材料胶黏剂中（溶剂型、水基型、木体型）有害物质限量分别详见表16.21～表16.23（GB 18583）。

表 16.21 溶剂型胶黏剂中有害物质限量值

项　目	指　标			
	氯丁橡胶胶黏剂	SBS胶黏剂	聚氨酯类胶黏剂	其他胶黏剂
游离甲醛/(g/kg)	≤0.50		—	—
苯/(g/kg)	≤5.0			
甲苯+二甲苯/(g/kg)	≤200	≤150	≤150	≤150
甲苯二异氰酸酯/(g/kg)	—		≤10	—
二氯甲烷/(g/kg)	总量≤5.0	≤50	—	≤50
1,2-二氯乙烷/(g/kg)		总量≤5.0		
1,1,2-三氯乙烷/(g/kg)				
三氯乙烯/(g/kg)				
总挥发性有机物/(g/L)	≤700	≤650	≤700	≤700

注：如产品规定了稀释比例或产品有双组分或多组分组成时，应分别测定稀释剂和各组分中的含量，再按产品规定的配比计算混合后的总量。如稀释剂的使用量为某一范围时，应按照推荐的最大稀释量进行计算。

表 16.22 水基型胶黏剂中有害物质限量值

项　目	指　标				
	缩甲醛类胶黏剂	聚乙酸乙烯酯胶黏剂	橡胶类胶黏剂	聚氨酯类胶黏剂	其他胶黏剂
游离甲醛/(g/kg)	≤1.0	≤1.0	≤1.0	—	≤1.0
苯/(g/kg)	≤0.20				
甲苯+二甲苯/(g/kg)	≤10				
总挥发性有机物/(g/L)	≤350	≤110	≤250	≤100	≤350

表 16.23 木体型胶黏剂中有害物质限量值

项目	指标
总挥发性有机物/(g/L)	≤100

(7) 室内装饰装修材料聚氯乙烯卷材地板中有害物质限量

① 氯乙烯单体限量（GB 18586）：卷材地板聚氯乙烯层中氯乙烯单体含量应不大于5mg/kg。

② 可溶性重金属限量（GB 18586）：卷材地板中不得使用铅盐助剂；作为杂质，卷材地板中可溶性铅含量应不大于 20mg/m²。卷材地板中可溶性镉含量应不大于 20mg/m²。

③ 挥发物的限量（GB 18586）：卷材地板中挥发物的限量见表 16.24。

表 16.24　挥发物的限量　　单位：g/m²

发泡类卷材地板中挥发物的限量		非发泡类卷材地板中挥发物的限量	
玻璃纤维基材	其他基材	玻璃纤维基材	其他基材
≤75	≤35	≤40	≤10

（8）室内装饰装修材料建筑材料放射性核素限量

① 建筑主体材料（GB 6566）：建筑主体材料中天然放射性核素镭-226、钍-232、钾-40 的放射性比活度应同时满足 $IRa \leqslant 1.0$ 和 $Ir \leqslant 1.0$。

对空心率大于 25%的建筑主体材料，其天然放射性核素镭-266、钍-232、钾-40 的放射性比活度应同时满足 $IRa \leqslant 1.0$ 和 $Ir \leqslant 1.3$。

② 装饰装修材料（GB 6566）：国家标准根据装饰装修材料放射性水平大小划分为以下 3 类：

① A 类装饰装修材料：装饰装修材料中天然放射性核素镭-226、钍-232、钾-40 的放射性比活度同时满足 $IRa \leqslant 1.0$ 和 $Ir \leqslant 1.3$ 要求的为 A 类装饰装修材料。A 类装饰装修材料产销与使用范围不受限制。

② B 类装饰装修材料：不满足 A 类装饰装修材料要求但同时满足 $IRa \leqslant 1.3$ 和 $Ir \leqslant 1.9$ 要求的为 B 类装饰装修材料。B 类装饰装修材料不可用于 Ⅰ 类民用建筑的内饰面，但可用于 Ⅱ 类民用建筑、工业建筑内饰面及其他一切建筑物的外饰面。

③ C 类装饰装修材料：不满足 A、B 类装饰装修材料要求但满足 $Ir \leqslant 2.8$ 要求的为 C 类装饰装修材料。C 类装饰装修材料只可用于建筑物的外饰面及室外其他用途。

（9）室内装饰装修材料混凝土外加剂中释放氨的限量

混凝土外加剂中释放氨的量≤0.10%（质量分数）（GB 18588）。

（10）室内装饰装修材料地毯、地毯垫及地毯胶黏剂有害物质释放量

地毯、地毯衬垫及地毯胶黏剂有害物质释放限量应分别符合表 16.25～表 16.27 的规定（GB 18587）。A 级为环保型产品、B 级为有害物质释放限量合格产品。

表 16.25　地毯有害物质限量　　单位：mg/(m²·h)

序号	有害物质测试项目	限量	
		A 级	B 级
1	总挥发性有机化合物(TVOC)	≤0.500	≤0.600
2	甲醛(formaldehyde)	≤0.050	≤0.050
3	苯乙烯(styrene)	≤0.400	≤0.500
4	4-苯基环己烯(4-phenylcyclohexene)	≤0.050	≤0.050

表 16.26　地毯衬垫有害物质释放限量　　单位：mg/(m²·h)

序号	有害物质测试项目	限量	
		A 级	B 级
1	总挥发性有机化合物(TVOC)	≤1.000	≤1.200
2	甲醛(formaldehyde)	≤0.050	≤0.050
3	丁基羟基甲苯 (BHT-butylatedhydroxytoluene)	≤0.030	≤0.030
4	4-苯基环己烯(4-phenylcyclohexene)	≤0.050	≤0.050

表 16.27 地毯胶黏剂有害物质释放限量 单位：mg/(m^2·h)

序号	有害物质测试项目	限量	
		A级	B级
1	总挥发性有机化合物(TVOC)	≤10.000	≤12.000
2	甲醛(formaldehyde)	≤0.050	≤0.050
3	2-乙基己醇(2-ethyl-1-hexanol)	≤3.000	≤3.500

16.6.6 室内空气质量国家标准

室内空气应无毒、无害、无异常嗅味，室内空气质量标准见表 16.28（GB/T 18883）。

表 16.28 室内空气质量标准

序号	参数类别	参数	单位	标准值	备注
1	物理性	温度	℃	22～28	夏季空调
				16～24	冬季采暖
2		相对湿度	%	40～80	夏季空调
				30～60	冬季采暖
3		空气流速	m/s	0.3	夏季空调
				0.2	冬季采暖
4		新风量	m^3/(h·人)	30	
5	化学性	二氧化硫(SO_2)	mg/m^3	0.50	1h 均值
6		过氧化氮(NO_2)	mg/m^3	0.24	1h 均值
7		一氧化碳(CO)	mg/m^3	10	1h 均值
8		二氧化硫(CO_2)	%	0.10	日平均值
9		氨(NH_3)	mg/m^3	0.20	1h 均值
10		臭氧(O_3)	mg/m^3	0.16	1h 均值
11		甲醛(HCHO)	mg/m^3	0.10	1h 均值
12		苯(C_6H_6)	mg/m^3	0.11	1h 均值
13		甲苯(C_7H_8)	mg/m^3	0.20	1h 均值
14		二甲苯(C_8H_{10})	mg/m^3	0.20	1h 均值
15		苯并[a]芘[B(a)P]	ng/m^3	1.0	日平均值
16		可吸入颗粒 PM_{10}	mg/m^3	0.15	日平均值
17		总挥发性有机物 TVOC	mg/m^3	0.60	8h 均值
18	生物性	菌落总数	cfu/m^3	2500	依据仪器定
19	放射性	氡 ^{222}Rn	Bq/m^3	400	年平均值（行动水平）

注：1. 新风量要求小于标准值，除温度、相对湿度外的其他参数要求不大于标准值。

2. 行动水平即达到此水平建议采取干预行动以降低室内氡浓度。

Chapter

第17章 建筑设备用房及井道设计

17.1 建筑井道设计要求

17.1.1 建筑管井基本要求

① 建筑管道井、烟道和通风道应分别独立设置，不得使用同一管道系统，并应用非燃烧体材料制作。

② 电缆井、管道井、排烟道、排气道、垃圾道等竖向井道，应分别独立设置。井壁的耐火极限不应低于1.00h，井壁上的检查门应采用丙级防火门。如图17.1所示。

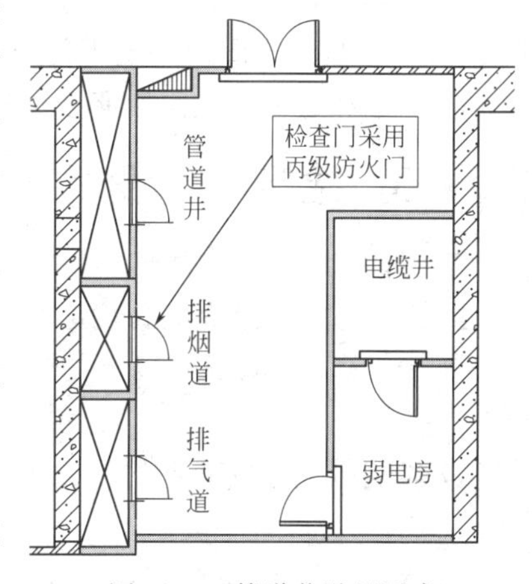

图17.1 管道井设置要求

③ 建筑内的电缆井、管道井应在每层楼板处采用不低于楼板耐火极限的不燃材料或防火封堵材料封堵。

④ 建筑内的电缆井、管道井与房间、走道等相连通的孔隙应采用防火封堵材料封堵。

⑤ 建筑内的垃圾道宜靠外墙设置，垃圾道的排气口应直接开向室外，垃圾斗应采用不燃材料制作，并应能自行关闭。

17.1.2 建筑电梯井

① 建筑内的电梯井应独立设置，井内严禁敷设可燃气体和甲、乙、丙类液体管道，不应敷设与电梯无关的电缆、电线等。

② 电梯井的井壁除设置电梯门、安全逃生门和通气孔洞外，不应设置其他开口。

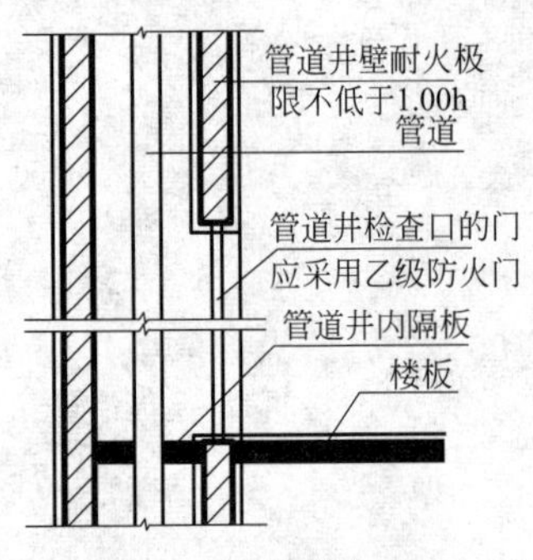

图 17.2 管道井示意

17.1.3 建筑管道井

① 在安全、防火和卫生等方面互有影响的管线不应敷设在同一管道井内；如图 17.2 所示。

② 管道井的断面尺寸应满足管道安装、检修所需空间的要求。当井内设置壁装设备时，井壁应满足相关承重、安装要求。

③ 管道井壁、检修门、管井开洞部分等应符合防火规范的有关规定。

④ 管道井宜在每层靠公共走道的一侧设检修门，且井内地面或检修门门槛宜高出本层楼地面不小于 0.10m。

⑤ 电气管线使用的管道井不宜与厕浴间等潮湿场所贴邻设置。

⑥ 弱电管线与强电管线宜分别设置管道井。

⑦ 设有电气设备的管道井，其内部环境指标应保证设备正常运行。

17.1.4 烟道和排风道

① 烟道和排风道的断面、形状、尺寸和内壁应有利于排烟（气）、排风通畅，防止产生阻滞、涡流、窜烟、漏气和倒灌等现象。

② 烟道和排风道宜伸出屋面，同时应避开门窗和进风口。伸出高度应有利于烟气扩散，并应根据屋面形式、排出口周围遮挡物的高度、距离和积雪深度确定。平屋面伸出高度不得小于 0.60m，且不宜低于女儿墙的高度。当屋面为上人屋面时，烟道和排风道不应影响人员正常活动。坡屋面伸出高度应符合下列规定：

a. 烟道和排风道中心线距屋脊小于 1.50m 时，应高出屋脊 0.60m；

b. 烟道和排风道中心线距屋脊 1.50～3.00m 时，应高于屋脊，且伸出屋面高度不得小于 0.60m；

c. 烟道和排风道中心线距屋脊大于 3m 时，其顶部同屋脊的连线同水平线之间的夹角不应大于 10°，且伸出屋面高度不得小于 0.60m。

③ 烟道和通风道应采取必要的防倒灌、防风、防雨水措施。

17.1.5 建筑电气设备管井

① 建筑电气竖井的面积、位置和数量应根据建筑物规模、使用性质、供电半径和防火分区等因素确定，每层设置的检修门应开向公共走道。电气竖井不宜与卫生间等潮湿场所相贴邻。

② 建筑高度 250m 及以上的超高层建筑应设 2 个及以上强电竖井；宜设 2 个及以上弱电竖井。

③ 建筑电气竖井井壁的耐火极限应根据建筑本体设置，检修门应采用不低于丙级的防火门。

④ 建筑中设有综合布线机柜的弱电竖井宜大于 $5m^2$，且距最远端的信息点不宜大于 70m。

⑤ 无关的管道和线路不得穿越变电所、控制室、楼层配电室、智能化系统机房、电气竖井，与其有关的管道和线路进入时应做好防护措施。

⑥ 为变电所、控制室、楼层配电室、智能化系统机房、电气竖井通风或空调的管道，其在内布置时不应设置在电气设备的正上方。风口设置应避免气流短路。

17.2　常见民用建筑设备设施设计要求

17.2.1　生活饮用水水池（箱）、供水泵房等设计要求

① 建筑物内的生活饮用水水池（箱）体，应采用独立结构形式，不得利用建筑物的本体结构作为水池（箱）的壁板、底板及顶盖。与其他用水水池（箱）并列设置时，应有各自独立的分隔墙。如图 17.3 所示。

图 17.3　生活饮用水水池（箱）体示意（成品）

② 建筑物内的埋地生活饮用水贮水池周围 10m 以内，不得有化粪池、污水处理构筑物、渗水井、垃圾堆放点等污染源，周围 2m 以内不得有污水管和污染物。

③ 建筑物内的生活饮用水池（箱）的材质、衬砌材料和内壁涂料不得影响水质。

④ 建筑物内的生活饮用水水池（箱）宜设在专用房间内，其直接上层不应有厕所、浴室、盥洗室、厨房、厨房废水收集处理间、污水处理机房、污水泵房、洗衣房、垃圾间及其他产生污染源的房间，且不应与上述房间相毗邻。

⑤ 建筑物内的泵房内地面应设防水层，墙面和顶面应采取隔声措施。

⑥ 建筑物内的生活泵房内的环境应满足卫生要求。

17.2.2　化粪池、污水处理站、中水处理站等设计要求

① 化粪池距离地下取水构筑物不得小于 30m。

② 化粪池池外壁距建筑物外墙不宜小于 5m，并不得影响建筑物基础。如图 17.4 所示。

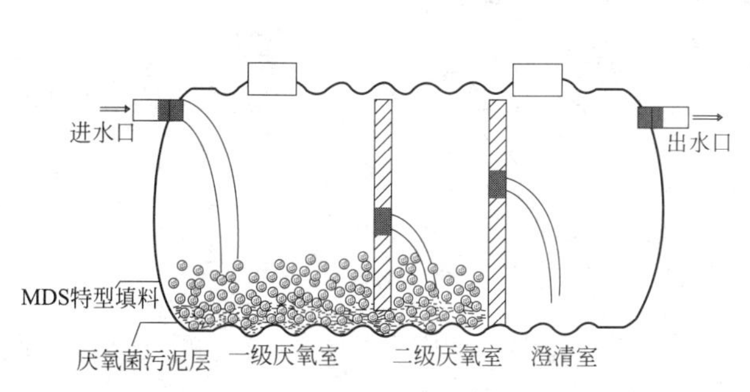

图 17.4　化粪池（成品）示意

③ 建筑小区污水处理站、中水处理站宜布置在基地主导风向的下风向处，且宜在地下独立设置。

④ 以生活污水为原水的地面处理站与公共建筑和住宅的距离不宜小于15m，建筑物内的中水处理站宜设在建筑物的最底层，建筑群（组团）的中水处理站宜设在其中心建筑的地下室或裙房内。

17.2.3 消防水池、消防水泵房等设计要求

① 消防水池可室外埋地设置、露天设置或在建筑内设置，并靠近消防泵房或与泵房同一房间，且池底标高应高于或等于消防泵房的地面标高。如图17.5所示。

图17.5 消防水池成品示意

② 消防用水等非生活饮用水水池的池体宜采用独立结构形式，不宜利用建筑物的本体结构作为水池的壁板、底板及顶板。钢筋混凝土水池，其池壁、底板及顶板应做防水处理，且内表面应光滑易于清洗。

③ 消防水池设有消防车取水口（井）时，应设置消防车到达取水口的消防车道和消防车回车场或回车道。

④ 消防水泵房不宜设在有防振或有安静要求房间的上一层、下一层和毗邻位置，当必须时，应采取必要的降噪减振措施。

⑤ 消防水泵房不应设置在地下三层及以下，或室内地面与室外出入口地坪高差大于10m的地下楼层。

⑥ 消防水泵房应采取防水淹的技术措施。

⑦ 高位消防水箱最低有效水位应高于其所服务的水灭火设施。

⑧ 严寒和寒冷地区的高位消防水箱应设在房间内。

⑨ 消防水泵房应采取防水淹的技术措施。如图17.6所示。

⑩ 单独建造的消防水泵房，其耐火等级不应低于二级。

⑪ 附设在建筑内的消防水泵房，不应设置在地下三层及以下或室内地面与室外出入口地坪高差大于10m的地下楼层。

⑫ 消防水泵房的疏散门应直通室外或安全出口。

17.2.4 冷却塔设计要求

① 冷却塔位置的气流应通畅，湿热空气回流影响小，且应布置在建筑物的最小频率风向的上风侧。如图17.7所示。

图 17.6　消防水泵房示意

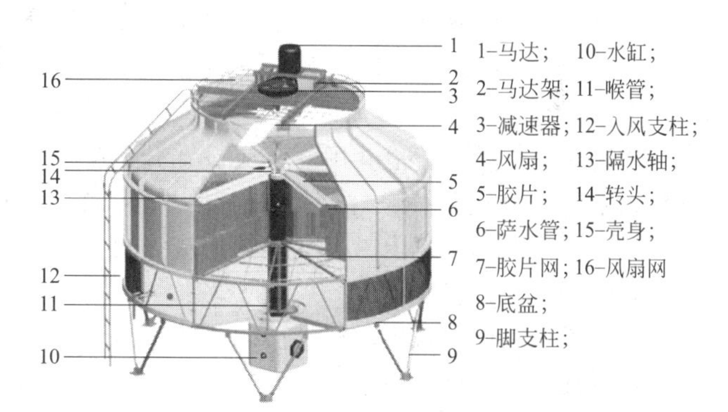

图 17.7　冷却塔示意

② 冷却塔不应布置在热源、废气和烟气排放口附近，不宜布置在高大建筑物中间的狭长地带上。

③ 冷却塔与相邻建筑物之间的距离，除满足塔的通风要求外，还应考虑噪声、飘水等对建筑物的影响。

17.2.5　锅炉房、燃气设备用房等设计要求

① 燃油、燃气锅炉房或燃油、燃气设备用房不宜设在民用建筑内部，否则位置、防火

措施等应满足相关专业及《建筑设计防火规范》的要求。如图 17.8 所示。

图 17.8　燃油、燃气锅炉房示意

② 民用建筑用燃气表间、管道及燃气设备的设置应满足当地燃气供应管理部门的要求。公共建筑的燃气表间应采取通风、（气体浓度）报警（远传）等措施，照明等设施应考虑防爆要求。

③ 民用建筑燃气管道共用部分应设在开敞空间或有通风措施的管道井内；住宅户内各种燃气设备应靠近管道入户位置，燃气管道不得穿越卧室、客厅、储藏室。

④ 布置在民用建筑内时燃气锅炉房应设置爆炸泄压设施。燃油或燃气锅炉房应设置独立的通风系统，并应符合国家规范的规定。

⑤ 布置在民用建筑内时锅炉房的疏散门均应直通室外或安全出口。

⑥ 布置在民用建筑内时锅炉房等与其他部位之间应采用耐火极限不低于 2.00h 的防火隔墙和 1.50h 的不燃性楼板分隔。在隔墙和楼板上不应开设洞口，确需在隔墙上设置门、窗时，应采用甲级防火门、窗。

17.2.6　柴油发电机房设计要求

① 柴油发电机房的设置应符合国家相关规范的要求。柴油发电机房宜设有发电机间、控制及配电室、储油间、备件贮藏间等。设计时可根据具体情况对上述房间进行合并或增减。如图 17.9 所示。

图 17.9

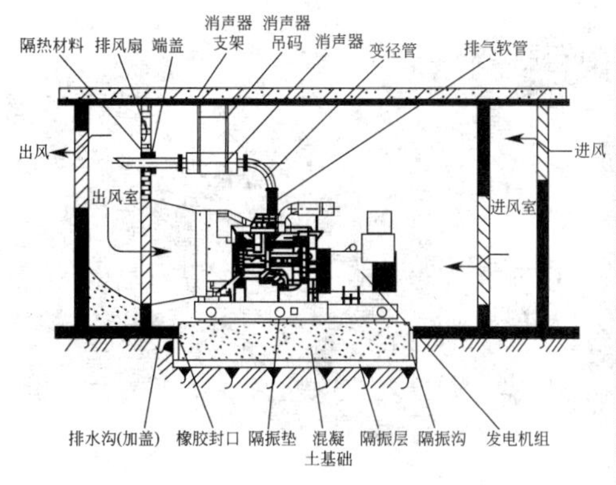

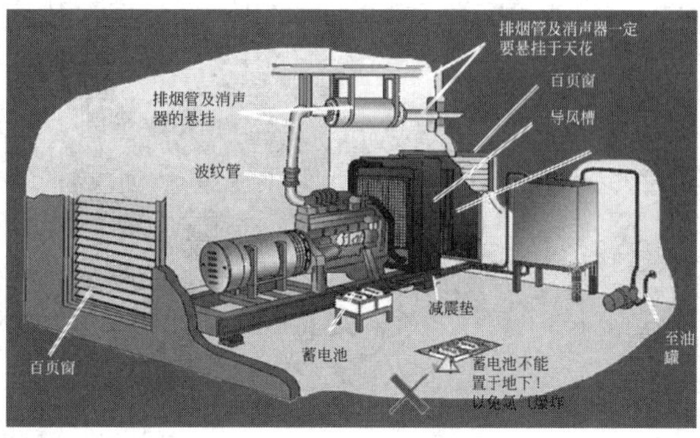

图 17.9　柴油发电机房及设备示意

② 柴油发电机房的发电机间应设置两个门，其中一个门及通道的大小应满足运输机组的需要，否则应预留运输条件。

③ 柴油发电机房的发电机间的门应向外开启。发电机间与控制室或配电室之间的门和观察窗应采取防火措施，门开向发电机间。

④ 柴油发电机房宜靠近变电所设置。

⑤ 当柴油发电机房设置在地下层时，至少应有一侧靠外墙或地面，热风和排烟管道应伸出室外。排烟管道的设置还应达到环境保护要求。

⑥ 柴油发电机房进风口宜正对发电机端，进风管道应直通室外。

⑦ 柴油发电机房应采取机组消音及机房隔声的构造措施。

⑧ 建筑物内或外设储油设施时，应符合防火规范的要求。

⑨ 高压柴油发电机房宜与低压柴油发电机房分别设置。

⑩ 布置在民用建筑内的柴油发电机房应符合下列规定：

a. 宜布置在首层或地下一、二层；

b. 不应布置在人员密集场所的上一层、下一层或贴邻；

c. 应采用耐火极限不低于 2.00h 的防火隔墙和 1.50h 的不燃性楼板与其他部位分隔，门应采用甲级防火门；

d. 机房内设置储油间时，其总储存量不应大于 $1m^3$，储油间应采用耐火极限不低于 3.00h 的防火隔墙与发电机间分隔；确需在防火隔墙上开门时，应设置甲级防火门；

e. 应设置火灾报警装置；

f. 应设置与柴油发电机容量和建筑规模相适应的灭火设施，当建筑内其他部位设置自动喷水灭火系统时，机房内应设置自动喷水灭火系统。

17.2.7　智能化系统机房、弱电系统机房等设计要求

① 智能化系统机房地面或门槛宜高出本层楼地面不小于 0.10m。

② 智能化系统机房宜铺设架空地板、网络地板或地面线槽；宜采用防静电、防尘材料；机房净高不宜小于 2.50m。如图 17.10 所示。

③ 智能化系统机房可单独设置，也可合用设置。消防控制室与其他控制室合用时，消防设备在室内应占有独立的区域，且相互间不会产生干扰；安防监控中心与其他控制室合用时，风险等级应得到主管安防部门的确认。

④ 重要智能化系统机房应远离强磁场所，且应做好自身的物防、技防。

图 17.10　智能化系统机房

17.2.8　民用建筑物内变电所（变配电室）设计要求

① 民用建筑物内变电所/变配电室位置宜接近用电负荷中心，应方便进出线，应方便设备吊装运输，如图 17.11 所示。

图 17.11　变配电室示意

② 民用建筑物内变电所/变配电室不应在厕所、浴室、厨房或其他蓄水、经常积水场所的直接下一层设置，且不宜与上述场所相贴邻，当贴邻时应采取防水措施。

③ 变压器室、配电室、电容器室，不应在教室、居室的直接上、下层及贴邻处设置，且不应在人员密集场所的疏散出口两侧设置；当变配电室的直接上、下层及贴邻处设置病房、客房、办公室时，应采取屏蔽、降噪等措施。

④ 布置在民用建筑内时变压器室的疏散门均应直通室外或安全出口。

⑤ 布置在民用建筑内时变压器室等与其他部位之间应采用耐火极限不低于 2.00h 的防火隔墙和 1.50h 的不燃性楼板分隔。在隔墙和楼板上不应开设洞口，确需在隔墙上设置门、窗时，应采用甲级防火门、窗。

⑥ 民用建筑物内变电所/变配电室的地上高压配电室宜设不能开启的自然采光窗，其窗距室外地坪不宜低于 1.8m；地上低压配电室可设能开启的不临街的自然采光通风窗，其窗应按本条第 6 款做防护措施。

⑦ 变电所/变配电室宜设在一个防火分区内。在一个防火分区内设置的变电所，建筑面积不大于 $200m^2$ 时应设置一个直接通向疏散通道或室外的疏散门；建筑面积大于等于 $200m^2$ 时应根据设置两个直接通向疏散通道或室外的疏散门。疏散门至最近安全出口的直

线距离不应大于 15m。

⑧ 变电所、变配电室的所内设置值班室时，值班室应设置直接通向室外或疏散通道的疏散门。

⑨ 变压器室、配电室、电容器室的进出口门应向外开启。同一个防火分区内的变电所，其内部相通的门应为不燃材料制作的双向弹簧门。配电室建筑面积大于等于 $50m^2$ 时，应设两个进出口门。

⑩ 变压器室、配电室、电容器室等应设置防雨雪和小动物从采光窗、通风窗、门、电缆沟等进入室内的设施。

⑪ 变电所地面或门槛宜高出本层楼地面不小于 0.10m。变电所的电缆夹层、电缆沟和电缆室应采取防水、排水措施。

⑫ 变电所防火门的级别应符合下列要求：

a. 设在高层（超高层）建筑物内的变电所，通向疏散通道的门应为乙级防火门；通向相邻防火分区的门应为甲级防火门；

b. 设在低层、多层建筑物内一层的变电所，通向疏散通道和相邻防火分区的门均应为乙级防火门；设在低层、多层建筑物内二层及以上层的变电所，通向疏散通道的门应为乙级防火门，通向相邻防火分区的门应为甲级防火门；

c. 设在地下层的变电所，通向疏散通道和相邻防火分区的门均应为甲级防火门；

d. 变电所直接通向室外的门，应为丙级防火门。

17.2.9 消防控制中心(室)设计要求

① 消防控制室、安防监控中心的设置应符合有关国家现行消防、安防规范。消防控制室、安防监控中心宜设在建筑物的首层或地下一层，并应设直通室外或疏散通道的疏散门。如图 17.12 所示。

图 17.12　消防控制室示意

② 消防控制室应采取防水淹的技术措施。

③ 设置火灾自动报警系统和需要联动控制的消防设备的建筑（群）应设置消防控制室。如图 17.13 所示。

④ 消防控制室的设置应符合下列规定：

a. 单独建造的消防控制室，其耐火等级不应低于二级；

b. 附设在建筑内的消防控制室，宜设置在建筑内首层或地下一层，并宜布置在靠外墙部位；

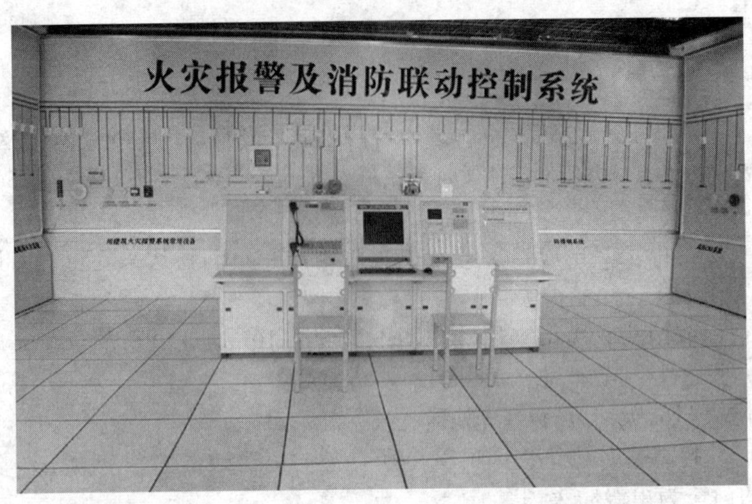

图 17.13　联动控制的消防控制室示意

c. 不应设置在电磁场干扰较强及其他可能影响消防控制设备正常工作的房间附近；

d. 疏散门应直通室外或安全出口；

e. 消防控制室内的设备构成及其对建筑消防设施的控制与显示功能以及向远程监控系统传输相关信息的功能，应符合现行国家标准 GB 50116《火灾自动报警系统设计规范》和 GB 25506《消防控制室通用技术要求》的规定。

Chapter 18

第18章 建筑无障碍设计

18.1 居住区无障碍设计基本规定

① 居住区道路进行无障碍设计的范围应包括居住区路、小区路、组团路、宅间小路的人行道。居住绿地内进行无障碍设计的范围及建筑物类型包括：出入口、游步道、休憩设施、儿童游乐场、休闲广场、健身运动场、公共厕所等。

② 居住区基地地坪坡度不大于5%的居住区的居住绿地均应满足无障碍要求，地坪坡度大于5%的居住区，应至少设置1个满足无障碍要求的居住绿地。

③ 居住区绿地的主要出入口应设置为无障碍出入口；有3个以上出入口时，无障碍出入口不应少于2个。

④ 居住区绿地内主要活动广场与相接的地面或路面高差小于300mm时，所有出入口均应为无障碍出入口；高差大于300mm时，当出入口少于3个，所有出入口均应为无障碍出入口，当出入口为3个或3个以上，应至少设置2个无障碍出入口。

⑤ 居住区绿地内的游步道应为无障碍通道，轮椅园路纵坡不应大于4%；轮椅专用道不应大于8%。

⑥ 居住区林下铺装活动场地，以种植乔木为主，林下净空不得低于2.20m。

⑦ 居住区停车场和车库的总停车位应设置不少于0.5%的无障碍机动车停车位；若设有多个停车场和车库，宜每处设置不少于1个无障碍机动车停车位。

⑧ 居住区的地面停车场的无障碍机动车停车位宜靠近停车场的出入口设置。有条件的居住区宜靠近住宅出入口设置无障碍机动车停车位。

⑨ 居住区车库的人行出入口应为无障碍出入口。设置在非首层的车库应设无障碍通道与无障碍电梯或无障碍楼梯连通，直达首层。

18.2 建筑物无障碍设计基本规定

18.2.1 公共建筑物无障碍设计基本要求

① 公共建筑的基地的车行道与人行通道地面有高差时，在人行通道的路口及人行横道的两端应设缘石坡道。

② 公共建筑基地的广场和人行通道的地面应平整、防滑、不积水。

③ 公共建筑基地的主要人行通道当有高差或台阶时应设置轮椅坡道或无障碍电梯。

④ 公共建筑基地内总停车数在 100 辆以下时应设置不少于 1 个无障碍机动车停车位，100 辆以上时应设置不少于总停车数 1%的无障碍机动车停车位。

⑤ 公共建筑的主要出入口宜设置坡度小于 1∶30 的平坡出入口。

⑥ 公共建筑内设有电梯时，至少应设置 1 部无障碍电梯。

⑦ 公共建筑当设有各种服务窗口、售票窗口、公共电话台、饮水器等时应设置低位服务设施。

⑧ 公共建筑的主要出入口、建筑出入口、通道、停车位、厕所电梯等无障碍设施的位置，应设置无障碍标志；建筑物出入口和楼梯前室宜设楼面示意图，在重要信息提示处宜设电子显示屏。

18.2.2 居住建筑物无障碍设计基本要求

① 居住建筑进行无障碍设计的范围应包括住宅及公寓、宿舍建筑（职工宿舍、学生宿舍）等。

② 设置电梯的居住建筑应至少设置 1 处无障碍出入口，通过无障碍通道直达电梯厅；未设置电梯的低层和多层居住建筑，当设置无障碍住房及宿舍时，应设置无障碍出入口。

③ 设置电梯的居住建筑，每居住单元至少应设置 1 部能直达户门层的无障碍电梯。

④ 居住建筑应按每 100 套住房设置不少于 2 套无障碍住房。如图 18.1 为某老年人无障碍房间布置设计示意。

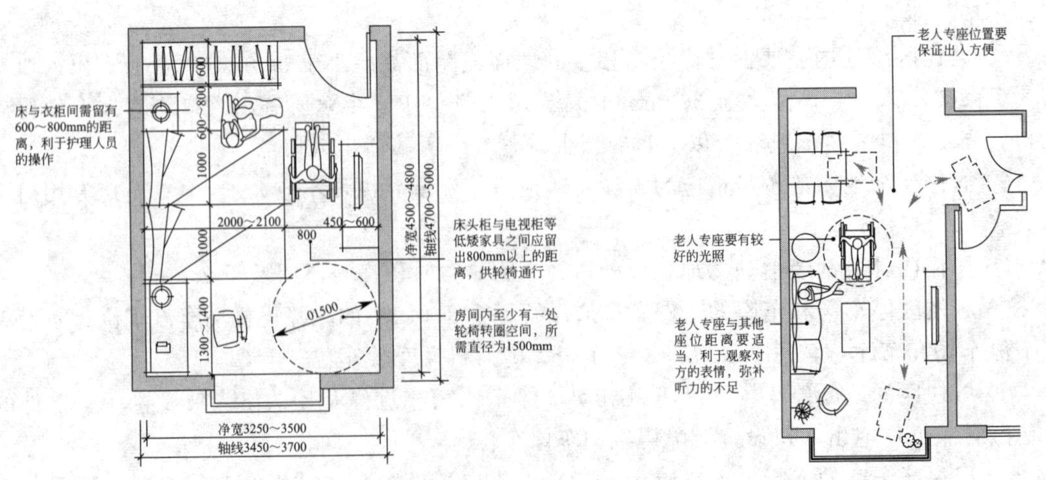

图 18.1 老年人无障碍房间布置设计示意

⑤ 无障碍住房及宿舍宜建于底层。

⑥ 宿舍建筑中，男女宿舍应分别设置无障碍宿舍，每 100 套宿舍各应设置不少于 1 套无障碍宿舍。

18.3 城市道路广场、城市绿地无障碍设计基本要求

① 城市道路无障碍设计的范围应包括：城市各级道路、城镇主要道路、步行街、旅游景点和城市景观带的周边道路。

② 人行道在各种路口、各种出入口位置必须设置缘石坡道；人行横道两端必须设置缘石坡道。

③ 城市主要商业街、步行街的人行道应设置盲道，坡道的上下坡边缘处应设置提示盲道。道路周边场所、建筑等出入口设置的盲道应与道路盲道相衔接。

④ 人行道设置台阶处，应同时设置轮椅坡道；轮椅坡道的设置应避免干扰行人通行及其他设施的使用。

⑤ 城市中心区及视觉障碍者集中区域的人行横道，应配置过街音响提示装置。

⑥ 人行天桥桥下的三角区净空高度小于 2.00m 时，应安装防护设施，并应在防护设施外设置提示盲道。

⑦ 人行天桥及地道在坡道的两侧应设扶手，扶手宜设上、下两层。

⑧ 城市广场的公共停车场的停车数在 50 辆以下时应设置不少于 1 个无障碍机动车停车位，100 辆以下时应设置不少于 2 个无障碍机动车停车位，100 辆以上时应设置不少于总停车数 2%的无障碍机动车停车位。

⑨ 公园绿地停车场的总停车数在 50 辆以下时应设置不少于 1 个无障碍机动车停车位，100 辆以下时应设置不少于 2 个无障碍机动车停车位，100 辆以上时应设置不少于总停车数 2%的无障碍机动车停车位。

⑩ 公园无障碍游览路线在地形险要的地段应设置安全防护设施和安全警示线。

18.4 公共建筑物无障碍设计具体要求

18.4.1 办公、科研、司法建筑无障碍设计要求

① 办公、科研、司法建筑进行无障碍设计的范围包括：政府办公建筑、司法办公建筑、企事业办公建筑、各类科研建筑、社区办公及其他办公建筑等。

② 办公、科研、司法建筑物至少应有 1 处为无障碍出入口，且宜位于主要出入口处。

③ 办公、科研、司法建筑的多功能厅、报告厅等至少应设置 1 个轮椅坐席。

④ 办公、科研、司法建筑中男女公共厕所至少各有 1 处应满足规范有关规定的无障碍厕位。

18.4.2 教育建筑无障碍设计要求

① 教育建筑进行无障碍设计的范围应包括托儿所、幼儿园建筑、中小学建筑，高等院校建筑、职业教育建筑、特殊教育建筑等。

② 凡教师、学生和婴幼儿使用的建筑物主要出入口应为无障碍出入口，宜设置为平坡出入口。

③ 主要教学用房应至少设置1部无障碍楼梯。

④ 教育建筑公共厕所至少有1处应满足规范的有关规定的无障碍厕位。

18.4.3 医疗康复建筑无障碍设计要求

① 医疗康复建筑进行无障碍设计的范围应包括综合医院、专科医院、疗养院、康复中心、急救中心和其他所有与医疗、康复有关的建筑物。

② 医疗康复建筑主要出入口应为无障碍出入口，宜设置为平坡出入口。

③ 医疗康复建筑室内通道应设置无障碍通道，净宽不应小于1.80m，并按照规范的要求设置扶手。

④ 医疗康复建筑中同一建筑内应至少设置1部无障碍楼梯。

⑤ 医疗康复建筑中建筑内设有电梯时，每组电梯应至少设置1部无障碍电梯。

⑥ 医疗康复建筑首层应至少设置1处无障碍厕所；各楼层至少有1处公共厕所应满足规范有关规定或设置无障碍厕所；病房内的厕所应设置安全抓杆，并符合规范有关规定。

18.4.4 商业服务建筑无障碍设计要求

① 商业服务建筑进行无障碍设计的范围包括各类百货店、购物中心、超市、专卖店、专业店、餐饮建筑、旅馆等商业建筑，银行、证券等金融服务建筑，邮局、电信局等邮电建筑，娱乐建筑等。

② 建筑物至少应有1处为无障碍出入口，且宜位于主要出入口处。

③ 公众通行的室内走道应为无障碍通道。

④ 供公众使用的男、女公共厕所每层至少有1处应满足规范的有关规定或在男、女公共厕所附近设置1个无障碍厕所，大型商业建筑宜在男、女公共厕所满足规范的有关规定的同时且在附近设置1个无障碍厕所。

⑤ 供公众使用的主要楼梯应为无障碍楼梯。

⑥ 旅馆等商业服务建筑应设置无障碍客房，其数量应符合下列规定：

a. 100间以下，应设1～2间无障碍客房；

b. 100～400间，应设2～4间无障碍客房；

c. 400间以上，应至少设4间无障碍客房。

⑦ 设有无障碍客房的旅馆建筑，宜配备方便导盲犬休息的设施。

18.4.5 文化建筑无障碍设计要求

① 文化建筑进行无障碍设计的范围应包括文化馆、活动中心、图书馆、档案馆、纪念馆、纪念塔、纪念碑、宗教建筑、博物馆、展览馆、科技馆、艺术馆、美术馆、会展中心、剧场、音乐厅、电影院、会堂、演艺中心等。

② 建筑物至少应有1处为无障碍出入口，且宜位于主要出入口处。

③ 建筑出入口大厅、休息厅（贵宾休息厅）、疏散大厅等主要人员聚集场所有高差或台阶时应设轮椅坡道，宜设置休息座椅和可以放置轮椅的无障碍休息区。

④ 公众通行的室内走道及检票口应为无障碍通道，走道长度大于60.00m，宜设休息区，休息区应避开行走路线。

⑤ 供公众使用的主要楼梯宜为无障碍楼梯。

⑥ 供公众使用的男、女公共厕所每层至少有1处应满足规范的有关规定或在男、女公

共厕所附近设置 1 个无障碍厕所。

⑦ 公共餐厅应提供总用餐数 2%的活动座椅，供乘轮椅者使用。

⑧ 剧场、音乐厅、电影院、会堂、演艺中心等建筑物的无障碍设施应符合下列规定：

a. 观众厅内座位数为 300 座及以下时应至少设置 1 个轮椅席位，300 座以上时不应少于 0.2%且不少于 2 个轮椅席位；

b. 演员活动区域至少有 1 处男、女公共厕所应满足规范有关公共厕所无障碍设施规定的要求，贵宾室宜设 1 个无障碍厕所。

18.4.6 公共停车场(库)无障碍设计要求

① Ⅰ类公共停车场（库）应设置不少于停车数量 2%的无障碍机动车停车位；如图 18.2 所示。

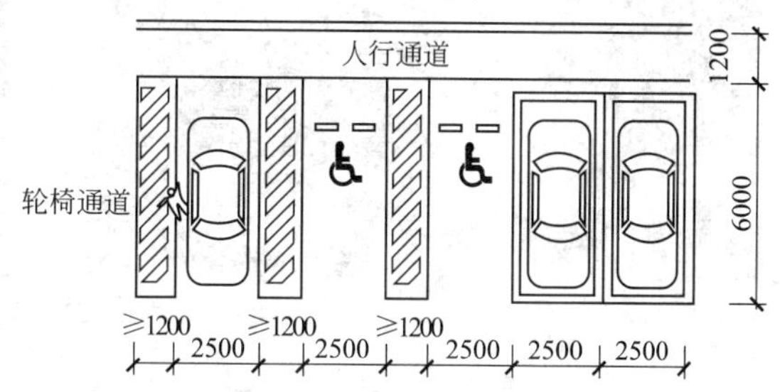

图 18.2 无障碍机动车停车位示意

② Ⅱ类及Ⅲ类公共停车场（库）应设置不少于停车数量 2%，且不少于 2 个无障碍机动车停车位。

③ Ⅳ类公共停车场（库）应设置不少于 1 个无障碍机动车停车位。

18.5 无障碍设施具体设计要求

18.5.1 建筑出入口无障碍设计

① 除平坡出入口外，在门完全开启的状态下，建筑物无障碍出入口平台的净深度不应小于 1.50m；

② 建筑物无障碍出入口的门厅、过厅如设置两道门，门扇同时开启时两道门的间距不应小于 1.50m；

③ 平坡出入口的地面坡度不应大于 1∶20，当场地条件比较好时，不宜大于 1∶30。

18.5.2 坡道无障碍设计

① 轮椅坡道宜设计成直线形、直角形或折返形。如图 18.3 所示。

② 轮椅坡道的净宽度不应小于 1.00m，无障碍出入口的轮椅坡道净宽度不应小于 1.20m。如图 18.4 所示。

③ 轮椅坡道的高度超过 300mm 且坡度大于 1∶20 时，应在两侧设置扶手，坡道与休息平台的扶手应保持连贯。如图 18.5 所示。

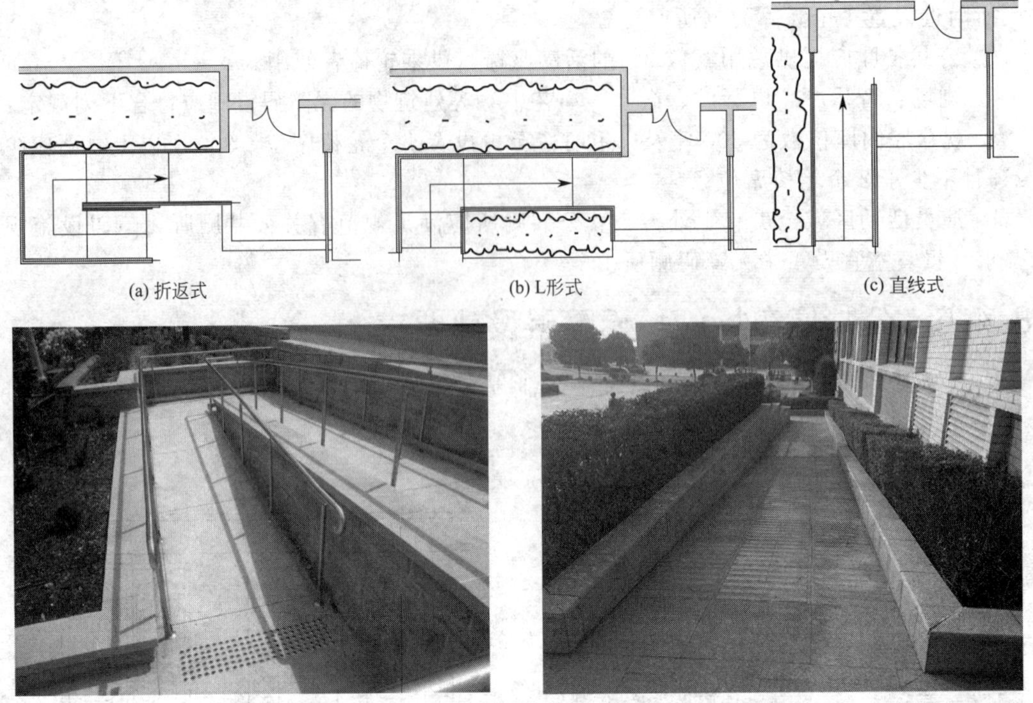

图 18.3　轮椅坡道平面形式示意

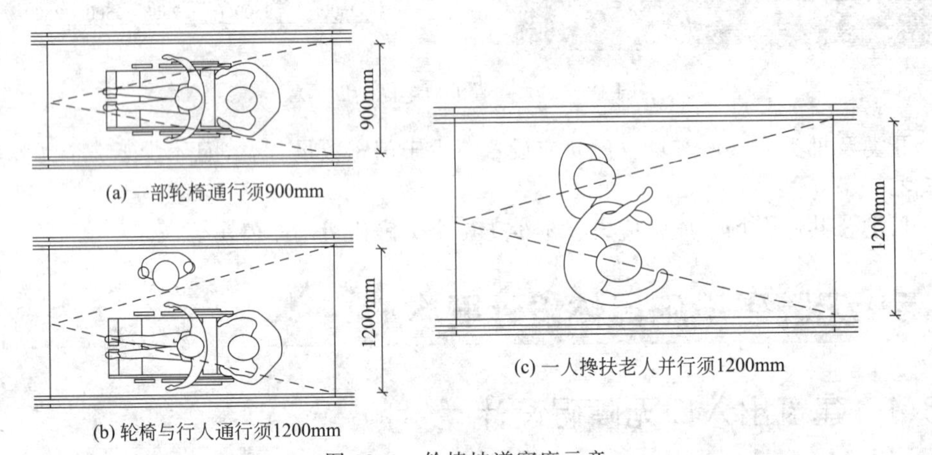

图 18.4　轮椅坡道宽度示意

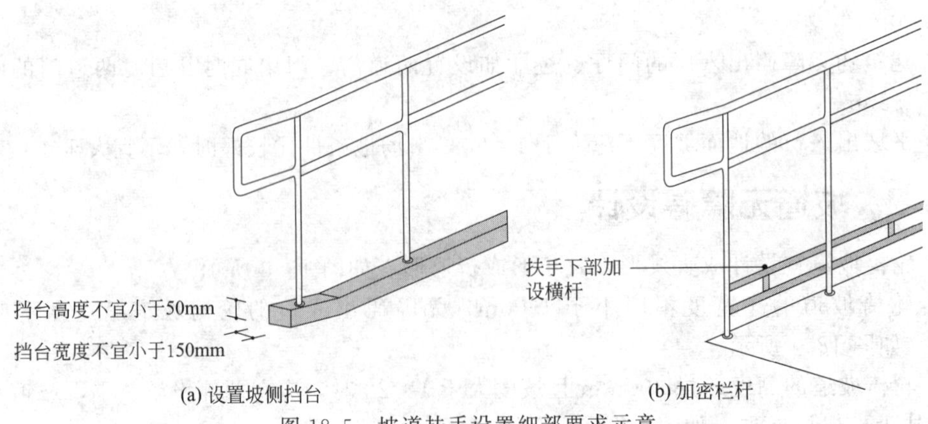

图 18.5　坡道扶手设置细部要求示意

④ 轮椅坡道的最大高度和水平长度应符合表 18.1 的规定。

表 18.1　轮椅坡道的最大高度和水平长度

坡度	1∶20	1∶16	1∶12	1∶10	1∶8
最大高度/m	1.20	0.90	0.75	0.60	0.30
水平长度/m	24.00	14.40	9.00	6.00	2.40

⑤ 轮椅坡道起点、终点和中间休息平台的水平长度不应小于 1.50m。

⑥ 轮椅坡道临空侧应设置安全阻挡措施。

18.5.3　台阶无障碍设计

① 台阶的无障碍设计要求公共建筑的室内外台阶踏步宽度不宜小于 300mm，踏步高度不宜大于 150mm，并不应小于 100mm。

② 台阶的无障碍设计要求台阶踏步应防滑。

③ 台阶的无障碍设计要求三级及三级以上的台阶应在两侧设置扶手。

④ 台阶的无障碍设计要求台阶上行及下行的第一阶宜在颜色或材质上与其他阶有明显区别。

18.5.4　通道、走道无障碍设计

① 无障碍通道设计要求室内走道不应小于 1.20m，人流较多或较集中的大型公共建筑的室内走道宽度不宜小于 1.80m。

② 无障碍通道设计要求室外通道不宜小于 1.50m。

③ 无障碍通道设计要求检票口、结算口轮椅通道不应小于 900mm。

18.5.5　门无障碍设计

① 门的无障碍设计要求不应采用力度大的弹簧门并不宜采用弹簧门、玻璃门；当采用玻璃门时，应有醒目的提示标志。

② 门的无障碍设计要求自动门开启后通行净宽度不应小于 1.00m。

③ 门的无障碍设计要求平开门、推拉门、折叠门开启后的通行净宽度不应小于 800mm，有条件时，不宜小于 900mm。

④ 门的无障碍设计要求在门扇内外应留有直径不小于 1.50m 的轮椅回转空间。

⑤ 门的无障碍设计要求在单扇平开门、推拉门、折叠门的门把手一侧的墙面，应设宽度不小于 400mm 的墙面。

⑥ 门的无障碍设计要求平开门、推拉门、折叠门的门扇应设距地 900mm 的把手，宜设视线观察玻璃，并宜在距地 350mm 范围内安装护门板；如图 18.6 所示。

⑦ 门的无障碍设计要求门槛高度及门内外地面高差不应大于 15mm，并以斜面过渡。

⑧ 门的无障碍设计要求无障碍通道上的门扇应便于开关。

⑨ 门的无障碍设计要求门宜与周围墙面有一定的色彩反差，方便识别。

18.5.6　楼梯无障碍设计

① 无障碍楼梯设计要求宜采用直线形楼梯；如图 18.7 所示。

② 无障碍楼梯设计要求公共建筑楼梯的踏步宽度不应小于 280mm，踏步高度不应大于 160mm。

③ 无障碍楼梯设计要求楼梯不应采用无踢面和直角形突缘的踏步；如图 18.8 所示。

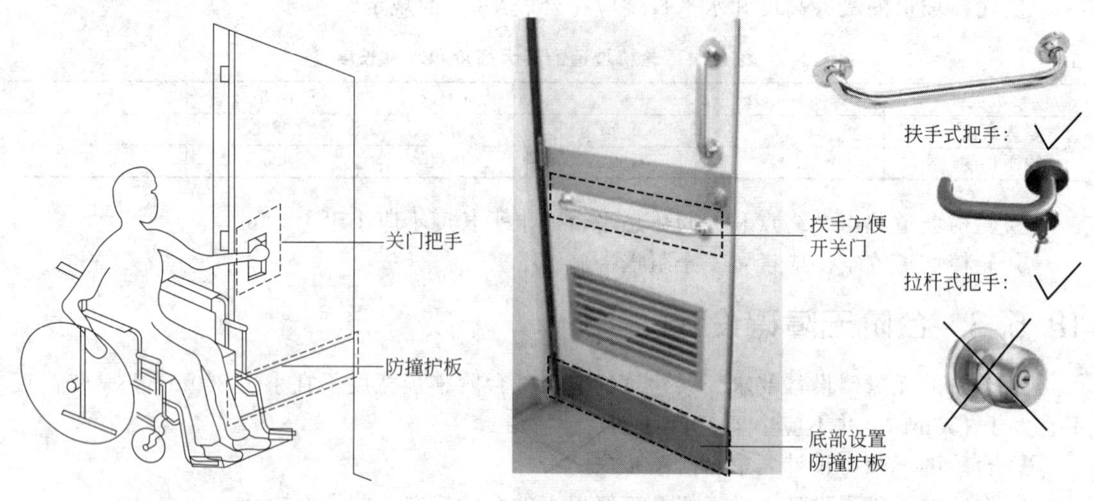

图 18.6　门无障碍设计示意

图 18.7　无障碍楼梯示意

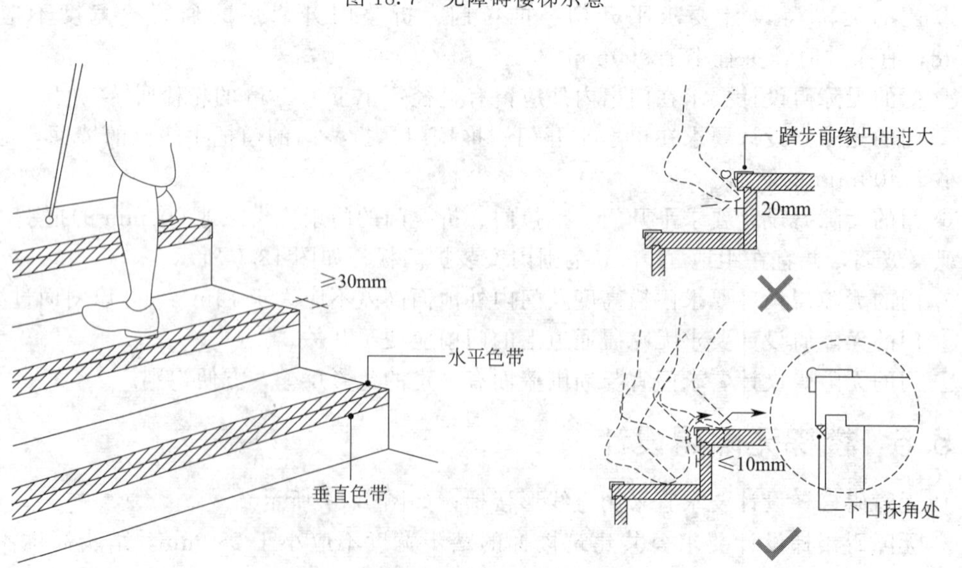

图 18.8　楼梯踏步无障碍设计示意

④ 无障碍楼梯设计要求宜在两侧均做扶手；如图 18.9 所示。

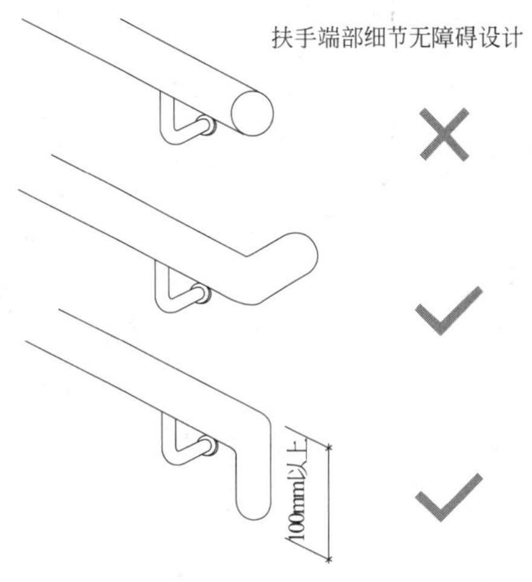

图 18.9　楼梯扶手无障碍细节设置示意

⑤ 无障碍楼梯设计要求楼梯如采用栏杆式楼梯，在栏杆下方宜设置安全阻挡措施。

⑥ 无障碍楼梯设计要求楼梯踏面应平整防滑或在踏面前缘设防滑条。

⑦ 无障碍楼梯设计要求距踏步起点和终点 250～300mm 宜设提示盲道。

⑧ 无障碍楼梯设计要求楼梯踏面和踢面的颜色宜有区分和对比。

⑨ 无障碍楼梯设计要求楼梯上行及下行的第一阶宜在颜色或材质上与平台有明显区别。

18.5.7　电梯无障碍设计

① 无障碍电梯的候梯厅深度不宜小于 1.50m，公共建筑及设置病床梯的候梯厅深度不宜小于 1.80m；如图 18.10 所示。

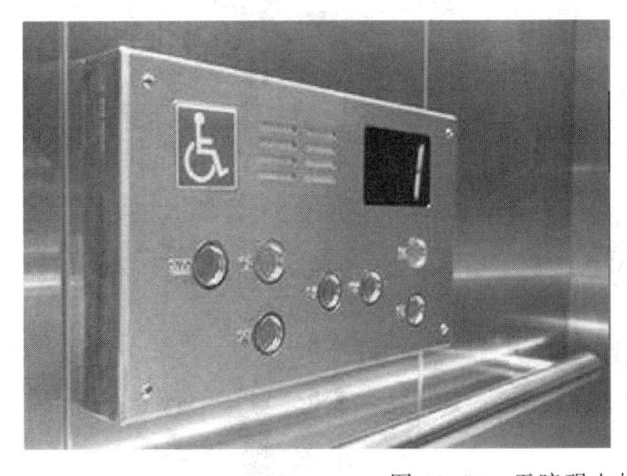

图 18.10　无障碍电梯候梯厅及按钮示意

② 无障碍电梯的呼叫按钮高度为 0.90～1.10m。

③ 无障碍电梯的电梯门洞的净宽度不宜小于 900mm。

④ 无障碍电梯的电梯出入口处宜设提示盲道。

⑤ 无障碍电梯的候梯厅应设电梯运行显示装置和抵达音响。

⑥ 无障碍电梯的轿厢应符合下列规定，如图 18.11 示意：

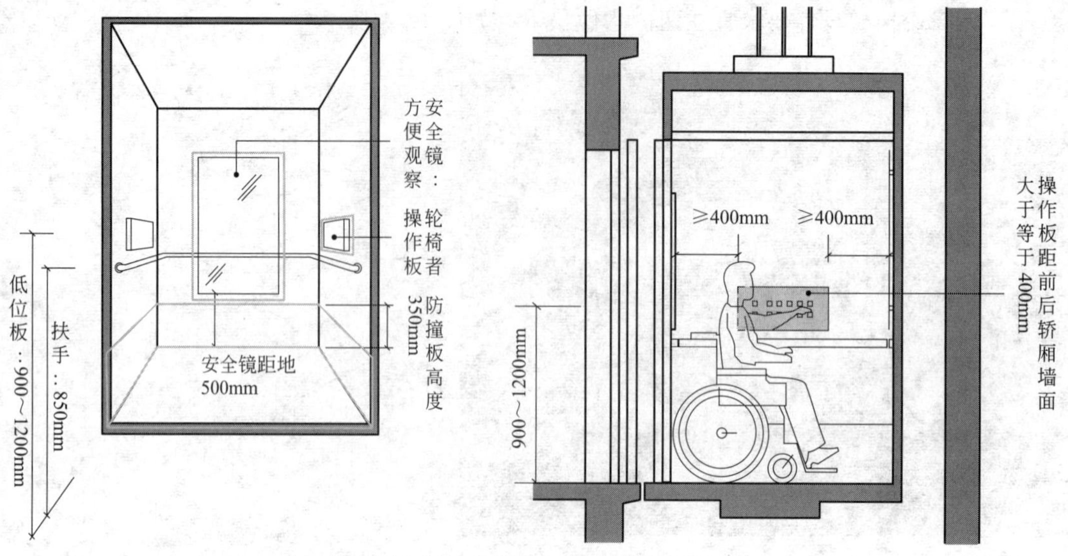

图 18.11 无障碍电梯的轿厢示意

a. 轿厢门开启的净宽度不应小于 800mm；

b. 在轿厢的侧壁上应设高 0.90～1.10m 带盲文的选层按钮，盲文宜设置于按钮旁；

c. 轿厢的三面壁上应设高 850～900mm 扶手；

d. 轿厢内应设电梯运行显示装置和报层音响；

e. 轿厢正面高 900mm 处至顶部应安装镜子或采用有镜面效果的材料；

f. 轿厢的规格应依据建筑性质和使用要求的不同而选用。最小规格为深度不应小于 1.40m，宽度不应小于 1.10m；中型规格为深度不应小于 1.60m，宽度不应小于 1.40m；医疗建筑与老人建筑宜选用病床专用电梯。

⑦ 电梯位置应设无障碍标志。如图 18.12 所示。

图 18.12 电梯无障碍标志设置示意

18.5.8 公共厕所、卫生间(洗手间)无障碍设计

① 公共厕所中女厕所的无障碍设施包括至少 1 个无障碍厕位和 1 个无障碍洗手盆；男厕所的无障碍设施包括至少 1 个无障碍厕位、1 个无障碍小便器和 1 个无障碍洗手盆；如图

18.13 所示。

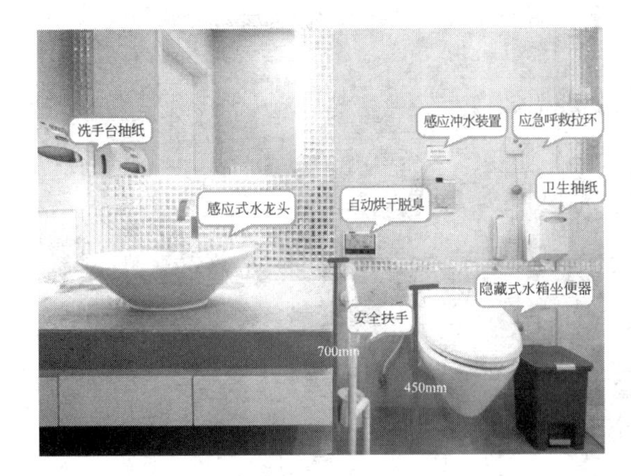

图 18.13　无障碍卫生间示意

② 公共厕所的入口和通道应方便乘轮椅者进入和进行回转，回转直径不小于 1.50m。

③ 公共厕所的门应方便开启，通行净宽度不应小于 800mm。

④ 公共厕所的地面应防滑、不积水。

⑤ 公共厕所的无障碍厕位应设置无障碍标志，公共厕所的无障碍厕位应符合下列规定：

a. 无障碍厕位应方便乘轮椅者到达和进出，尺寸宜做到 2.00m×1.50m，不应小于 1.80m×1.00m；

b. 无障碍厕位的门宜向外开启，如向内开启，需在开启后厕位内留有直径不小于 1.50m 的轮椅回转空间，门的通行净宽不应小于 800mm，平开门外侧应设高 900mm 的横扶把手，在关闭的门扇里侧设高 900mm 的关门拉手，并应采用门外可紧急开启的插销；

c. 厕位内应设坐便器，厕位两侧距地面 700mm 处应设长度不小于 700mm 的水平安全抓杆，另一侧应设高 1.40m 的垂直安全抓杆。

⑥ 厕所里的无障碍小便器下口距地面高度不应大于 400mm，小便器两侧应在离墙面 250mm 处，设高度为 1.20m 的垂直安全抓杆，并在离墙面 550mm 处，设高度为 900mm 水平安全抓杆，与垂直安全抓杆连接。

⑦ 厕所里的无障碍洗手盆的水嘴中心距侧墙应大于 550mm，其底部应留出宽 750mm、高 650mm、深 450mm 供乘轮椅者膝部和足尖部的移动空间，并在洗手盆上方安装镜子，出水龙头宜采用杠杆式水龙头或感应式自动出水方式。

⑧ 厕所里的抓杆应安装牢固，直径应为 30～40mm，内侧距墙不应小于 40mm。

⑨ 厕所里的取纸器应设在坐便器的侧前方，高度为 400～500mm。

18.5.9　公共浴室无障碍设计

① 公共浴室的无障碍设施包括 1 个无障碍淋浴间或盆浴间以及 1 个无障碍洗手盆；如图 18.14 所示。

② 公共浴室的入口和室内空间应方便乘轮椅者进入和使用，浴室内部应能保证轮椅进行回转，回转直径不小于 1.50m。

③ 公共浴室地面应防滑、不积水。

④ 公共浴室的浴间入口宜采用活动门帘，当采用平开门时，门扇应向外开启，设高 900mm 的横扶把手，在关闭的门扇里侧设高 900mm 的关门拉手，并应采用门外可紧急开

启的插销。

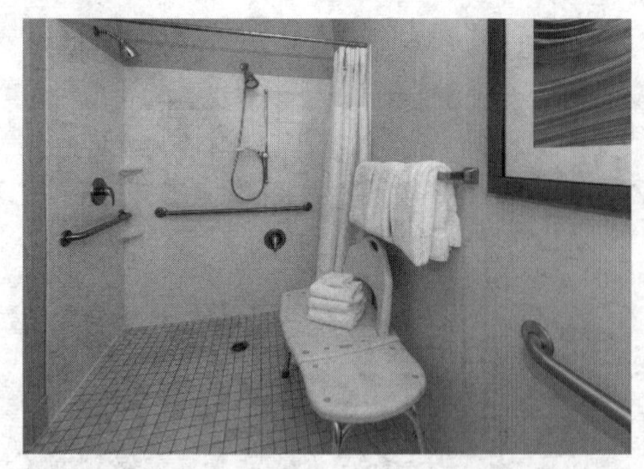

图 18.14　无障碍浴室示意

⑤ 公共浴室应设置一个无障碍厕位。

⑥ 无障碍淋浴间应符合下列规定：

a. 无障碍淋浴间的短边宽度不应小于 1.50m；

b. 浴间坐台高度宜为 450mm，深度不宜小于 450mm；

c. 淋浴间应设距地面高 700mm 的水平抓杆和高 1.40～1.60m 的垂直抓杆；

d. 淋浴间内的淋浴喷头的控制开关的高度距地面不应大于 1.20m；

e. 毛巾架的高度不应大于 1.20m。

⑦ 无障碍盆浴间应符合下列规定：

a. 在浴盆一端设置方便进入和使用的坐台，其深度不应小于 400mm；

b. 浴盆内侧应设高 600mm 和 900mm 的两层水平抓杆，水平长度不小于 800mm；洗浴坐台一侧的墙上设高 900mm、水平长度不小于 600mm 的安全抓杆；

c. 毛巾架的高度不应大于 1.20m。

18.5.10　无障碍住房及宿舍、客房设计

① 无障碍客房房间内应有空间能保证轮椅进行回转，回转直径不小于 1.50m。

② 无障碍客房卫生间内应保证轮椅进行回转，回转直径不小于 1.50m，卫生器具应设置安全抓杆。

③ 无障碍客房的其他规定：

a. 床间距离不应小于 1.20m；

b. 家具和电器控制开关的位置和高度应方便乘轮椅者靠近和使用，床的使用高度为 450mm；

c. 客房及卫生间应设高 400～500mm 的救助呼叫按钮；

d. 客房应设置为听力障碍者服务的闪光提示门铃。

④ 无障碍住房及宿舍的其他规定：

a. 单人卧室面积不应小于 7.00m^2，双人卧室面积不应小于 10.50m^2，兼起居室的卧室面积不应小于 16.00m^2，起居室面积不应小于 14.00m^2，厨房面积不应小于 6.00m^2；

b. 设坐便器、洗浴器（浴盆或淋浴）、洗面盆三件卫生洁具的卫生间面积不应小于 4.00m^2；设坐便器、洗浴器二件卫生洁具的卫生间面积不应小于 3.00m^2；设坐便器、洗面盆二件卫生洁具的卫生间面积不应小于 2.50m^2；单设坐便器的卫生间面积不应小

于 2.00m^2；

c. 供乘轮椅者使用的厨房，操作台下方净宽和高度都不应小于 650mm，深度不应小于 250mm；

d. 居室和卫生间内应设求助呼叫按钮。

18.5.11　无障碍机动车停车位、观众厅轮椅席位设计

① 无障碍机动车停车位一侧，应设宽度不小于 1.20m 的通道，供乘轮椅者从轮椅通道直接进入人行道和到达无障碍出入口。

② 无障碍机动车停车位的地面应涂有停车线、轮椅通道线和无障碍标志。

③ 观众厅内通往轮椅席位的通道宽度不应小于 1.20m。

④ 观众厅轮椅席位的地面应平整、防滑，在边缘处宜安装栏杆或栏板。

⑤ 观众厅每个轮椅席位的占地面积不应小于 1.10m×0.80m。在轮椅席位旁或在邻近的观众席内宜设置 1∶1 的陪护席位。

18.6　无障碍标志牌

公共建筑的无障碍通路、停车车位、建筑入口、服务台、电梯、公共厕所或专用厕所、轮椅席、客房等无障碍设施的位置及走向，应设国际通用的无障碍标志牌。如图 18.15 所示。

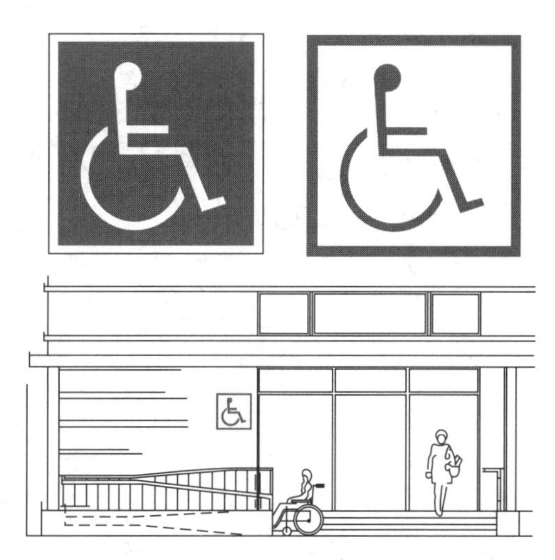

图 18.15　国际通用的无障碍标志牌示意

参 考 文 献

[1] 中华人民共和国中央人民政府网站，中国政府网，2017 年．

[2] 中华人民共和国住房和城乡建设部，中华人民共和国住房和城乡建设部网（www.mohurd.gov.cn），2017.

[3] 中国建筑工业出版社．现行建筑设计规范大全（含条文说明）：第 1 册通用标准·民用建筑．北京：中国建筑工业出版社，2014.

[4] 中国建筑工业出版社．现行建筑设计规范大全（含条文说明）：第 2 册建筑防火·建筑环境．北京：中国建筑工业出版社，2014.

[5] 中国建筑工业出版社．现行建筑设计规范大全（含条文说明）：第 3 册建筑设备·建筑节能．北京：中国建筑工业出版社，2014.

[6] 中国建筑工业出版社．现行建筑设计规范大全（含条文说明）：第 4 册工业建筑．北京：中国建筑工业出版社，2014.

[7] 中华人民共和国住房和城乡建设部城乡档案办公室．城乡建设档案法规文件汇编．北京：中国建筑工业出版社，2016.

[8] 闫军．建筑设计强制性条文速查手册．北京：中国建筑工业出版社，2015.

[9] 闫军．建筑材料强制性条文速查手册．北京：中国建筑工业出版社，2015.

[10] 强制性条文协调委员会．中华人民共和国工程建设标准强制性条文（2013 年版）：房屋建筑部分第一篇建筑设计．北京：中国建筑工业出版社，2014.

[11] 胡毅．城市设施规划设计手册：第三册．北京：中国建筑工业出版社，2017.

[12] 中国建筑工业出版社．养老及无障碍标准汇编．北京：中国建筑工业出版社，2016.